サンゴ礁学

未知なる世界への招待

日本サンゴ礁学会 編
鈴木 款・大葉英雄・土屋 誠 責任編集

東海大学出版会

Science of Coral Reefs
-Invitation to the novel world
edited by Japanese Coral Reef Society

Tokai University Press, 2011
ISBN978-4-486-01890-2

エメラルドグリーンに輝く美しい海の下には，サンゴの森とその上を泳ぐカラフルな魚たちが観察できる
1．エダハマサンゴの林と，そこに群がるスズメダイ類　2．枝サンゴに群れるハナゴイ類　（写真提供　鈴木敬宇）

美しいサンゴ礁の景色. 3. 外海に面したサンゴ礁. テーブルサンゴが群生している. 4. サンゴ礁の内側に見られるサンゴの林. 枝状サンゴや葉状サンゴが群生している (写真提供：3鈴木敬宇 4中野義勝)

<礁池のサンゴ群集> 5. 浅所の塊状ハマサンゴのマイクロアトール群(沖縄本島)　6. 繊細な枝振りの枝状ミドリイシ類の群集(石垣島)　7. 浅所に発達した枝状コモンサンゴ類の群集(沖縄本島)　8. チヂミウスコモンサンゴの巨大な葉状群体(石垣島)　9. 高密度に棲息する巨大なアオサンゴ群体(石垣島)　(写真提供:西平守孝)

<礁縁から礁斜面のサンゴ群集> 10. テーブル状やコリンボース状サンゴの群集(水納島)　11. 波浪の強い礁縁部の頑丈な群体のサンゴ群集(瀬底島)　12. 礁斜面上部のテーブル状ミドリイシの群集(伊良部島)　13. 礁斜面の多様な群体形のサンゴの群集(渡嘉敷島)　14. 礁縁部には丈の低い頑丈なサンゴが棲息する(沖縄本島)　(写真提供:西平守孝)

15. アオサンゴ　16. クダサンゴ　17. アナサンゴモドキの一種　18. ミドリイシ類(テーブル状)　19. ミドリイシ類(コリンボース状)　20. ミドリイシ類(樹枝状)　21. コモンサンゴ類(葉状)　22. コモンサンゴ類(樹枝状)　23. コモンサンゴ類(被覆状)　24. キクメイシモドキ　25. オキナワキッカサンゴ　26. トゲクサビライシ　27. Stylaraea punctata　28. ハナガササンゴの一種　29. スツボサンゴ　30. ムシノスチョウジガイ　31. 高密度のオオワレクサビライシ　32. 終生固着性のスワリクサビライシ　(写真提供：15-30西平守孝　31渡邊謙太　32屋比久壮実)

<サンゴ礁で見られる代表的な魚類> 33. ヤマブキベラのメス(左)とオス(右)　34. ハゲブダイ　35. デバスズメダイ　36. ナガニザ　37. セダカハナアイゴ　38. ツノダシ　39. ミスジチョウチョウウオ　40. タテジマキンチャクダイ　<海草藻場やマングローブ域を成育場とする魚類> 41. イソフエフキの稚魚　42. イソフエフキの成魚　43. オキフエダイの稚魚　44. オキフエダイの成魚　45. 砂上に群集する底生珪藻(右側の茶色い部分)　<緑藻> 46. キツネノオ　47. フサバロニア　48. エツキヅタ　49. ヒラサボテングサ　50. ハゴロモ属の一種　(写真提供：34, 35, 38, 39, 41-44中村洋平　33, 36, 37, 40平田智法)

51. コナハダフデノホ　＜褐藻＞　52. オオマタアミジ　53. ウミウチワ属の一種　54. ラッパモク属の一種　＜紅藻＞　55. ホソバガラガラ　56. ホソエダカニノテ　57. フォズリーイシモ　58. エツキビビロード　59. フシクレノリ　60. アカソゾ　61. 芝状海藻turf algae　＜藍藻＞　62. オオクダモ　63. オオナワモ属の一種　64. ナガレクダモ属の一種　65. アイミドリ　＜海草＞　66. リュウキュウアマモの群落　67. ウミショウブとリュウキュウスガモの混生群落　68. タラッソデンドロン属の一種の群落　（写真提供：45-50, 53, 57-68大葉英雄　51, 52, 54-56行平英基）

69. 枝状コモンサンゴを食べるオニヒトデ集団．写真右側は食害され，白くなったサンゴ骨格（パラオ・岩山湾沖）　70. ヒメシロレイシダマシによる食害．ピンク色で円錐形の貝が多数見える（高知県大月町）　71. シロレイシダマシに食害されたミドリイシ類　72. 枝状コモンサンゴ群体を覆う灰白色のテルピオス（沖縄本島北部）　73. 枝状ミドリイシ群体を被覆するテルピオス．アストロライズ（astrorhizae）と呼ばれる星形の紋様がみえる　（写真提供：69, 72岡地 賢　70富永基之　71カサレト ベアトリス　73Dave Burdick @guamreeflife.com）

74. 白化したエダコモンサンゴ群集(1998年9月石垣島白保)　75. 白化したテーブルサンゴ群集　76. ガンガゼ(ウニ)にかじられて空洞になった塊状サンゴ群体(タイ・シャム湾)　77. 78. 魚類にかじられたミドリイシ類の枝状群体(タイ・シャム湾)と卓状群体(沖縄本島本部)　79. マルキクメイシ類に感染した黄斑病　80. リュウモンサンゴ類に感染した黒帯病　81. ウミウチワ類に感染したヤギ類アスペルギルス感染症（写真提供：74茅根 創　75中野義勝　76-78カサレト ベアトリス　79-81 Ernest Weil）

82. 卓状ミドリイシに見られるホワイトシンドローム（瀬底島）　83. エダコモンサンゴに感染したホワイトシンドローム（沖縄本島備瀬）　84. 成長異常で骨格が異常に盛り上がるノウサンゴ類（タイ・シャム湾）　85. 成長異常で骨格が盛り上がり，患部が白化したコブハマサンゴ（この状態で6年以上生存）　86. ソフトコーラルの組織壊死（タイ・シャム湾）　87. 海綿動物の組織壊死　88. ハマサンゴ類に見られる感染症による色素沈着　89. ヤスリサンゴ類の色素沈着（写真提供：82-86, 88中野義勝　87, 89 Ernest Weil）

90. コブハマサンゴに感染したハマサンゴ類潰瘍性白斑病　91. オオスリバチサンゴ白斑症候群（直径1cmの白化を伴い，増加すると群体が死亡する）　92. 赤土による汚染　93. 卵から育てたサンゴを移植した阿嘉島マジャノハマの岩場．ウスエダミドリイシの群体5年生で直径30cmを超えるほどに成長している　（写真提供：90Ernest Weil　91福田道喜　92沖縄県衛生環境研究所　93阿嘉島臨海研究所）

まえがき

　2008年の「国際サンゴ礁年」には，多くの人がサンゴ礁に関する多様な活動に参加し，サンゴとサンゴ礁の大切さを学びました．また，2010年の「国際生物多様性年」には，生物多様性をキーワードとして，サンゴ礁だけでなく，地球上のすべての生物と生態系の保全に関心がもたれ，さまざまな活動がおこなわれました．それらをどのように保全・管理するのか，という質問に対する実行可能で明快な答えはあるのでしょうか．その疑問を解く鍵の1つは自然に対する科学的理解を高めることです．

　碧く，美しく，たくさんのカラフルな魚たちが泳ぎ回る海といえば，「サンゴ礁」を最初に思い浮かべます．それほどサンゴの海の豊かさは，私たちに強烈な印象を与えてくれます．しかしながら，最近そのサンゴの海で異変が起きています．サンゴが白くなったり，サンゴに白や黒のバンドや，白や，紫色，ピンクの斑点があらわれ，異常になっているようすが頻繁に報告されています．さらにオニヒトデや巻貝の食害や，赤土による被害などで，みるも無残な姿になってしまったサンゴ礁が数多くあります．サンゴとサンゴ礁に何が起きているのでしょうか．私たちはサンゴとサンゴ礁のために何かできるのでしょうか．何をしなければならないのでしょうか．

　最初にすべきことは，「サンゴ礁とは何か，どんな環境なのか」，「サンゴ礁生態系ではどのようなしくみで生命が維持されているのか」，「サンゴの白化や病気はどうして起きるのか」，「魚や海草への影響はないのか」，「サンゴの天敵とは」，「地球温暖化や海洋酸性化の影響はどの程度か」，「サンゴ礁の経済的価値はどの程度か」，「サンゴとサンゴ礁を保全・再生する方法はあるのか」などの多くの疑問に対して科学的な答えをだすことです．科学的に理解するといっても単純ではありません．サンゴ礁を理解するためには，生物学・化学・物理学・地学・工学・水産学・環境学・人文科学・経済学などの多くの分野の知識が必要であることは明白です．

　そこで，日本サンゴ礁学会では，研究者にとどまらず，一般の方々，

とくに高校生や大学生の若い方々も対象とし，多くの人々に，サンゴとサンゴ礁に関する基礎知識と最新情報をお届けしたいという思いで，この本の出版を企画しました．今までにもサンゴとサンゴ礁に関する多くの本や論文が出版されていますが，この本のようにさまざまな分野の専門家が「サンゴ礁学の基礎と研究の最前線の成果」をまとめて体系的に出版するのははじめての試みです．この本が，多くの人々がサンゴ礁に対する理解を深め，またサンゴ礁に関する研究が発展し，さらに保全に対して貢献することを期待しています．

日本サンゴ礁学会「サンゴ礁学」 編集委員会

目 次

口絵　iii
まえがき　xv
サンゴ礁を知るための20のQ&A　xix

第Ⅰ部　サンゴ礁の環境 　　1

第1章　サンゴ礁のなりたち（井龍康文）　3
サンゴ礁の地形　4
地質時代の生物礁　9

第2章　サンゴ礁環境のダイナミクス（灘岡和夫）　31
時間的・空間的な変動性が大きいサンゴ礁の物理的環境　31
広域生態系ネットワークの中でのサンゴ礁のダイナミクス　41

第3章　サンゴ礁の見えない世界 —ミクロな生態系の謎—（鈴木 款）　49
多様な生物群集を支える栄養塩　50
サンゴ礁の食物網を支える有機物の循環　56
サンゴ礁の石灰化を支える有機物の循環　61
サンゴ礁生命を支える物質循環　63
高水温下におけるサンゴの応答：ものを言う化学物質　65
サンゴ礁生態系のからくりを支えるもの　68
見えない世界が見える世界を支える　69

第4章　サンゴの海を調べる（山野博哉）　73
現場でサンゴの分布を調べる　74
行けない場所のサンゴを調べる　77
サンゴの活性を調べる　80
サンゴをとりまく環境を調べる　82
課題と展望　86

第Ⅱ部　サンゴ礁の生きものたち 　　93

第5章　サンゴの生態（西平守孝）　95
サンゴと造礁サンゴ—いろいろなサンゴたち　95
日本の造礁サンゴ類　96
造礁サンゴの一般的性質　99
サンゴ礁における造礁サンゴの役割　102
砂泥底や礫底生活への適応形質　108
終生固着生活を続けるスワリクサビライシ　117

第6章　サンゴの生活史と共生（日高道雄）　120
造礁サンゴの体のつくりと生活史　120
造礁サンゴと褐虫藻の共生　133

第7章　サンゴ礁の魚たち（中村洋平）　153
サンゴ礁の魚類の特徴　154
サンゴ礁の魚類の地理的分布　156
サンゴ礁の魚類の生活史　157
海草藻場やマングローブ域を利用するサンゴ礁魚類　169

第 8 章　サンゴ礁の植物たち（大葉英雄）　177
　　　微細藻類　177
　　　海藻（小型〜大型藻類）　185
　　　海草（アマモ類，海産顕花植物，海産種子植物）194
　　　サンゴ礁の植物たち　199

第Ⅲ部　サンゴ礁をめぐる諸課題　207

第 9 章　サンゴを脅かす生きものたち（岡地 賢）　209
　　　オニヒトデ　209
　　　サンゴ食巻貝　225
　　　テルピオス　229

第10章　サンゴ礁と地球温暖化（茅根 創）　239
　　　温暖化による白化　242
　　　酸性化による海洋生物の石灰化の抑制　249
　　　海面上昇による水没　251
　　　複合ストレスと保全・管理　254

第11章　サンゴ礁生物の変遷（酒井一彦）　259
　　　サンゴ礁におけるフェーズシフト　259

第12章　サンゴの病気（カサレト ベアトリス・中野義勝）　274
　　　病気の世界的流行　277
　　　病気はどのように発症し，なぜ蔓延するのか？　285
　　　造礁サンゴの病気への対応　289
　　　私たちがするべきこと　290

第Ⅳ部　サンゴ礁とつきあうために　299

第13章　サンゴ礁の価値を評価する（豊島淳子・土屋 誠）　301
　　　「サンゴ礁」の値段はいくらなのか？　301
　　　サンゴ礁の「恵み」とは？　302
　　　サンゴ礁の価値を評価する　304
　　　おわりに　311

第14章　サンゴ礁を守る取り組み（鹿熊信一郎）　314
　　　サンゴ礁を荒廃させるもの　314
　　　MPA（海洋保護区）　315
　　　水産資源管理　323
　　　里海　326
　　　攪乱要因別の対策とステークホルダーの協働　329

第15章　サンゴ礁を修復・再生する（大森 信）　338
　　　環境保全による修復　339
　　　積極的な人為的修復　341
　　　サンゴの育成技術　343
　　　サンゴの森つくり　349

より深く学ぶ人のための書籍・ホームページ　355
あとがき　357
索引　359

サンゴ礁を知るための20のQ＆A

　私たちとサンゴ礁との関わりはじつに多様です．研究の世界を眺めてみるだけでも，生物学，海洋学，水産学，経済学，民俗学など多様な学問分野の課題が取り上げられていることがわかります．この本を手にする読者のサンゴ礁に関する興味もさまざまであろうと思われます．はじめに，サンゴやサンゴ礁に関する基本的な情報をお届けします．このQ＆Aではサンゴ礁に関して多くの人々から出される質問に関して簡単に解説します．詳しいことは，それぞれの項目の末尾に示した章をご覧下さい．

Q1．サンゴって何ですか？

A：サンゴ礁に出かけると枝状に生息しているサンゴや，テーブル状のサンゴを見つけることができます．サンゴは動かないので植物のように思われがちですが，れっきとした動物で，クラゲやイソギンチャクと同じ刺胞動物の仲間です．「刺胞」は触手や口の周りなどの体表にある刺細胞と呼ばれる細胞の中にある細胞内小器官で，小魚や動物プランクトンなどが触れると，中にある刺糸が反転して外に出て，瞬時に突き刺さり，毒液を注射して麻痺させます．

　「サンゴ」と呼ばれている動物はいくつかのグループに分けられます．皆さんが海岸でふつうに見かけるサンゴは造礁サンゴと呼ばれているグループで，体の中に褐虫藻と呼ばれている植物がすんでいるという不思議な特徴があります．この本で対象としているのは大部分がこの造礁サンゴです．ブローチやネクタイピンを作る宝石サンゴは褐虫藻をもたず，深い海にすんでいます．（6章）

Q2．サンゴはどのように数えるの？

A：サンゴに近づいてみると，小さな模様が無数に並んでいることに気づくはずです．それぞれの小さな単位がサンゴの1匹でポリプと呼ばれています．大部分のサンゴはたくさんのポリプが集まって群体を作っています．枝状のサンゴは何万匹ものポリプの集まりですから，それを1匹，2匹という数え方は変ですね．1群体，2群体と数えるのが正しいでしょう．

　種数は少ないのですが，1個体でも単体として大型になる種があります．クサビライシ（口絵26）の仲間がこの代表です．この場合は1個体，2個体と数えることができます．（5章，6章）

Q3．造礁サンゴはどんなところにいるの？

A：造礁サンゴの体内にすんでいる褐虫藻が光合成をするためには光が必要です．したがって，光が届く浅い海が造礁サンゴの生息場所です．環境によっても異なりますが，概ね30mぐらいの深さまでと考えて良いでしょう．一方，褐虫藻をもたない宝石サンゴは水深が100～200mの深い海にすんでいます．

　温度も重要です．年間の最低水温が18℃以上の暖かい海が，多くの造礁サンゴにとって適しているといわれています．（5章，6章）

Q4．造礁サンゴは何種いるの？

A：世界でもっともサンゴの種数が多いのは，インドネシア，フィリピン，ニューギニアで囲まれたコーラル・トライアングルと呼ばれている海域で，ここには450種以上のサンゴが分布しています．この地域から遠ざかるにつれて種数は減少します．

　西平・ベロン（1995）によってまとめられた『日本の造礁サンゴ』によると，沖縄県の八重山地方では362種，沖縄本島では340種がすんでいることが示されています．種数は北上するにつれて減少し，奄美諸島では220種，串本（和歌山）では95種，伊豆半島では45種が確認されています．なお，小笠原諸島には177種が生息しています．（5章）

Q5．サンゴとサンゴ礁はちがうの？

A：サンゴは生物であり，サンゴ礁は地形のことですから明確に異なります．海の中で生物の殻や骨格が密集して盛りあがった地形を「礁」といいます．サンゴ礁では，造礁サンゴの他，石灰藻や有孔虫が礁を形成する役割を担っています．

ただし，骨格が固まって石灰岩となり，巨大なサンゴ礁が作られているのは暖かい海だけです．能登半島や伊豆半島の海にもサンゴは生息していますが，「礁」は形成されていません．（1章）

Q6．サンゴは何を食べているの？

A：触手にある刺胞を使って動物プランクトンを捕らえて食べていると言われています．でも養分はこれだけでは足りません．体内に共生している褐虫藻から栄養をもらっていることが知られています．（6章）

Q7．サンゴはどうやって増えるの？

A：約80％のサンゴは卵と精子を海中に放出し，そこで受精がおこなわれます．残りのサンゴでは体内で受精が完了し，胃腔内で幼生まで成長した後，海水中に放出されます．これらはともに有性生殖です．海水中でしばらくすごす幼生は，海流にのってさまざまな場所に運ばれ，やがて岩の上などに定着し，成長を開始します．このとき，1つのポリプから新しいポリプが芽生えたり，分裂して1個のポリプが2個になったりします．この増え方は無性生殖です．また，枝サンゴなどは折れた枝がうまく海底に固定されると同じ方法でポリプの数を増やすことができます．（2章，5章，6章）

Q8．サンゴ礁には種類があるの？

A：一般的にサンゴ礁は地形的な特徴に基づいて，島の周囲に発達する裾礁，陸地から離れた所に発達する堡礁，リングのような形の環礁に区分されます．このような3つの異なった地形ができあがる過程を説明するためにダーウィンが提唱した沈降説が有名です．サンゴ礁はまず火山島の周辺に裾礁として形成され，火山島がゆっくりと沈降するにしたがって陸地と礁が離れて堡礁となり，ついには中央

の陸地が水没してサンゴ礁だけが残る環礁となるという説です．（1章）

裾礁
Fringing reef

堡礁
Barrier reef

環礁
Atoll

Q9. サンゴ礁にはどんな生きものがいるの？

A：サンゴ礁といえば，サンゴの森に色とりどりの美しい魚が泳いでいる光景を想像します（口絵1，2）．海底にはナマコやウニの仲間が横たわっているでしょう．オニヒトデやアオヒトデを見つけるかもしれません．でも，私たちの目には見えない所にも多くの生き物たちが暮らしています．石の下，サンゴの枝の間，砂の中などは小さい動物たちにとって良い隠れ家です．昼間には物陰に隠れている種でも，夜になると活発に動きだすものがいます．

　一見，植物は少ないと感じるかもしれませんが，小さな植物プランクトンが生態系の中で重要な役割をはたしています．また，サンゴが少ない場所やサンゴの枝の間にはいろいろな海藻や海草（口絵46-68）が繁茂しているのを見つけるでしょう．サンゴ礁では多様な生き物たちが助け合ったり，ケンカをしたりしています．どのような暮らしをしているかを考えながら生き物たちを観察してみて下さい．（4章，5章，7章，8章）

Q10. 透きとおるサンゴ礁の海には栄養がないって本当？

A：海水が透きとおっているということはプランクトンや小さなゴミが少ないということです．また，サンゴ礁の海水の栄養塩濃度はひじょうに低く，貧栄養海域といわれています．ところが最近の研究で，サンゴ礁の栄養塩濃度は，海水より砂地の間隙水（砂と砂の間の海水）の方が高いことや，サンゴの体内などに高い濃度の栄養塩が存在することなどが明らかになってきました．これらがサンゴ礁の高い生物生産や高い生物の多様性を支えていると考えられます．サンゴ礁は「海のオアシス」ですね．（3章）

Q11. サンゴを食べる動物はいるの？

A：サンゴのポリプ，粘液，骨格を食べる魚類として11科に属する128種が報告されています．なかでもチョウチョウオ科に属する種が多く，69種を数えます．その他にベラ科，フグ科，モンガラカワハギ科，カワハギ科，スズメダイ科，ブダイ科の一部の種が含まれます．これらの魚類の多くは，ミドリイシ属，ハナヤサイサンゴ属，ハマサンゴ属のサンゴを好むようです．

巻貝やヒトデ類の中にもサンゴを食べることで知られている種がおり，大発生するとサンゴに大きな被害がでることがあります．（7章，9章）

Q12. サンゴの天敵って何？

A：サンゴ礁にはサンゴを食べてしまう動物がすんでいます．オニヒトデ（口絵69）はその代表でサンゴが大好物です．サンゴに覆い被さり，口から胃を反転させて外に出し，消化液を出してサンゴを食べます．時々大発生してサンゴを食べ尽くしてしまうことが報告されますが，食べ尽くしてしまってはオニヒトデ自身も困るのではないでしょうか．オニヒトデが少なくなるとサンゴたちは再び増えはじめますが，良好な状態に回復するためには10～25年以上の年月が必要です．

オニヒトデの他にも巻貝類の仲間にサンゴを食べる種がいます（口絵70，71）．また，テルピオスと呼ばれる海綿がサンゴの表面を覆い，死滅させることがあります（口絵72，73）．（9章）

Q13. オニヒトデはなぜ大発生するの？

A：自然現象であるという説と人間活動の影響であるという説がありますが，まだ明確な結論はでていません．オニヒトデは20世紀のはじめにも大発生したことがわかっています．よくいわれているのは，陸上から栄養が多量に流れてくると，オニヒトデの幼生の食物である植物プランクトンが増え，生き残る幼生の数が多くなるという説です．（9章）

Q14. サンゴの白化って何？

A：サンゴの体内にすんでいる褐虫藻は，直径が約10マイクロメートル（10μm）のとても小さな単細胞の植物です．温度が高い，あるいは温度が低い，さらには強い紫外線などに曝されると，褐虫藻はサンゴの体内で異常をきたし，光合成回路に問題が生じます．そのため褐虫藻は色素を失ったり，あるいは死滅したりします．サンゴの体内からは一部が抜けだしますが，大部分はサンゴ体内で色素を失います（口絵74, 75）．そのため，サンゴの骨格である炭酸カルシウム（石灰質）の白色が見えるので，白化と呼ばれています．最近では，バクテリアが白化に影響しているという報告もあります（3章）．

　高水温にさらされると褐虫藻の光合成回路が破壊され，活性酸素が作られます．これはサンゴの細胞を破壊するので，サンゴは褐虫藻を放出すると考えられています．サンゴ体内で，共生藻が萎縮することによって白化したサンゴもしばらくは生きていますが，やがて死亡し，石灰質の骨格が露出して藻が覆うようになります．最近の白化の多くは，高水温によるもので，温暖化に伴って規模と頻度が増加しています．（3章，6章，10章）

Q15. サンゴも病気になるの？

A：サンゴの表面に白色や黒色の帯や，黄色の斑点が現れる病気が世界中のサンゴ礁で確認されており，大量に発生する場合，死亡につながります（口絵79-91）．原因はウイルス，バクテリア，カビなどであろうと考えられていますが，詳しい研究ははじまったばかりです．（12章）

Q16. 宇宙からサンゴ礁が見えるの？

A：人工衛星が取得するデータを使い，リモートセンシングの技術を活用してサンゴ礁のモニタリング調査がおこなわれています．地球観測衛星のランドサットは，観測しようとする対象の反射する光の波長を認識して観測し，そこに何が存在するかを明らかにすることができます．したがって答えはイエス（Yes）です．（4章）

Q17. サンゴ礁がなくなってしまうって本当？

A：サンゴ礁はさまざまな要因によって撹乱を受け，その面積が減少しています．地球規模サンゴ礁モニタリングネットワーク（GCRMN：Global Coral Reef Monitoring Network）という組織が定期的に世界のサンゴ礁の状況をまとめています．2008年に発行された報告書によると，約28万km²と推定されている世界のサンゴ礁のうち，約55％が危機的な状況にあると報告されています．その程度は場所によって異なり，東南アジアで残っている良好なサンゴ礁はわずかに15％ですが，タヒチやハワイでは80〜90％が良好であることが確認されています．

　一方，地球の温暖化で氷河が溶け，海水の量が増加したり，海水が膨張したりして海水面が上昇すると，サンゴの成長が追いつかなくなり，サンゴ礁が徐々に沈んでしまうことが心配されています．また，二酸化炭素が海水に溶け込むと，海が酸性化し，炭酸カルシウムをもった生物やサンゴ礁に悪影響がでます．

　サンゴが消滅したり，数が極端に減少してしまった場合，そこは海藻が繁茂したり，サンゴ以外の動物が棲息する場になる可能性があると予想されています．（8章，10章，11章）

Q18. なぜサンゴ礁は大切なの？

A：私たちはサンゴ礁からたくさんの恵みを受けて暮らしています．漁師の皆さんにとってサンゴ礁は生活の場です．漁師さんが獲ってくれる魚たちは，私たちの暮らしを支えてくれます．台風時の高波はサンゴ礁で弱められますから，サンゴ礁は自然の防波堤です．美しいサンゴの森をカラフルな魚が泳ぎ回っている景観は，心の安らぎを与えてくれると同時に観光業を支えています．近年頻繁に起こる白化現象は，私たちに地球環境の異変を教えてくれているようです．このように，いろいろな恵みや情報を私たちに与えてくれるサンゴ礁はとても大切な自然です．

　サンゴ礁と人との関わりはとても深いものです．最近では，生産性が高く，豊かな生物多様性が認められる海を里海と表現することも多くなりました．（13章，14章）

Q19. サンゴ礁に値段はつけられるの？

A：自然の価値をお金に換算することは簡単ではありませんが，最近いくつかの方法で試算されるようになりました．サンゴ礁を訪れる観光客が旅行に要する費用や，サンゴ礁から水揚げされる魚貝類の漁獲高などを価値と考えるものです．もちろん，自然そのものの存在意義など，お金に換算できない価値もあります．これらはサンゴ礁が美しく，健康な状態で維持されているからこそ存在する価値です．（13章）

Q20. サンゴ礁を守るためにどんな活動がおこなわれているの？

A：大切なサンゴ礁を保全するために私たちにできることはないでしょうか．大きな魚が美しいサンゴの森を泳ぎ回る，昔のすばらしいサンゴ礁を取り戻そうという試み（自然再生事業）が環境省等によってはじめられました．サンゴ礁に関わっている立場が異なる多くの皆さんが一緒になって議論し，サンゴ礁を撹乱する要因を取り除くための具体的なプランを作成し，実践しようとしています．また，子どもの頃からサンゴ礁に限らず身近な自然に触れる機会を多くして，自然に対する関心を深める取り組みも盛んになっています．

　　各地でサンゴの移植活動が盛んにおこなわれています．海洋の生物多様性や水産資源を守るための保護区や禁漁区（海洋保護区，MPA）の設置や，里海に関する議論も盛んになってきました．（14章，15章）

「サンゴ礁はなぜ綺麗なの？」，「サンゴ礁にはなぜ，色鮮やかな生きものが多いの？」などの疑問は昔から話題になってきました．しかしながらこれらは完全に説明されていません．この本が読まれることにより，多くの人がサンゴ礁に関心をもっていただき，さらにサンゴ礁の不思議さを解き明かすきっかけになればと願っています．

第Ⅰ部
サンゴ礁の環境

サンゴ礁をいろいろな角度から眺めてみよう．飛行機の窓や丘の上から眺めるサンゴ礁はエメラルドグリーンに輝き美しい．潜ってみるとサンゴの森の上を泳いでいるカラフルな魚たちが観察できる．そのサンゴの森の中には多様な生きものたちが暮らしている．目に見えない小さな生きものたちの暮らしを通して，サンゴ礁の世界が支えられていることも明らかになってきた．このすばらしい世界が維持されているメカニズムを知るためには，サンゴ礁をじっくり観察し，地形の複雑さ，水の動きや物質の循環などを多様な方法で調査し，そのからくりを理解する必要がある．

第1章

サンゴ礁のなりたち

井龍康文

　生物の殻や骨格が密集・累積して作られた波浪に耐えうる構造物は，礁あるいは生物礁と呼ばれる．現在，熱帯〜亜熱帯海域に広がる生物礁がサンゴ礁と呼ばれるのは，その主役が六放サンゴであることに因んでいる．

　サンゴ礁には多様な生物が高密度で生育しており，それらが形成する石灰質の骨格・殻が累積して，特有の地形が形成・維持されている．一方，サンゴ礁における生物の分布は地形に大きく制約され，ある特定の地形区には，そこに特有の生物群集・群落がみられる．すなわち，サンゴ礁では生物が地形を作り，地形が生物群集の組成や分布を制約するという相互関係が成立している．

　現在のサンゴ礁に代表される生物礁は，先カンブリア時代（約5億4千万年より前の地質時代）から連綿と存在し続けてきた．しかし，生物礁を構成する群集や堆積物は，過去の地球表層の環境変動に対応して，その群集組成や鉱物組成が大きく変化してきた．これが，生物礁が演劇にたとえられ，「役者は代われど，芝居は代わらず」といわれるゆえんである．

　そこで，ここでは，まず，サンゴ礁の地形に関して概説し，次に，地質時代の生物礁と環境変動や地質学的イベントの相互関係をいくつかのタイムスケールに分けて概説する．そして最後に，生物礁を構成する生物の時代変遷を生物地球化学的視点から考察する．

サンゴ礁の地形

　サンゴ礁は水深や起伏等の地形学的特徴により，海岸にほぼ平行して配列するいくつかの地形区に細分され，個々の地形区では，それぞれに特有の底質ならびに構成生物が認められる（帯状分布）．これまで，サンゴ礁の地形に関して多数の研究がおこなわれてきたが，それらの研究で用いられた地形区名は，研究者や研究地域間で大きく異なっている（図1-1）．よって，ここでは，2007～2009年におこなわれた日本サンゴ礁学会用語委員会での検討により選ばれた地形区名を用いて，琉球列島のサンゴ礁を例として，サンゴ礁の地形と各地形区で優占する造礁サンゴを概説する（図1-2）．

　サンゴ礁の地形は，礁原（reef flat）と礁斜面（reef slope）に大別される．さらに礁原は陸側の礁池（moat あるいは shallow lagoon）とその沖合の礁嶺（reef crest）に区分される．

　礁池は，水深が数m（多くの場所で水深は2m以下）の凹地で，低潮時でも大部分は干出しない．底質は石灰質の生物骨格や殻の砕屑物（生砕物）で，砂礫質である．海岸側には海産顕花植物の密生する海草藻場が広がる．多くの場合，リュウキュウスガモ *Thalassia hemprichii* およびベニアマモ *Cymodocea rotundata* を優占種とし，ウミジグサ *Halodule uninervis*，ウミヒルモ *Halophila ovalis* が伴ってみられる．造礁サンゴは少なく，エダコモンサンゴ *Montipora digitata*，フカアナハマサンゴ *Porites lobata*，ユビエダハマサンゴ *P. cylindrica* 等が散在する．海草藻場の沖側に広がる砂礫底には，スギノキミドリイシ *Acropora formosa*，エダコモンサンゴ，ハマサンゴ *Porites australiensis*，ユビエダハマサンゴ等の造礁サンゴの群体やそれらが低潮位まで成長して，群体の上面が平坦になったマイクロアトール（microatoll）が点在する．

　礁嶺は，礁池の沖合に広がる地形的な高まりである．もっとも高い部分は水深0～0.5mで，場所によっては，低潮時には標高の高い部分は干出する．礁嶺の陸地側部分は，低潮位まで成長した造礁サンゴが隣接する群体と合体することによって形成された平坦面である．ここでは，造礁サンゴの間には，砂礫質の生砕物が堆積している．優占する造礁サンゴとして，オトメミドリイシ *Acropora pulchra*，チジミウスコモンサ

ンゴ Montipora aequituberculata, トゲコモンサンゴ M. informis, エダコモンサンゴ, ハマサンゴ, ハナヤサイサンゴ Pocillopora damicornis 等をあげることができる. また, 石垣島白保沖のサンゴ礁では, アオサンゴ Heliopora coerulea の巨大群落がみられる. 一方, 礁嶺の沖合側の部分は造礁サンゴおよび無節サンゴモという体内に炭酸カルシウムを沈着する海藻（紅藻）に覆われた平坦面であり, その水深は平均低潮位にほぼ一致する. ここでは, サンカクミドリイシ Acropora monticulosa, ヒメマツミドリイシ A. aspera, クシハダミドリイシ A. hyacinthus, イボハダハナヤサイサンゴ Pocillopora verrucosa, コモンキクメイシ Goniastrea retiformis, リュウキュウノウサンゴ Platygyra ryukyuensis 等が優占種である. 礁嶺の低潮時に干出する部分には, 造礁サンゴは成育せず, 造礁サンゴに由来する礫が累積する.

礁原と礁斜面の境界は礁縁（reef edge）と呼ばれる. 水深は1m前後である. 礁縁には長さが十〜数十mにおよぶ櫛の歯状の構造である縁脚・縁溝（spurs and grooves）が発達する. 礁縁の底質は造礁サンゴと無節サンゴモに被われており, 細粒の堆積物は認められない.

礁縁から海側に向かって下る斜面を礁斜面という. 縁脚・縁溝は礁斜面上部にも連続しており, 斜面の傾斜方向に多数の溝が平行に配列する. 縁脚の底質の大部分は, 造礁サンゴと無節サンゴモに被われ, 縁溝には死んだ造礁サンゴの礫を主体とする砂礫質生砕物が堆積する. 礁縁から礁斜面上部（水深5m以浅）では被覆状と呼ばれる底質を薄く覆うような形状やテーブル状の造礁サンゴが優占する. 優占種は, ツツユビミドリイシ Acropora humilis, クシハダミドリイシ, ホソエダミドリイシ A. valida, ウスチャキクメイシ Favia pallida, カメノコキクメイシ Favites abdita, コモンキクメイシ等である. 礁斜面中部（水深5〜25m）で優占するのは塊状および被覆状の造礁サンゴである. ここでは, イボハダハナヤサイサンゴ, ハナバチミドリイシ Acropora cytherea, ホシキクメイシ Favia stelligera, キッカサンゴ Echinophyllia aspera, アナキッカサンゴ Oxypora lacera, ウスカミサンゴ Mycedium elephantotus 等が多くみられる. 礁斜面下部（水深25m以深）では, リュウモンサンゴ Pachyseris speciosa やハワイセンベイサンゴ Leptoseris scabra をはじめとする葉状および被覆状の造礁サンゴが優占する.

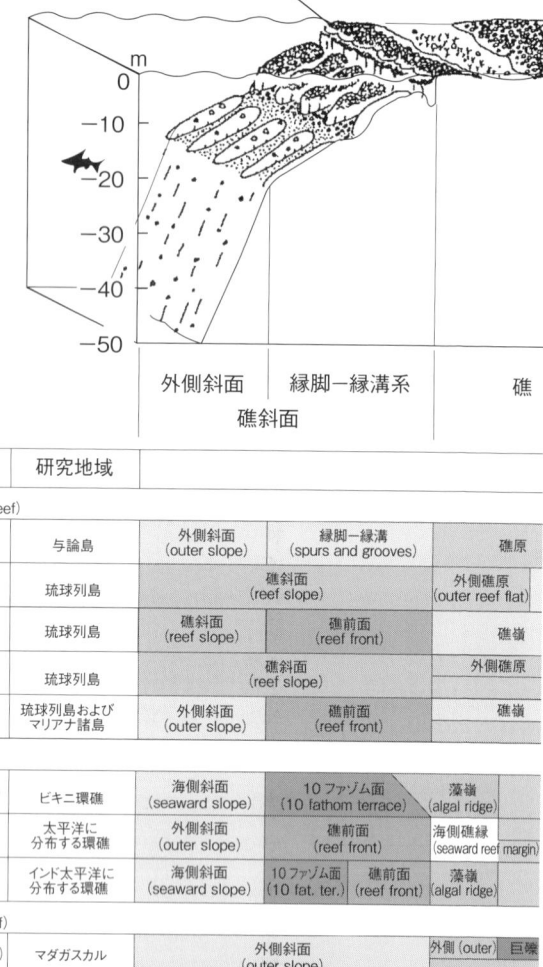

引用文献	研究地域			
裾礁 (Fringing reef)				
茅根ら (1986)	与論島	外側斜面 (outer slope)	縁脚−縁溝 (spurs and grooves)	礁原
Nakamori (1986)	琉球列島	礁斜面 (reef slope)		外側礁原 (outer reef flat)
河名 (1987)	琉球列島	礁斜面 (reef slope)	礁前面 (reef front)	礁嶺
高橋 (1988)	琉球列島	礁斜面 (reef slope)		外側礁原
茅根 (1991)	琉球列島および マリアナ諸島	外側斜面 (outer slope)	礁前面 (reef front)	礁嶺
環礁 (Atoll)				
Ladd et al. (1950)	ビキニ環礁	海側斜面 (seaward slope)	10ファゾム面 (10 fathom terrace)	藻嶺 (algal ridge)
Tracey et al. (1955)	太平洋に 分布する環礁	外側斜面 (outer slope)	礁前面 (reef front)	海側礁縁 (seaward reef margin)
Stoddart (1969)	インド太平洋に 分布する環礁	海側斜面 (seaward slope)	10ファゾム面 (10 fat. ter.) 礁前面 (reef front)	藻嶺 (algal ridge)
堡礁 (Barrier reef)				
Battistini et al. (1975)	マダガスカル	外側斜面 (outer slope)		外側 (outer) 巨礫
James and Ginsburg (1979)	ベリゼ, カリブ海	前礁 (fore reef)	礁前面 (reef front)	
Hopley (1982)	グレート・バリア ・リーフ		礁前面 (reef front)	外 (outer
一般 (General)				
田山 (1952)	ミクロネシア	礁斜面 (reef slope)	縁脚−縁溝系 (marginal spur and furrow)	サンゴモ帯 (Nullipore zone) / 外側礁原
Guilcher (1988)		外側斜面 (outer slope)	縁脚−縁溝系 (spur and groove system) / 外側礁縁 (outer reef edge)	藻嶺 (algal ridge)

図1−1 サンゴ礁の地形区名対照表. 断面図は茅根 (1990) による.

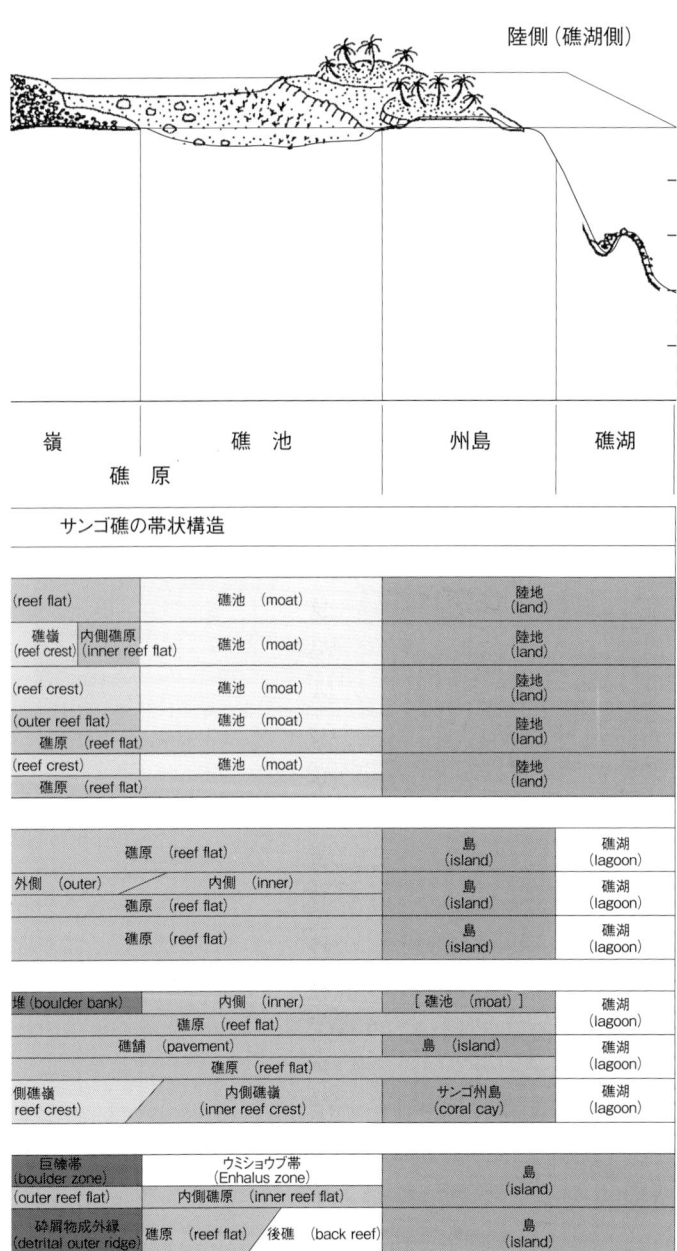

第1章 サンゴ礁のなりたち ── 7

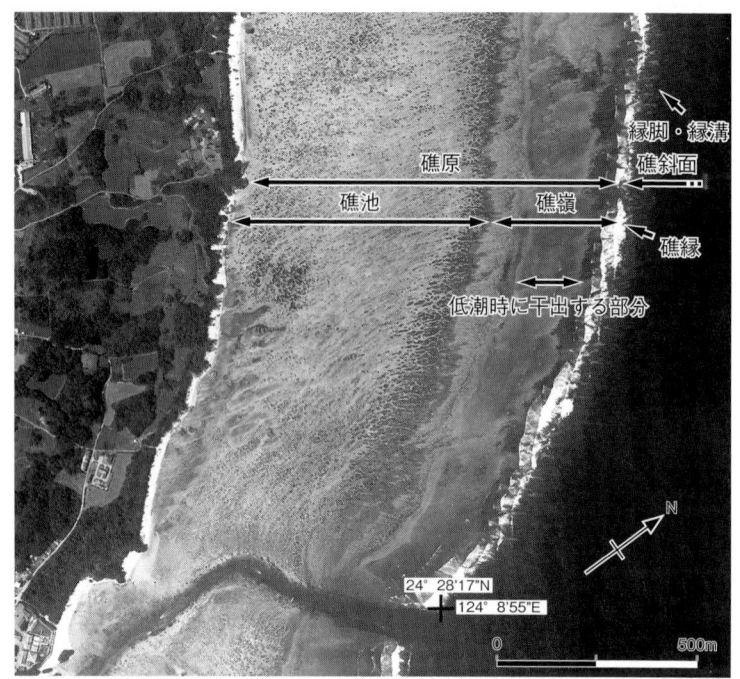

図1-2 沖縄県石垣島川平西方のサンゴ礁．礁池と礁嶺が明瞭に認められる．礁嶺中のやや色が淡い部分は周囲より地形的にやや高く，低潮位時には干出する（国土地理院発行空中写真 COK-2005-2X C3-2（5B）を使用）．

　礁斜面の外側（沖側）に広がる，緩斜面もしくは平坦面が陸棚であるが，島嶼の周囲に広がるものを，とくに島棚と呼ぶことがある．陸棚は沖縄本島で十数km，宮古島で30 km以上の幅を有する．琉球列島の場合，礁斜面から陸棚への地形の変換点の水深は30〜80 m，陸棚の外縁の水深は100〜140 mである．なお，海洋島と呼ばれる大洋に点在する島々の多くでは島棚が未発達もしくは存在せず，礁縁の外側（沖側）は急な崖となっている．琉球列島の礁斜面下部から陸棚にかけての一帯にはサンゴモ球（rhodolith）と呼ばれる，無節サンゴモと被覆性底生有孔虫（*Acervulina inhaerens*）からなるノジュール（球状の塊）が広範囲かつ大量に分布する（Iryu et al. 1995）．世界の他のサンゴ礁域においても，同様のサンゴモ球が礁斜面深部から陸棚に普遍的に認められる．また，

近年,ROV(Remotely Operated underwater Vehicle)という水中ロボットを利用することにより,スキューバ潜水によって調査不可能な水深域の地形,底質,生物相に関する情報が得られるようになった.その結果,琉球列島南部では,葉状および被覆状種を主として,造礁サンゴは水深100mまで分布することが明らかにされた(Humblet et al. 2010).

地質時代の生物礁

私たちが知ることができる生物礁の形成と地球表層の環境変動の相互関係は,時間スケールによって大きく異なる.そこで,ここでは,数千年〜数万年スケール(10^3〜10^4年),数十万年〜数百万年スケール(10^5〜10^6年),数千万年スケール(10^7年)という時間スケールに区分して生物礁と環境変動の関係を述べ,最後に地質時代を通じた造礁生物の時代変遷とその要因を説明する.

数千年〜数万年スケール(10^3〜10^4年)

サンゴ礁堆積物に記録された後氷期海水準上昇

第四紀を特徴づける氷床の拡大・縮小と,それに対応した海水準の上昇・下降を正確に把握するためには,直近の氷期-間氷期の移行期(Termination I),すなわち最終氷期最盛期(Last Glacial Maximum:約22,000年前)以降の海水準上昇の時期や推移を正確に把握することが重要である.そのため,形成年代と堆積深度を正確に見積もることができるという利点のあるサンゴ礁堆積物が精力的に検討されてきた.なかでも,プレート境界に位置し,速い速度で隆起しつつあるため,陸上にサンゴ礁堆積物が広く分布するバルバドス(Fairbanks 1989)およびパプアニューギニアのヒュオン半島(たとえば,Edwards et al. 1993)における研究が有名である(図1-3).

Fairbanks(1989)はバルバドスの海域で掘削されたサンゴ礁堆積物コア試料を検討し,最終氷期最盛期以降,海水準は単調に上昇してきたわけではなく,数百年という短期間に起きた急激な海水準上昇が2回あったことを示し,それらを融氷パルス(Melt Water Pulse)MWP-1A,MWP-1Bと呼んだ.現在,MWP-1A,MWP-1Bの年代は,それぞれ

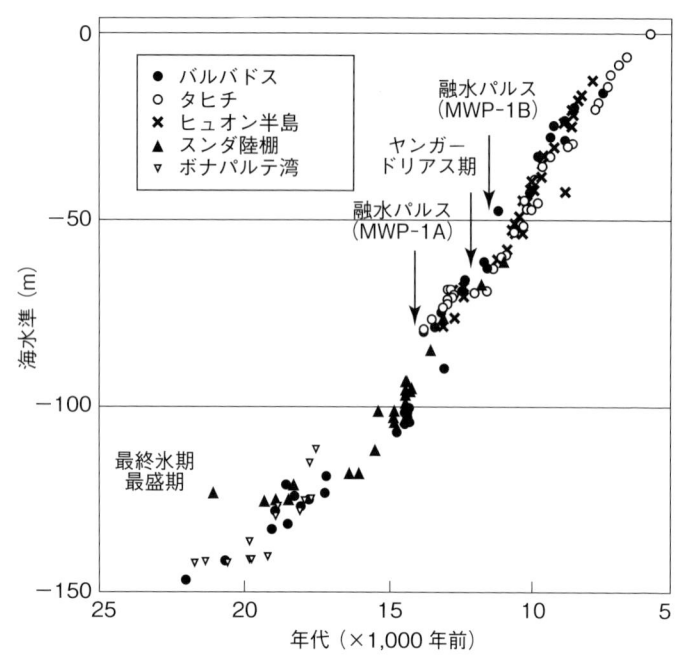

図1-3 後氷期海水準変動（Lambeck et al. 2002a を改変）.

約1万4,000年前と約1万1,000年前とされ（ただし，研究により異なる），前者の場合，500年ほどの期間に海水準が約20 m 上昇したと言われている（Weaver et al. 2003）. Blanchon and Shaw（1995）は，バルバドスのサンゴ礁が示す海水準変動を北大西洋の深海底堆積物中の海水温指標（浮遊性有孔虫 *Neogloboquadrina pachyderma* の左巻き個体の割合）やグリーンランド氷床に記録された気温の間接指標（氷の酸素同位体比）の変化と関連づけた（図1-4）. 彼らは，融氷パルスはローレンタイド氷床の大規模崩壊により北大西洋に石灰質堆積物がもたらされたイベントであるハインリッヒイベント直後の急激な海水準上昇によるとし，その際にサンゴ礁の上方への成長が一時的に海水準上昇に追いつかなかったと指摘し，これを Catastrophic Reef Event（CRE）と呼んだ. さらに，彼らは約8000年前にも海水準上昇と CRE があったとした. 一方，Toscano and Macintyre（2003）は，過去のある時点における海水準を，マングローブで形成された泥炭（陸成層）とサンゴ礁堆積物（海成層）

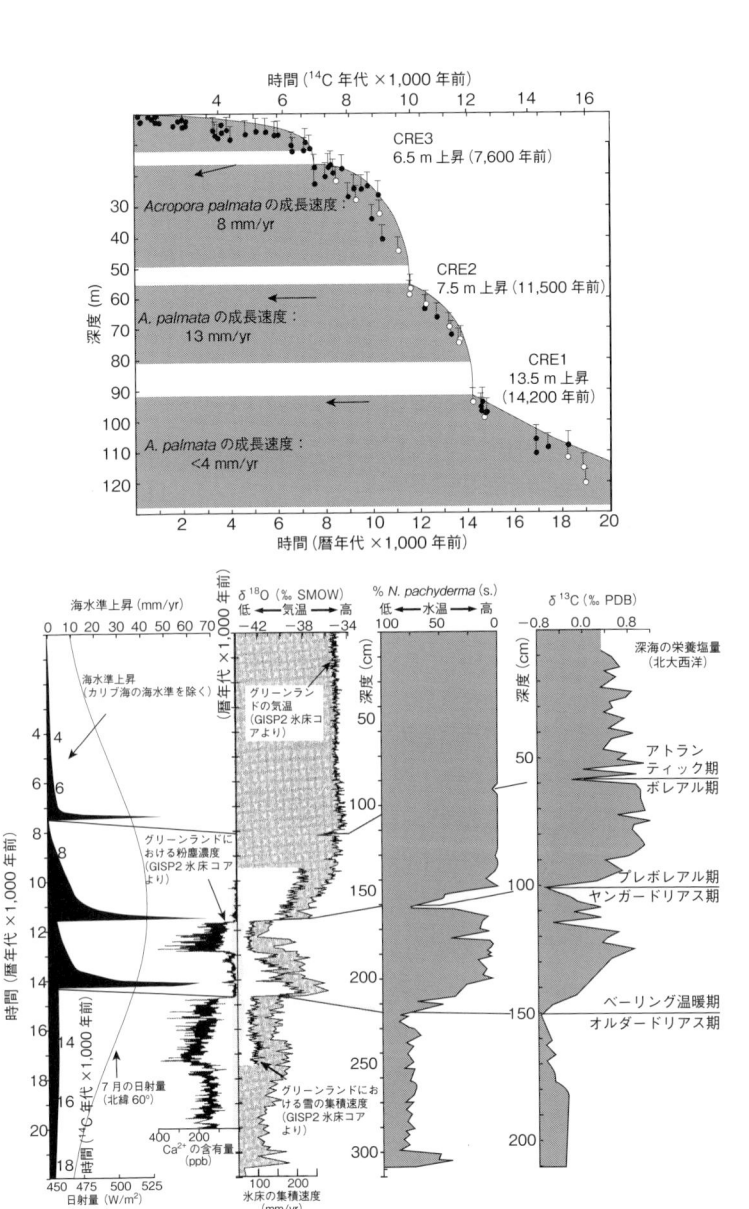

図1-4 カリブ海における後氷期海水準変動とグリーンランドの氷床コアおよび北大西洋の深海底堆積物コアに記録された気候変動記録との対比．この研究では，後氷期海水準変動は段階的であるとされている．*Acropora palmata* は大西洋のサンゴ礁でみられるミドリイシ属のサンゴである（Blanchon and Shaw 1995 を改変）．

とで決定するという手法を用いて，カリブ海沿岸の過去1万1,000年間の海水準変動を描きだした．その結果得られたのは，Blanchon and Shaw（1995）が示したものとは大きく異なり，滑らかな海水準上昇曲線であった．これに対して，Blanchon（2005）は，Toscano and Macintyre（2003）の曲線に含まれる信頼性の低いデータを取り除くことで段階的な海水準上昇曲線に書き換えることができるとし，滑らかな曲線を描けば，急速な変動も緩やかになるのは当然のことであると述べ，段階的な海水準上昇の正当性を主張した．

　一方，バルバドスやパプアニューギニアは活動的縁辺部に位置するため，これらの地域で復元された海水準の変動曲線は，地殻変動による誤差を含んでいる可能性を除外できない．そこで，より信頼性の高い海水準変動曲線を描きだすために，地殻変動や氷床に由来する融水が海洋に流れ込んで海底の地殻を圧迫する現象であるハイドロアイソスタシーの効果が小さい海域のサンゴ礁が着目された．このような観点から，研究がおこなわれた代表的なフィールドがタヒチである．タヒチでは，パペーテの港でおこなわれた掘削により，約6,000～1万3,000年前に形成されたサンゴ礁堆積物が得られた（Bard et al. 1996）．その結果，MWP-1Bに対応する急激な海水準上昇は見出されなかった．また，同じ掘削ではMWP-1A以前に形成されたサンゴ礁堆積物は採取されなかった．

　このように，Termination Iでは海水準は急激な上昇期を挟みつつ継続して上昇し，下降することはなかったとされている．これに対して，前々回の氷期-間氷期の移行期（Termination II：酸素同位体ステージ6～5）には，一時的な海水準の下降があったことが，統合国際深海掘削計画（Integrated Ocean Drilling Program：IODP）の第310次航海Tahiti Sea Levelにより，タヒチ島で掘削されたサンゴ礁堆積物の堆積相および含有化石の解析に基づいて示されており（Fujita et al. 2010；Iryu et al. 2010b），今後，2つの移行期（Termination IおよびTermination II）における海水準変動に差異が生じた理由の解明が望まれる．

後氷期海水準上昇に対するサンゴ礁の応答

　現在，私たちが目にすることができるサンゴ礁は，後氷期の海水準上

昇時の礁成長により形成されたものである．1970年代から，同時期の海水準変動に対するサンゴ礁の応答を明確にすることを目的として，サンゴ礁を横断する側線に沿って複数の掘削をおこなう浅層多孔掘削によりサンゴ礁の内部構造を明らかにする"解剖学的"研究がおこなわれた（たとえば，Macintyre and Glynn 1976；小西ら 1983）．その結果，Neumann and Macintyre（1985）は，次の3つの応答（礁の形成パターン）を認めた．

① Keep-up：サンゴ礁が海水準の上昇と同様の速度で上方に成長する礁成長様式である．堆積物から判読される環境（古水深）には変化は認められない．パナマのカリブ海側にあるガレタ礁が代表的な例．

② Catch-up：サンゴ礁が海水準の上昇に対し，遅れて上方へ成長した礁成長様式である．堆積物は上方浅海化を示す．ユカタン半島沖のアラクレラ礁が代表的な例．

③ Give-up：サンゴ礁が海水準の上昇についていくことができず，水没（溺死）にいたった礁成長様式である．堆積物は上方深海化を示す．世界各地の島棚上でみられる水没サンゴ礁がこの例．

完新世におけるサンゴ礁形成は，このように海水準変動に大きく規制されつつ，その他の環境要因（波浪，海水温，テクトニクス，炭酸塩飽和度）の影響も受けている．Montaggioni（2000, 2005）や Montaggioni and Braithwaite（2009）は従来の研究成果を総括し，完新世礁形成を10以上のパターンに細分している．

ところで，多くの場合，サンゴ礁の上方成長は礁内で一様ではなく，場所により大きく異なる．比較的多くのサンゴ礁で認められる成長プロセスは，現在，礁嶺として認められる部分が他の部分より成長速度が速く，礁内でもっとも早く海面に到達し，ついで，その部分が前方（礁斜面側）および後方（礁湖あるいは礁池側）へ成長していくというものである（Davies 1983；Yamano et al. 2001）．このようなサンゴ礁の地形形成には，光と溶存炭酸種（溶存二酸化炭素，炭酸イオン，重炭酸イオン）の濃度勾配が大きく関わっていることが Nakamura and Nakamori（2007）により示された（図1-5）．その概要は，次のようにまとめられる．サンゴ礁においては溶存炭酸種は外洋からもたらされるため，サ

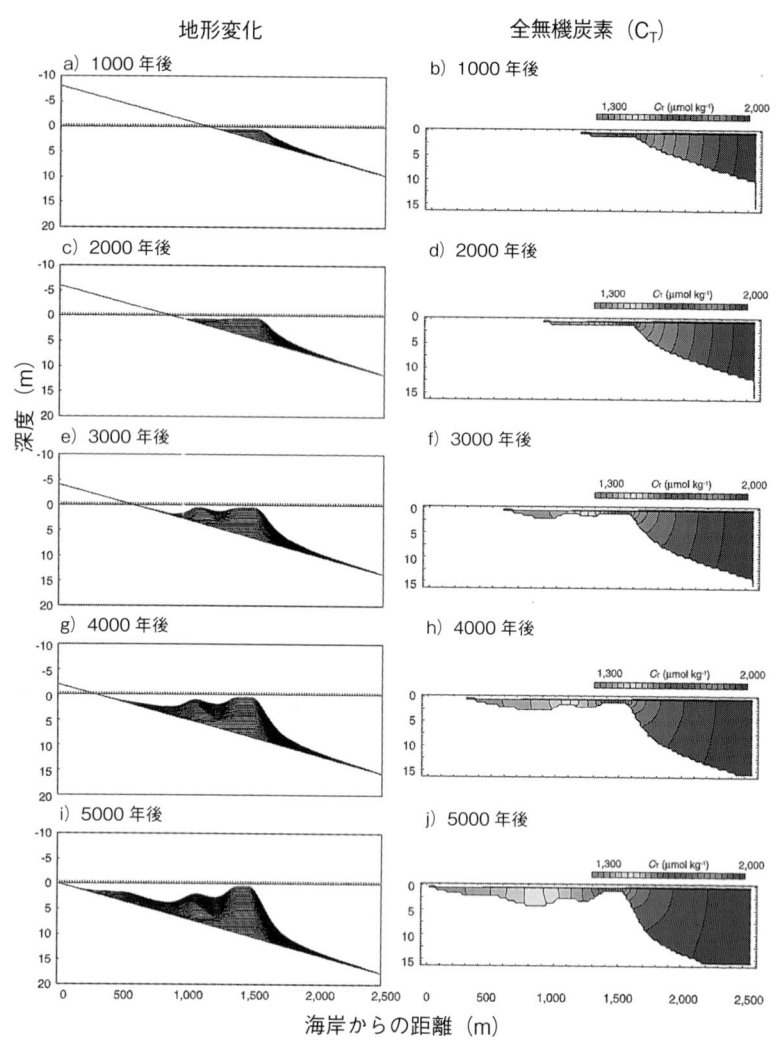

図1-5 礁形成モデルの出力結果（Nakamura and Nakamori 2007）．

ンゴ礁内に生息する生物の消費により，その濃度に沖合側から海岸側に向かって低くなるという勾配が生じる．そのため，礁の上方成長にも速度勾配（沖合側で高く，海岸側で低い）が生じる．その結果，まず最初に，地形は礁池と礁嶺に相当する部分とに分化する．すると，礁嶺は礁

池に比べ光に富むため，礁の成長速度が速くなる．一方，礁の海岸側は礁嶺により溶存炭酸種に富む海水が堰き止められるため，礁成長が阻害される．このようにして，礁嶺と礁池の地形的な分化が進行していく．この考えは，礁地形が自律的に形成されること示しており，従来にない斬新な発想と高く評価されている．

数十万年～数百万年スケール（10^5～10^6年）

第四紀海水準変動を記録したサンゴ礁堆積物

　ヒュオン半島（パプアニューギニア）やバルバドスは，それぞれ1年に1～2 mmと0.25 mmというひじょうに速い速度で隆起しているため（Lambeck et al. 2002b），第四紀のサンゴ礁堆積物が地表に露出している．これまでに，そのような隆起サンゴ礁を使った海面変動に関する研究が数多くおこなわれ，深海底堆積物の酸素同位体組成に関する知見と併せて，精密な海水準変動が編まれてきた（Lambeck and Chappell 2001；Lambeck et al. 2002a；Cutler et al. 2003；Thompson and Goldstein 2005；Siddall et al. 2010）．両地域は隆起しつつあるために，新しいサンゴ礁堆積物が古い堆積物の側面に次々に付加（オフラップ）し，階段状の地形が形成されていると考えられてきた（Chappell 1974）．しかし，ヒュオン半島において詳細な堆積相解析をおこなった中森ら（1995）は，同半島における第四系サンゴ礁堆積物の重なり方と分布は単純なオフラップではないことを示している．中森ら（1995）の指摘は，サンゴ礁堆積物の堆積モデルを第四紀海水準変動曲線に適用したシミュレーションにより指示される（Koelling et al. 2009）．このような解釈の相違が生じている原因は，ヒュオン半島の第四系サンゴ礁堆積物にみられる *Cycloclypeus* に富む石灰岩（*Cycloclypeus* は大型有孔虫である）および石灰藻球（サンゴモ球）石灰岩を礁斜面の水深10～20 mの堆積物とみなすか（Chappell 1974），あるいは，より深い深度（50～150 m）で形成されたものと考えるか（中森ら 1995）による．先に述べたToscano and Macintyre（2003）とBlanchon（2005）によるカリブ海における論争も，ヒュオン半島における議論も，堆積深度の推定結果の相違に起因する．すなわち，現在，海水準変動の復元に関しては，年代測定法は高精度化したものの，古水深の推定はいまだに誤差が大きく，

この点の改善が急務であるといえよう.

琉球列島における第四紀サンゴ礁形成史

　琉球列島は，現在，北西太平洋におけるサンゴ礁の分布の北限に位置している．そのため，琉球列島では，南方に位置するサンゴ礁の分布の中心域に比べ，第四紀気候変動がサンゴ礁・サンゴ礁生態系により大きな影響を与えたと想定される．したがって，琉球列島の第四系サンゴ礁堆積物は，サンゴ礁・サンゴ礁生態系の気候変動に対する応答を明らかにするために理想的なフィールドとして注目されている（Iryu et al. 2006）．

　琉球列島のうち，小宝島以南の島々にはサンゴ礁から陸棚にかけての一帯で形成された炭酸塩堆積物が広く分布し，それらは琉球層群と呼ばれている．従来，琉球層群の堆積開始時期，すなわち琉球列島におけるサンゴ礁の形成開始時期は約0.6〜0.7 Ma（Ma＝100万年前）であると考えられていた（たとえば，Koba 1992；Ujiie 1994）．しかしながら，近年，植物プランクトンの一種である石灰質ナンノ化石の出現や絶滅に基づいて年代を決定する石灰質ナンノ化石生層序を用いて，琉球層群およびその下位に位置する知念層の堆積年代が詳細に検討され，琉球層群の堆積開始時期は1.39〜1.71 Maまで遡ることが示された（たとえば，Yamamoto et al. 2006）．さらに，泥質堆積物が堆積する場（島尻層群堆積時）が浅くなり，しだいに陸源性砕屑物の供給量の減少と粗粒な浅海性生物源堆積物の供給量の増加が進行し（知念層堆積時），造礁サンゴの成育に適した清澄な暖浅海（琉球層群堆積時）へと堆積環境が変化したのは，前期更新世のわずか数十万年という比較的短い期間であったことが明らかになった（佐藤ら 2004；小田原ら 2005）（図1-6）．このような劇的な海洋環境変化は，現在，琉球列島の背後（背弧）に存在する海面下の盆地（背弧海盆）である沖縄トラフの拡大と，それに伴う黒潮の背弧側への流入と密接に関連していると考えられるが，両イベントの正確なタイミングは，現時点にいたるまで不明である．

　その後，琉球層群を構成するサンゴ礁複合体堆積物が，第四紀の海水準変動に対応して形成された．同層群を構成する石灰岩および砕屑岩の重なり方（層序）と分布から，低海水準期から海水準が上昇する海進期を

図1-6 知念半島の"うりずん露頭"に露出する島尻層群および知念層．琉球列島が泥の海（島尻層群堆積時）からサンゴ礁の海（琉球層群堆積時）に変わっていった過程が観察される．なお，この露頭では，植被のために知念層上部と流球層群の境界を直接観察することはできない．

経て高海水準期（さらには海水準が低下する海退期）にいたる一連の海水準変動に対応して形成されたと考えられるサンゴ礁複合体堆積物を個別に認定することができる（図1-7，1-8）．1つのサンゴ礁複合体堆積物は，浅海相（水深50m以浅の堆積物）であるサンゴ石灰岩と，沖合相（水深50m以深の堆積物）である石灰藻球石灰岩・*Cycloclypeus-Operculina*石灰岩（*Operculina*は大型有孔虫である）・淘汰の悪い（粒子の大きさが不揃いの）砕屑性の石灰岩よりなる（Nakamori et al. 1995）．海水準の上昇とともにサンゴ礁複合体堆積物はしだいに島の内陸側のより標高の高い場所に形成されていくので，浅海相のサンゴ石灰岩は沖合相である石灰藻球（サンゴモ球）石灰岩・*Cycloclypeus-Operculina*石灰岩・淘汰の悪い砕屑性石灰岩の分布域よりも地形的に高所にまで分布する．よって，陸域側の地形的高所ではサンゴ石灰岩のみが認められ，それは下位のユニットを構成する石灰岩と不整合関係で重なる．一方，海側の地形の低所では，堆積時に造礁サンゴが成育可能な堆積深度にまで浅海化しなかったため，沖合相の石灰岩が整合関係で重なる．また，両者の中間に位置する地点では，サンゴ石灰岩の上位に沖合相の石灰岩が整合関係で重なり，この沖合相の石灰岩のさらに上位には，高海水準期～海退期に形成されたサンゴ石灰岩がのる（ただし，最上位のサンゴ石灰岩

遠い ← 堆積時に陸域であった場所からの距離 → 近い

高い

新しいユニット

淘汰のよい砕屑性石灰岩

サンゴ石灰岩

不整合 →

高海水準期から海退期にかけて堆積したサンゴ石灰岩

サンゴ石灰岩

標高

整合 → ← 不整合

石灰藻球，*Cy.-Op.*および淘汰の悪い砕屑性石灰岩

古いユニット

← 整合

石灰藻球石灰岩 ,*Cy.-Op.*, 石灰岩
淘汰の悪い砕屑性石灰岩

低い

Cy.-Op. 石灰岩：*Cycloclypeus-Operculina* 石灰岩

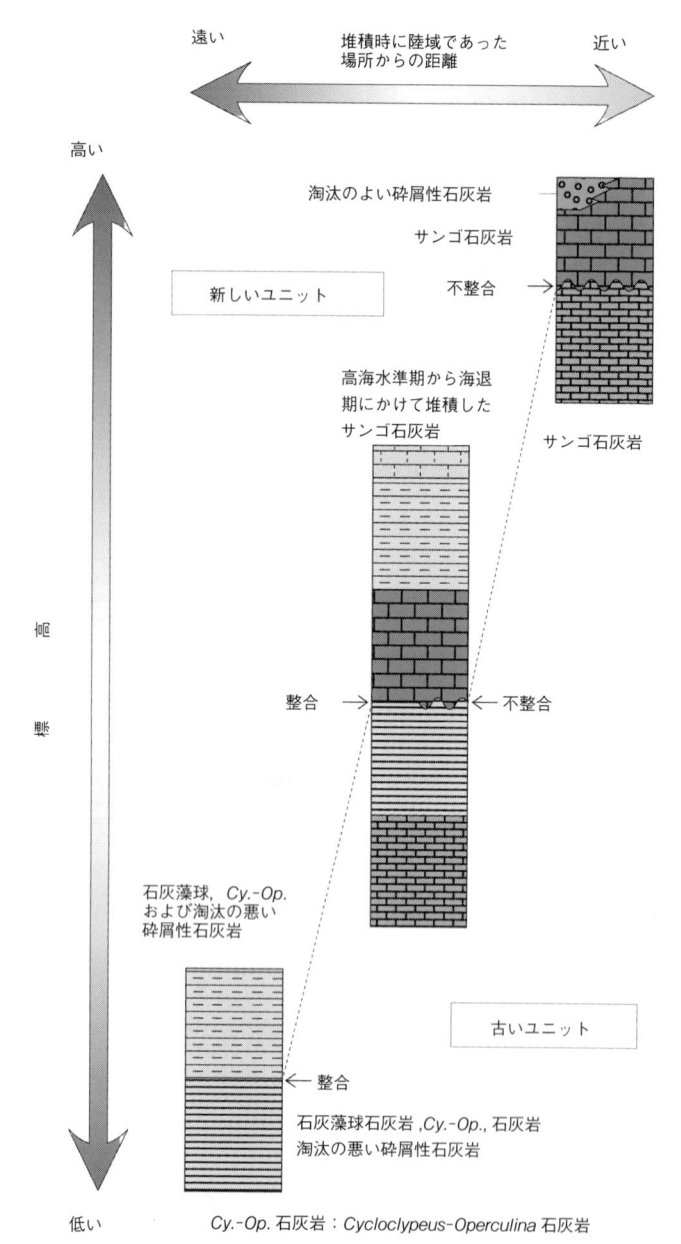

図1-7 琉球層群を構成するユニットの定義．低海水準時から海進および高海水準期を経て海退にいたる海水準変動の1サイクルに対応して形成された堆積物を1ユニットと定義する．

18 —— 第Ⅰ部　サンゴ礁の環境

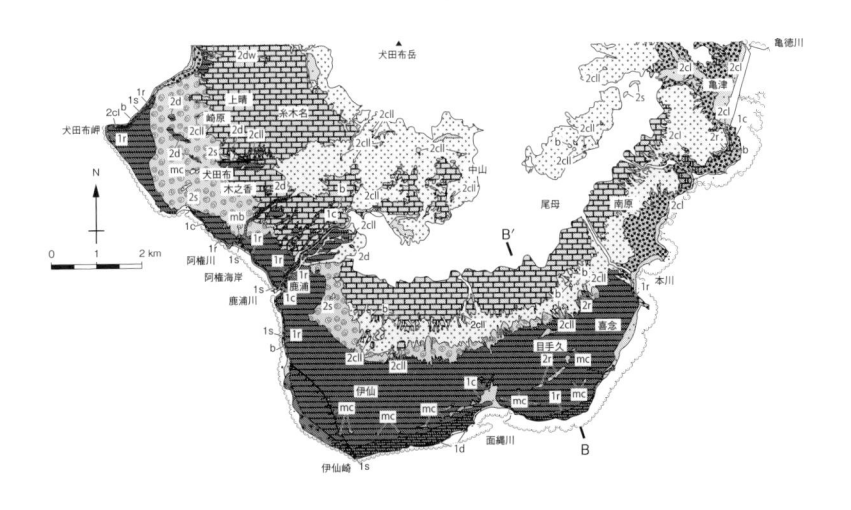

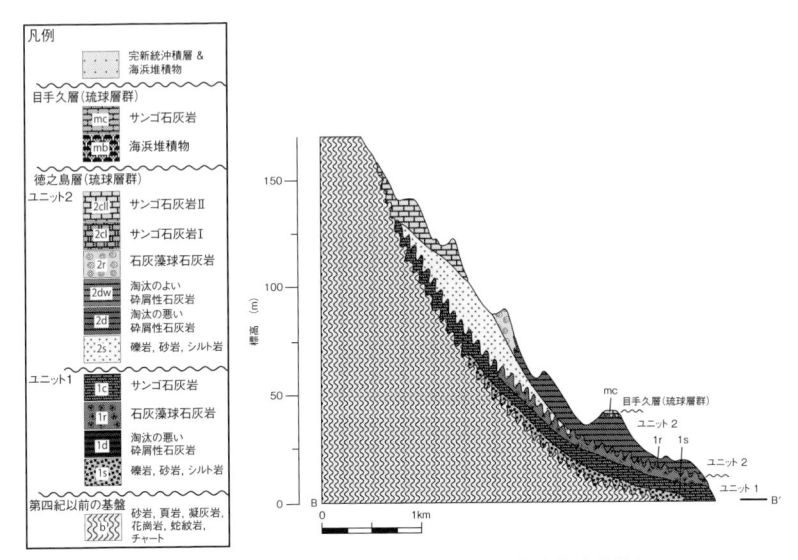

図1-8 鹿児島県徳之島の琉球層群（第四系サンゴ礁複合体堆積物）.

第1章 サンゴ礁のなりたち ── 19

は，多くの場合，無堆積もしくは削剥のために欠落している）．

このようにして捉えられた，琉球層群の堆積・形成史は，約0.8Ma頃から琉球列島全体にサンゴ礁が広がり，海水準変動に呼応して，サンゴ礁複合体堆積物が繰り返し形成されたことを示している．現在，琉球列島に広く分布する琉球層群の主体をなすのは，この時期の堆積物であり，とくに徳之島，沖永良部島，沖縄本島，宮古諸島，与那国島で厚く発達している．これは，汎世界的な海水準変動が前期更新世よりも長周期・大振幅になった時期（Mid-Pleistocene Climate Transition）にほぼ対応している（Yamamoto et al. 2006）．

琉球列島の第四紀サンゴ礁は，背弧の拡大による海流系の変化に起因する海洋環境の変化や第四紀海水準変動だけでなく，島々の造構運動（隆起・沈降）にも規制されて形成された．このような成り立ちをしたサンゴ礁堆積物は，世界に類をみない特異なものである．造構運動により琉球列島のサンゴ礁堆積物は変形・変位を被っているため，サンゴ礁形成時の海水準変動と造構運動の効果を分離できないという研究上の不利な点があることはいなめないが，他の地域では見ることができない沖合相の堆積物が地表に露出し，詳細な検討を加えることができるという大きな利点がある．

数千万年スケール（10^7 年）

海洋島のサンゴ礁堆積物の生涯

よく知られているように，熱帯〜亜熱帯海域でみられるサンゴ礁は地形的な特徴に基づいて裾礁，堡礁，環礁に区分される．ダーウィンは，サンゴ礁がこのような3つの地形をなす理由を説明するために沈降説を提唱した．沈降説とは，サンゴ礁はまず火山島の周辺に裾礁として形成され，火山島がゆっくりと沈降するにしたがって堡礁へと代わり，ついには環礁となるとする説である．現在の沈降説は，プレートテクトニクスに基づく視点を加味され，より洗練されたものとなっている．たとえば，Grigg（1982）は，ハワイ—天皇海山列では，マントルで生成されたマグマが吹き上がっている場所であるハワイ・ホットスポットで形成された火山島は，その頂部に礁・炭酸塩プラットフォーム堆積物[1]をのせて海洋プレートの移動に伴って高緯度（北西方向）に移動し，やが

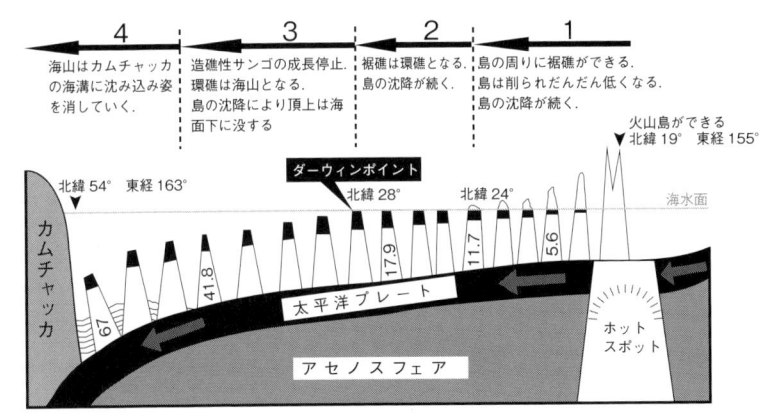

図1-9 ハワイ 天皇海山列における礁・炭酸塩プラットフォームの形成史
(Grigg 1982を改変).

てアリューシャン海溝へと沈み込んでいくことを示した（図1-9）．その途中で，礁・炭酸塩プラットフォームの堆積速度（上方成長速度）は小さくなり，やがてその速度が火山島の沈降速度と等しくなる点（ダーウィンポイントと命名）より高緯度側では，同堆積物は水没してしまうことが示され，後述の礁・炭酸塩プラットフォームの溺死（成長活動の停止と水没）の原因の一例とされた．また，Konishi (1989) は，日本周辺の海山上の礁・炭酸塩プラットフォームの地形・地質を検討し，Grigg (1982) が描いた礁・炭酸塩プラットフォームの生涯は必ずしも完全ではなく，海溝に達した礁・炭酸塩プラットフォームの中には，大陸プレートに付加するものがあることを指摘した．

Hess (1946) は北西太平洋から160個の頂部が平担な海山を発見し，19世紀の地理学者 Arnold Guyot にちなんで，それらをギョー（平頂海山または卓状海山）と命名した．ギョーの頂部は，現在，水深1,000 mを超える"深海域"に位置しているにも関わらず，そこからは白亜紀以降に形成された浅海性石灰岩が採取される．これは，ギョーが浅海域から1,000 m以上も沈降したことを意味する．このような浅海性石灰岩の産状に基づき，Schlager (1981) は，"礁・炭酸塩プラットフォームの溺死のパラドックス"を提唱した．そのパラドックスとは，「礁の成長速度は島の沈降速度や海水準変動（上昇）よりも1桁以上速いので，礁

は水没することなく海山(火山島)上で成長し続けることが可能なはずである.しかし,現在の海洋底には水没したサンゴ礁が多くみられる.これらは,礁が何らかの要因により成長活動を停止し,海洋プレートの沈降によって水没したことを意味する」というものである.このパラドックスに対して,さまざまな仮説(たとえば,海洋の富栄養化説,海水準低下による造礁生物群集に対するダメージ説,礁・炭酸塩プラットフォームは海洋の特定の領域(赤道から南緯10度の範囲)を通過する際に溺死するという説)が提唱されてきたが,この問題を解決するにはいたっていない.しかし,溺死したサンゴ礁の中には,その後の低海水準時に,造礁サンゴが生育可能な水深に運良く戻り,サンゴ礁が復活した例も知られている(Iryu et al. 2010a).

　海洋島の中には,沈み込むプレート縁辺に位置する隆起帯(フォアバルジ)に到達して隆起し,海面上に現れたものがある.それらの島々は隆起環礁と呼ばれ,代表的な例として,ソロモン諸島レンネル島(サンクリストバル海溝),ロイヤリティ諸島(ニューヘブリデス(バヌアツ)海溝),ニウエ島(トンガ海溝)があげられる.隆起環礁の隆起速度は,海洋プレートの物性や沈み込み角度等により変化するが,百万年間で20〜230mであるとされている.これらの中で,北大東島の隆起速度がもっとも厳密に求められており,その速度は百万年間で約50mとされている.

ドロマイトとドロマイト化

　海洋島のサンゴ礁堆積物を検討する際に避けて通れないのが,ドロマイト(dolomite)の起源と成因に関する議論である.ドロマイトはさまざまな地質時代の堆積物中にみられる炭酸塩鉱物であり,その鉱物組成は$Ca_{0.5}Mg_{0.5}CO_3$である(ただし,ほとんどのドロマイトではカルシウムCaに富んでおり,$Ca_{0.5-0.6}Mg_{0.4-0.5}CO_3$である).多くの研究により,ドロマイトの大部分は石灰質堆積物として堆積したものが,ドロマイト化作用により二次的に生成されたことが明らかにされている.ドロマイトの成因については古くから研究されてきたが,ドロマイト化作用が起きた地表付近と同様の環境,すなわち常温常圧下でのドロマイトの生成実験が現時点で成功していないため,いまだにその全容は明らかにされ

ていない．

　従来の研究により，多くのドロマイト化作用のモデルが提唱されてきたが，それらは①母液として蒸発作用によって生じた高塩分水を想定する蒸発性ドロマイト化作用，②母液として海水と陸水の混合によって生じた低塩分水を想定する混合水ドロマイト化作用，③通常の塩分の海水を母液とする海水ドロマイト化作用，④陸棚炭酸塩岩に隣接する盆地成泥質岩の圧密によるマグネシウム（Mg）に富む間隙水の炭酸塩岩への排出により生じる埋没ドロマイト化作用の4つに大別される（たとえば，Tucker and Wright 1990）．このように，ドロマイト化の過程は多様であり，ドロマイトの起源と成因の解明は「ドロマイト問題」と言われ，多くの研究者がその解明に取り組んできた．しかし，古い地質時代におけるドロマイトの起源と成因の解釈が困難であること，ドロマイト化作用が起こり得る環境に制約を与えることができる孤立した地質学的環境が望ましいことから，1980年代より海洋島に分布する新生代の"Island dolomites"が注目されてきた（Budd 1997）．なかでも大西洋のリトル・バハマ・バンクと南太平洋のニウエ島のドロマイトが精力的に研究された．その結果，両島のドロマイトに，

・マグネシウム含有量と酸素同位体比の間に正の相関関係
・マグネシウム含有量とナトリウムNaおよびストロンチウムSr含有量の間に負の相関関係

があるという特徴が見出された．この要因として，化学量論的・同位体化学的視点から説明しうるという考え（Vehrenkamp and Swart 1994）と異なる時期に形成された化学組成・同位体組成の異なるドロマイトの混合によるという考え（Wheeler et al. 1999）の2つの対立する説が示されたが，北大東島のドロマイト研究により後者を支持する結果が得られ（Suzuki et al. 2006），現在は後者が支配的となっている．

地質時代を通じた造礁生物の時代変遷

　生物礁は，先カンブリア時代から現在まで，地質時代を通して知られているが，その組成は時代により大きく変化してきた．地質時代の大半を占める先カンブリア時代は，一般に産出化石に乏しいことによって特徴づけられる．しかし，すでに，この時代にシアノバクテリア（藍藻）

と堆積物が交互に何層も積み重なって形成されたストロマトライトよりなる生物礁がみられる．古生代の代表的生物礁は，古杯類・石灰微生物礁（前期カンブリア紀），層孔虫・サンゴ（四放サンゴ，床板サンゴ）・石灰微生物礁（後期オルドビス紀〜後期デボン紀），石灰藻類礁（前期後期石炭紀〜ペルム紀），石灰海綿・コケムシ礁（中期〜後期ペルム紀）という変遷を遂げた．その後，地球史の中で最大の大量絶滅事変である，ペルム紀・三畳紀境界（P/T境界）における大量絶滅は造礁生物にも大きな影響をおよぼした．この事変後にはサンゴが見られないサンゴ・ギャップ（Knoll et al. 2007）と呼ばれる時期が続き，その間の生物礁としては微生物礁が形成された．中期三畳紀に現れた六放サンゴは，後期三畳紀には多様性が増加し，生物礁を形成したが，三畳紀・ジュラ紀境界（T/J境界）における大量絶滅により，50属以上が絶滅した．ジュラ紀には六放サンゴと層孔虫（古生代型とは異なる）を，白亜紀には特殊化した二枚貝である厚歯二枚貝を主たる造礁生物とする生物礁（炭酸塩プラットフォーム）が形成された．中生代末（K/Pg境界）の大量絶滅により，厚歯二枚貝は絶滅したものの，六放サンゴは絶滅を免れた．現在みられる造礁サンゴと無節サンゴモを主たる造礁生物とする生物礁が広い範囲でみられるようになるのは，漸新世以降である（Takayanagi et al. in press）．現在，太平洋と大西洋の造礁サンゴ群集組成は大きく異なっているが，これは，約270万年前にパナマ地峡が成立し，両海域の群集が分断されたためである（Sato et al. 1998）．

近年，顕生代を通じた造礁生物をはじめとする海洋石灰化生物の時代変遷の原因を海水の化学組成の時代変遷に求める見解が示され，多くの研究者に指示されている．その見解によると，海水から無機的に生成した炭酸塩の初生的鉱物組成に基づいて，顕生代は3度のアラゴナイト（アラレ石）海（Aragonite Sea）と2度のカルサイト（方解石）海（Calcite Sea）（図1-10）に区分され，この変動は，中央海嶺の拡大速度の変化によって引き起こされる海水のMg/Caの変化に起因するという（Stanley 2006）．これは，カルサイト海の時期には中央海嶺の拡大速度が速く，海洋プレートを構成する玄武岩の変質によるカルシウム（Ca）の海水への放出とマグネシウム（Mg）の海水からの取り込みが増加するため，海水のMg/Caは低くなるが，アラゴナイト海の時期には逆の

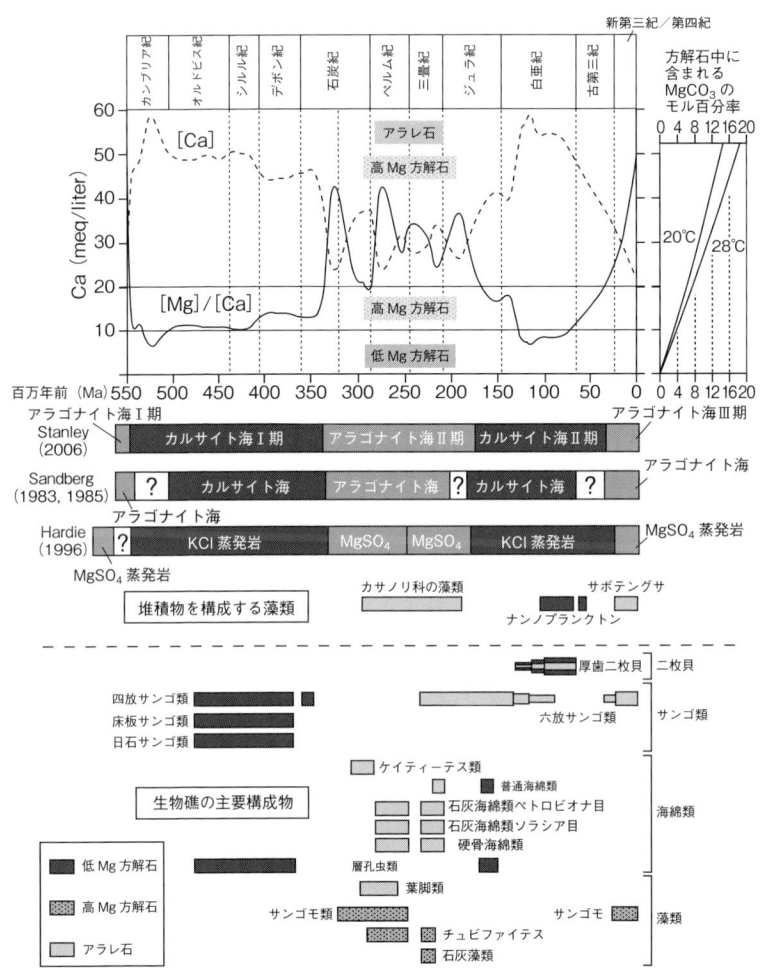

図1-10 非生物骨格性海成炭酸塩・蒸発岩（中）および主たる海棲石灰化生物（下）の鉱物組成の時代変化．海水の Mg/Ca 比（モル比）の時代変化に，低マグネシウム方解石，高マグネシウム方解石，アラレ石の形成領域を併せて示す（上）(Stanley 2006 を改変)．

プロセスにより，海水の Mg/Ca が高くなるためである．カルサイト海の時期は地球史における温室期に，アラゴナイト海の時期は氷室期にほぼ対応する．よって，顕生代における海洋石灰化生物の鉱物組成の変遷は，地球表層における生物地球化学循環の変動に規制されていると考え

られる．これは，白亜紀の組成を再現した海水で造礁サンゴを飼育した結果，部分的に方解石の骨格が形成されたという実験（Ries et al. 2006）からも支持される．一方，海洋石灰化生物の時代変遷を規制する要因は海水の炭酸塩鉱物の飽和度であり，飽和度の高かった時代には微生物起源の炭酸塩岩が多く堆積し，石灰微生物礁が形成されたとする説も示されている（Riding and Liang 2005）．

　サンゴ礁・生物礁や造礁生物は，地形学，地質学，古生物学の研究対象として古くから数多くの研究がおこなわれてきた．しかし，近年，それらは過去の地球環境，とくに熱帯〜亜熱帯の浅海環境を記録した優れた文書として地球科学の多くの領域の研究者から注目されるようになり，海水準変動，海洋環境（海水温，塩分，pH），大気-海洋システム（エルニーニョ・南方振動，インド洋ダイポール），生物地球化学循環に関する情報源として重要な研究対象となっている．これによって得られた研究成果は，現在進行しつつある地球温暖化や海洋酸性化の将来予測にも役立つと期待されており，統合国際深海掘削等の国際プロジェクトにおいて，サンゴ礁は重要なターゲットの1つとされている．読者の方々にサンゴ礁の地球科学に対する理解や関心をもっていただれば幸甚である．

注
[1] 礁の定義を満足しない炭酸塩堆積物からなる地質体に対しては，炭酸塩プラットフォームやランプ等の用語が用いられている．

引用文献

Bard E, Hamelin B, Arnold M, Montaggioni LF, Cabioch G, Faure G, Rougerie F (1996) Deglacial sea level record from Tahiti corals and the timing of global meltwater discharge. Nature 382：241-244

Battistini R, Bourrouilh F, Chevalier J-P, Coudray J, Denizot M, Faure G, Fisher J-C, Guilcher A, Harmelin-Vivien M, Jaubert J, Laborel J, Montaggioni L, Masse J-P, Maugé L-A, Peyrot-Clausade M, Pichon M, Plante R, Plaziat J-C, Plessis YB, Richard G, Salvat B, Thomassin BA, Vasseur P, Weydert P (1975) Eléments de terminologie récifale indopacifique. Téthys 7：1-111

Blanchon P (2005) Comments on "Corrected western Atlantic sea-level curve for the last 11,000 years based on calibrated ^{14}C dates from *Acropora palmata* framework and intertidal mangrove peat" by Toscano and Macintyre [Coral

Reefs (2003) 22:257-270]. Coral Reefs 24:183-186

Blanchon P and Shaw J (1995) Reef drowning during the last deglaciation: Evidence for catastrophic sea-level rise and ice-sheet collapse. Geology 23:4-8

Budd DA (1997) Cenozoic dolomite of carbonate islands: their attributes and the origin. Earth-Sci Rev 42:1-47

Chappell J (1974) Geology of coral terraces, Huon Peninsula, New Guinea: A study of Quaternary tectonic movements and sea-level changes. Geol Soc Amer Bull 85:553-570

Cutler KB, Edwards RL, Taylor FW, Cheng H, Adkins J, Gallup CD, Cutler PM, Burr GS, Bloom AL (2003) Rapid sea-level fall and deep-ocean temperature change since the last interglacial period. Earth Planet Sci Lett 206:253-271

Davies PJ (1983) 6 Reef growth. In: Barnes DJ (ed) Perspectives on Coral Reefs, Aust Inst Mar Sci, Townsville, pp 39-106

Edwards RL, Beck JW, Burr GS, Donahue DJ, Chappell JMA, Bloom AL, Druffel ERM, Taylor FW (1993) A large drop in atmospheric $^{14}C/^{12}C$ and reduced melting in the Younger Dryas, documented with ^{230}Th ages of coral. Science 260:962-968

Fairbanks RG (1989) A 17,000-year glacio-eustatic sea level record: influence of glacial melting rates on the Younger Dryas event and deep-ocean circulation. Nature 342:637-642

Fujita K, Omori A, Yokoyama Y, Sakai S, Iryu Y (2010) Sea-level rise during Termination II inferred from large benthic foraminifers: IODP Expedition 310, Tahiti Sea Level. Mar Geol 271:149-155

Grigg RW (1982) Darwin point: a threshold for atoll formation. Coral Reefs 1:29-34

Guilcher A (1988) Coral Reef Geomorphology. xiii, John Wiley & Sons, Inc., USA, pp 228

Hess HH (1946) Drowned ancient islands of the Pacific Basin. Amer Jour Sci 244:772-791

Hopley D (1982) The Geomorphology of the Great Barrier Reef -Quaternary Development of Coral Reefs- Wiley-Interscience Publication, New York, pp 470

Humblet M, Furushima Y, Iryu Y, Tokuyama H (2010) Deep zooxanthellate corals in the Ryukyu Islands: insight from modern and fossil reefs. In: Amorosi A (ed) Proc 27th IAS Meeting of Sedimentologists (September 20-23, 2009, Alghero, Italy), Medimond, Bologna, pp 129-133

Iryu Y, Inagaki S, Suzuki Y, Yamamoto K (2010a) Late Oligocene to Miocene reef formation on Kita-daito-jima, northern Philippine Sea. Special publications of the International Association of Sedimentologists. In: Maria M, Piller WE, Betzler C (eds) Carbonate Systems during the Oligocene-Miocene Climatic Transition. Spec Publ Int Ass Sedimentol, no. 42, Wiley-Blackwell Ltd., Oxford, pp 245-256

Iryu Y, Matsuda H, Machiyama H, Piller WE, Quinn TM, Mutti M (2006) An

introductory perspective on the COREF Project. Isl Arc 15：393-406
Iryu Y, Nakamori T, Matsuda S, Abe O (1995) Distribution of marine organisms and its geological significance in the modern reef complex of the Ryukyu Islands. Sedim Geol 99：243-258
Iryu Y, Takahashi Y, Fujita K, Camoin G, Cabioch G, Matsuda H, Sugihara K, Sato T, Webster JM, Westphal H (2010b) Sea-level history recorded in the Pleistocene carbonate sequence in IODP Hole 310-M0005D, off Tahiti. Isl Arc 19：690-706
James NP, Ginsburg RN (1979) The Seaward Margin of Belize Barrier and Atoll Reefs. Spec Publ Int Ass Sedimentol, no. 3, Blackwell Sci Publ., Oxford, pp 191
河名俊男 (1987) 生物群集の成立基盤としてのサンゴ礁地形．海洋科学，海洋出版，東京，19：536-544
茅根　創 (1990) 地球規模のCO_2循環におけるサンゴ礁の役割．地質ニュース，436：6-16
茅根　創 (1991) サンゴ礁地形分帯の用語の差異と統一への提案．日本地理学会予稿集，39：88-89
茅根　創・中井達郎・米倉伸之・東京大学海洋調査探検部 (1986) 与論島現成サンゴ礁礁縁部の地形構成とサンゴの分帯構成．現成サンゴ礁の微地形と浅層構造の研究（昭和60年度科学研究費補助金（総合研究A）研究成果報告書），55-64
Knoll AH, Bambach RK, Payne JL, Pruss S, Fischer WW (2007) Paleophysiology and end-Permian mass extinction. Earth Planet Sci Lett 256：295-313
Koba M (1992) Influx of Kuroshio Current into the Okinawa Trough and inauguration of quaternary coral reef building in the Ryukyu Island Arc, Japan. Quat Res (Daiyonki Kenkyu) 31：359-373
Koelling M, Webster JM, Camoin G, Iryu Y, Bard E, Seard C (2009) SEALEX-Internal reef chronology and virtual drill logs from a spreadsheet-based reef growth model. Glob Planet Change 66：149-159
Konishi K (1989) Limestone of the Daiichi Kashima Seamount and the fate of a subducting guyot：fact and speculation from the Kaiko "Nautile" dives. Tectonophysics 160：249-265
小西健二・辻 喜弘・後藤十志郎・田中武男・二口克人 (1983) サンゴ礁の多孔浅層掘削-喜界島における完新統の例-．海洋科学，海洋出版，東京，15：154-164
Ladd HS, Tracey JI Jr., Wells JW, Emery KO (1950) Organic growth and sedimentation on an atoll. J Geol 58：410-425
Lambeck K, Chappell J (2001) Sea level change through the last glacial cycle. Science 292：679-686
Lambeck K, Esat TM, Potter EK (2002a) Links between climate and sea levels for the past three million years. Nature 419：199-206
Lambeck K, Yokoyama Y, Purcell T (2002b) Into and out of the Last Glacial Maximum：sea-level change during Oxygen Isotope Stages 3 and 2. Quat Sci Rev 21：343-360

Macintyre IG, Glynn PW (1976) Evolution of modern Caribbean fringing reef, Galeta Point, Panama. Amer Ass Petrol Geol Bull 60:1054-1072

Montaggioni LF (2000) Postglacial reef growth. C R Acad Sci Paris, Sci, Earth Planet Sci Lett 331:319-330

Montaggioni LF (2005) History of Indo-Pacific Coral Reef Systems since the last glaciations: development patterns and controlling factors. Earth-Sci Rev 71:1-75

Montaggioni LF, Braithwaite CJR (2009) Quaternary Coral Reef Systems. Elsevier, Amsterdam, pp 532

Nakamori T (1986) Community structures of Recent and pleistocene hermatypic corals in the Ryukyu Islands, Japan. Sci Rep Tohoku Univ, 2nd Ser (Geol) 56:71-133

Nakamori T, Iryu Y, Yamada T (1995) Development of coral reefs of the Ryukyu Islands, Japan during Pleistocene sea-level change. Sedim Geol 9:215-231

中森 亨・松田伸也・大村明雄・太田陽子（1995）造礁サンゴ群集に基づくパプアニューギニア，ヒュオン半島の更新世石灰岩の堆積環境．地学雑誌，104：725-742

Nakamura T, Nakamori T (2007) A geochemical model for coral reef formation. Coral Reefs 26:741-755

Neumann AC, Macintyre IG (1985) Reef response to sea level rise: Keep-up, catch-up or give up. Proc 5th Int Coral Reefs Cong Tahiti 3:105-117

小田原 啓・井龍康文・松田博貴・佐藤時幸・千代延 俊・佐久間大樹（2005）沖縄本島南部米須・慶座地域の知念層および"赤色石灰岩"の石灰質ナンノ化石年代．地質学雑誌 111：224-233

Riding R, Liang L (2005) Geobiology of microbial carbonates: metazoan and seawater saturation state influences on secular trends during the Phanerozoic. Palaeogeogr Palaeoclimatol Palaeoecol 219:101-115

Ries JB, Stanley SM, Hardie LA (2006) Scleractinian corals produce calcite, and grow more slowly, in artificial Cretaceous seawater. Geology 34:525-528

Sato T, Saito T, Takahashi H, Sato Y, Osato C, Goto T, Hibino T, Higashi D, Takayama T (1998) Preliminary report on the geographical distribution of the cold water nannofossil *Coccolithus pelagicus* (Wallich) Schiller during the Pliocene to Pleistocene. J Min Coll, Akita Univ, Ser A, 8:32-46.

佐藤時幸・中川 洋・小松原純子・松本 良・井龍康文・松田博貴・大村亜希子・小田原 啓・武内里香（2004）石灰質微化石層序からみた沖縄本島南部，知念層の地質年代．地質学雑誌，110：28-50

Schlager W (1981) The paradox of drowned reefs and carbonate platforms. Geol Soc Amer Bull 92:197-211

Siddall M, Kaplan MR, Schaefer JM, Putnam A, Kelly MA, Goehring B (2010) Changing influence of Antarctic and Greenlandic temperature records on sea-level over the last glacial cycle. Quat Sci Rev 29:410-423

Stanley SM (2006) Influence of seawater chemistry on biomineralization throughout phanerozoic time : Paleontological and experimental evidence. Palaeogeogr Palaeoclimatol Palaeoecol 144 : 3-19

Stoddard DR (1969) Ecology and morphology of recent coral reefs. Biol Rev. 44 : 433-498

Suzuki Y, Iryu Y, Inagaki S, Yamada T, Aizawa S, Budd DA (2006) Origin of atoll dolomites distinguished by geochemistry and crystal chemistry : Kita-daito-jima, northern Philippine Sea. Sedim Geol 183 : 181-202

高橋達郎（1988）サンゴ礁．古今書院．東京，pp 258

Takayanagi H, Iryu Y, Oda M, Sato T, Chiyonobu S, Nishimura A, Nakazawa T, Ishikawa T, Nagaishi K (in press) Temporal changes in biotic and abiotic composition of shallow-water carbonates on submerged seamounts in the northwestern Pacific Ocean and their controlling factors. Geodiversitas.

田山利三郎（1952）南洋諸島の珊瑚礁．水路部報告 11 : 1-290

Thompson WG, Goldstein SL (2005) Open-system coral ages reveal persistent suborbital sea-level cycles. Science 308 : 401-404

Toscano MA, Macintyre IG (2003) Corrected western Atlantic sea-level curve for the last 11,000 years based on calibrated ^{14}C dates from *Acropora palmata* framework and intertidal mangrove peat. Coral Reefs 22 : 257-270

Tracey JI, Cloud PE, Emery KO (1955) Conspicuous features of organic reefs. Atoll Res Bull 46 : 1-3

Tucker ME, Wright VP (1990) Carbonate Sedimentology. Blackwell Sci Pub, Oxford, pp 496

Ujiié H (1994) Early Pleistocene birth of the Okinawa Trough and Ryukyu Island Arc at the northwestern margin of the Pacific : Evidence from Late Cenozoic planktonic foraminiferal zonation. Palaeogeogr Palaeoclimatol Palaeoecol 108 : 457-474

Vahrenkamp VC, Swart PK (1994) Late Cenozoic dolomites of the Bahamas : metastable analogues for the genesis of ancient platform dolomites. In : Purser B, Tucker M, Zenger D (eds) Dolomites : A Volume in Honour of Dolomieu. Spec Publ Int Ass Sedimentol, no. 21, Wiley-Blackwell Ltd., Oxford, pp 133-153

Weaver AJ, Saenko OA, Clark PU, Mitrovica JX (2003) Meltwater Pulse 1A from Antarctica as a trigger of the Bølling-Allerød warm interval. Science 299 : 1709-1713

Wheeler CW, Aharon P, Ferrell RE (1999) Successions of Late Cenozoic platform dolomites distinguished by texture, geochemistry, and crystal chemistry : Niue, South Pacific. J Sedim Res 69 : 239-255

Yamamoto K, Iryu Y, Sato T, Chiyonobu S, Sagae K, Abe E (2006) Responses of coral reefs to increased amplitude of sea-level changes at the Mid-Pleistocene Climate Transition. Palaeogeogr Palaeoclimatol Palaeoecol 241 : 160-175

Yamano H, Kayanne H, Yonekura N (2001) Anatomy of a modern coral reef flat : A recorder of storms and uplift in the late Holocene. J Sedim Res 71 : 295-304

第2章

サンゴ礁環境のダイナミクス

灘岡和夫

時間的・空間的な変動性が大きいサンゴ礁の物理的環境

「浅い地形」としてのサンゴ礁の物理的環境

　琉球列島のサンゴ礁のほとんどは，陸地を縁取る形で発達した裾礁（きょしょう）（fringing reef）と呼ばれるタイプである．よく発達した裾礁では，干潮時に礁嶺部が干上がるほど浅く，礁池部の水深もたかだか数ｍしかない．そのような浅い地形での海水の流れや水温といった物理的な環境は，浅いがゆえの特徴を強くもつことになる．たとえば，サンゴ礁での海水の流れは，ちょっとした地形の凹凸によってその方向や大きさがかなり変化する．また，サンゴ礁内の水温変動の特徴は水深の大小によって大きく異なる．水深が浅いほど熱容量が小さいため，日中は暖まりやすく夜間は冷却されやすくなるからである．ただし，水温変動の特徴は水深の大小だけで決まるわけではない．たとえば，あとで詳しく述べるように，夏期のサンゴ礁内の水温は，岸近くの浅場や礁嶺部では干潮時に40℃近くまで上昇することがあるが，礁嶺部やその周辺では，潮位が上昇すると外海から海水が流入してきて一気に冷却される．そのことからわかるように，サンゴ礁内の海水温の変動は，海水の流れによっても大きく影響を受ける．さらには，気温や風速などの気象条件によっても影響を受けるので，水温変動の要因は複雑である．このような要因によって，サンゴ礁内では外洋に比べて時間的，空間的に大きく水温が変動する．

陸に接していることによる影響

　裾礁タイプのサンゴ礁の特徴として，単に浅いというだけでなく陸地

に接した地形であることが，サンゴ礁内の環境を考えるうえで重要なポイントになる．というのも，陸地に接していることから陸からの河川水や地下水が直接サンゴ礁内に流れ込むことになるからである．出水時の河川水には高濃度の微細土砂（赤土）が大量に含まれているので，サンゴ礁内の海水が一気に濁ってしまう．海水の濁りは，光合成のために光を必要とするサンゴにとっては大きなストレスになる．サンゴの表面に堆積した赤土もサンゴにとっては大きなダメージをもたらす．さらに，河川や地下水から流れ込む窒素やリンといった栄養塩もサンゴ礁生態系にとっては大きなストレス要因になる．

サンゴ礁での流れ—そのさまざまな要因

　一般に，海岸近くの流れには，海流，潮流，吹送流（海表面での風の摩擦力によって生じる流れ），海浜流（海岸近くで波が砕けることに伴って生じる流れ），密度流（海水の密度差によって生じる流れ）など，さまざまな要素がある．サンゴ礁の場合，その内部まで海流が波及することはほとんどないが，それ以外の流れの要素はすべて生じ得る．このうち，サンゴ礁内の時々刻々の流れの変化を支配するもっとも大きな要素は潮流である．それは，潮汐の干満に伴ってサンゴ礁内に出入りする海水の量（tidal prism）が，サンゴ礁内に平均的に存在する海水の量に比べてかなり大きくなることを考えても明らかである．ただし，単に潮の干満による変動といっても，サンゴ礁外の潮位変動がそのままサンゴ礁内で生じるわけではない．サンゴ礁では，極端に浅い地形であるがゆえに潮位が低くなるほど流れにくくなり，そのために潮汐変動波形が低潮時付近で外洋に比べて大きく歪むことになる．

　具体的な事例として，沖縄の石垣島東岸に位置する裾礁型サンゴ礁での調査解析例（Tamura et al. 2007）を紹介する．このサンゴ礁域では，礁嶺が発達し，数ヵ所に「クチ」と呼ばれるチャネル（礁嶺部を貫いてサンゴ礁内外をつなぐ自然の水路地形）が存在する（図2-1）．なかでも調査海域の北端近くに存在するトゥールグチは礁池内深くまで貫いている大規模チャネルである．図2-2は，サンゴ礁内の数地点とサンゴ礁外の観測点（O1）で計測された潮位変動を重ねて示したものである．これからわかるように，サンゴ礁内の潮位変動は，潮位が低くなると外

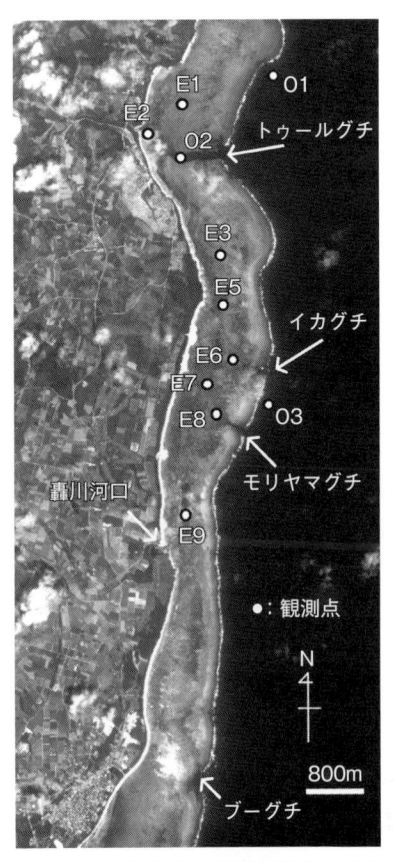

図2-1 石垣島東海岸裾礁型サンゴ礁での観測点配置図.

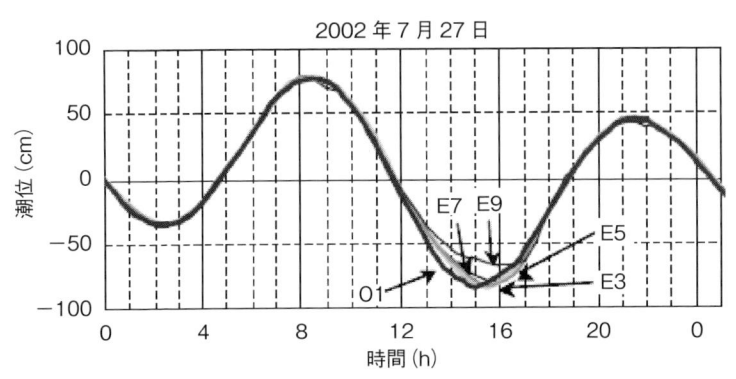

図2-2 サンゴ礁内の各地点（E3, 5, 7, 9）とサンゴ礁外（O1）での潮位変動.

第2章 サンゴ礁環境のダイナミクス —— 33

海での潮位変動に比べて潮位の下がり方が遅くなり，大規模チャネル（トゥールグチ）から一番遠いE9地点の潮位でその傾向がもっとも顕著になっている．このようになるのは，潮位が下がり礁嶺が干出するようになると礁嶺部を越えて沖方向に海水が流れ出ることができず，礁池部をクチに向かって沿岸方向に流れてクチから外海に海水が抜けていくしかなくなり，しかもそのような低潮時には礁池内の水深がかなり浅くなっているため海水が流れにくくなることから，クチから遠い地点ほど潮位が下がりにくくなるためである．このようなサンゴ礁内外の潮位変動が異なる状況は，上げ潮に転じ礁嶺部が再び水没することによって外洋水が礁内に一気に流入するようになった時点で急激に解消される．その結果として，サンゴ礁内の潮位変動パターンは，礁外の変動パターンに比べて，低潮時付近でかなり歪んだ形になる．

　このような一潮汐内の変動パターンの歪みは，潮位変動に伴う流れ，すなわち潮流の変動で見るとより顕著に現れる．図2-3は，潮汐に伴うサンゴ礁内での主軸方向流速（水平面内でもっとも変動が大きくなる方向の流速成分，図2-4参照）の時間変動を水位の時間変動記録例とともに示したものである．これからわかるように，潮汐に伴うサンゴ礁内の流速変動は干潮時を挟むわずかな時間の間に，流速の正負が大きく逆転するような極端な変動を示す．同図には，筆者らが開発した数値シミュレーションモデルによる流速と水位の計算結果を重ねて示してあるが，かなり良好な一致が得られていることがわかる．あとで示す図2-7は，この数値シミュレーションモデルを用いて得られた結果である．

サンゴ礁内の輸送現象を左右する平均流の特徴

　このように，サンゴ礁内の流れのさまざまな要素のうち，時々刻々の流速の変動を支配する最大の要因は潮流である．しかし，潮流は基本的に往復流であることから，その一潮汐平均の流れ（潮汐残差流）はそれほど大きくはない．そのため，潮流はサンゴ礁内でのさまざまな輸送現象を支配する流れの要素としては主役とはなり得ない．それでは，輸送現象を支配する要素としての流れとはどのようなものだろうか．吹送流は，台風のような強風時には風下方向に向けてはっきりした一方向的な流れになることからそのような輸送現象に影響を与えるが，あくまでも

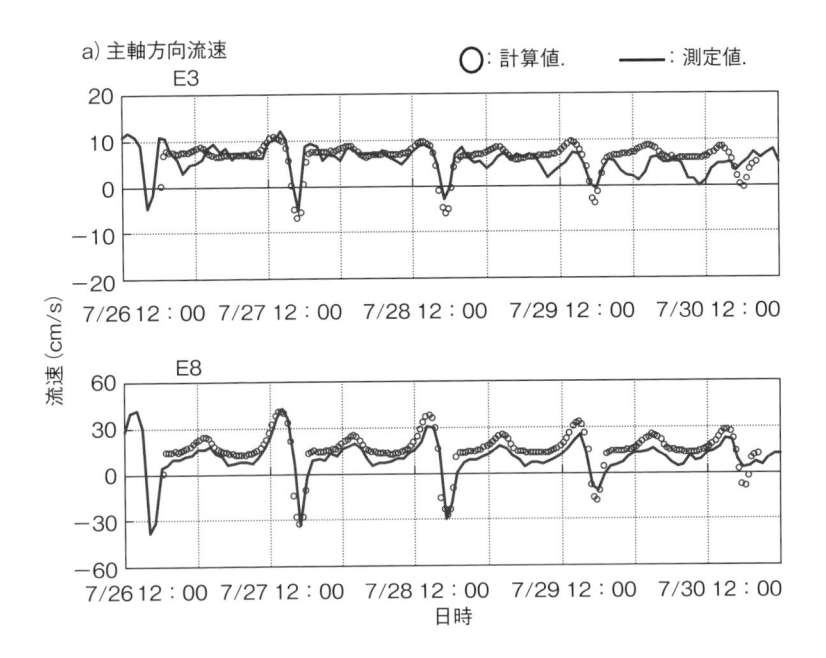

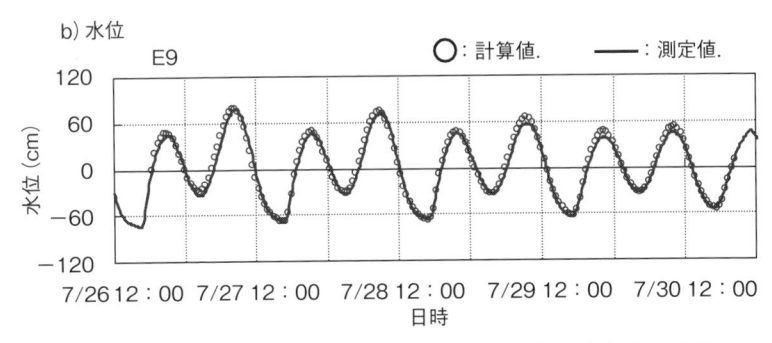

図2-3 サンゴ礁内での潮位変動に伴う主軸方向流速a）と水位b）の変動.

　強風時に限られる．比較的頻度が高く発生する現象としては，沖から入射してくる波が砕けることに伴って発生する流れである海浜流があげられる．

　図2-4は，時々刻々変わる5分間平均流速の値を各地点で重ねてプロットしたものである．これを見ると，流速の値がある特定の方向（主

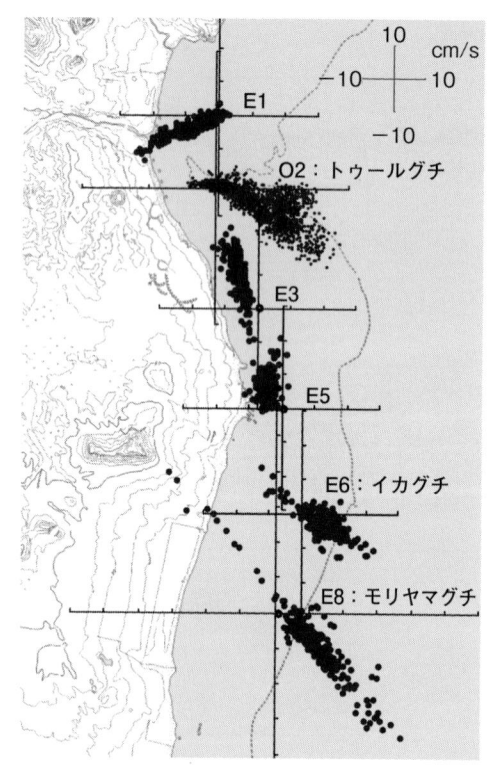

図2-4　5分間平均水平流速の分布.

軸方向）に沿って大きく変動していることがわかる．このような大きな変動をもたらす要因は図2-3のaで示されているような潮汐に伴う流速変動であるが，各地点での変動をよく見ると，原点すなわち流速ゼロの周りを変動しているのではなく，主軸上でどちらかに偏った分布となっている．このことはその偏った側に全体的に流れやすくなっていること，いいかえればその方向に一潮汐平均流が有意な大きさで発生していることを意味している．その一潮汐平均流が向かっている方向は，イカグチやモリヤマグチといった小規模チャネルの近くに位置するE6やE8地点では沖向きになっているけれども，E1，E3，E5地点ではすべて大規模チャネルであるトゥールグチの陸側端に向かう方向に向いており，トゥールグチ（O2）内では沖に流出する方向になっていることが

わかる．

一方，図2-5は，全観測期間中の25時間平均流速値を縦軸に，外洋からの入射波の波高の代表値である有義波高の観測値（O3地点）を横軸にとって示したものである．ここで25時間平均値を採用しているのは，潮位変動に伴う流速変動成分が約12時間半もしくは約25時間の変動周期をもつことから，25時間平均をとることによってこれらの変動成分を除去し，一潮汐平均流速を算出するためである．これを見ると，外洋からの入射波の波高が大きくなるほどサンゴ礁内の一潮汐平均流速値が全体的に大きくなっている．このことから，サンゴ礁内の一潮汐平均流速が入射波高に支配されていることがわかる．入射波が関連した海岸近くの流れという意味では，この平均流はいわゆる海浜流の一種ということになるが，具体的な生成メカニズムはどのようになっているのだろうか．

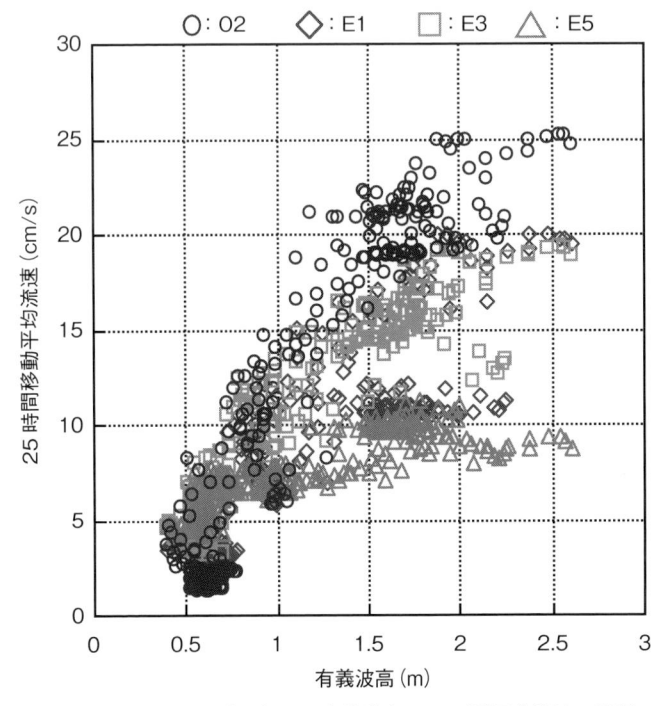

図2-5　サンゴ礁外（O3）での有義波高と25時間平均流速の関係．

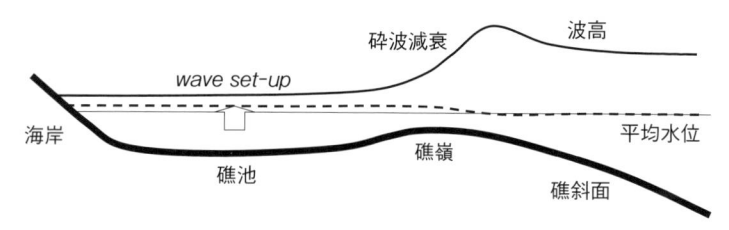

図2-6　サンゴ礁域での砕波に伴う wave set-up 現象の模式図.

　それを理解する鍵は，礁斜面から礁嶺部にかけて波が砕けることによって波のエネルギーが失われ，波高が急激に減衰することに伴って海岸近くでの平均水位が上昇する wave set-up という現象にある（図2-6）．この現象そのものの力学的な形成プロセスの説明は省略するが，砕波点での波高が大きくなるほど wave set-up 量も大きくなるという基本的な特徴がある．一方，図2-7は，数値シミュレーションによって得られた，一潮汐間の a) 平均流速，b) 平均水位，c) 平均波高の空間分布を示したものである．これから，サンゴ礁内では，図2-4の観測データで見られるような大規模チャネル（トゥールグチ）に向かう収束流パターンが明瞭に形成されていること，大規模チャネルの付近では平均水位が周辺よりも相対的に低くなっており，とくに大規模チャネル内では wave set-up がほとんど生じていないこと，大規模チャネル前面やチャネル内での波高が周辺よりも小さくなっていること，などが読みとれる．これらのことから，海浜流としてのサンゴ礁内での平均流の形成メカニズムは以下のようになっていることがわかる．すなわち，大規模チャネル付近では沖に向かって凹地形になっていることから周辺部に比べて波高が相対的に小さくなりやすく，しかも大規模チャネル内では水深がかなり大きいことから砕波減衰がほとんど生じないため wave set-up による平均水位の上昇が相対的に低くなる．そうすると，サンゴ礁内では沿岸方向に大規模チャネルに向かう平均水位の勾配が生じることになる．この平均水位勾配によって大規模チャネルに向かう流れが駆動される．このような平均水位勾配は，wave set-up が砕波点での波高が大きくなるほど増大することから，図2-5で示されているように，入射波高が大きくなるほど平均流速が大きくなる．

a) 平均流速　　b) 平均水位 (m)　　c) 平均波高 (m)

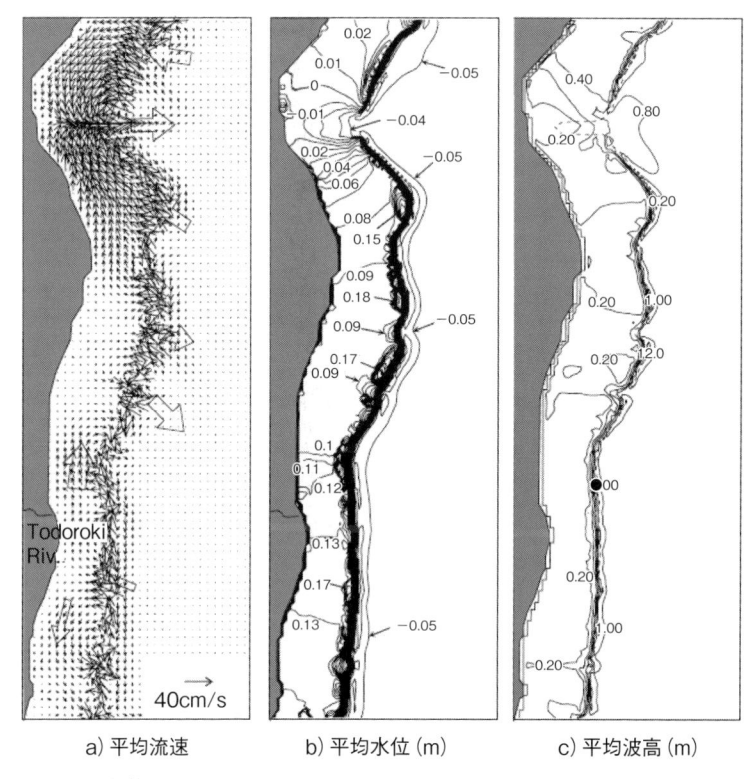

図2-7　数値シミュレーションによるサンゴ礁内の平均流等の計算結果.

　このように，よく発達した裾礁型サンゴ礁での海水流動の時空間的な変動は，礁嶺とチャネルの存在によって大きく特徴づけられる．とくに礁池部まで深く食い込んだ大規模チャネルの有無やその位置が具体的にどこになるかによって，対象とするサンゴ礁内の平均流動構造やそれに伴う輸送過程の特徴が大きく変わってくることになる．解析対象の石垣島東海岸の場合には，大規模チャネル（トゥールグチ）から約5 kmも南に離れたところに位置する轟川河口から，出水時に多量の赤土を伴って流出した河川水が岸沿いに北上し，その大部分がトゥールグチから外洋に抜けていくことが数値シミュレーションモデル解析の結果からもわかっている．

　大規模チャネルの場合には，その周辺のサンゴ礁内外のかなり広い範

囲にわたって循環流パターン（平均流セル構造）が形成され，サンゴ礁内では大規模チャネルに向かって収束する平均流が生じ，それがサンゴ礁内の輸送現象に広い範囲で影響を与えることになる．（モリヤマグチなどの小規模チャネルの場合に発生する平均流セル構造は，たかだか数百 m の大きさに留まる．）

サンゴ礁内の水温変動の特徴

　図2-8は，図2-1の調査対象海域の南端に位置する白保(しらほ)海域を対象として数値シミュレーション（Tamura and Nadaoka 2005）によってサンゴ礁内の水温変動を解析した結果を測定値とともに示したものである．これから，汀線(ていせん)付近や礁嶺部では日中の加熱によってかなりの高温になることや，礁嶺部ではピーク水温が現れたあと急激に水温が低下していることなどがわかる．これは，潮位の上昇によって礁外から相対的に冷たい海水が一気に流入してきたことによる急速な冷却効果によるものである．このように，サンゴ礁内の水温変動は，日射や大気との熱的なやり取りによる加熱冷却効果に加えて，海水流動に伴う熱量の移流効果などが加わって，きわめてダイナミックな変動パターンを示す．

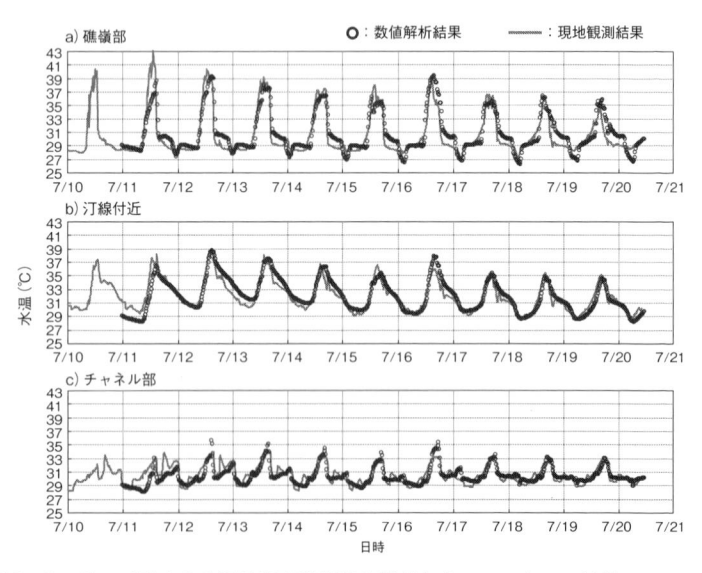

図2-8　サンゴ礁内の水温時間変動記録と数値シミュレーション結果．

広域生態系ネットワークの中でのサンゴ礁のダイナミクス

広域沿岸生態系ネットワーク

　一般に生態系は局所的な空間の中で閉じておらず，周辺の系と密接なつながりをもった開放系として成立している．サンゴ礁生態系のように外洋に面した沿岸生態系の場合には，そのような性格をとくに強くもっていて，背後の陸域や周辺のマングローブ，藻場，干潟生態系と密接に繋がっているだけでなく，一見遠く離れたサンゴ礁とも互いに連結している．このようなサンゴ礁間連結性（reef connectivity）の存在は，あとで詳しく述べるように，ダメージを受けたサンゴ礁生態系の回復力（resilience）を左右する大事な要素だが，ここではまず，互いに離れたサンゴ礁が連結しているというのはどういうことなのかを説明する．

　サンゴは海底に固着した生活をおくっているが，他の多くの底生生物と同様に，その子孫を広域に拡げる繁殖戦略をもっている．サンゴの多く（放卵放精型産卵様式のサンゴ）は一斉産卵時に大量の卵や精子を海中に放出し受精させ，プラヌラ幼生と呼ばれる幼生をつくる．プラヌラ幼生はある期間海中を漂い，海の中のさまざまな流れによって分散し，ときに遠方の沿岸域にまで到達して海底へ定着し（加入），その場所で成長していく．このことからわかるように，「産卵―分散―定着―成長」というサンゴの生活史全体から見ると，サンゴにとっての空間はサンゴの親群集のサンゴ礁の中で閉じておらず，大量の幼生を供給する側（ソース側）のサンゴ礁と幼生の加入側（シンク側）のサンゴ礁との間の連結性に基づいた，いわば「広域的沿岸生態系ネットワーク」の上に成り立っている．

海洋保護区の設定

　この広域的沿岸生態系ネットワークの存在は，サンゴ礁生態系の保全・再生のあり方を考えていくうえでたいへん重要になる．大規模なサンゴの白化などによってサンゴが広域的に死滅してしまった海域のサンゴ礁の回復プロセスを例として考えてみよう．もしも，大規模にサンゴが死滅してしまったサンゴ礁域に，健全なサンゴ群集がある程度残っている他のサンゴ礁からの幼生が供給されれば，供給がない場合に比べて

サンゴ礁の回復スピードが速まることが期待される．浮遊幼生のソース―シンク関係で結ばれた広域沿岸生態系ネットワーク全体の中で，そのような他のサンゴ礁域への幼生供給能力という意味で重要な役割を演じているいくつかのソース海域を同定することができれば，それらを重点的に保護する等の施策をとることによって，広域沿岸生態系全体としての回復力を増進させることが期待できる（Robert 1997；Hughes et al. 2003）．この考え方は，最近注目されている海洋保護区（MPA：Marine Protected Area）を選定するうえでの1つの合理的な指針となり得る．

琉球列島での調査事例

1997～1998年に世界規模で生じたサンゴの白化・死滅現象は，1998年の夏期に琉球列島でも大規模に発生し，とくに沖縄本島西岸域のサンゴ礁は広い範囲で大きなダメージを受けた．この沖縄本島西岸域には，約40km西側に位置する慶良間列島からの幼生供給があるのではないかと以前から考えられていた（図2-9）．しかも，この慶良間列島では，1998年の夏期の大規模サンゴ白化の際のダメージが相対的に低く，サ

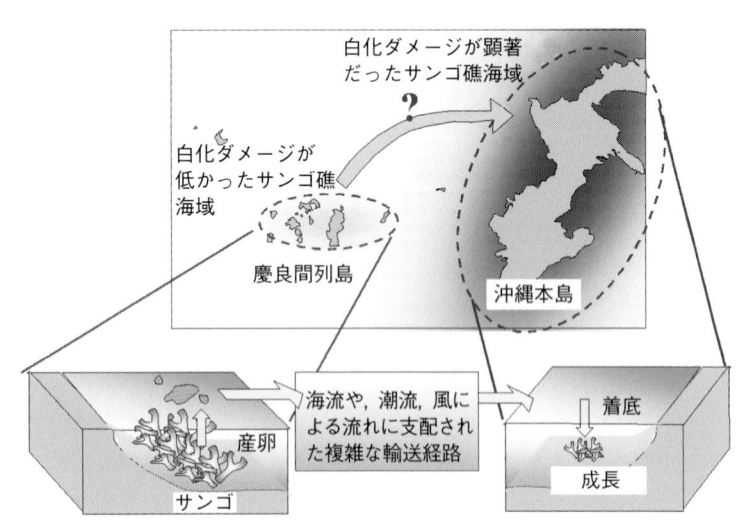

図2-9　慶良間列島から沖縄本島西海岸に向けての幼生分散・供給の可能性．

ンゴ群集がある程度生き残った[1]．そうすると，もし，慶良間列島から沖縄本島西岸域に向けて，実際にプラヌラ幼生が供給されていることが実証できれば，慶良間列島を海洋保護区として重点的に保全するべきである，ということを科学的な根拠をもって示すことができることになる．

そこで，筆者らの研究グループは，2001年のサンゴ一斉産卵期に，慶良間列島を含む沖縄本島西方海域において，海洋短波レーダによる広域海洋表層流動観測や，航空機を用いたサンゴスリック（サンゴ卵・幼生の帯状集合体）の観察，GPS搭載型小型漂流ブイによる海洋表層浮遊粒子の移動追跡観測，プランクトンネットを用いたブイ周辺の幼生採集等の総合的な現地調査をおこなった（灘岡ら 2002）．

図2-10は，サンゴの一斉産卵が確認された翌日に，サンゴスリック周辺に投入した漂流ブイのその後の軌跡をまとめて示したもので，これから，漂流ブイの多くが複雑な経路をとりながらも沖縄本島西岸の広い範囲に4日程度で到達したことがわかる．漂流ブイ調査と同時におこなったプランクトンネット調査の結果から，ブイ周辺のプラヌラ幼生密度が沖縄本島西岸に達するまで十分高く保たれていたことが確認されていることから，これらの漂流ブイの軌跡はプラヌラ幼生輸送経路を表しているものと考えられる．図2-11は，海洋短波レーダによる6月9日の満潮時と干潮時での海表面近くの水平流速の広域的な平面分布を示したものである．これから，満潮時と干潮時で大きく分布パターンが異なり，しかもたいへん複雑な分布を示しているものの，大局的には，漂流ブイの輸送パターンに対応して，慶良間列島から沖縄本島方向へ向かう流速成分が現れていることがわかる．

一方，慶良間列島で優占する2種のサンゴ（*Acropora tenuis, A. nasuta*）のプラヌラ幼生の探索行動（当初海水表層に浮遊していたプラヌラ幼生がみずから遊泳行動を起こし，海底付近での定着場所として適当な海底面を探し回る行動）と定着能力を室内実験で調べたところ，幼生の探索行動が受精後約4日で最大となり，定着能力は受精後10日前後で最大となることがわかった．つまり，プラヌラ幼生が沖縄本島西岸にたどり着くタイミングと，プラヌラ幼生の探索行動がピークを示すタイミングがほぼ一致することが示されたのである．

これらの結果は，プラヌラ幼生が実際に慶良間列島から沖縄本島西岸

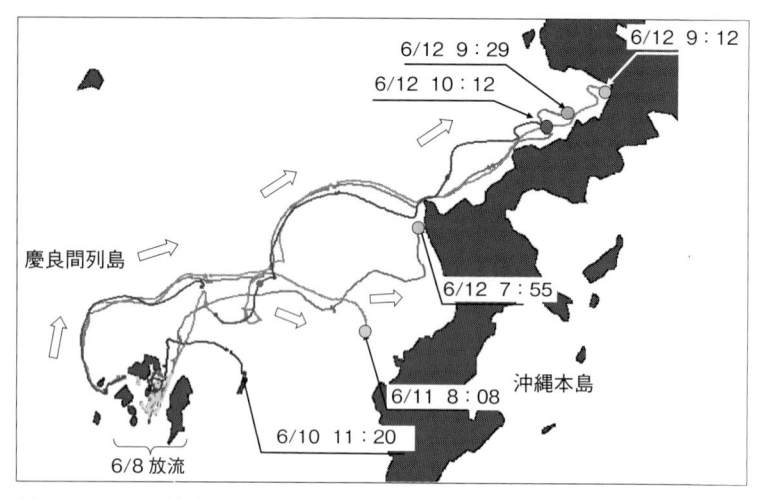

図2-10 GPS搭載型小型漂流ブイによるサンゴ幼生広域輸送経路調査結果.

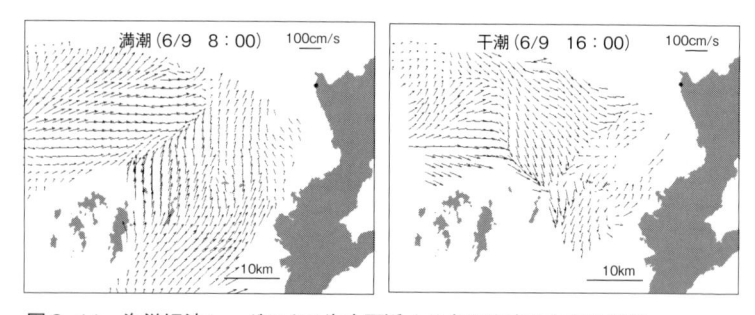

図2-11 海洋短波レーダによる海表面近くの水平流速分布の計測例.

域に供給され得ること,しかも沖縄本島西海岸に到達した後,プラヌラ幼生が探索行動,定着の段階に移るというプロセスが十分可能であることを示すもので,これによって慶良間列島が,実際にプラヌラ幼生の重要な供給源の1つになっている可能性が高いことが裏付けられた(灘岡ら 2002;灘岡・波利井 2006).

海水流動・幼生輸送についての数値シミュレーション

それでは,なぜこの海域には図2-11で示されているような東向きの

成分をもった流れが存在するのだろうか．そのような流れは，たまたま漂流ブイ実験をおこなったときだけに存在したものなのだろうか，あるいはこの海域に構造的に存在しているものなのだろうか．その答えを得るために，前述の調査に引き続いて筆者らは，海水流動やそれに伴うサンゴのプラヌラ幼生輸送過程に関するスーパーコンピュータを用いた数値シミュレーション解析をおこなった．海水流動の解析にあたっては，解析対象海域が黒潮をはじめとする外洋の海水流動の影響を強く受けた開放性の強い海域であることから，JCOPEモデル（宮澤・山形2003）と呼ばれる複雑な黒潮を高精度で再現することのできるモデルをベースに，計算対象海域の外側の流れの効果を合理的に反映させるための手法の1つであるネスティング手法（入れ子手法）を多段階的に用いた多重ネスティング手法を用いることによって，黒潮を含む外洋影響を直接反映させることができる広域沿岸海水流動モデルを開発した．そして，このモデルによる数値シミュレーションによって，慶良間列島から沖縄本島西岸域に向けての海水流動やそれによる幼生輸送の経路を高精度で再現することに成功した（灘岡ら2006）．

この数値シミュレーションでは，たんなる現象の再現だけではなく，この東向きの流れの生成メカニズムも明らかになった．要約すると図2-12aに模式的に示すように，八重山諸島と黒潮との間の海域で準周期的に時計回りの中規模渦が発生し，その渦群が黒潮南縁沿いに北東方向に進み，渦群がうまく連結する位置関係になるときに渦群の南東縁側で黒潮とは逆方向に流れる黒潮反流が発生する．この黒潮反流の分枝流が沖縄本島南部から西に伸びる浅い陸棚にブロックされる形で東に向きを変え，沖縄本島沿岸域に流入する形になる（図2-12b）．このことは，慶良間列島から沖縄本島西岸に向けての東向き流れの形成原因を探るには，沖縄本島から約400km南西方向に離れている八重山諸島の北方の海域にまでたどっていかなければいけないことを示している．いずれにしても，このようなメカニズムの存在は，漂流ブイ観測結果が示す慶良間列島から沖縄本島西岸域に向けての輸送パターンが，観測当時の海流がたまたま東向きになっていたからということではなく，このような構造的な東向き海流生成機構の存在によるものであることを示すものである．

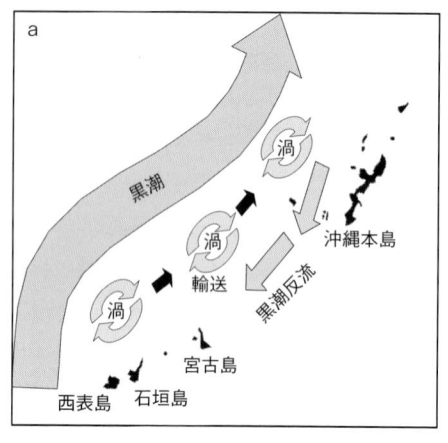

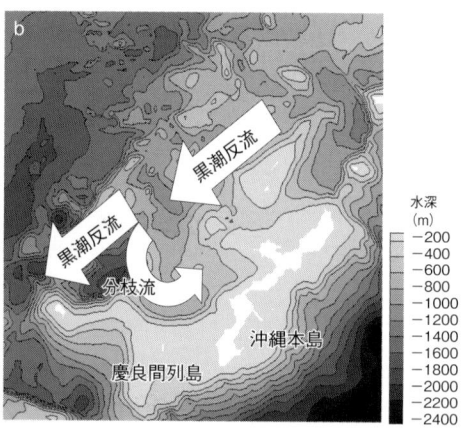

図2-12 慶良間列島から沖縄本島西海岸に向けての流れの形成プロセス．
a) 八重山諸島北側海域での高気圧性中規模渦の準周期的生成とそれらの黒潮南縁に沿った北東方向への移動，b) 中規模渦群に伴って発生した沖縄本島西方海域での黒潮反流の分枝流が陸棚による地形効果を受けて本島方向に向きを変えるようす．

広域的なサンゴ礁海域間連結性から見た石西礁湖の重要性

　これまでの結果は，慶良間列島→沖縄本島西岸域というサンゴ礁海域間連結性の存在を実証することにより，慶良間列島をサンゴのプラヌラ幼生供給海域として重点的に保護することに科学的な根拠を与えることに成功したものだが，琉球列島全体で見たときには，石垣島と西表島の

間に広がるわが国最大のサンゴ礁域である石西礁湖など，重点的保護海域としての有力な候補海域が他にもいくつか存在する．実際，私たちは，数値シミュレーションモデルによる解析により，石西礁湖から供給されたプラヌラ幼生が，黒潮やそれに伴う中規模渦等によって，沖縄本島周辺を含む琉球列島全体，さらには九州，四国沿岸域にまで供給される可能性があることを示している（灘岡ら2006）．

今後は，このような少なくとも琉球列島全体をカバーするスケールの広域統合系の中でのサンゴ礁間連結性の実態をより詳細に明らかにするべく，広域海水流動観測・プラヌラ幼生輸送調査・数値シミュレーション等に基づいたサンゴ幼生広域輸送過程に関する海洋物理・生物学的調査を進めていく必要がある．それと同時に，マイクロサテライト法などの遺伝距離分解精度が高い手法に基づいた集団遺伝学的解析をおこなうことで，より長い時間スケールでのサンゴ礁間連結性の評価も併せておこなっていく必要がある．

幼生加入海域のローカルな環境保全の必要性

これまで述べてきたサンゴ礁間の幼生分散に基づく幼生供給過程はサンゴ礁間連結性の全過程のうちの一部にすぎないことに注意しなくてはいけない．というのも，連結性が成立しているかどうかは，供給側（ソース側）のサンゴ群集がある程度健全に保たれており十分な量のプラヌラ幼生を生成していることや，加入側（シンク側）のサンゴ礁がプラヌラ幼生の加入を成功させるうえで十分な環境条件を整えていることも同時に重要になるからである．後者については，たとえば，陸域からの赤土流入によって定着基盤表面に赤土が堆積しているような状況がシンク側のサンゴ礁域にあれば，他海域からの幼生がその海域にたどり着いていても，実際の加入は実現しにくくなる．広域沿岸生態系ネットワークから見たサンゴ礁保全・再生戦略を考えていくには，ネットワークの実態解明やその中での重要なソース海域としてのMPA海域の同定，保全・管理だけでなく，シンク海域の環境保全を同時に図っていくという視点が不可欠になる．

注
[1] 慶良間列島は,沖縄本島南部から西側に張り出た形で存在する浅い陸棚地形の中に位置するが,その地形効果で黒潮系暖水塊の陸棚内への波及がブロックされるため,沿岸水温が相対的に低く保たれやすい (Nadaoka et al. 2001). また,慶良間列島ではもともと赤土流入等の陸起源の環境ストレスが少ない. これらが慶良間列島のサンゴが大規模白化の際に比較的生き残った理由と考えられる.

引用文献

Hughes TP, Baird AH, Bellwood DR, Card M, Connolly SR, Folke C, Grosberg R, Hoegh-Guldberg O, Jackson JBC, Kleypas J, Lough JM, Marshall P, Nystrom M, Palumbi SR, Pandolfi JM, Rosen B, Roughgarden J (2003) Climate change, human impacts, and the resilience of coral reefs. Science 301：929-933

宮澤泰正・山形俊男 (2003) JCOPE 海洋変動予測システム. 月刊海洋 35：881-886

Nadaoka K, Nihei Y, Wakaki K, Kumano R, Kakuma S, Moromizato S, Iwao K, Shimoike K, Taniguchi H, Nakano Y, Ikema T (2001) Regional variation of water temperature around Okinawa coasts and its relationship to offshore thermal environments and coral bleaching. Coral Reefs 20：373-384

灘岡和夫・波利井佐紀・三井　順・田村　仁・花田　岳・Enrico Paringit・二瓶泰雄・藤井智史・佐藤健治・松岡建志・鹿熊信一郎・池間健晴・岩尾研二・高橋孝昭 (2002) 小型漂流ブイ観測および幼生定着実験によるリーフ間広域サンゴ幼生供給過程の解明. 海岸工学論文集 49：366-370

灘岡和夫・波利井佐紀 (2004) サンゴ幼生の広域分散と海水流動物理過程. 海洋と生物 26：232-241

灘岡和夫・鈴木庸壱・西本拓馬・田村　仁・宮澤泰正・安田仁奈 (2006) 広域沿岸生態系ネットワーク解明に向けての琉球列島周辺の海水流動と浮遊幼生輸送. 海岸工学論文集 53：1151-1155

Roberts CM (1997) Connectivity and management of Caribbean coral reefs. Science 278：1454-1457

Tamura H, Nadaoka K (2005) Numerical simulation of current and thermal transport in a fringing-type coral reef. Proc 3rd Int Conf on Asian and Pacific Coasts：659-662

Tamura H, Nadaoka K, Paringit EC (2007) Hydrodynamic characteristics of a fringing coral reef on the east coast of Ishigaki Island, southwest Japan. Coral Reefs 26：17-34

第3章
サンゴ礁の見えない世界
―ミクロな生態系の謎―

鈴木 款

　熱帯，亜熱帯の海に広がる世界のサンゴ礁．かつて1990～1998年にはサンゴの4分の1以上が死滅した．生物の宝庫，サンゴ礁に何が起きているのか．なぜサンゴは死滅していくのか．その原因としくみはどうなっているか．サンゴの衰弱・死滅を食い止め，回復を図ることはできないのか．サンゴの回復の条件は何か．そもそもサンゴとサンゴ礁生態系は，どのように生命を維持しているのか．サンゴ礁生態系の生命維持の条件とは．サンゴの白化は防げるのか，回復させるには何ができるのか．これらの問題に答えることができるのか．その答えを知る鍵の1つはサンゴとサンゴ礁のミクロの生態系のからくりを理解することにある．ここではミクロな生物群集により構成される生態系と物質循環とサンゴの関わり合いを通して，サンゴ礁生態系のからくりについて見てみる．

　サンゴ礁生態系の生物群集は，マクロな生物群集とミクロな生物群集の大きく2つに分けることができる．マクロな生物群集を構成している生物にサンゴ，ナマコ，ウニ，魚介類，ウミガメ，ジュゴン等多くが知られている．おもに肉眼で観察できるものが大部分である．これに対して，ミクロな生物群集を構成しているおもな生物群集はサンゴに共存している．植物プランクトンの渦鞭毛藻類の仲間に属する褐虫藻，従属栄養微小生物の仲間であるバクテリア，従属栄養ナノ鞭毛虫，原生動物（プロトゾア）の仲間の繊毛虫，さらには光合成と窒素固定をするシアノバクテリア（藍藻），光合成細菌などがある．ミクロ生態系を構成する生物群集の間の相互の関係とそれを動かしている"からくり（しくみ）"に重要な役割を果たしているのが，栄養塩や有機物の循環である．サンゴ礁のミクロとマクロの生態系の相互の関係は，かなり複雑であるが

（図3-1），よく見ると栄養塩（無機物）と有機物循環を中心にまわっている．ここではこのミクロ生態系を「見えない世界」と呼び，この見えない世界が，マクロな見える世界を支えていると考えている．その見えない世界を支えるのが物質循環である．

多様な生物群集を支える栄養塩

サンゴ礁の栄養塩は海水や堆積物中の微細藻類，サンゴや有孔虫等に共生している共生藻類，サンゴの表面あるいはサンゴの瓦礫に付着している微細藻類，海草や海藻のような植物が，光合成による有機物の生産に必要としている．栄養塩の主要な成分は硝酸塩（NO_3^-），リン酸塩（PO_4^{3-}），ケイ酸塩（$Si(OH)_4$），アンモニウムイオン（NH_4^+），亜硝酸塩（NO_2^-）である．これ以外にも植物プランクトンや藻類等が有機物を生産するためには，微量栄養塩成分である鉄（Fe），銅（Cu），マンガン（Mn），亜鉛（Zn），コバルト（Co），モリブデン（Mo），カドミウム（Cd），銀（Ag）等の微量金属，さらにはイオウ（S），セレン（Se），ヨウ素（I）等の非金属とビタミン類（B_{12}）等が必要である．前者の栄養塩濃度は海水中では一般的には数マイクロモル濃度（μmol/ℓ）のレベルで，後者の微量栄養塩成分濃度は数ピコモル（pmol/ℓ）からナノモル（nmol/ℓ）濃度のレベルである．

サンゴ礁は栄養塩の乏しい貧栄養海域に存在している．サンゴ礁の分布を眺めてみると，多くは亜熱帯海域と熱帯海域に分布している．これらの海域の海水中の濃度は硝酸塩濃度を例にとると1μmol/ℓ以下，多くは0.5μmol/ℓより低濃度の海域に発達している．リン酸塩濃度についても同様で，ほとんどの場合0.1μmol/ℓ以下である．サンゴ礁のリーフ上およびラグーン内の栄養塩濃度も裾礁の一部（農業活動等で肥料を多量に消費し，地下水を通じてサンゴ礁内に高濃度の栄養塩を供給しているサンゴ礁）を除いて，低濃度である．沖縄周辺の硝酸塩濃度は，人間活動の影響の少ない低濃度のサンゴ礁から人間活動の影響が大きい高濃度のサンゴ礁まである．硝酸塩の高濃度のサンゴ礁を除けば，沖縄の裾礁タイプのサンゴ礁の平均濃度は1.6μmol/ℓである．裾礁以外の環礁および堡礁では，硝酸塩濃度は低く1μmol/ℓ以下である．インド洋のレユニオン島や太平洋のニューカレドニアの周辺のサンゴ礁海水中

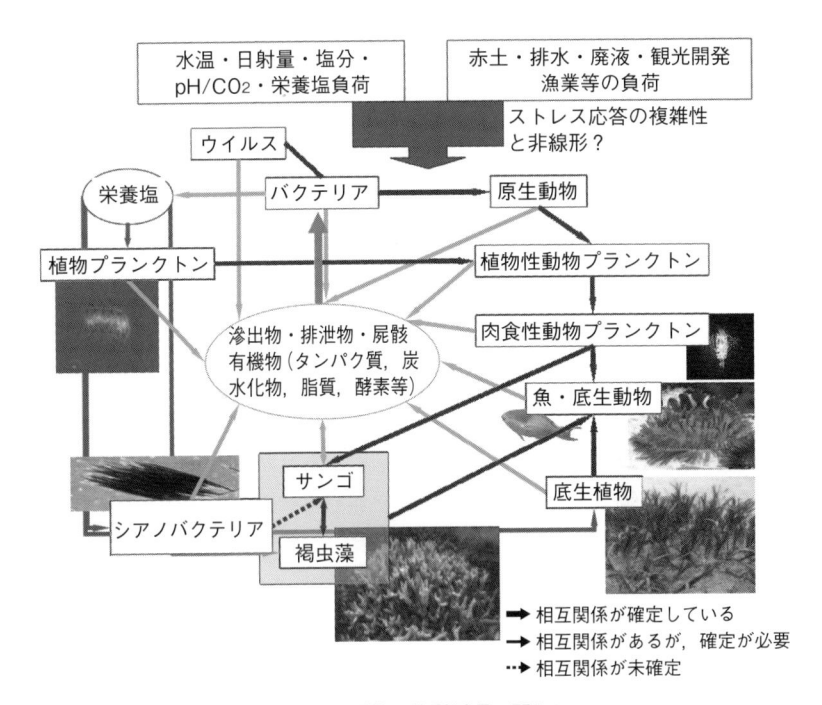

図3-1 サンゴ礁生態系内の生物群集と物質循環の関わり.

の硝酸塩濃度は1μmol/ℓ以下である．グレートバリアリーフやタヒチ島での硝酸塩濃度もほぼ1μmol/ℓ以下である．このように海水中の栄養塩濃度はサンゴ礁のまわりの外洋水とともにひじょうに低濃度である．しかしながら，サンゴ礁は多様な生物群集を維持し，有機物生産が高く，昔から"海のオアシス"あるいは"海の熱帯林"と呼ばれている（Odum and Odum 1955）．サンゴ礁のこの豊かさはどのように保たれているのか．その鍵の1つは栄養塩がどのように供給・再生されているのかを知ることである．

一般的にサンゴ礁というと思い浮かべるのは，サンゴ，透明度の高い海水，サンゴ礁を泳ぎまわる魚やジュゴン，サンゴの瓦礫や砂地を這いずりまわるウニ，ナマコ，そしてアマモ場などであろう．サンゴ礁の中で海水以外に栄養塩を循環させているところはないのだろうか．海水以外の栄養塩貯蔵・循環場所として考えられるのはサンゴ内，砂地，サン

第3章 サンゴ礁の見えない世界 —— 51

ゴや岩に隣接した場所，サンゴの瓦礫等が考えられる．これらをサンゴ礁のサブ環境と呼んでいる．沖縄の瀬底島のサンゴ礁の砂地の海水（間隙水）中の硝酸塩濃度は4.61 μmol/ℓ，リン酸塩濃度は0.47 μmol/ℓと高い値である（表3-1）．湧水中の栄養塩濃度もかなり高く，陸からも供給されている．間隙水中の高い栄養塩濃度はどこで消費されているのか．砂地の中の栄養塩を消費して光合成をおこなう藻類・植物プランクトン等がいるに違いない．すなわち，砂地の中の栄養塩はそこにいる有機物生産者と消費者の間を循環している可能性がある．

サンゴ内に共存している共生藻である褐虫藻は，海水から栄養塩をたえず取り入れて光合成をしているのだろうか．サンゴ内の褐虫藻にとって，海水中の栄養塩濃度で十分に成長するだろうか．サンゴの細胞内に存在している褐虫藻は，サンゴの組織を通して，海水中の栄養塩を取り込むことがどの程度できるのだろうか．サンゴ体内の栄養塩の循環はどこまで重要なのか．

これらの疑問に答えるためにサンゴ内の栄養塩濃度がShiroma et al. (2010)により測定された．驚いたことにサンゴ内の栄養塩（硝酸塩・リン酸塩）濃度はサンゴのまわりの海水に比べて高いことが初めて測定された（表3-2，図3-2）．このことは，褐虫藻がサンゴのまわりの海水から栄養塩を取り入れるだけでなく，サンゴ内を循環する栄養塩を利用して光合成をおこなっていることを示している．間隙水中やサンゴ体内に微細藻類が利用できる栄養塩が豊富にあることは，「サンゴ礁の海水中の栄養塩濃度が低いからといって，サンゴ礁は貧栄養の海域とはいえない」ことを示している．サンゴ礁の多様な生物群集を支えている栄養塩循環は，海水中だけでなく，砂地のような堆積物や，サンゴ体内，サンゴの瓦礫内を含むサンゴ礁のさまざまな場所や環境である（Suzuki and Casareto 2011）．

サンゴ礁の生態系を維持しているもう1つの重要な過程は窒素固定である．窒素固定とは文字とおり海水中の分子状窒素化合物（N_2）を鉄の酵素であるニトロゲナーゼの助けを借りて硝酸塩を経てアンモニアに変換し，それを窒素源として，物質生産に利用することである．窒素固定をおこなう生物は藍藻類である．藍藻（シアノバクテリア　cyanobacteria）は原核生物で，グラム陰性で，細胞壁はペプチドグリカンからなる．核

表3-1 沖縄県瀬底島サンゴ礁の湧水，間隙水，直上水の栄養塩濃度の平均値 (μmol/ℓ).

試料水	栄養塩濃度の平均値					
	塩分	硝酸塩	亜硝酸塩	アンモニウム塩	硝酸塩	ケイ酸塩
湧 水	26.8	65.61	0.08	0.10	0.29	24.21
間隙水	33.8	4.61	0.14	0.73	0.47	5.57
直上水	35	0.58	0.04	0.48	0.04	2.28

表3-2 サンゴ（オオハナガタサンゴ）の体内とサンゴ周辺の海水中の栄養塩濃度 (μmol/ℓ).

栄養塩	硝酸塩	アンモニウム塩	リン酸塩
海水	0.1-0.6	0.1- 1.0	0.1-0.2
胃腔	0.2-8.0	0.2- 2.5	0.1-4.7
中膠	0.6-1.6	2.3-14.5	0.7-5.0

図3-2 サンゴ内の栄養塩濃度を測定するための試料採取の場所（左：オオハナガタサンゴ，右：アザミサンゴ）と試料採取法（マイクロマニュプレータ顕微鏡法）.

膜はなく，無性生殖で2分裂の増殖をし，有性生殖は知られていない．単細胞で単体や群体または糸状体を形成する．糸状体にはヘテロシスト（異質細胞：heterocyst）をもつものと，もたないものがある．窒素固

プロクロロコッカス　マリナス

トリコデスミウム属　　　　　シネココッカス属

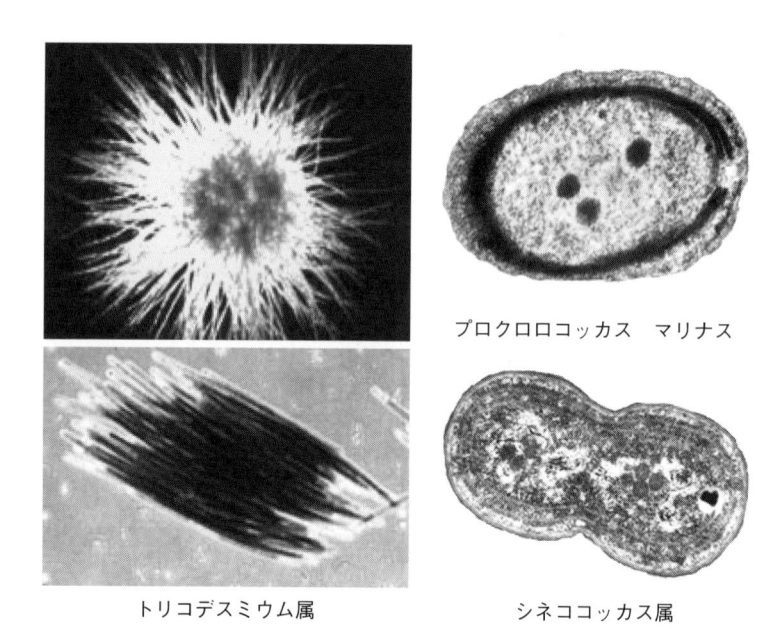

図3-3　窒素固定をおこなう浮遊性の藍藻（シアノバクテリア）．（写真提供：Loic charpy）

定はおもにヘテロシストをもつものでおこなわれるが，ヘテロシストをもたないトリコデスミウム *Trichodesmium* やシネココッカス属 *Synechococcus* も窒素固定をおこなう（図3-3）．浮遊性のものと底生のものが存在する（図3-4）．図3-3に示したプロクロロコッカスとシネココッカスはピコプランクトン類に属し，大きさが直径0.2-2 μm とひじょうに小さい．ピコプランクトンは細菌を除く藍藻と真核の植物プランクトンである緑藻や，プラシノ藻等からなり，亜熱帯および熱帯海域に広く分布している（Loic et al. 2009）．沖縄県瀬底島とインド洋のレユニオン島のサンゴ礁において Casareto et al.（2008）により有機物生産量（炭素固定量）と窒素固定量が測定された．窒素固定量は暗条件下だけの12時間の場合と，明暗12：12時間の合計24時間の場合の2つの条件で測定された（表3-3）．その結果，サンゴ礁において窒素固定の盛んな場所は，瓦礫や砂底に形成された，藍藻（シアノバクテリア）のマットで，次に，盛んに窒素固定がおこなわれていたのはサンゴの瓦

沖縄県瀬底島で採取されたシアノバクテリア.
a) *Nodularia harveyana*　b) *Hydrocoleum*
c) *Phormidium laysanense*

レユニオン島(仏)で採取されたシアノバクテリア.
d) *Nodularia harveyana*　e) *Hydrocoleum*
f) *Oscillatoria*　g) *Leptolyngbya*

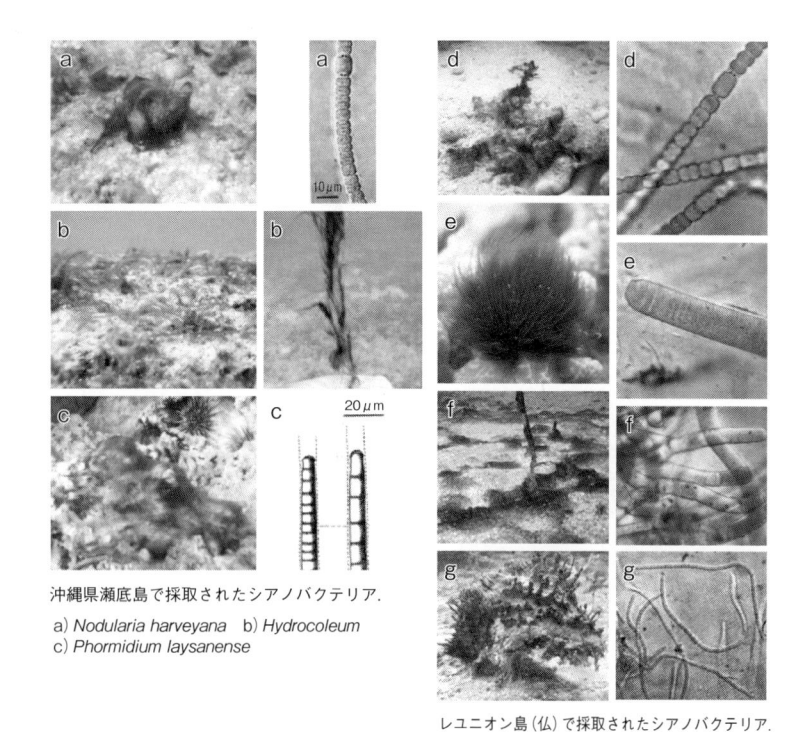

図3-4　沖縄県瀬底島とインド洋のレユニオン島のサンゴ礁における代表的な底生シアノバクテリア（Casareto et al. 2008）．（写真提供：カサレト ベアトリス）

礫場と砂地の中であった．この窒素固定量はひじょうに小さかった．有機物生産量（一次生産量：光合成による炭素固定量）も窒素固定量と同じ傾向である．サンゴ礁の有機物生産を支えているのは，海水というよりサンゴの内の褐虫藻，サンゴの瓦礫，砂地と藍藻のマットであった．

　このような結果から，サンゴ礁は「貧栄養海域」に存在するにも関わらず，なぜ有機物生産量が高く，多様な生物群集の世界を維持しているのかについて，さらなる解明が必要となる．サンゴ礁の海水以外のサンゴ内，堆積物の間隙水等には栄養塩が豊富であり，サンゴ礁の多様な生物群集を養うのにはかなりの栄養塩がすでに存在し，ダイナミックに循環している．この栄養塩の循環を駆動させているのは有機物の生産・消

表3-3 沖縄県瀬底島とインド洋のレユニオン島のサンゴ礁のサンゴの瓦礫場，藍藻（シアノバクテリア）のマット，砂地，海水中の有機物生産量（炭素固定量）と窒素固定量（暗条件と明暗条件）．

測定場所		一次生産量 $\mu g\ C/cm^2/d$	窒素固定量（左：暗条件12h, 右：明暗条件24h) $ng\ N/cm^2/h$	
サンゴの瓦礫場	瀬底島	12 (6)	145 (84)	237 (193)
	レユニオン(仏)	11 (6)	57 (37)	207 (125)
藍藻（シアノバクテリア）のマット	瀬底島	278 (189)	6414 (305)	9481 (742)
	レユニオン(仏)	212 (113)	2712 (732)	9698 (228)
砂地	瀬底島	80 (32)	20 (17)	308 (179)
海水中	瀬底島	0.8 (0.2)		0.07 (0.02)
	レユニオン(仏)	2 (0.3)		0.04 (0.003)

費による栄養塩の分解・再生過程である．次にサンゴ礁の有機物循環について考えてみる．

サンゴ礁の食物網を支える有機物の循環

サンゴ礁の生物の多様性，生物群集の共存と健全性はサンゴ礁内を循環する栄養塩と有機物の動的平衡の維持に関係している．この動的平衡は，また食物網（food web）とも呼ばれている．海洋では食物網とは，植物プランクトン（ピコサイズからマクロサイズまで），動物プランクトン，魚介類，微生物，従属栄養の鞭毛虫，繊毛虫のミクロからマクロまでの生態系と，栄養塩，有機物（溶存態有機物と粒子態有機物）の相互関係で成り立っている．食物網は，おもに2つの生物的過程により維持されている．その2つは，生食連鎖（grazing food chain）と微生物ループ（microbial loop）である（図3-5）．サンゴ礁は，一般に栄養塩（硝酸，リン酸等）が乏しいにもかかわらず，サンゴ礁は生物生産が高く，生物の多様性が認められている．この「パラドックス」を説明するために，生態学者のオダムはサンゴ礁内で生産された有機物は，ひじょうに早く分解し，再び栄養塩として利用されていると考えた（Odun and Odun 1955）．しかしながら，サンゴ礁における有機物の動態に関する最近の調査により，サンゴ礁で生産された有機物の20～40％ちかくは数ヵ月～数十年は残存することや，これらの有機物が食物網で重要な役割を果たしていることが明らかになりつつある．サンゴ礁の有機物

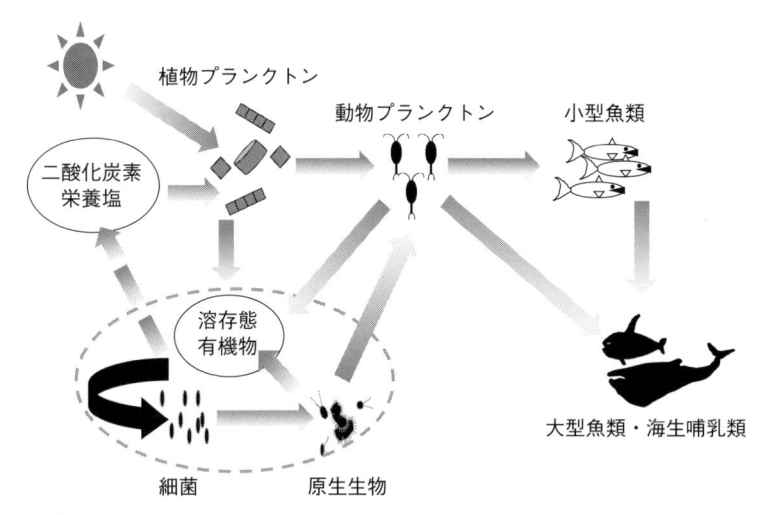

図3-5 海洋の食物網（生食連鎖＋微生物ループ）．栄養塩・二酸化炭素を出発として有機物の循環により成立する．

とは何か．誰が有機物を生産し，誰が消費しているのだろうか．

　サンゴ礁の有機物生産者は，これまでサンゴや有孔虫に共生している褐虫藻や，石灰藻，海藻，海草，植物プランクトンなどであると考えられてきた．最近では，サンゴの死んだ骨や砂地，堆積物中の緑藻類，付着珪藻，藍藻と多くの生物群集が担っていることも明らかにされつつある．有機物生産に関わる重要な因子は二酸化炭素，栄養塩，光量，水温および海水の流速である．サンゴ礁の総一次生産量（gross primary production）と呼吸量（respiration）はほぼ比例関係にある（図3-6）．サンゴ礁の有機物の総一次生産量は200〜1800 mmol/㎡/d，呼吸量もほぼ同じ程度の値であるが，総一次生産量に比べて低い値である．このことは，サンゴ礁において生産された有機物はすべて同じ時間の中で消費されるわけでなく，有機物として残存していることを示している．総一次生産量から呼吸量を差し引いたものを純一次生産量（net primary production）という．最終的には有機物はすべて消費されるが，サンゴ礁の生態系が維持・成長する限りたえず有機物は生産される．このように，サンゴ礁生態系の活発な生命維持は有機物という餌の循環，すなわち有機物の生産，消費，分解という過程と深く関係している．

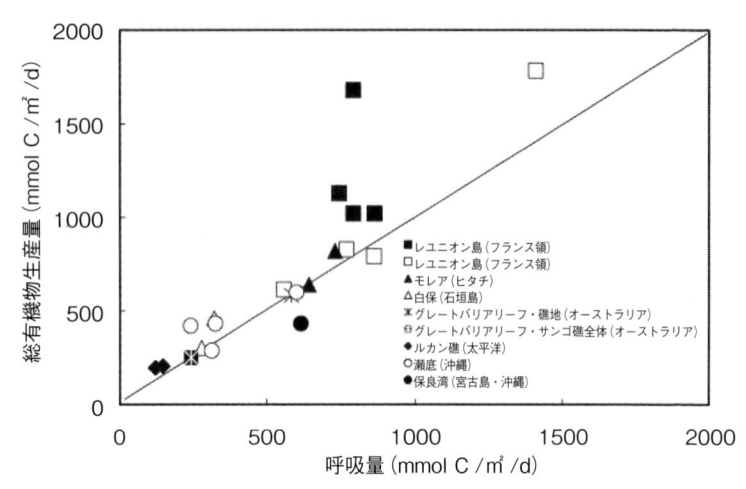

図3-6　サンゴ礁の一次生産量と呼吸量の関係.

　海水中の有機物は大きく粒子態有機物（POM：Particulate Organic Matter）(Casareto et al. 2003) と溶存態有機物（DOM：Dissolved Organic Matter）に分けられる．海水中に存在する割合はおよそ1：10である．粒子態有機物は植物・動物プランクトンおよびバクテリア等の生物粒子とその生物の遺骸である非生物の粒子である．サンゴ礁の海水中では，生物を起源とするの非生物粒子態有機物の割合は80〜90％を占めている．しかも，粒子態有機物のサイズはほとんど22μmより小さい．また，生物起源の粒子の割合も60〜65％ちかくがバクテリアと藍藻で占められている．それでは粒子態有機物のサイズが小さいということは，動物プランクトンから小魚という食物連鎖による有機物循環より，微生物ループによる有機物の循環の方がサンゴ礁では優先している可能性を示唆している．それでは粒子態有機物のおよそ10倍以上存在している溶存態有機物の循環，あるいは挙動はどのようにサンゴ礁生態系を支えているのだろうか．

　サンゴ礁の海水中の溶存態有機物の代表的な起源となるものは，サンゴが放出する粘液（mucus）である（Ducklow and Mitchell 1979；Daumas et al. 1982；Coffroth 1990).　サンゴが放出する粘液の放出量は，

オーストラリアのグレートバリアリーフのヘロン島での Wild et al.(2004) の研究によると，一日あたり海水に溶解する粘液有機物の炭素として 90 kmol，不溶解性の有機物の炭素として 27.7 kmol と報告されている．炭素だけでなく有機窒素としても測定し，溶解性部分で 7.6 kmol，不溶解性部分で 1.9 kmol としている．この放出された粘液の大部分はサンゴ礁の海水中で生物の遺骸等の粒子に吸着したり，あるいは粘液同士が粒子化して，サンゴ礁の海底へ沈降したり，分解・消費されにくいので，海底に蓄積したり，サンゴ礁の外へ運ばれたりしているようである．堆積物に蓄積した有機物の大部分が堆積物中の底生生物に消費されるとしている．Tanaka et al.（2010）はエダコモンサンゴ *Montipora digitata* を用いて，サンゴが放出する粘液質の有機物を測定した．溶存有機炭素（DOC：Dissolved Organic Carbon）として 8.7 nmol/cm^2/h，溶存有機窒素（DON：Dissolved Organic Nitrogen）として 0.48 nmol/cm^2/h を報告している．彼らは，海水中に栄養塩である硝酸塩とリン酸塩を，それぞれ 10 μmol/ℓ，0.5 μmol/ℓ を加えて，同様の実験をおこない，粘液の放出速度を測定したところ，DON の放出速度が，DOC の放出速度に比べてより遅くなったと報告している．

　サンゴの放出する粘液質の溶存態有機物の構成成分は 80％ が炭水化物，とくに高分子性の炭水化物で，タンパク質が 7％，脂質が 8％ である．ただし，放出された粘液はただちに海水中に存在しているバクテリアにより消費される．そのため，サンゴからの放出直前の純粋な粘液の組成を得るのは簡単ではない．粘液を採取する際には，周りに海水や大気との接触をできるだけ避ける必要がある（Fairoz et al. 2011）．サンゴのどこに粘液が存在しているのかを図 3-7 に示した．サンゴの皮層の外側に位置し，微生物が粘液に付着している．粘液を構成する有機物のもととなるものは，サンゴ内で光合成をおこなう褐虫藻が生産した有機物がおもなものである．石田（2001）によると，サンゴが有機物の分解・呼吸により放出した二酸化炭素を褐虫藻が利用して，有機物を生産する．しかし，褐虫藻は生産した有機物を自分の成長にはわずか 0.1％，呼吸で 10％ しか利用していない．残りの 90％ をサンゴに提供している．このうち，サンゴは約 50％ を体外に放出している．サンゴ自身の成長

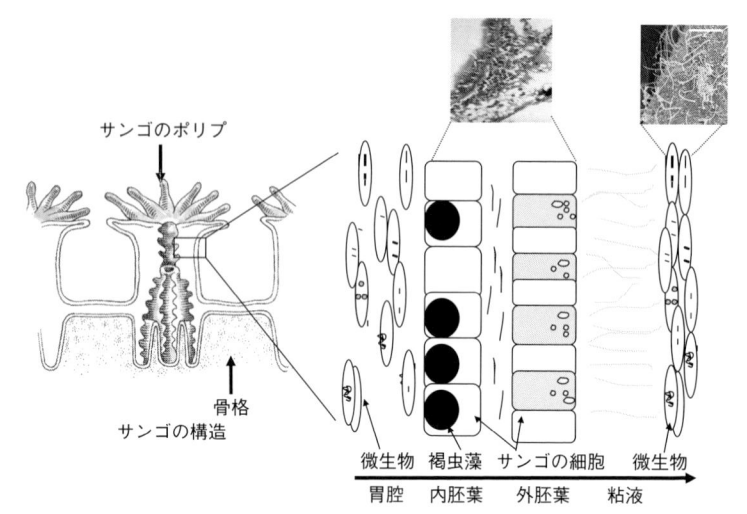

図3-7 サンゴ内の粘液，褐虫藻，バクテリア（微生物）のミクロ生態系の構造．

には，褐虫藻からおよそ70〜80％の有機物を，残りをおもに海水からバクテリア，ピコプランクトンを餌として得ている．動物プランクトンについてはひじょうに小さなもの，あるいは遺骸を利用している可能性がある．この餌の利用の可能性が，サンゴの白化と，サンゴがその後回復するか死滅するかを左右する重要な鍵である．また，サンゴが褐虫藻から得る大部分の有機物をサンゴ自身の成長に利用する際，サンゴが群体として成長するための土台である炭酸カルシウムの骨格形成（石灰化：calcification）のエネルギーとして利用している．

サンゴ礁の海水中の有機物の起源としては，藍藻，ピコ・ナノプランクトンや微生物（バクテリア）や海藻・海草群落の遺骸の溶解・放出がある．藍藻（シアノバクテリ）や従属栄養微生物の遺骸やその溶解成分，および代謝産物としての溶存態有機物は海水中の溶存態有機物の10〜40％であるとSuzuki et al.（2003），Ohnishi et al.（2004），Fairoz et al.（2008）により報告されている．この部分は，バクテリア等の従属栄養生物に利用されやすく，易分解性（labile）あるいは準易分解性（semi-labile）有機物と呼ばれている．これ以外の従属栄養生物に利用されにくい有機物部分を難分解性（refractory）有機物と呼んでいる（Ikeda et al. 2003）．それぞれの有機物部分の見かけの年齢（apparent ages）

あるいは回転速度（turn-over rate）を放射性炭素（^{14}C）や分解速度から測定すると，易分解性有機物や準易分解性有機物は数時間〜数年の回転速度であるのに対して，難分解性有機物の回転速度，あるいは生成してから海水中に存在する時間（見かけの年齢）は数十年〜数百年である．外洋の海水中には全有機物中の約85〜90％が難分解性有機物として存在している．難分解性有機物の起源については十分に解明されていないが，これまでは分解されにくいタンパク質，炭水化物，脂質等が長い時間の間に高分子化して難分解性有機物になったと考えられてきたが，最近の多くの研究では，海水中に存在する難分解性有機物の大部分は分子量が1000以下の低分子化合物である（鈴木 1997；Ohnishi et al. 2004）．海水中に存在する低分子化合物が，どのように難分解性有機物として存在するのかについては十分に解明されていない．Suzuki et al.（2003）は，サンゴ礁海水中の溶存有機物の分子量分布について調べ，外洋に比べてサンゴ礁内での有機物は高分子有機物が多いと述べている．微生物等に比較的利用されやすい新鮮な有機物は高分子化合物である．有機物の分子量分布から，サンゴ礁内の有機物の循環についても新たな知見を得ることができる．

サンゴ礁の石灰化を支える有機物の循環

　サンゴ（おもに造礁サンゴ）の成長速度といえば，サンゴ体の軟組織（ポリプ等）の成長速度というよりは石灰質の骨格の成長速度である．もちろん軟組織と骨格形成はひじょうに密接に関連している．この密接な関係が褐虫藻とサンゴとの共生，化学的共生関係の維持である．サンゴは骨格を形成（石灰化）するときに，次のような反応をおこなう．

$$Ca^{2+} + 2HCO_3^- \rightarrow CaCO_3 + CO_2 + H_2O$$

　すなわち，炭酸カルシウムの生成には，海水中の重炭酸イオンの2つの分子とカルシウムイオンが反応し，1つの分子は骨格である炭酸カルシウムに，もう1つの分子は二酸化炭素になる．このことから，サンゴは二酸化炭素の固定でなく，放出源になると考えられた．しかし，炭酸カルシウムの生成からみると炭素は固定されている．二酸化炭素の固定・吸収源というと誤りであるが，炭素の吸収源とはいえる（Ishikawa et al. 2006). 問題はここからである. 炭酸カルシウムの生成と同時に生成した二酸化炭素（CO_2）はどうなるのか. そのまま大気へ放出されれば, サンゴ礁は二酸化炭素の放出源になる. ところが, 実際にはサンゴが放出した二酸化炭素はサンゴに共生する褐虫藻が光合成に利用している. 石田（2001）によれば, 光合成速度は石灰化速度のおよそ10倍である. 次の式のような反応がサンゴ体内で起きている.

$$6CO_2 + 6H_2O \rightarrow C_6H_{12}O_6 + 6O_2$$

サンゴの体内で生成された二酸化炭素は, サンゴ体内に共生している褐虫藻により消費・利用され有機物に変換される. この有機物はサンゴが消費し, そのエネルギーでサンゴは成長し, 骨格を形成する. この石灰化をトランス石灰化と呼んでいる. もちろん, サンゴは有機物の消費により栄養塩である硝酸塩, アンモニア, リン酸塩等も放出する. この栄養塩を褐虫藻は光合成に利用するのだから, サンゴと褐虫藻は化学物質のやり取りを通じて共生していることになる. この共生をここでは化学共生 (chemical symbiosis) と呼んでいる. 褐虫藻の光合成により二酸化炭素が消費されると, 化学反応では水酸イオン（OH^-）が増加する. 一方, 石灰化が進行すると水素イオン（H^+）が増加する. サンゴと褐虫藻はその生命維持と健全性を維持するために, この両者のイオンを中和する必要がある (Fujimura et al. 2008). この中和反応こそが, 化学共生の重要な点であると考えられる. この中和のバランスが高水温や強光によりくずれ, サンゴと褐虫藻のどちらかの能力が低下するとサンゴの白化等の現象が起きると考えられる. サンゴ礁における代表的な石灰化生成量は100〜240 mmol/m^2/dである. 石灰化が光合成とどのように関係しているのか, そのメカニズム, とくにサンゴの有機物消費と骨格形成との関係については今後の研究が必要である.

最近, 大気中の二酸化炭素の増加に伴い, 海水中に二酸化炭素が溶解し, 海洋が酸性化し, 海水中に生息するサンゴ, 貝, ウニ, 有孔虫, 円石藻などの炭酸カルシウムの殻を形成する生物が溶解あるいは成長できないのではないかと心配されている. この問題には, 光合成と石灰化のバランスを考えることが重要となる. 海水中の二酸化炭素濃度が増加すれば, 植物プランクトンの光合成量が増大し, 有機物生産が増加する可

能性が考えられる．光合成が盛んになれば，連動している石灰化も増加するかもしれない．Casareto et al.（2009）は，沖縄県宮古島の海水中に生存する炭酸カルシウムの殻を形成する植物プランクトン，ココリス（円石藻）の仲間の *Pleurochrysis carterae* を用いて二酸化炭素の増加による光合成量と石灰化量の変化を調べたところ，1000 ppm 程度の高い二酸化炭素濃度でも順応し，光合成量と石灰化量を増加させたと報告した．ただし，光合成を停止した条件下での実験では，炭酸カルシウムの殻は一部溶解した．光合成等の有機物生産，呼吸活動等の生命活動が維持されていれば，高い二酸化炭素濃度の条件下でも生物は適応できるのかもしれないが，酸性化した海洋でのサンゴ礁生態系の応答に関してはさらに今後の研究が必要である．その際，炭酸カルシウムの生成・溶解の過程を生命活動との関連で考えることが重要である．

サンゴ礁生命を支える物質循環

サンゴ礁における物質循環の代表的なものとしては炭素と窒素循環がある．他にもリンやケイ素，鉄，イオウなどの生命活動に欠かせない元素があるが，良くわかっていない．リンは，海水中ではリン酸塩（おもな化学形は正リン酸イオン：HPO_4^{2-}），すなわち有機態のリン化合物である．有機態リン化合物の代表はATP（アデノシン3リン酸），リン脂質等である．リン酸塩は，炭酸カルシウムの生成時にも一部取り込まれ，骨格形成にも関与している．Al-Horani et al.（2003）はサンゴの骨格形成には，ATPが深く関与していることを示している．ATPが骨格形成のエネルギー源として重要な働きをしているが，窒素化合物の濃度に比べて低濃度であることから，サンゴ礁での循環に関しては不明な点が多い．海水中の有機態リン化合物の濃度は 0.5～2.0 $\mu mol/\ell$ で，リン酸塩の濃度と比べると 10～50 倍高い値である．リン化合物の供給源としては大気・降水による供給，河川水・湧水等の地下水がある．また，農業活動による肥料として使用したリン酸塩が地下水を通じて供給される．この場合は，硝酸塩とともにサンゴ礁の富栄養化を促進することになる．

リンに比べて，ケイ素の循環について研究例はきわめて少ない．その

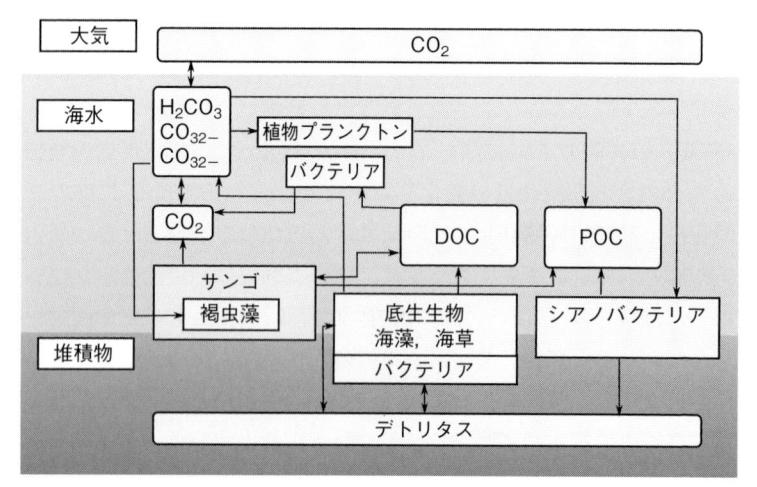

図3-8 サンゴ礁における炭素循環.（DOC：溶存態有機炭素, POC：粒子態有機炭素）

　理由は，サンゴ礁は炭酸塩の世界であるということから，ケイ素を必要とする珪藻等の植物プランクトンに対する配慮が欠けているからである．実際にはサンゴや海草あるいはサンゴの瓦礫場，砂地等のさまざまな場所あるいは生物に付着している珪藻はひじょうに多い（Casareto et al. 2008）．サンゴ礁の海水あるいは砂地の間隙水中のケイ酸塩の濃度は2.3〜24 μmol/ℓである．これは硝酸塩あるいはリン酸塩の濃度に比べて高い値である．Casareto（未発表）は石垣島白保サンゴ礁海水中のおもな珪藻として *Nitzschia* sp., *Licmophora* sp. を見出した．サンゴ礁において，珪藻がどの程度サンゴ礁全体の一次生産量を担うのかについてはまだ十分な研究例がない．とくに，付着珪藻の分布・変動およびケイ酸塩の消費量・速度等についても今後研究が必要である．

　リンおよびケイ素に比べて，炭素と窒素に関する研究は近年増加している．サンゴ礁の典型的な炭素の循環図を図3-8に示した．炭素の循環は大気と海水の間の二酸化炭素の交換，海水に溶解した二酸化炭素はおよそ94％が重炭酸イオン（HCO_3^-）として，5％が炭酸イオン（CO_3^{2-}）として，残りのわずか1％が溶存態二酸化炭素（H_2CO_3）として存在する．この溶存態二酸化炭素および脱炭酸酵素（CA：Carbonic Anhydraze）の働きで，重炭酸イオンが変換した溶存態二酸化炭素を利用して，有機

物が生産される．この有機物は粒子態（POC）と溶存態（DOC）になり，その一部は堆積物に移行し消費され，再び二酸化炭素に戻る．窒素循環についても同様である．炭素と異なる点は，窒素には硝酸塩，アンモニア，アミノ酸，タンパク質，尿素等多くの化合物があり，それらが相互に変換しながら循環しているために，炭素循環に比べて複雑である．無機態の窒素化合物（栄養塩）は植物とバクテリアが，有機態の窒素化合物はおもに動物が消費している．他には微量金属元素もサンゴ礁生態系の生命維持には欠かせないが，海水中の微量金属元素について濃度レベル，分布，植物やサンゴによる取り込み速度，生体内の元素比等について研究例はきわめて少ない．藤村ら（未発表）は沖縄県瀬底島の海水中の微量金属濃度として，Zn，Co，Cu，Niは数十～数百 pptのレベルであると報告している．サンゴによるこれらの取り込みは光合成とともに起きている．また，夜間を想定した暗条件では呼吸活動が卓越し，有機物に吸着あるいは錯体（さくたい）を形成している微量元素は，有機物の分解，消費とともに放出されている．微量金属元素の動態，とくにサンゴ体内における生産あるいはサンゴのストレス下での防御における役割についての研究はこれからである．

高水温下におけるサンゴの応答：ものを言う化学物質

サンゴとサンゴ礁を取りまく環境は年々厳しさを増している．気温の上昇とともに，海水温も年々上昇する傾向がある．これは，地球温暖化の影響である．また，大気中の二酸化炭素濃度の増加は，海水中の二酸化炭素濃度の増加にもつながり，いわゆる海洋酸性化を引き起こしている．さらに紫外線の増加も懸念されている．このような地球規模の影響だけではなく，都市開発，農地改良，観光開発にともなう赤土の流入，農業活動による栄養塩の流入による富栄養化，オニヒトデの大量発生と食害，生活排水等の流入による汚染物質や陸域起源のバクテリアの流入による感染等，多くのストレスによりサンゴとサンゴ礁のさまざまな生物群集は衰弱・死滅している．その典型的な例がサンゴの白化と病気である（6章，12章参照）．高水温下でのサンゴはストレスを感じ，粘液を体外に放出する．その応答によりサンゴと共生している褐虫藻とバクテリアもまた新たな応答・挙動を示す．Fairoz et al.（2008）はサンゴ

の高水温下でのストレスによる化学物質，とくに栄養塩と有機物の挙動について研究している．それによると，28℃と35℃の条件での比較では，35℃の高水温によりサンゴはアンモニア，リン酸塩および有機物を多量に放出する．この有機物を調べてみると，それは粘液であり，おもしろいことに放出される粘液はより有機窒素化合物に富んでいる．この窒素化合物の分子量を調べてみると，分子量が1,000以上のタンパク質であった．さらに，何がサンゴに起きているのか調べたところ，粘液とアンモニアがほぼ同時に高水温のストレスによりサンゴから放出され，それを餌にして，バクテリアの細胞数も増殖している．つまり，バクテリアが粘液の有機物の主成分である炭水化物とアンモニアを利用して増殖する．このタンパク質の放出量の増加，バクテリアの増加に伴い，タンパク質分解酵素であるプロテアーゼも増加する．このプロテアーゼの増加はサンゴや褐虫藻を構成するタンパク質を分解し，褐虫藻の色素の喪失による白化の促進，あるいはサンゴのポリプ等の組織の破壊による病気の原因になると考えられる．高水温によるサンゴのストレス，そのストレスが長期におよぶことによりサンゴの抵抗力や免疫力が低下し，さまざまな化学物質が放出されることにより，サンゴの生存が影響を受けるのである．

　もう1つ重要な現象は高水温下において，褐虫藻の光合成能が低下することである．高水温下でサンゴ体内の褐虫藻はどうなるのか，さらに海水中へはどの程度放出されるのかという疑問がある．これらの疑問に答えることは白化はどのように起きるのかについて答えることになる．褐虫藻は渦鞭毛藻の仲間で，クロロフィル a 以外に独自の色素をもっている．その色素はペリジニン（Peridinin）である．27℃と33.5℃でサンゴの体内の色素量と海水に放出された色素量の変化を比較すると，意外にもサンゴの体内から海水中に放出される色素量がかなり少ないことに驚かされる（図3-9）．高水温で放出される色素は1%以下である．むしろ27℃の条件の方が海水への放出量がわずかであるが多い．高水温ではサンゴ体内の色素量が減少している．同時に褐虫藻の密度，形，サイズ，色素の有無について顕微鏡で観察すると，健康なサンゴは生きている褐虫藻を放出するが，高水温下でのストレスのかかるサンゴ内では褐虫藻は色素を失なったり，サイズが小さくなったり，あるいは形が歪

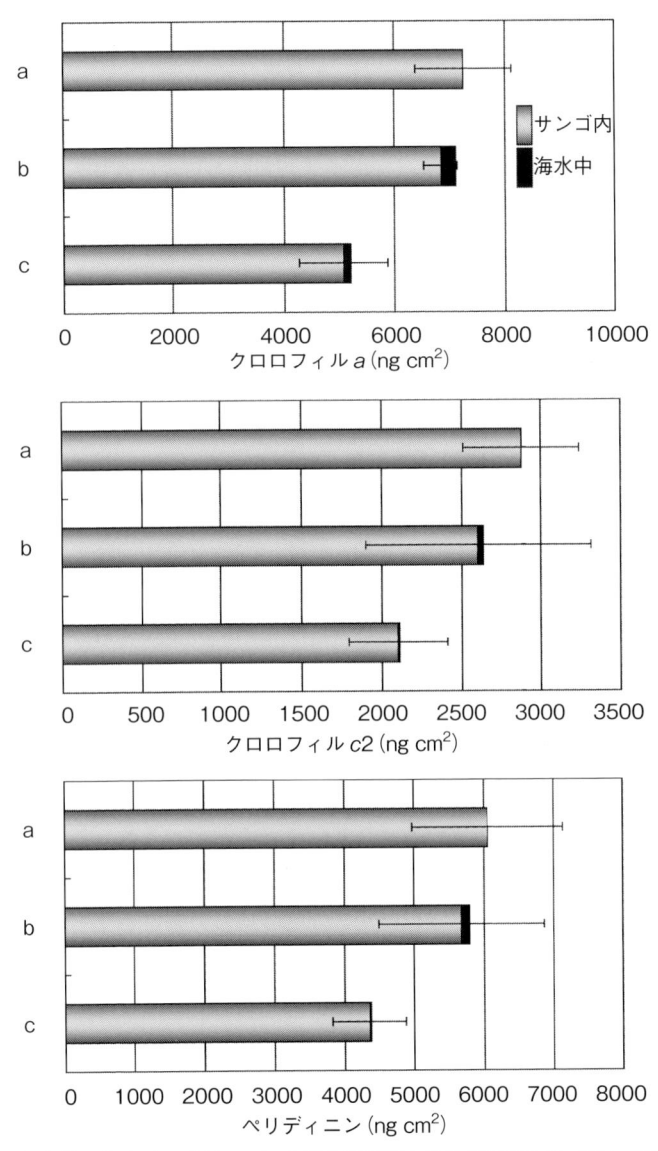

図3-9 褐虫藻の色素(ペリジニン)の高水温下における濃度の変化(サンゴ体内と海水中の色素量).
a) 採取直後のサンゴ,b) 27℃の海水中にサンゴを入れた実験,
c) 33.5℃の海水中にサンゴを入れた実験.

んだりしているのが観察できる．これらがサンゴの体内から海水中へ放出されると，色素としてはほとんど測定されなくなる．このように，ペリジニンはサンゴの体内と海水中への放出や，サンゴ内での褐虫藻の健全性を判断するのにとても有効な色素である．

他にも，高水温下で特異的に変化する化学成分として，Yamashiro et al.（2003）は，サンゴ体内の脂質量と脂質の組成に注目し，脂質量が減少することを報告している．とくに白化した際には，サンゴがエネルギーとして脂質を消費すること，さらに褐虫藻からの供給がなくなることによるサンゴの体内での脂質量が減少する．このように，環境条件の変化とストレスにより生物の代謝活動が影響を受け，さまざまな化学成分濃度と成分の比率が変化し，それがまた生物の代謝活動に影響を与えるという関係が生まれる．ここではこの関係を，「生物・化学共生：biological-chemical symbiosis」と呼んでいる．

サンゴ礁生態系のからくりを支えるもの

サンゴ礁の生態系を支える基本は，サンゴ礁の生物間の代謝活動とそれを支える物質循環の過程である．代謝活動のもとは食べるための餌，すなわち，有機物の生産と有機物のやり取りである．その有機物生産を支えるのは硝酸塩，リン酸塩，ケイ酸塩，鉄，亜鉛等の栄養塩循環である．その代謝活動は呼吸であり，分解である．この有機物の生産と栄養塩（無機物）への再生のバランスがどの程度なのかにより，サンゴ礁生態系の健全性や多様性，サンゴの健全度が大きく左右される．この物質循環のバランスはサンゴ礁という体系だけではなく，サンゴ体内，サンゴの瓦礫場，砂地，海水，さらにはサンゴ礁の地形の基本となる，リーフあるいはラグーンと，それぞれ異なる場，サブ環境においてもそのバランスを維持するしくみがある．たとえば，サンゴの体内での共生関係も，これまではサンゴと褐虫藻の関係を中心に考えられてきたが，Agostini et al.（2009）の研究によりサンゴ体内のバクテリアの細胞数は$10^7 \sim 10^8$個m/$m\ell$であるのに対して，周辺の海水中のバクテリアの細胞数は$10^5 \sim 10^6$個m/$m\ell$と二桁から三桁高い．さらに，サンゴ体内のビタミンB_{12}の濃度はサンゴ体内では$100 \sim 700$pmol/ℓで，昼間に低く夜間に高い．ビタミンB_{12}はバクテリアだけが生産する化学物質である．同時に，

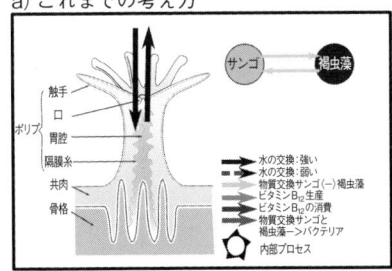

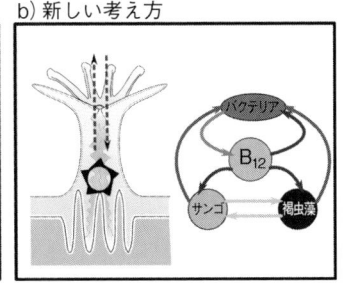

図3-10 サンゴと海水との交換の模式図　a) 開放系（これまでの考え方）, b) 半閉鎖系（新しい変え方）.

ビタミン B_{12} はサンゴおよび褐虫藻には必要な栄養有機物である．褐虫藻はサンゴやバクテリアから二酸化炭素および栄養塩を，さらにはバクテリアからビタミン B_{12} を得ている．サンゴ体内の褐虫藻の有機物生産あるいはサンゴのエネルギー源を維持しているしくみは，バクテリアを含めた複合的な共生であり，その支えは化学物質の循環である．また，サンゴ体内の栄養物質の高い濃度が恒常的に維持されるためには，これまでのような海水とサンゴの間の物質交換がサンゴの成長を支えていると考えるよりも，図3-10に示したように，サンゴ体内の循環が基本となり，サンゴの体外との交換がそれを補完していると考えた方が良い．サンゴ体内における物質循環は，これまで考えているより半閉鎖型であると考えられる．サンゴ礁の生態系を支えているからくりは生物・化学共生である．その共生は，サンゴ礁を構成するさまざまな生物群集と環境との間で成立し，その異なる環境での共生がループのように連携し，サンゴ礁全体の生態系維持に繋がっている．

見えない世界が見える世界を支える

この10年間で，サンゴ礁の生態系を支えるメカニズムの研究は飛躍的に進んでいる．これまでの生物的手法を中心にしたサンゴ礁の個々の生物動態，分布，生理の研究や，それとは別にサンゴ礁の形成や炭素収支の観点からみたサンゴ礁全体の一次生産量・呼吸量・石灰化量の研究から，現在では生物的観点からみた化学物質の循環と生物・化学素過程とが深く結びついた研究が進められている．それも元素レベルだけでな

く，化合物レベル，生物の代謝活動に結びついた研究がおこなわれている．安定同位体を用いたサンゴ礁の一次生産量の研究も活発であり，サンゴ礁の環境調査もこれまでのものとは比べられないほどの最新の観測機材により調査がおこなわれている．また，サンゴのミクロな世界の研究においても多くの成果が得られ，サンゴの白化やサンゴの病気についてもその原因およびメカニズムについて，新たな知見が得られている．サンゴの体内の酸素濃度の測定がミクロセンサーの開発により可能になり，新たな知見が将来的に期待できる．このようなサンゴ礁生態系，とくにミクロ生態系と物質循環に関する研究は，サンゴ礁生態系とは何か，なぜサンゴ礁は貧栄養海域なのに，生物生産が高く，生物多様性が高いのか，などの多くの疑問に対して新たな答えを私たちに提供しはじめている．サンゴ礁生態系のからくりとは，サンゴ礁の生命維持システム形成の歴史でもある．

引用文献

Al-Horani F, Al-Moghrabi S, De Beer D (2003) The mechanism of calcification and its relation to photosynthesis and respiration in the scleractinian coral *Galaxea fascicularis*. Mar Biol 142 (3)：419-426

Agostini S, Suzuki Y, Casareto BE, Nakano Y, Hidaka M, Badrun N (2009) Coral symbiotic complex：Hypothesis through vitamin B_{12} for a new evaluation. Galaxea, JCRS 11：1-11

Casareto BE, Charpy L, Blanchot J, Suzuki Y, Kurosawa K, Ishikawa Y (2006) Phototrophic prokaryotes in Bora Bay, Miyako Island. Proc 10th Int Coral Reef Symp：844-853

Casareto BE, Charpy L, Langlade MJ, Suzuki T, Ohba H, Niraula M, Suzuki Y (2009) Nitrogen fixation in coral reef environments. Proc 11th Int Coral Reef Symp：890-894

Casareto BE, Nilaula MP, Fujimura H, Suzuki Y (2009) Effects of carbon dioxide on the coccolithophorid *Pleurochrysis carterae* in incubation experiments. Aquat Biol 7：59-70

Casareto BE, Suzuki Y, Fukami K, Yoshida K (2003) Particulate organic carbon budget and POC flux in a fringing coral reef at Miyako Island, Okinawa, Japan in July 1996. Proc 9th Int Coral Reef Symp 1：95-100

Charpy L, Palinska KA, Casareto BE, Langlade MJ, Suzuki Y, Abrd RMM, Golubic G (2010) Dinitrogen-fixing cyanobacteria in microbial mats of two shallow

coral reef ecosystems. Microbial Ecol 59:174-186
Coffroth MA (1990) Mucus sheet formation on poritid corals-an evaluation of coral mucus as a nutrient source on reefs. Mar Biol 105:39-49
Daumas R, Galois R, Thomassin B (1982) Biogeochemical composition of soft and hard coral mucus on a new Caledonian lagoonal reef. Proc 4th Int Coral Reef Symp 2:59-68
Ducklow HW, Mitchell R (1979) Bacterial populations and adaptations in the mucus layers on living corals. Limnol Oceanogr 24:715-725
Fairoz M, Suzuki Y, Casareto BE, Agostini S, Shiroma S, Charpy L (2008) Role of organic matter in chemical symbiosis at coral reefs: release of organic nitorgen and amino acids under heat stress. Proc 11th Int Coral Reef Symp:895-899
Fairoz M, Suzuki Y, Casareto BE (2011) Behavior of dissolved organic matter in coral reef waters in relation with biological processes, Modern Applied Science, 5:3-11
Fujimura H, Higuchi T, Shiroma K, Arakaki T, Hamdun AM, Nakano Y, Oomori T (2008) Continuous-flow complete-mixing system for assessing the effects of environmental factors on colony-level coral metabolism, Biochem Biophys Methods 70:865-872
Ikeda Y, Fukami K, Casareto BE, Suzuki Y (2003) Refractory and labile organic carbon in coral reef seawater. Galaxea JCRS, 5:11-19
石田祐三郎 (2001) 海洋微生物の分子生態学入門. 培風館, 東京, pp 180
Ishikawa Y, Suzuki Y, Casareto BE, Oomori T (2006) Organic production and calcification in coral reef communities in Bora Bay, Miyako Island. Proc 10th Int Coral Reef Symp:913-924
Odumn HT, Odumn EP (1955) Trophic structure and productivity of windward coral reef community on Eniwetok Atoll. Ecol Monogr 25:291-320
Ohnishi Y, Fjii M, Murashige S, Yuzawa A, Miyasaka H, Suzuki Y. (2004) Microbial decomposition of organic matter derived from phytoplankton cellular components in seawater. Microbes Environ 19:128-136
Shiroma K, Casareto BE, Ishikawa Y, Suzuki Y (2010) Effects of heat stress and nitrate enrichment on nitrogen allocation in zooxanthellate corals. Eco-Engineering 22:101-104
鈴木 款 (編)(1977) 海洋生物と炭素循環. 東京大学出版会, 東京, pp 256
Suzuki Y, Casareto BE, Kurosawa K (2003) Import and export fluxes of HMW-DOC and LMW-DOC on a coral reef at Miyako Island. Proc 9th Int Coral Reef Symp 1:555-559
Suzuki Y, Casareto BE (2011) The Role of Dissoved Organic Nitrogen (DON) In: Coral Biology and Reef Ecology, Z. Dubinsky and N. Stambler (eds), Coral Reefs: An Ecosystem in Transition, DO I 10.1007/978-94-007-0114-4-14:207-214
Tanaka Y, Ogawa H, Miyajima T (2010) Effects of nutrient enrichment on the

release of dissolved organic carbon and nitrogen by the scleractinian coral *Montipora digitata*. Coral Reefs 29 : 675-682

Wild C, Huettel M, Kuelter A, Kremb SG, Rasheed MYM, Jorgensen BoB (2004) Coral mucus function as an energy carrier and particle trap in the reef ecosystem. Nature 428 : 66-70

第4章

サンゴの海を調べる

山野博哉

　目の前に広がるサンゴ礁を見て，まっ先に思い浮かぶのは，どんな種類の造礁サンゴ（以降，サンゴとする）がどのくらいいるかを知りたいということではないだろうか．そのための調査方法としては，コドラート法をはじめいくつかの方法が考案され使われている．それでは，調べたい範囲が広大だったり，離れていて行きにくかったり，深くて行けなかったりする場合はどうだろうか．その場合は，広域の調査が可能となるリモートセンシングや，深海に行くことのできる潜水艇が力を発揮するであろう．

　サンゴは元気なのだろうか．白化などサンゴの明瞭な変化は目で見てわかるが，サンゴがストレスを受けた状態なのか，それとも健全な状態なのかは，目で見ただけではわからない場合がある．その場合は，サンゴの光合成，呼吸，石灰化など，目には見えないサンゴの活性を調べることが必要である．

　サンゴの分布や活性に，サンゴをとりまくさまざまな環境が大きく関わっているのは間違いないであろう．環境はどのように測れば良いのだろうか．ここでも計測器を用いた現場での測定だけでなく，広範囲を調べるためにリモートセンシング技術が活用されている．

　ここでは，野外でサンゴを調べる方法と実際の調査例を紹介する．現在のサンゴ礁は，地球規模のストレス（温暖化など）と，地域規模のストレス（赤土流入など）の両方にさらされており，ストレスとサンゴの関係を知るうえでも，今後の変化を知るためにも，こうした方法に基づく調査とモニタリングが求められている．なお，調査例は，なるべく日本におけるものを紹介した．日本のサンゴ礁で，さまざまな方法を用い

て調査がおこなわれていることを知っていただければ幸いである．

現場でサンゴの分布を調べる

　どんな種類のサンゴがどのくらいいるのかはもっとも基本的な情報である．海底面に占めるサンゴの割合をサンゴ被度と呼ぶ．被度の求め方には，詳細な計測をおこなう方法と，短時間で広域を調査する方法がある（English et al. 1997；Hill and Wilkinson 2004）．

詳細な計測をおこなう方法

コドラート法

　海底に一定の大きさの枠（コドラート）を設置し，その中のサンゴの種類と群体の大きさや被度を求めるものである．1m四方の大きさのコドラートを複数設置して，その場所全体のサンゴ分布を推定するのが一般的である．たとえば，日本サンゴ礁学会保全委員会とWWFジャパンの調査では，礁斜面において，20mのラインを10m間隔で4本設置し，各ライン上にランダムに4個の1m四方の大きさのコドラートを設置して調べる方法が採用された（酒井・岡地 2009）．コドラート法は長期のモニタリングにも活用され，数m四方の大きなコドラートを定位置に設置して毎年観察を続けることにより，サンゴの成長や遷移を把握することができる（http://www.nies.go.jp/aquaterra/coral/）（Nozawa et al. 2008）．

　コドラート内のスケッチ（以降 Leujak and Ormond 2007 にしたがいMAPとする）をおこなうのが一般的であるが，最近ではデジタルカメラが活用され，コドラート内の写真を撮影し，それをデジタル処理できるようになった．コドラート内のサンゴの被度を求める方法としては，写真上でサンゴの輪郭をなぞる方法（PHOTS）と，写真上に等間隔で点を発生させてサンゴ上にある点を数える方法（PHOTP）がある．歪みや大きさの違いを最小限にするため，写真は直上で同じ距離から撮影するのが望ましく，写真撮影用のフレームが考案されている（図4-1）．ただし，写真撮影だけでは小さい群体や細かい骨格構造を判別できない場合があるため，現場でのスケッチと写真撮影を併用することが望ましい．

図4-1 コドラート法による調査.写真撮影用の枠を作成し,ひずみのないコドラート写真を撮影する(左).撮影された写真の例(右).写真撮影用の枠は酒井一彦(琉球大学)作成.

ライントランセクト法

　一定の長さの線(トランセクト)を設置し,そこと交わったサンゴの数や被度を測定する方法である.トランセクトの長さは10mが採られることが多いが,目的によって100m,200m…の長さが決められる(杉原ら 2009).トランセクトと交わるサンゴの長さを計測して被度を求める方法(LIT)と,トランセクト上に一定間隔で測定点を設け,サンゴと重なる点を数えて被度を求める方法(LPT)がある.ライントランセクト法は,ボランティアによるモニタリングプログラム「リーフチェック」で採用されている.コドラート法と同様,水中カメラが使われるようになり,デジタル処理がおこなわれるようになった(PLIT).

ベルトトランセクト法

　コドラート法とライントランセクト法を組み合わせたのがベルトトランセクト法である.一定の幅の帯を海中に設置し,その帯内のサンゴの被度を求める方法である.撮影にはカメラだけでなく,ビデオが使われることがある(VIDEO).

　これらの方法のうち,どの方法を用いるかは目的によって十分に検討する必要がある.たとえば,サンゴの被度の変化を観察する場合は,解析にかかる時間を考慮すると,VIDEO > PHOTP > PHOTS > LPT

＞MAP＞LITの順に効率の良い方法であることが示されている (Leujak and Ormond 2007). さらに, PLITがLITより良いことが示されているが, 属レベルでの分布を解析した場合は, PLITは属の数を過小評価していた (Nakajima et al. 2010). このことは, 属や種レベルでの解析には写真撮影だけでは不十分で, 現地での詳細な観察をおこなう必要があることを意味しており, 調査目的によって適切な手法を選択する必要があることを強く示している.

短時間で広域を調査する方法

スポットチェック法

調査地点の周辺で15分間遊泳し, その間にサンゴの被度を目視で確認してその地点のサンゴの被度とするものである. 二人一組でおこなって結果を照合することにより, 個人差を低減している. この方法では, 岩盤などの固い底質上のサンゴの被度のみを記録し, 砂地などサンゴの定着できない基盤は無視されている. したがって, その区域の底質全体を含めた被度でないことに注意する必要がある. これは, サンゴが定着できる基盤に対してどのくらいサンゴがいるかに重点を置いていることによる. サンゴの被度の他に, 白化, オニヒトデ, 病気の発生など, 異変がおこっている場合も記録する. スポットチェック法は, 環境省モニタリングサイト1000事業のサンゴ礁部門で採用され (http://www.biodic.go.jp/moni1000/manual/spot-check_ver4.pdf), 毎年全国の定点で調査がおこなわれている.

マンタ法

ボートにより曳航された人がサンゴの被度を目視で記録していく. そのため, 比較的広域での調査が可能である. ボートが航走できる礁斜面でのサンゴ分布調査に使われることが多い.

スポットチェック法, マンタ法に限らず, 目視での被度の観察は, 詳細な計測をおこなう方法に比べて被度の精度は落ち, 種レベルでの識別は一部を除き不可能であるという欠点はあるが, 概況調査としてひじょうに有効である. つぎに紹介するリモートセンシングデータの現地検証データ取得に使われることも多い.

行けない場所のサンゴを調べる

広い範囲や遠い場所を調べる

　調査地の範囲が広すぎる，調査地が離れすぎているなどの理由により調査が困難な場所を効率的に調べるには，航空機や衛星が取得するデータを用いたリモートセンシング技術の活用が不可欠である（藤原 2002；灘岡ら 2004）．空中写真は1930年代から，衛星データは1980年代からの蓄積があり，サンゴ礁の変化の記録資料として活用されている（長谷川 1990 ほか）．

　ただし，航空機や衛星を用いたリモートセンシングにはさまざまな制約があることを知っておく必要がある．第一に，水があるため，深いところの底質は識別できない．一般的には，水深がおよそ30mで底が見えなくなってしまう．また，これより水深が浅い場合でも，深いところは暗く見えるため，同じく暗く見えるサンゴや海草・海藻と識別が難しい．第二に，サンゴと海草・海藻の識別には数nmの細かい波長間隔での観測が可能なセンサーが必要である．サンゴには褐虫藻が共生しているため，海草・海藻と似た反射スペクトルを示す（図4-2）．これは波長分解能が数10 nmのマルチスペクトルセンサーでは両者の区別が困難であることを意味する．現在まで広く活用されている衛星は波長分解能の悪いマルチスペクトルセンサーを搭載しているため，サンゴ礁の生物分布を正確に把握するには不十分である．また，サンゴの種類を識別することは不可能である．第三に，サンゴ礁が空間的に複雑な構造をもっているため，空間分解能の悪いセンサーでは，サンゴなどの分布パターンがわからないことに加え，1画素内にサンゴとサンゴ以外の底質が含まれる場合，両者が混ざってしまい（図4-3），誤分類の原因となる．

　サンゴの分類を正確に把握するために必要なセンサーは，波長分解能，空間解像度ともに高いセンサーが必要であるが，残念ながら両方を満たす衛星センサーは今のところ存在しない．現状の衛星センサーごとのコスト（データの価格）とベネフィット（分類精度）の関係を明らかにして，予算と必要な精度を考えて適切なセンサーを選定する必要がある．サンゴ礁においては，こうしたコスト―ベネフィットの解析が進んでお

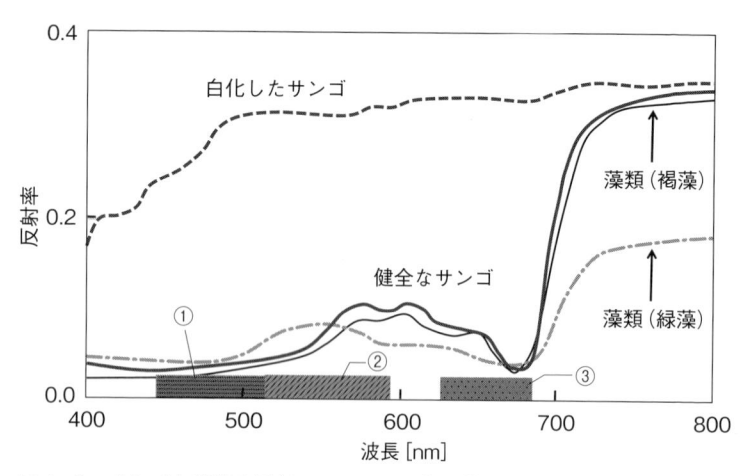

図4-2 サンゴと藻類の反射スペクトルと衛星搭載のマルチスペクトルセンサー（Landsat ETM＋）の観測バンド（①，②，③の棒）．マルチスペクトルセンサーでは，情報が平均化されて特徴が失われてしまう．白化したサンゴは高い反射率を示すため，生きたサンゴや藻類から区別できる．

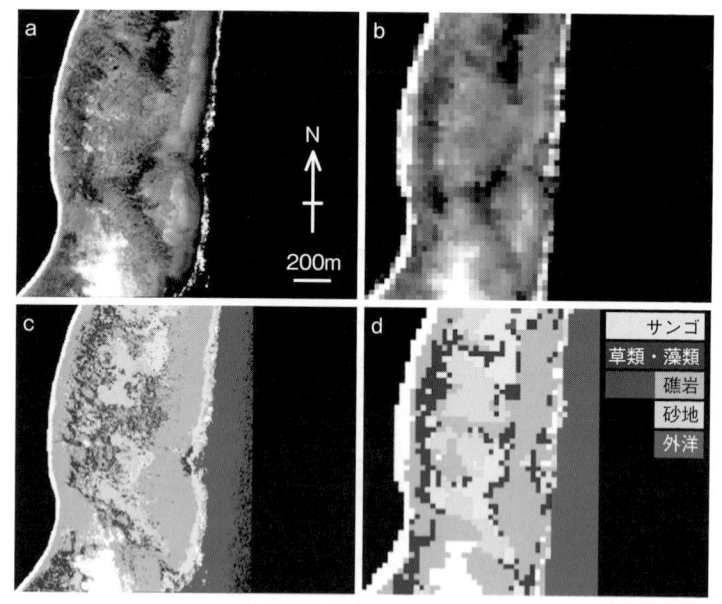

図4-3 沖縄県石垣島白保サンゴ礁のIKONOS画像（空間解像度4 m）a）とLandsat ETM＋画像（空間解像度30 m）b）とそれらの分類結果c）d）．空間解像度が悪くなると，構造がわからなくなり，サンゴと他の底質の情報が混ざってしまう．

78 ── 第I部 サンゴ礁の環境

表4-1 各衛星センサーの特徴，衛星画像の価格（3600 km²の場合）と分類精度（4クラスに分類した場合）．

Edwards 2000，Mumby and Edwards 2002，Andréfouët et al. 2003，Capolsini et al. 2003 と筆者の解析に基づく．

衛星センサー	Landsat ETM+	Terra ASTER	ALOS AVNIR2	IKONOS	QuickBird
観測幅	185 km	60 km	70 km	11 km	20 km
空間解像度	30 m	15 m	10 m	4 m	2.5 m
使用可能な波長帯	B, G, R, NIR	G, R, NIR	B, G, R, NIR	B, G, R, NIR	B, G, R, NIR
データ蓄積	1999～	1999～	2006～2011	1999～	2001～
価格（3600 km²）	無料*～175,875円	9,800円	52,500円	21,600,000円**	19,440,000円**
分類精度（4クラス）	60～75%	60～65%	70～75%	75～80%	80%

** Millennium Coral Reefs Landsat Archive (http://oceancdor.gsfc.nasa.gov/cgi/landsat.pl) による．
* マルチスペクトル基本製品単価に基づく．

り，これまでの成果は表4-1のようにまとめられる．各衛星センサーには固有の特徴があり，目的に合ったセンサーを選定する必要があることがわかる．

底の見えない場所を調べる

衛星データや空中写真では，底が見えることが前提となるので，水深の深い，あるいは水の濁ったところの底質を判別することができない．このような場合には，潜水艇，海中カメラや船舶搭載型の音響センサーが必要である．水深の深いところでは，すでに1970年代に潜水艇によってカリブ海のベリーズ海域の礁斜面の観察がなされ（James and Ginsberg 1979），その後も海中カメラや潜水艇によって，礁斜面での地形や生物の分布が明らかになっている（Tsuji 1993；Iryu et al. 1995ほか）．最近では無人の小型潜水艇ROVによる写真撮影により，石西礁湖周辺において水深が40m以上の場所でもサンゴが分布していることが示された（古島ら 2010）．日本では他に久米島でも深場のサンゴ群集が発見されている．深場のサンゴ群集は最近注目を集めており，国際サンゴ礁学会誌で特集が組まれた（Hinderstein et al. 2010）．ROVを活用した今後の研究が待たれる．

船舶登載型の音響センサーでは，音波の反射や散乱の情報を用いて，

海底の形状を把握することができるため，海草・海藻とサンゴの区別が可能となる．衛星画像と音響センサーを用いた分類の精度が同程度であることはアラビア湾のサンゴ礁で示されており（Riegl and Purkis 2005），衛星画像と音響センサーを統合したサンゴの分布調査がベリーズの礁斜面で試みられている（Bejarano et al. 2010）．残念ながら，音響センサーを用いた日本のサンゴ礁での調査の例は，筆者の知る限り存在しない．また，最近では船舶登載型のレーザーを用いたサンゴ分布の検出に関する研究が進められている（篠野ら 2010）．

サンゴの活性を調べる

　白化などサンゴの色の変化は，目視で観察することができ，デジタルカメラ画像の色情報を用いた指標の開発（斉藤ら 2008）やカラーチャートを用いたモニタリング（CoralWatch, http://www.coralwatch.org）がおこなわれている．また，大規模な白化は衛星データでも検出できる（Yamano and Tamura 2004）．しかし，そのサンゴが本当に健全な状態にあるのかは，目で見ただけではわからない場合も多い．サンゴの活性（光合成，呼吸，石灰化）は目には見えないが，サンゴやサンゴ礁の健全度を示す指標となる．

　褐虫藻に含まれるクロロフィルは，光を受けるとその一部を放出する．これがクロロフィル蛍光と呼ばれるもので（彦坂 2003），クロロフィル蛍光の強さは褐虫藻の光合成の能力を示し，サンゴの健全度の指標とされる．1985年にクロロフィル蛍光測定器PAMシリーズ（Walz社）が開発され，野外でのクロロフィル蛍光の測定が可能となった．開発当初は陸上の植物の研究に使われることが多かったが，最近では水中での測定が可能となり，現場でのサンゴの測定例が増えている（Okamoto et al. 2005）（図4-4）．

　海水中のpH，二酸化炭素濃度，アルカリ度，無機・有機炭素量，溶存酸素などを計測することにより，サンゴの活性（光合成，呼吸，石灰化）を知ることができる（鈴木 1994 ほか）．採水をおこなって実験室で分析するのが一般的であるが，最近では現場で連続的な測定が可能となった（Watanabe et al. 2004）（図4-5）．現場でのサンゴの活性の計

図4-4 クロロフィル蛍光測定器 Diving-PAM（Walz 社）を用いた水中でのサンゴの活性の測定（写真提供：Rolf Gademann）.

図4-5 沖縄県石垣島白保サンゴ礁に設置された連続型炭酸系測定システム．船に搭載して1年間の連続測定をおこなった（写真提供：茅根　創）.

測方法としては，対象とするサンゴ群体を囲ってその中の海水を計測する方法がある（Nakamura and Nakamori 2009）．また，サンゴ礁全体での計測をおこなう方法として，停留法と流れ法がある．停留法は，閉鎖的なサンゴ礁において，低潮時にサンゴ礁内の海水が停留してプール状になり，外洋との海水交換がなくなったときに計測をおこなうもので，サンゴ礁全体の活性を測定することができる．流れ法は，潮流などによって一方向の流れが生じている場合に，その上流と下流で測定をおこない，両者の差を計算することにより，上流と下流の間にある生物の活性を測定することができる（Kraines et al. 1996；Abe et al. 2010）．連続した測定をおこなうことによって，サンゴの光合成にともなう二酸化炭素濃度の日周変動があることや，サンゴの白化後にサンゴ礁全体の活性が低下したことが明らかとなった（Kayanne et al. 1995, 2005）．

サンゴをとりまく環境を調べる

サンゴの分布と活性は，サンゴをとりまく環境と大きく関わっている（図4-6）．たとえば，波当たりの強い場所には被覆状や太くて短い枝状のサンゴが，波当たりの弱い場所には細くて長い枝状のサンゴが分布する．サンゴの白化は，高水温をはじめとする環境ストレスによってもたらされる（中村ら 2006）．多くの環境要素は，現場に計測器を設置し

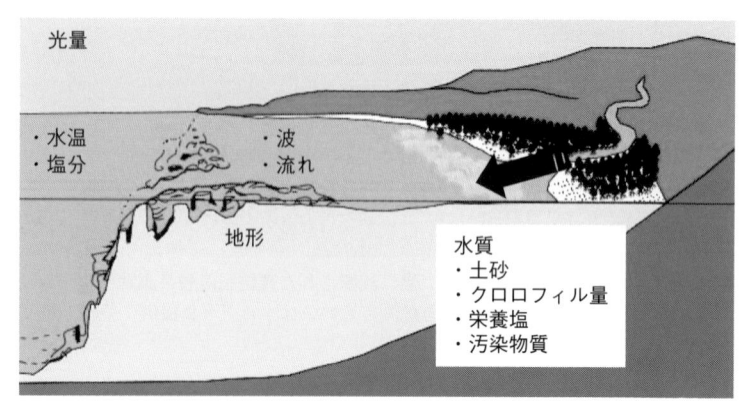

図4-6 サンゴ礁地形とサンゴをとりまく環境要因．

て計測することができる一方で，リモートセンシングを活用した広域での観測に関しても技術が進展している（Mumby et al. 2004）．

水深（地形）

　水深は，圧力あるいは超音波に基づく水深計を用いて現場で長期間計測することが可能である．広域での地形調査においては，船に取り付けた魚群探知機やソナーが使われる．航空機や衛星を使った広域調査としては，LiDARと呼ばれる，レーザー光の海底からの反射から水深を計測する方法，青や緑など波長帯によって水中での減衰率が異なることを利用して画像から水深を求める方法（Paringit・灘岡 2002；神野ら 2008），写真測量技術を用いて海底の地形を計測する方法がある．写真測量技術は陸上地形を計測するのにしばしば用いられるが，海中の地形を計測するためには，海面での光の屈折率を考慮して水深を補正する必要がある（Murase et al. 2008）．

波

　波も，水深と同様に圧力あるいは超音波に基づく波高計を用いて計測することが可能である．衛星観測も可能であるが，外洋域の観測に限られる．衛星観測で得られた波高データは，サンゴ礁が受ける波のエネルギーの指標となり，サンゴ分布やサンゴ礁の形成との対応が検討されている（Yamano et al. 2003）．

流れ

　海水の流動の測定方法は，定点で観測する方法と，ブイを追跡して流れを把握する方法の2つがある．定点での測定には，電磁式流速計，プロペラ式流速計，ドップラー流速計など，さまざまな流速計が用いられる（Nadaoka et al. 2001bほか）（図4-7）．流速計以外には，石膏球が用いられる（図4-8）．これは，石膏でできた球を一定時間設置し，石膏が溶けて変形した状態から流れの向きと強さを推定するもので，サンゴ周辺などの微細な流れを把握することができる（古島ら 2001）．広域においては，衛星観測はおこなわれていないが，地上からの海洋短波レーダ（HFレーダ）を用いた流速分布推定がおこなわれている（灘岡ら

図4-7 海底への流速計の設置(写真提供:灘岡和夫).

図4-8 石膏球(写真提供:地方独立行政法人北海道立総合研究機構水産研究本部網走水産試験場).

2002).また,空中写真や衛星画像を用いて,サンゴパッチの配列から卓越する流向を推定することが可能である(Yoshida et al. 2006).

水温

水温は,現場に水温計を設置して長期間計測することが可能である(Nadaoka et al. 2001a ほか).広域においては,NOAA衛星による水温観測がおこなわれ,毎日の全世界の水温が公開されている.ただし,空間解像度は最大でも1 km程度なので,サンゴ礁をとりまく外洋の水温しか調査することができない.NOAA衛星による観測データによって高水温域を検出して白化の予測や検証がおこなわれ(NOAA Coral Reef Watch プロジェクト),2001年に沖縄で起こった白化の状況と高水温が対応することが示された(Strong et al. 2002).

塩分

塩分についても塩分計により計測することが可能であるが,数週間にわたる長期の観測をおこなう場合は,センサー部分へ海藻などが付着して観測値に異常が出るのを防ぐため,ワイパー付きの計測器が必要となる.衛星による塩分の計測は最近はじまったばかりである.

光量

光量は光量子計により計測可能である.この場合も,長期の観測にはセンサー部の付着物を除去する必要がある.海面上の光量は広域で衛星により観測することができるが,光量は変動が激しいため,静止衛星のデータが使われることが多い.光合成に使われる光の波長だけでなく,有害な紫外線の観測もおこなわれている.

水質

濁度とクロロフィル量はそれぞれ計測器を設置して計測することができる.これらは衛星でも観測可能であるが,濁った水と底質からの反射の両方が混じる可能性のある浅い海域では,精度良く観測できないという欠点がある.底が見える場合は,海底に堆積した赤土を衛星データで検出することも可能である(灘岡・田村 1992;岡本ら 1992).

栄養塩や，農薬・除草剤などの汚染物質は，採水をおこなって分析する必要がある（Kawahata et al. 2004；Miyajima et al. 2007；Morimoto et al. 2010 ほか）．これらは衛星で観測することはできないが，周辺の土地利用など陸域の状況から流出量を推定することは可能である（Blanco et al. 2010）．

こうしたサンゴをとりまく環境の長期間の変化や物質の蓄積状況は，堆積物の分析や，海草・海藻やサンゴに含まれる成分の分析で可能な場合がある（鈴木ら 1999；井上ら 2002）．たとえば，海底に堆積した赤土は，底質のふるい分けをおこなう方法や成分を分析する方法によって検出することができる．沖縄県においては，ふるい分けと透視度の計測に基づく懸濁物質含量（SPSS）簡易測定法を用いた調査がおこなわれている（大見謝 2004）．その他にも，水温，塩分，栄養塩，汚染物質に関して研究事例が蓄積されつつある（Umezawa et al. 2002；Yamamuro et al. 2003；Ramos et al. 2004；Abe 2008；Kitada et al. 2008 ほか）．

課題と展望

ここまで，野外でのサンゴの分布，活性と周囲の環境を調べる方法を簡単に紹介した．手法の詳細は，引用文献や巻末の参考文献を参照されたい．多くの方法は，サンゴ礁に特化したものではなく，他の生態系でも使われているものである．他分野からの導入，あるいは他分野への応用も考えて調査方法を構築する必要があるだろう．方法にはそれぞれのメリットとデメリットがあり，どの方法がもっとも適切かは，コストとベネフィット（精度）を慎重に考慮して決定する必要がある．手法のガイドラインを提示することも研究として必要とされているのではないかと思う．また，測定技術は発展途上のものが多く，今後の技術の進展により，さらなる高精度化が可能となると推測される．現場からのニーズを示し，今後の手法開発に役立てることも必要である．

観測手法や解析の統合は今後ますます推進すべき課題である．観測に関しては，水温や海水の流れなど，サンゴに影響を与える環境要因とサンゴの活性を統合して観測するシステムが開発されつつある（図 4-5 や CREWS；http://www.coral.noaa.gov/crews/）．解析に関しても，

漂流ブイ，HFレーダ観測と海水流動シミュレーションを組み合わせ，海水の流れによるサンゴ幼生の移動経路の再現・予測がおこなわれた例（灘岡ら 2002）や，衛星データを用いて観測されるさまざまな環境データを統合してサンゴへのストレス評価をおこなった例がある（Maina et al. 2008）．一方で，サンゴの分布に関しても，広域でのデータベース化が進みつつある（Gardner et al. 2003；中尾ら 2009）．さまざまな調査手法を活用して得られた環境データと，サンゴ分布や活性のデータを統合した研究が今後進んでいくものと期待される．

引用文献

Abe K (2008) Cadmium accumulation on coastal surficial sediments from Yaeyama Islands, Okinawa. Galaxea, JCRS 10：37-42

Abe O, Watanabe A, Sarma VVSS, Matsui Y, Yamano H, Yoshida N, Saino T (2010) Air-sea gas transfer in a shallow, flowing and coastal environment estimated by dissolved inorganic carbon and dissolved oxygen analyses. J Oceanogr 66：363-372

Bejarano S, Mumby PJ, Hedley JD, Sotheran I (2010) Combining optical and acoustic data to enhance the detection of Caribbean forereef habitats. Remote Sens Environ 114：2768-2778

Blanco AC, Nadaoka K, Yamamoto T, Kinjo K (2010) Dynamic evolution of nutrient discharge under stormflow and baseflow conditions in a coastal agricultural watershed in Ishigaki Island, Okinawa, Japan. Hydrol Processes 24：2601-2616

Edwards AJ (ed) (2000) Remote sensing handbook for tropical coastal management. UNESCO Publ, Paris, pp 316

English S, Wilkinson C, Baker V (1994) Survey manual for tropical marine resources. Aust Inst Mar Sci, Townsville, pp 390

藤原秀一（2002）リモートセンシングによるサンゴ礁研究．中森 亨（編）日本におけるサンゴ礁研究Ⅰ，日本サンゴ礁学会，東京，pp 67-70

古島靖夫・岡本峰雄・小黒 至・栢 孝雄・松田龍典・小松輝久（2001）パッチリーフ近傍における微細流動の計測．海洋科学技術センター試験研究報告 43：125-132

古島靖夫・Humblet M・山本啓之・徳山英一・宮城 博・丸山 正・藤倉克則（2010）石西礁湖における水深40m以深のサンゴ分布について．日本サンゴ礁学会第12回大会講演要旨集：92

Gardner TA, Côté IM, Gill JA, Grant A, Watkinson AR (2003) Long-term region-wide declines in Caribbean corals. Science 301：958-960

長谷川均（1990）琉球列島久米島，ハテノハマ洲島で見られる海岸線変化．地理学評論 63：676-692

彦坂幸毅（2003）クロロフィル蛍光．種生物学会（編）光と水と植物のかたち．文一総合出版，東京，pp 245-258

Hill J, Wilkinson C (2004) Methods for ecological monitoring of coral reefs. Aust Inst Mar Sci, Townsville, pp 117

Hinderstein LM, Marr JCA, Martinez FA, Dowgiallo MJ, Puglise KA, Pyle RL, Zawada DG, Appeldoorn R (2010) Theme section on "Mesophotic Coral Ecosystems: Characterization, Ecology, and Management". Coral Reefs 29: 247-251

井上麻夕里・菅 浩伸・鈴木 淳（2002）サンゴ骨格中の微量元素―海洋汚染の指標としての可能性―．地球化学 36：65-79

Iryu Y, Nakamori T, Matsuda S, Abe O (1995) Distribution of marine benthic organisms and its geological significance in the modern reef complex of the Ryukyu Islands. Sedim Geol 99: 243-258

James NP, Ginsburg RN (1979) The seaward margin of Belize barrier and atoll reefs. Blackwell Sci Pub, Oxford, pp 191

神野有生・鯉渕幸生・寺田一美・竹内 渉・磯部雅彦（2008）底質の不均一性を考慮した衛星画像による汎用水深分布予測法．水工学論文集 52：895-900

Kawahata H, Ohta H, Inoue M, Suzuki A (2004) Endocrine disrupter nonylphenol and bisphenol A contamination in Okinawa and Ishigaki Islands, Japan-within coral reefs and adjacent river mouths. Chemosphere 55: 1519-1527

Kayanne H, Hata H, Kudo S, Yamano H, Watanabe A, Ikeda Y, Nozaki K, Kato K, Negishi A, Saito H (2005) Seasonal and bleaching-induced changes in coral reef metabolism and CO_2 flux. Global Biogeochem Cycles 19: GB3015

Kayanne H, Suzuki A, Saito H (1995) Diurnal changes in the partial pressure of carbon dioxide in coral reef water. Science 269: 214-216

Kitada Y, Kawahata H, Suzuki A, Oomori T (2008) Distribution of pesticides and bisphenol A in sediments collected from rivers adjacent to coral reefs. Chemosphere 71: 2082-2090

Kraines S, Suzuki Y, Yamada K, Komiyama H (1996) Separating biological and physical changes in dissolved oxygen concentration in a coral reef. Limnol Oceanogr 41: 1790-1799

Leujak W, Ormond RFG (2007) Comparative accuracy and efficiency of six coral community survey methods. J Exp Mar Biol Ecol 351: 168-187

Maina J, Venus V, McClanahan TR, Ateweberhan M (2008) Modelling susceptibility of coral reefs to environmental stress using remote sensing data and GIS models. Ecol Model 212: 180-199

Miyajima T, Tanaka Y, Koike I, Yamano H, Kayanne H (2007) Evaluation of spatial correlation between nutrient exchange rates and benthic biota in a reef-flat ecosystem by GIS-assisted flow-tracking. J Oceanogr 63: 643-659

Morimoto N, Furushima Y, Nagao M, Irie T, Iguchi A, Suzuki A, Sakai K (2010) Water quality variables across Sekisei Reef, a large reef complex in southwestern Japan. Pac Sci 64：113-123

Mumby PJ, Skirving W, Strong AE, Hardy JT, LeDrew EF, Hochberg EJ, Stumpf RP, David L (2004) Remote sensing of coral reefs and their physical environment. Mar Pollut Bull 48：219-228

Murase T, Tanaka M, Tani T, Miyashita Y, Ohkawa N, Ishiguro S, Suzuki Y, Kayanne H, Yamano H (2008) A photogrammetric correction procedure for light refraction effects at a two-medium boundary. Photogramm Eng Remote Sens 74：1129-1136

灘岡和夫・田村英寿（1992）LANDSAT/TM データに基づいた沖縄赤土流出問題の解析の試み．日本リモートセンシング学会誌 12：3-19

灘岡和夫・波利井佐紀・三井　順・田村　仁・花田　岳・Paringt E・二瓶泰雄・藤井智史・佐藤健治・松岡建志・鹿熊信一郎・池間健晴・岩尾研二・高橋孝昭（2002）小型漂流ブイ観測および幼生定着実験によるリーフ間広域サンゴ幼生供給過程の解明．海岸工学論文集 49：366-370

Nadaoka K, Nihei Y, Kumano R, Yokobori T, Omija T, Wakaki K (2001a) A field observation on hydrodynamic and thermal environments of a fringing reef at Ishigaki Island under typhoon and normal atmospheric conditions. Coral Reefs 20：387-398

Nadaoka K, Nihei Y, Wakaki K, Kumano R, Kakuma S, Moromizato S, Omija T, Iwao K, Shimoike K, Taniguchi H, Nakano Y, Ikema T (2001b) Regional variation of water temperature around Okinawa coasts and its relationship to offshore thermal environments and coral bleaching. Coral Reefs 22：373-384

灘岡和夫・Paringit EC・山野博哉（2004）サンゴ礁のリモートセンシング．環境省・日本サンゴ礁学会（編）日本のサンゴ礁，環境省，東京，pp 95-106

Nakajima R, Nakayama A, Yoshida T, Kushairi MRM, Othman BHR, Toda T (2010) An evaluation of photo line-intercept transect (PLIT) method for coral reef monitoring. Galaxea, JCRS 12：37-44

Nakamura T, Nakamori T (2009) Estimation of photosynthesis and calcification rates at a fringing reef by accounting for diurnal variations and the zonation of coral reef communities on reef flat and slope：a case study for the Shiraho reef, Ishigaki Island, southwest Japan. Coral Reefs 28：229-250

中村　崇・山崎征太郎・神木隆行・山崎秀雄（2006）サンゴのストレス事情―浅瀬のサンゴの我慢比べ―．琉球大学21世紀COEプログラム編集委員会（編）美ら島の自然史―サンゴ礁島嶼系の生物多様性―，東海大学出版会，東京，pp 132-146

中尾有伸・山野博哉・藤井賢彦・山中康裕（2009）日本のサンゴ被度データベースの作成と分析．日本サンゴ礁学会誌 11：109-129

Nozawa Y, Tokeshi M, Nojima S (2008) Structure and dynamics of a high-latitude scleractinian coral community in Amakusa, southwestern Japan. Mar Ecol Prog Ser 358：151-160

岡本勝男・山田一郎・今川俊明・福原道一（1992）ランドサット TM データによる沖縄島北部サンゴ礁の赤土分布評価．地学雑誌 101：107-116

Okamoto M, Nojima S, Furushima Y, Nojima H（2005）Evaluation of coral bleaching condition *in situ* using and underwater pulse amplitude modulated fluorometer. Fish Sci 71：847-854

大見謝辰男（2004）陸域からの汚濁物質の流入負荷．環境省・日本サンゴ礁学会（編）日本のサンゴ礁，環境省，東京，pp 66-70

Paringit E・灘岡和夫（2002）多バンド・リモートセンシングに基づくサンゴ礁マッピングへの逆解析手法の応用．海岸工学論文集 49：1191-1195

Ramos AA, Inoue Y, Ohde S（2004）Metal contents in *Porites* corals：anthropogenic input of river run-off into a coral reef from an urbanized area, Okinawa. Mar Pollut Bull 48：281-294

Riegl B, Purkis SJ（2005）Detection of shallow subtidal corals from IKONOS satellite and QTC View（50, 200 kHz）single-beam sonar data（Arabian Gulf；Dubai, UAE）. Remote Sens Environ 95：96-114

斉藤　宏・岸野元彰・石丸　隆・灘岡和夫・工藤　栄（2008）可視，近赤外画像によるサンゴの健康度モニタリング手法の開発．日本サンゴ礁学会誌 10：47-57

酒井一彦・岡地　賢（2009）南西諸島重要サンゴ群集広域一斉調査と画像解析．安村茂樹（編）南西諸島生物多様性評価プロジェクトフィールド調査報告書．世界自然保護基金ジャパン，東京，pp 184-212

篠野雅彦・田村兼吉・樋富和夫・桐谷伸夫・山之内博・松本　陽（2010）広域サンゴモニタリングのための船舶搭載型イメージング蛍光ライダーの開発．日本サンゴ礁学会第12回大会講演要旨集：106

Strong AE, Liu G, Kimura T, Yamano H, Tsuchiya M, Kakuma S, van Woesik R（2002）Detecting and monitoring 2001 coral reef bleaching events in Ryukyu Islands, Japan using satellite bleaching HotSpot remote sensing technique. Proc IGARSS 2002：237-239

杉原　薫・園田直樹・今福太郎・永田俊輔・指宿敏幸・山野博哉（2009）九州西岸から隠岐諸島にかけての造礁サンゴ群集の緯度変化．日本サンゴ礁学会誌 11：51-67

鈴木　淳（1994）海水の炭酸系とサンゴ礁の光合成・石灰化によるその変化―理論と代謝測定法―．地質調査所月報 45：573-623

鈴木　淳・谷本陽一・川幡穂高（1999）サンゴ年輪記録：過去数百年間の古海洋的情報の復元．地球化学 33：23-44

Tsuji Y（1993）Tide influenced high energy environments and rhodolith-associated carbonate deposition on the outer shelf and slope off the Miyako Islands, southern Ryukyu Island Arc, Japan. Mar Geol 113：255-271

Umezawa Y, Miyajima T, Yamamuro M, Kayanne H, Koike I（2002）Fine scale mapping of land-derived nitrogen in coral reefs, by $\delta^{15}N$ values in macroalgae. Limnol Oceanogr 47：1405-1416

Watanabe A, Kayanne H, Nozaki K, Kato K, Negishi A, Kudo S, Kimoto H, Tsuda

M, Dickson AG (2004) A rapid, precise potentiometric determination of total alkalinity in seawater by a newly developed flow-through analyzer designed for coastal regions. Mar Chem 85：75-87

Yamamuro M, Kayanne H, Yamano H (2003) δ^{15}N of seagrass leaves for monitoring anthropogenic nutrient increases in coral reef ecosystems. Mar Pollut Bull 46：452-458

Yamano H, Tamura M (2004) Detection limits of coral reef bleaching by satellite remote sensing：simulation and data analysis. Remote Sens Environ 90：86-103

Yamano H, Abe O, Matsumoto E, Kayanne H, Yonekura N (2003) Influence of wave energy on Holocene coral-reef development：an example from Ishigaki Island, the Ryukyu Islands, Japan. Sediment Geol 159：27-41

Yoshida M, Hanaizumi H, Yamano H (2006) A method for extracting flow lines in coral reef field using aerial photographs. Proc 10th Int Coral Reef Symp：1746-1752

第Ⅱ部
サンゴ礁の生きものたち

多様なサンゴ礁の生きものたちは相互に深い関わりをもって生活している．仲良く暮らしている場合もあれば，ケンカをすることもある．それらの関係はじつに不思議なものだ．じっとたたずんで，あるいは静かに泳ぎながら，時には顕微鏡を使って生き物の不思議な生きざまを観察してみよう．見ているだけでは関わり方がわかりにくい生きものたちもいる．少しいたずらを仕掛けて生きものたちと対話をすることも必要だ．植物は常に生態系の基礎を支えているが，サンゴ礁ではあまりめだたない．植物たちについても焦点をあて，詳しい解説を試みる．

第5章

サンゴの生態

西平守孝

サンゴと造礁サンゴ―いろいろなサンゴたち

　サンゴは二胚葉性で，みずから刺胞をつくる刺胞動物の仲間である．卵や幼生は浮遊生活中に分散するが，成体はすべて底生動物である．体は骨格（硬組織）と肉（軟体部）からなり，軟体部はポリプとそれらをつなぐ共肉からなる．ポリプと共肉に対応する骨格部分は，サンゴ個体と共骨と呼ばれている．ポリプは，サンゴの体を作るもっとも基本的な単位で，摂食・排泄・生殖・攻撃などのすべての働きを担っている．

　体が1個のポリプからなるサンゴは単体サンゴと呼ばれ，体が複数のポリプからなるサンゴは群体サンゴである．群体サンゴは，分裂や出芽によってできた多数のポリプが，互いに組織の連絡を保ってできている．また，基盤に固着して動かない固着性サンゴと，固着しない非固着性のものがいる．大部分のサンゴは，関節構造を欠き弾力性のない強固な石灰質の骨格をもち，群体性で固着性である．

　サンゴはおもに動物プランクトンを摂る捕食者であるが，褐虫藻と共生してその光合成産物を利用するものも多く，それらは造礁サンゴと呼ばれてきた．造礁サンゴとは，サンゴ礁を形成する造礁活動に大きな役割を果たすサンゴを意味する．とはいえ，造礁サンゴだけがサンゴ礁を形成する素材となる生物硬組織を生産するわけではなく，また，すべての造礁サンゴが大きな造礁作用をもつというわけでもない．そのために，褐虫藻と共生するサンゴを有褐虫藻サンゴと呼ぶことが多くなってきたが，ここでは造礁サンゴと呼ぶことにしておく．単にサンゴという場合は，造礁サンゴをさすことにする．

造礁サンゴの多くは，刺胞動物門，花虫綱，六放サンゴ亜綱，イシサンゴ目に属し約800種があり，その他に八放サンゴ亜綱，アオサンゴ目のアオサンゴ *Heliopora coerulea*（口絵15）やウミヅタ目のクダサンゴ *Tubipora musica*（口絵16），およびヒドロ虫綱のアナサンゴモドキ目 Milleporina（口絵17）などが含まれており，暖温帯から熱帯域にかけて分布している．鉢虫綱や箱クラゲ綱には，サンゴと呼ばれる動物は含まれていない．

　褐虫藻はサンゴと共生しているだけでなく，原生生物の大型の有孔虫であるゼニイシ *Marginopora kudakajimensis* から，多細胞動物ではクラゲ類，イソギンチャク類，ソフトコーラル類，ヒドロ虫類などの刺胞動物に加えて，シャコガイ類などの軟体動物や扁形動物など，多くの動物と共生している．また，分布はサンゴ礁海域だけではなく，たとえば青森湾の潮間帯に棲息するイソギンチャク類にも共生している．

日本の造礁サンゴ類

　Veron（2000）の分類体系に従えば，日本近海ではイシサンゴ目以外の3属も含めて80属近い造礁サンゴが知られている（表5-1）．分類体系は研究者の意見が一致した確固たるものではなく，研究者によって異なる考えがあり，分子遺伝学的研究手法の進歩によって得られる新たな知見などによって間断なく見直されたり，改訂される（Dai and Horng 2009）．これからも，これまでとは異なる考えや修正が提示されることが考えられる．種のレベルでいえば，複数の種が統合されたり1つの種が分割されることもある．調査不足のために新たな種が発見されることや，群体サンゴの形態・形質の変異や変化の幅が大きいこともあり，ある海域に限定したとしても種数を確定することは困難である．そのような不確定さがありながらも，日本には約400種の造礁サンゴが分布すると考えられている．

　日本には，亜熱帯海域から亜寒帯に至る広大な海域がある．サンゴ礁に棲息するサンゴから高緯度の温帯海域に棲息するサンゴまで，さまざまな種が分布している．沖縄から黒潮の道筋をたどりながら南に移動すると，多くの海洋生物の種多様性の中心となるコーラル・トライアングル（オーストラリア北部からパプアニューギニア，インドネシア，フィ

表5-1 日本産造礁サンゴの属（Veron 2000 に準拠して作成）．分子遺伝学的検討に基づく分類については Dai and Horng（2009）を参照．

亜 目（イシサンゴ目）	科	属
Archaeocoeniina ムカシサンゴ亜目	Astrocoeniidae ムカシサンゴ科	1 *Stylocoeniella* ムカシサンゴ属，2 *Palauastrea* パラオサンゴ属，3 *Macracis* エダサンゴ属
	Pocilloporidae ハナヤサイサンゴ科	4 *Pocillopora* ハナヤサイサンゴ属，5 *Seriatopora* トゲサンゴ属，6 *Stylophora* ショウガサンゴ属
	Acroporidae ミドリイシ科	7 *Montipora* コモンサンゴ属，8 *Anacropora* トゲミドリイシ属，9 *Acropora* ミドリイシ属，10 *Astreopora* アナサンゴ属
Meandriina ウネリサンゴ亜目	Euphylliidae（ハナサンゴ科）	11 *Euphyllia* ナガレハナサンゴ属，12 *Catalaphyllia* オオナガレハナサンゴ属，13 *Plerogyra* ミズタマサンゴ属，14 *Physogyra* オオハナサンゴ属
	Oculinidae ビワガライシ科	15 *Galaxea* アザミサンゴ属
Fungiina クラビライシ亜目	Siderastreidae ヤスリサンゴ科	16 *Pseudosiderastrea* ニセヤスリサンゴ属，17 *Psammocora* アミメサンゴ属，18 *Coscinaraea* ヤスリサンゴ属
	Agariciidae ヒラフキサンゴ科	19 *Pavona* シコロサンゴ属，20 *Leptoseris* センベイサンゴ属，21 *Coeloseris* ヨロンキクメイシ属，22 *Gardineroseris* ヒラフキサンゴ属，23 *Pachyseris* リュウモンサンゴ属
	Fungiidae サビライシ科	24 *Cycloseris* マンジュウイシ属，25 *Diaseris* ワレクサビライシ属，26 *Heliofungia* パラオクサビライシ属，27 *Fungia* クサビライシ属，28 *Ctenactis* トゲクサビライシ属，29 *Herpolitha* キュウリイシ属，30 *Polyphyllia* イシナマコ属，31 *Sandalolitha* ヘルメットイシ属，32 *Halomitra* カブトサンゴ属，33 *Zoopilus* アミガササンゴ属，34 *Lithophyllon* カワラサンゴ属，35 *Podabacia* ヤエヤマカワラサンゴ属
Faviina キクメイシ亜目	Pectiniidae ウミバラ科	36 *Echinophyllia* キッカサンゴ属，37 *Echinomorpha*（オキナワキッカサンゴ属），38 *Oxypora* アナキッカサンゴ属，39 *Mycedium* ウスカミサンゴ属，40 *Pectinia* スジウミバラ属
	Meruninidae サザナミサンゴ科	41 *Hydnophora* イボサンゴ属，42 *Merulina* サザナミサンゴ属，43 *Boninastrea* オガサワラサンゴ属，44 *Scapophyllia* オオサザナミサンゴ属
	Mussidae オオトゲサンゴ科	45 *Blastomussa* タバサンゴ属，46 *Micromussa*，47 *Acanthastrea* オオトゲサンゴ属，48 *Lobophyllia* ハナガタサンゴ属，49 *Symphyllia* ダイノウサンゴ属，50 *Scolymia* アザミハナガタサンゴ属，51 *Australomussa* ヒラサンゴ属，52 *Cynarina* コハナガタサンゴ属
	Faviidae キクメイシ科	53 *Caulastrea* タバネサンゴ属，54 *Favia* キクメイシ属，55 *Barabattoia* パラパットイア属，56 *Favites* カメノコキクメイシ属，57 *Goniastrea* コカメノコキクメイシ属，58 *Platygyra* ノウサンゴ属，59 *Oulophyllia* オオサザナミサンゴ属，60 *Leptoria* ナガレサンゴ属，61 *Montastrea* マルキクメイシ属，62 *Plesiastrea* コマルキクメイシ属，63 *Oulastrea* キクメイシモドキ属，64 *Diploastrea* ダイオウサンゴ属，65 *Leptastrea* ルリサンゴ属，66 *Cyphastrea* トゲキクメイシ属，67 *Echinopora* リュウキュウキッカサンゴ属
	Trachyphylliidae ヒユサンゴ科	68 *Trachyphyllia* ヒユサンゴ属
Caryophlliina チョウジガイ亜目	Caryophlliidae チョウジガイ科	69 *Heterocyathus* ムシノスチョウジガイ属
Poritiina（ハマサンゴ亜目）	Poritidae ハマサンゴ科	70 *Porites* ハマサンゴ属，71 *Stylaraea*，72 *Goniopora* ハナガササンゴ属，73 *Alveopora* アワサンゴ属
Dendrophylliina キサンゴ亜目	Dendrophylliidae キサンゴ科	74 *Turbinaria* スリバチサンゴ属，75 *Heteropsammia* スツボサンゴ属

イシサンゴ目以外の造礁サンゴ類．

Helioporacea アオサンゴ目	Helioporidae アオサンゴ科	76 *Heliopora* アオサンゴ属
Stolonifera ウミヅタ目	Tubiporidae クダサンゴ科	77 *Tubipora* クダサンゴ属
Milleporina アナサンゴモドキ目	Milleporidae アナサンゴモドキ科	78 *Millepora* アナサンゴモドキ属

リピンにかけての三角形で囲まれた，世界でも有数の生物多様性が高い海域）にいたる．琉球列島から本州を含む海域は，サンゴや他の海洋生物の地理的変異の研究や緯度に伴う生物相の変化，種分化などの研究の場として魅力的である．日本海域のサンゴ相の概要はすでにまとまってきているため，それを踏み台にしてさらなる調査・研究の進展が望まれる．これまでの形態・形質に基づく観察と分子遺伝学的手法による検討を並行して進め，より確固たる分類ができることが期待されている．造礁サンゴは棲息環境によって形態的変異が大きい．そのため，野外調査において，変異の幅をふまえた形態・形質を基準として同定・分類ができるようになる日が待たれる．

　造礁サンゴ類は，与那国島から本州中部にいたる島々の周辺などの浅海底に棲息しているが，島伝いに北上するにつれて徐々に種数が減少する種多様性の地理的勾配が見られる（Veron 1992）．緯度が高い割に日本海域で造礁サンゴの種数が多いのは，琉球列島から本州にいたる海域に多くの島々が配置されて複雑で広大な浅海域が発達していること，中国大陸沿岸から距離を置いて琉球列島が位置していること，コーラル・トライアングル付近に起源をもちフィリピン海から東シナ海を北東に流れてトカラ海峡から太平洋に抜け出る清澄で水温の高い黒潮があること，などが影響していると考えられる．

　造礁サンゴの属の中には，ミドリイシ属 *Acropora*（口絵18-20）やコモンサンゴ属 *Montipora*（口絵21-23）のような多くの種を含む属がある一方で，キクメイシモドキ属 *Oulastrea*（口絵24）やオキナワキッカサンゴ属（仮称）*Echinomorpha*（口絵25）のような一属一種の属もある．同一属内でも，種による形態的な多様さが見られる場合が多い．サンゴ礁における種数や生物量も属によってまちまちであるが，日本の海域では多くの場所でミドリイシ類が多く，さまざまな環境で優占度が高く，水中景観の形成に大きな役割を果たしている．ミドリイシ類はオニヒトデが好み，高水温による白化にも弱い．そのため，これらの影響を直接的に受け，被害がひどい場合にはサンゴ礁の受ける打撃も大きく，荒廃の素地にもなっている．

造礁サンゴの一般的性質

　一口に造礁サンゴと言っても種類はさまざまで，それぞれに特徴があり，生態的にもきわめて多様である．動物としての造礁サンゴの特徴が，サンゴ礁の棲息環境や他種との関係の中でさまざまな形として現われるとともに，状況に応じて異なった振る舞いを見せる場合も少なくない．また，ほとんどの種が固着性・群体性であるために，左右相称で単体の動物には見られない特徴をもっている．

　造礁サンゴは干出耐性が弱いため，潮間帯下部までしか棲息できず，低塩分状態への耐性も低くマングローブなどにはほとんど付着しない．共生する褐虫藻が光合成をするために，十分な光を必要とする．そのため，海洞やオーバーハングなどの十分な光が得られない場所や深い海底には棲息できない．内湾奥部のように懸濁物や沈殿物の多い場所では，限られた種しか見られないことが多い．河口とその付近では，陸から淡水とともに大量の鉱物粒子が流入するため，サンゴが棲息しない場合が一般的である．

　以下に造礁サンゴ類の生態的特徴の概要を紹介するが，詳細については，酒井・西平（1995）を参照して頂きたい．

造礁サンゴの形と大きさ

　単体サンゴはポリプのサイズを増加させることによって成長し，群体サンゴはポリプの数を増やして成長する．そのため，多くの場合，群体サンゴの方が単体サンゴより大きく成長し，直径およそ10 m 程にも達するものもあるが，単体サンゴより小さい群体サンゴもある．たとえば，単体サンゴのトゲクサビライシ *Ctenactis echinata*（口絵26）は長径が数十cmにも成長するが，群体サンゴの *Stylaraea punctata*（口絵27）では2 cmを超える群体は見つかっていない（Veron 1986, 2000）．

底質基盤との関係

　底生動物であるサンゴは底質基盤に固着するか，固着せず転がっているか，砂泥などに群体の下部を突き刺しているかである（突き刺さった部分は例外なく死んでいる）．固着は，基盤への幼生の付着にはじまる

場合と，群体の破片が基盤へ再固着する場合がある．再固着には骨格を分泌する軟体部と底質基盤が接触していることと，基盤への再固着が完成するまで破片が動かないことが必要である．

造礁サンゴは固着のための根をもたない．砂泥底では，幼生の付着基盤がないばかりでなく，固着性のサンゴにとっては適した環境とは考えにくい．しかし，このような場所では，特徴的な対応をすることによって，いくつかのサンゴが棲息しており，時に大きな群落が発達していることもある．これらのことについては，のちほど（108頁）紹介する．

繁殖の様式

造礁サンゴ類の生殖にはさまざまな方式がある．ポリプに精巣と卵巣をもつ雌雄同体の種もあれば，オス・メスの群体が別々の雌雄異体の種もある．有性生殖をおこなう種には，ポリプから配偶子（卵や精子）を放出して体外受精をおこなう放卵放精型の種や，ポリプ内で受精してプラヌラ幼生まで保育して放出する保育型の繁殖様式をもつ種がいる．放卵放精とプラヌラ保育，雌雄同体と異体の組み合わせで，4通りの様式が見られる．

一方で，配偶子を作ることなく，群体が分断することによって無性的に繁殖することも多く，いろいろな無性生殖の方法が知られている．もっともふつうに見られるのは群体の破片化で，枝状の群体や葉状の群体が台風などで海が荒れた際などに破壊されることによって多く起こっている．断片化した群体破片は海底に散在するが，大きい破片が小さい破片よりも生存率が高い傾向があることが知られている．破片には，条件が整えば基盤に再固着する能力があり，砂泥に刺さった状態でも定位して，埋まっていない部分が生存し成長することもできる．無性生殖には，破片化の他にもさまざまなものが知られている．群体から一部のポリプが剥がれ落ちるように離脱するポリプの抜け出し（剥がれ落ちる），群体からポリプがその骨格部分（サンゴ個体）と共に離脱する（追い出される）ポリプの追放，群体がバラバラに壊れ，それぞれの破片が基になって失われた部分を再生して増える自切，親群体の一部にポリプが瘤状のふくらみ（ポリプボール）を作り，それが離脱して親群体の周りに衛星状に分散して増える方法やクサビライシ類がおこなう，よく知られた茸

状の幼体の離脱などがある.

繁殖とは,他のサンゴと組織的なつながりをもたず,独立して生活するサンゴの数が増える営みである.群体が成長する際に,分裂や出芽によってポリプの数が増えることは,繁殖とは言い難い.このようなポリプの増加は,群体の成長の営みであると考えるほうが良い.群体サンゴでは,部分的死亡がしばしば起こる.部分的死亡によって群体数の増加と生物量の減少が起こることがあり,クローン群体の融合によって数の減少と量の増加が起こる.群体サンゴの群体数や生物量を調べて記録する際,群体のクローニングによってできた独立して生活する個々の群体はラメットと呼ばれ,それら遺伝的に同じ群体の全体を1つのジェネットという.ラメットとジェネットを区別して数量的に把握することが理想的であるが,自然の状態でそれぞれの数を数えることは外見的には不可能か,あるいはきわめて困難である.

群体サンゴの可塑性

群体サンゴの際立った特徴として,群体の形の多様さと環境に対応した幅広い可塑性があげられる.サンゴ礁には,島の構造や海底地形,陸水の影響の差異による低塩分から高塩分水域の存在,卓越風の影響,波浪の強弱,多様な粒度の底質,水深や光量の違いなどによって,きわめて複雑で多様な環境が備わっている.固着性・群体性の造礁サンゴは,波浪の強い場所では破壊されないように低くかつ強固な骨格をもつ群体になり,内湾のような懸濁物の多い場所では沈殿物が群体の上に積もらないように枝間を広くしたり,光の少ない場所ではできる限り群体全体で十分な光を受けられるように扁平になったり,枝の重なりを少なくするような枝ぶりになったりする.このような群体の形の可塑性は,多くの種で知られており,実験的研究もある.この可塑性と変異の大きいことが,種の同定を困難にすることがある.

隣接して棲息する固着性の競争者がある場合には,それを避けるように成長方向を変えることもできる.隣接するサンゴが,攻撃性の高い種である場合は,距離を置いて成長し,近づきすぎないように成長方向を変えることもある.

ハナガササンゴの仲間 *Goniopora* sp.(口絵28)では,隣接した競争

相手を攻撃する必要が生じた場合に、刺胞組成を攻撃に用いられる刺胞の比率を増やして長く伸長してゆらゆらゆれるスイパーポリプに変化させて攻撃し、必要がなくなれば通常の刺胞組成に戻すという反応を示す種がいることが観察されている．

サンゴ礁における造礁サンゴの役割

　サンゴ礁は、外洋から押し寄せる波から島を護り、地形・水・生物が一体となって美しい水中景観を作り出し、多様な生物の棲み場所を形成して高い種の多様性を支え、高い生物生産の場となっている．

　サンゴ礁生態系がもつ資源価値の中から、私たちは有用水産物を採取し、海岸線などの環境の保全に役立て、リクレーションや学習の対象や場として活用している。サンゴ礁からさまざまな恩恵を受けることができるのは、それが総合的な資源としてもつさまざまな価値を有しているからである．サンゴ礁地域の文化や風土は、古くから土地の人々とサンゴ礁との多様で深い関わりを背景に作り上げられてきた．

　このようなサンゴ礁がもつ資源価値は、現時点で私たちが勝手に受け取ることができるいわゆる生態系サービスとして、サンゴ礁が健全でありさえすれば、また将来にわたって適正な速度および方法でサンゴ礁が耐えられる撹乱の規模を超えることなく、理にかなった方法で賢く活用する限り、私たちにより多くの利益を与えてくれるであろう．

　造礁サンゴは、このようなサンゴ礁生態系の価値が作り出される背景をなし、支え、維持し、増大させるうえで、中心的な役割を担っている．しかし、私たちは多くの場合、環境悪化やさまざまな原因によって造礁サンゴが衰退してはじめて、サンゴ礁がもつ価値や可能性に気づくことになる．オニヒトデ *Acanthaster planci* によるサンゴの大量捕食にせよ、表層水温の上昇による白化につづく死亡にせよ、原因の如何を問わずサンゴが広範囲で大量に死亡した場合、水中景観は劇的に変化（人間にとっては悪化）し、有用水産物が激減したり生物群集の種の豊富さや種組成が変化する．造礁サンゴが死滅して荒れ果てたサンゴ礁と造礁サンゴが旺盛に成育していた過去のサンゴ礁とを比べてみれば、そのことは誰にでも直感的に理解できることである．佐野（1995）は、このような造礁サンゴの役割を、サンゴの棲息状況の変化に伴う魚類群集の変動から

興味深く紹介している．

　サンゴ礁の生物群集の成立に，造礁サンゴが重要な役割を担っていることには，その体制の特徴が大きく関わっている．固着性で体のサイズが大きく，寿命が長く，種によって形状がさまざまであるため，海底基盤の上に複雑な構造を作り出す．しかも，骨格が弾力性のない石灰質で，波に揺れることなく安定した形状を保つため，流れに揺れる海藻や海草などと異なり，安定した多様な棲み場所を継続的に形成することができるのである．種の多様性の高さを棲み場所の複雑さ＝多様性と関連づけてみれば，造礁サンゴの重要性を容易に理解することができる．

　さらに，石灰質の骨格は造礁サンゴが死亡した後にも生物の棲息場所を形作る．剥き出しの骨格はやがて表面から草食性の動物にかじられ，骨格内では穿孔生物に穿孔されて脆くなり，やがて崩壊して海底に散在し堆積し，かなり長期にわたって多様な生物の棲み場所になる．このように，サンゴの墓場と呼ばれるように荒廃したサンゴ礁でも，往々にしてきわめて興味深い生物が多く棲み込んでおり，手軽に観察できる場になっている．

多くの種が共存するからくりとしての棲み込み連鎖

　動物は餌をとり（造礁サンゴは褐虫藻の助けも借り），植物は光を得て光合成をおこない，生存・成長・繁殖に必要な物質とエネルギーを得ている．生物の営みが適正におこなわれるためには，安定した状態の足場—棲み場所—の確保が必要である．生物群集の成り立ちには，これらがいずれも欠けることなく，必要な量が継続的に満たされていなければならない．

　造礁サンゴも他の生物と同様に，みずからあるいは他の生物と関わりつつ，生物の棲み場所を作る．生物による棲み場所の形成過程には，提供と創出，それに条件づけという3つの筋道があり，しかも3つしかない．多くの生物たちがそれぞれに関わりながら，多様な棲み場所を作り上げていることが知られている．

　提供：自然では，めだつとめだたないとに関わらず，生物の体や遺骸に，あるいはその周辺に生物が棲み込んでいる．この現象を，

　　　　生物が自身の体や死後の遺骸を，他の生物に棲み場所として提
　　　　供していると考えることができる．
　　創出：生物は成長や行動を介して，基盤や他の生物の体やその遺骸に
　　　　構造的な変更を加えて，新たな棲み場所を創り出す．創出者の
　　　　死亡した後も，加工された構造（すなわち棲み場所）は，ほぼ
　　　　そのままの形で存続して，生物の棲み場所として利用される．
　　条件づけ：生物が存在し，あるいは活動することによって，その生物
　　　　の周辺を他の場所とは異なる状態（すなわち新たな棲息場所）
　　　　に条件づける．生物が存在するか活動が続く場合に限り条件づ
　　　　けが続くが，条件づけをおこなっている条件付け者が死亡や移動
　　　　することによってその場から消失するか活動を停止すれば，条件
　　　　づけられた状況は消失する．これは創出との大きな違いである．

　あらゆる生物は，規模や期間あるいは広がりに差異はあるものの，多かれ少なかれ，これらの3過程のうちのいずれかあるいはすべてをおこなっている．

　このように，生物がつくる棲み場所に他の生物が棲み込み，棲み込んだ生物がまた新たな棲み場所を作り，そこにさらに生物が棲み込むという棲み込み関係が連鎖的におこることを「棲み込み連鎖」という．棲み込み連鎖の進行によって，ある場所に多くの種が棲めるようになる．これは，生物群集の時間的変化の姿に他ならない．

　この「棲み込み連鎖」は，サンゴ礁に限らず，あらゆる生物群集でみられる生物同士の棲み場所をめぐる関わり合いで，群集の形成と維持と変化の筋道なのである．棲み込み連鎖の考え方は，多くの事例をあげつつ西平（1995）に紹介されている．

サンゴ礁群集の保全と棲み込み連鎖

　棲み場所をめぐる種間関係を，静的なものとして記載することは可能であるが，棲み込み連鎖は時間の経過とともに起こるため，必然的に群集の変化に内包されている．棲み込み連鎖の進行は群集の変動そのものであるということができる．

　サンゴ礁の岩礁基盤の表面に着生する大型の構造的生物のおもなもの

は，造礁サンゴと海藻類である．砂礫底では海草類が同じ役割を担っている．海藻の中には大きく生長するものもあるが，石灰質の硬組織をもつサンゴモ類を除いて強固な骨格をもたない．そのために波に揺られ，一般に短命で季節性が顕著で，基盤から離脱すれば短期間流れ藻として生きていることがあるとはいえ，やがて死亡し分解される．一方，造礁サンゴは骨格に弾力性がなく，波に揺れることがなく，強固な構造を保ち，比較的長命である．

サンゴが基盤の上に立体的に展開して作りだす空間は，骨格が弾力性を欠くために構造的には安定したものであり，多くの空間が多様な生物に棲息場所として利用される．造礁サンゴは，サンゴ礁において，森林における樹木の役割に相当する役割を果たしている．

造礁サンゴの生物の棲み場所形成における大きな役割を考えれば，サンゴ礁群集の再生や保全の取り組みとして盛んにおこなわれているサンゴの移植に対する考え方を整理する助けとなる．棲み場所の構造を作り上げる造礁サンゴ群集を回復させるだけで，それ以外のさまざまな動物たちが棲み込んでくることが期待でき，実際にそれが起こることは実験的な移植によって確かめられている．

なお，サンゴ礁の保全への取り組みについては，第IV部を参照されたい．

生物の死後に起こる関係：遅れの種間関係の重要性

これまでの研究においては，さまざまな種間関係が生きた生物同士の関係として取り上げられることが多かった．サンゴ礁にはおびただしい数の生物の遺骸が見られ，そのような遺骸こそが構造としてのサンゴ礁を形成していることは周知のことである．ここで，サンゴの生態の観察・研究対象の幅を拡げ，生体と生体，生体と遺骸，遺骸と生体，遺骸と遺骸の関係も意識的に取り上げてみることも意味があると考えられる．環境と生物のかかわりを考える際，環境の影響を受けるものとして生物を観るばかりでなく，生物の環境形成を生きている時も死んだ後も含めて取り上げることがおもしろいと思われるからである．

サンゴ礁で棲み込み関係を中心に群集の成り立ちを考える場合，そのような視点はとくに重要である．

マイクロアトールはサンゴ礁のモデル

　種による違いはあるものの，いろいろな造礁サンゴに多様な生物が棲み込んでいることは良く知られており，古くから多くの研究成果が蓄積されてきた．ハナヤサイサンゴ *Pocillopora damicornis* などの群体にはさまざまな動物が棲み込んで共存し，小さな社会であるマイクロエコシステムを形成していることに関して，土屋（1995）が詳しく紹介しているので，それを手がかりにして多くの研究成果を知ることができる．

　ここでは，これまでの多くの研究とはいくらか異なり，1つのサンゴ群体上に形成される生物群集の発達過程を「棲み込み連鎖」の視点から解析する対象として，塊状ハマサンゴのマイクロアトールの例を紹介しよう．

　塊状のハマサンゴ類は，直径1 mmに満たない変態間もない微小なポリプから，ポリプの数を増やしながらしだいに成長して，巨大な塊状の群体になる．直径数mを超す群体も少なくない．肥大成長する速度が1年にほぼ1 cmとすれば，直径5 mの群体は単純に見積もって250年ほどの年齢かもしれない．浅い礁池では，成長するにつれて群体が高くなり，頂端が干潮線に達すれば，大潮干潮時に干出が繰り返されるため，やがて頂上の干出部分が死亡する．頂上部が死亡すれば骨格がむき出しになり，その後はおもに横方向の肥大成長のみを続け，側面は生きて頂端部が死亡した樽型の群体になる．このような群体はマイクロアトールと呼ばれており，環礁（アトール）のミニチュアという意味である（図5-1）．マイクロアトールは石灰質からなり，側面の表面が生きた組織で覆われ，頂上部は干出する岩礁潮間帯の状態を保ちながら，ゆっくりと成長し続ける．これは，まさにサンゴ礁のモデルで，マイクロアトールの名にふさわしく，比較的容易に野外実験を交えた研究も可能で，サンゴ礁のモデル研究の道具として有効である．

　マイクロアトールの頂端部の死んだ骨格は，サンゴ礁の岩礁潮間帯にもたとえられる．そこには，いろいろな生物の棲み込みが起こり，それぞれに棲み場所の形成の3つの過程にかかわり，棲み込み連鎖が進行する．それに伴って生物群集が発達し続け，あるレベルまで種多様性が増加する．1つの塊状ハマサンゴの群体の上で，マイクロアトールの形成を契機として，少なく見積もっても数百種もの生物からなる群集が形成

図5-1 塊状ハマサンゴのマイクロアトール.
a) まだ大潮干潮線に達しない状態の塊状ハマサンゴ群体. b) 大潮干潮線に達して間もないできかけのマイクロアトール. c) マイクロアトール（後方）とまだ干潮線に届かない群体. d) 巨大なマイクロアトールが一部干出した状況. 頂上の死亡した部分は生物侵食によっていくぶん窪んでいる. e) 直径数mに達した大型のマイクロアトール. f) いくつかの塊状群体が接して1つのマイクロアトールになっている. 生物侵食が進み，形状がいびつになり，多様な生物が棲み込んでいる.

されていると考えられている．しかし，優れたモデルであるとはいえ，サンゴ群体全体を足場として形成される群集全体を包括的に扱う研究は，まだあまりおこなわれていない．

　マイクロアトールは，塊状ハマサンゴに限らず，潮だまりや礁池などの浅瀬に棲息している多くの種の群体で見られる．シコロサンゴ類，キクメイシ類，ノウサンゴ類，ミドリイシ類，アオサンゴ，樹枝状のハマサンゴ類など，さまざまなサンゴのマイクロアトールが見られるが，ハマサンゴ類やアオサンゴなどがもっとも大きくなる．おそらく数百年にわたる成長を経た巨大なものまである．それらの中で，塊状ハマサンゴのマイクロアトールはその数も多く，構造も単純で，巨大なものまであってアクセスも容易であることから，扱いやすい観察対象である．

　マイクロアトールをその形成時から直径数mに達するまで時間を追って連続的に追跡観察することは，現実的でない．同じ礁池内で，いろいろな大きさのマイクロアトールを横断的に比較観察して，生物の棲み

込みのようすや種の豊富さを比較すれば，生物群集の形成・発達経過を再構築することが可能である．具体的な棲み込み関係の解明をとおして，生物群集形成の理解に役立つうえ，棲み込み連鎖を検証する観察対象あるいは道具として，これ以上適した素材はない．サンゴ礁で遊ぶ際，一度マイクロアトールをじっくりと観察することを薦めたい．マイクロアトールの頂上の生物群集に関しては，西平（1998）に紹介されている．

砂泥底や礫底生活への適応形質

安定した外洋の岩礁に対して，湾内などの泥や砂礫の海底は，底質の不安定性・沈殿物の多さ・透視度の低さ（水の濁り）・底質に埋没する危険性や固着性サンゴの固着基盤の欠如などがあって，造礁サンゴの幼生の付着や群体の成育にとって一見好適とは思えない環境である．

多くの造礁サンゴは岩礁に棲息しているが，これまではそのような環境とそのような場所に棲息する種について，多くの調査研究がおこなわれてきた．しかし，造礁サンゴの棲息に不適と思われる泥や砂礫底でも，さまざまな適応形質を備え，環境の圧力にうまく対応した特徴的なサンゴたちが棲息しており，枝状サンゴが大きな群落を発達させていることも多い．みずから備えている砂泥底や礫底への適応性などに頼るのみならず，他の生物を利用したり，他の生物との「棲み込み共生系」を築き維持することによって，危険を乗り切るものもいる．また，そのような環境に特化し，他の環境ではあまり見られない種もいる．

ここでは，これまで調査研究の少ない，そのような造礁サンゴたちの多様な適応方法のいくつかを紹介しよう．

砂泥底へのいろいろな適応形態

造礁サンゴ類にとって，不適な棲息環境と考えられる砂泥底にも，さまざまな種が棲息しており，時に高密度になったり，大きな群落を作ることもある．そのような場所に棲息する種では，他の環境ではあまり見られないような形態的・行動的・生理的・生態的に適応した形質を発達させ，高い運動性や沈殿物除去の能力，埋没への耐性や，大型化や小型化などによって環境圧力を逃れているものがいる．また，砂礫底で，本来固着性の群体が海底を転がりながら成長するローリングストーンとし

図5-2 砂礫や砂泥の海底に見られるさまざまな造礁サンゴ類.
a) 樹枝状アナサンゴモドキ類の一種. しばしば破片化して分散する.
b) 繊細な枝振りのオオトゲミドリイシの群体. 容易に破片化して増えていく. c) *Stylaraea punctata* の群体. 固着性かつ群体性の最小の造礁サンゴ. d) オオワレクサビライシ. 非固着性で自切で増える.
e) ワレクサビライシ. 自切で無性的に増殖する. f) トゲキクメイシの一種のローリングストーン. g) フカトゲキクメイシの小型のローリングソトーン. h) タヤマヤスリサンゴ. 沈殿物に対する耐性が強い.
i) キクメイシモドキ. 沈殿物に対する耐性が強い.

て生存している例も見られる.多くはないが,そのような環境に特化した造礁サンゴもいる(図5-2).

大きい群体破片:オオトゲミドリイシ *Anacropora puertogalarea* や枝状のアナサンゴモドキ *Millepora* sp.,トゲツツミドリイシ *Acropora echinata* などは,枝振りが繊細で群体の丈が高く,群体の基部が底質に刺さった状態で砂泥底に大きな群落を作っていることがある.そのような群体の上部は生きているが,底質に刺さった部分は例外なく死んでおり,アンカー(錨)として底質上の生きた部分を支えている.これら繊細な群体の周辺には折れた枝が散在し,一部は泥に埋まった状態で成長していることが多い.幼生の付着基

第5章 サンゴの生態 —— 109

盤が少ないため，主として破片形成というクローニングによって数を増やし，群落が広がっていると考えられる．

　破片からはじまる底生生活は，付着幼生や稚サンゴ群体の初期死亡率が高いであろうことを考えれば，このような環境に適した方法である．これらのサンゴは，枝の折れやすさと全体が砂泥に埋まることのないほどに群体の高さがあることが，砂泥底で破片の生存率を高める重要な要件になっているように考えられる．湾奥部の砂泥底に発達する枝状サンゴ群落の形成と維持のメカニズムは，十分に調べられているとは言い難く，このような特殊な環境におけるサンゴ群集の保全の側面からも明らかにしておきたい興味ある問題である．このような場所では，幼生の付着にはじまる群集の成立過程とは異なる筋道で，群集が形成・維持されていると考えられる．

小型群体：大型群体とは逆に，群体サイズが小さいがゆえに砂礫底でうまく生存できていると思われる例もある．成群体が2cm程度の *Stylaraea punctata*（図5-2c）は，これまで知られている限り世界最小の固着性群体サンゴである．礁縁部の小型プールなどに堆積した小石に着生している場合があるが，このような場所ではサイズの小さいことは好都合である．西平（1995）に紹介されているように，タイ国シャム湾の砂礫底では，底質に埋まってくらす埋在ベントスのミナミオオブンブク *Brissus latecarinatus* が摂食活動で砂を撹拌して山谷構造を作るが，砂礫の中から洗い出されて谷にたまって安定した大きめの石の側面に，この小さなサンゴが多数着生していることが多い．この種は，群体サイズが小さいために，そのような特殊な条件のもとでうまく繁栄できているものと考えられる．この種の生存には，ブンブクの摂餌活動による底質の条件付けが大きく関わっている．

自切・ローリングストーン・沈殿物除去など：オオワレクサビライシ *Diaseris fragilis*（図5-2d）および同属のワレクサビライシ *D. distorta*（図5-2e）は，沈殿物の除去能力に優れ，自力で移動したり裏返しになっても起き上がることができ，自切で体がばらばらになって無性的に増える．これらはいずれも砂泥底での生活に適した特徴である．これらについては後に紹介しよう．

ハナガササンゴ類 *Goniopora* spp. やトゲキクメイシ類 *Cyphastrea* spp. の仲間は，砂礫底を転がりながら成長するローリングストーンとして生き，成長することができる（図5-2）．ミドリイシの一種やエダトゲキクメイシ *Cyphastrea decadea*，塊状ハマサンゴの一種やアミメサンゴの仲間 *Psammocora* sp. もローリングストーンになることがある．

　濁りの強い内湾的環境によく見られるタヤマヤスリサンゴ *Pseudosiderastrea tayamai*（図5-2h）は，沈殿物に覆われても短期間であれば生きられる強い耐性をもっており，キクメイシモドキ *Oulastrea crispata*（図5-2i）も同じ耐性と，沈殿物の除去能力をもっており，群体中央に置いた沈殿物をおよそ10分でその大部分を払い落とすことができる．キクメイシモドキは，移動性の巻貝の殻に着生することによって，泥底でも泥に埋まることなく生きていくことができることは，後に紹介しよう．

棲み込み共生：また，ムシノスチョウジガイ *Heterocyathus aequituberculata*（図5-4）とスツボサンゴ *Heteropsammia cochlea*（図5-4）は，骨格内に共生するホシムシの餌探索や移動行動によって，砂泥に埋没しても，横転したり逆さまになった場合でも，速やかに元の姿勢に戻ることができる．これについても後に取りあげる．

移動性付着基盤への棲み込み：キクメイシモドキの場合（図5-3）

　岩礁海底では，シャコガイ類 *Tridacna* spp. などの二枚貝や大型の巻貝の殻にハナヤサイサンゴや他の種が着生していることはしばしば観察される．このような環境で，しっかり基盤に固着した貝類の殻にサンゴが付着するのは，珍しいことではない．一方で，砂泥底ではそもそものようなシャコガイ類は見られない．時にイガイ類がパッチを作っていることがあり，その殻の上に固着動物が見られることがある．

　キクメイシモドキは元来，沈殿物の影響の大きい浅瀬で岩盤や転石に固着していることが多いが，巻貝のスイショウガイ *Strombus canarium* の成貝の殻の背面のみに固着して，岩や石がまったくない泥底へ分布域を拡大している場合がある．幼貝には着生が見られない．キクメイシモ

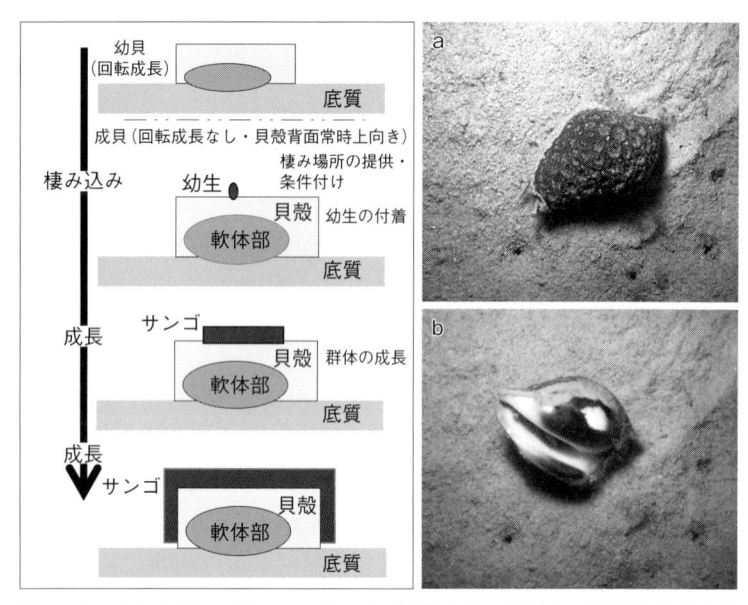

図5-3　キクメイシモドキ・スイショウガイ棲み込み共生系の成立過程の概念図.
　a）キクメイシモドキに覆われたスイショウガイ（背面）.
　b）同じ貝の腹面（腹面までサンゴが伸びることはない）.

ドキは，稀に巻貝のクリフミノムシガイ *Vexillum vulpecula* に固着することもあるが，この場合も生きた成貝の背面のみに着生していた．このようなサンゴと貝の関係を，他の造礁サンゴではこれまで見たことがない．巻貝の殻に付着して泥底に棲息しているのは，あたかも，人がラクダにまたがって砂漠を移動するようなものである．

　このサンゴの着生が成貝の殻背面のみに限られることには，巻貝の成長様式が影響している（図5-3）．巻貝類は殻の腹面が常に底質に接している．幼貝は殻口外唇に新たな殻を付け加えるように成長するため，結果的に回転しながら成長する．成長に伴う貝の回転によって，底質に接する面は常に変わり，やがてより若い時期に背面であった部分が腹面になる．成貝になればこの回転成長は止み，それ以降は背面は常に背面であり続けて，底質と接することがなくなる．このように，成貝の背面は常に底質の影響を受けないように条件づけられているので，海藻類やサンゴの幼生が付着できるようになる．サンゴがスイショウガイ成貝の

背面のみに付着しているのは,そのためである.逆に,常に底質に接している腹面はきわめて光沢があり,付着物は見られない(図5-3b).

スイショウガイは,泥に埋まっても速やかに這い出し,万一裏返しになってもすぐにもとの姿勢に戻るため,背面に付いたキクメイシモドキが長期間砂泥に接したり埋まったりすることはなく,安全である.群体は常に底質に接している腹面まで覆うほどには成長できず,群体サイズはスイショウガイの背面の面積までという限界があるのは明らかである.そのことが,このサンゴの繁殖にどのような影響をおよぼすかについては,何もわかっていない.

これまで1個のスイショウガイに,最大3つのキクメイシモドキの着生が見られている.成長に伴って,殻の背面という限られた空間で群体間に何が起こるか興味深いが,それに関する知見は得られていない.

スイショウガイの死亡後でも,もし貝殻にヤドカリが棲み込めば,貝殻背面が底質に接触しない生きている時と同じ条件が保たれることになり,キクメイシモドキは貝殻の上で生存し続けられると考えられる.そのような例はまだ観察したことはないが,実験的検証は容易であろう.

キクメイシモドキとスイショウガイの観察中に,泥底を移動している長径10cmほどのフカトゲキクメイシ *Cyphastrea serailia* の群体を観たことがある.取り上げてみると,群体の下部は窪んでおり,その中にオウギガニの一種が入っていた.窪みはカニのサイズに良く合っているように見え,カニは違和感なく,サンゴを担ぐような姿勢で泥の上を移動していた.この群体は下部の窪みにオウギガニが棲み込んでいるために群体上部が上向きで泥の影響から逃れ,カニはサンゴを被ってヤドカリのように身の安全を得ていたのかもしれない.

棲み込み共生系:スツボサンゴとホシムシの場合(図5-4)

砂礫や砂泥底に同所的に棲息するスツボサンゴ(口絵29)とムシノスチョウジガイ(口絵30)は,長径が2cm程度の単体または群体で,海底に転がっている造礁サンゴである.このような環境では,小型の動物はとくに砂や泥に埋る危険が大きいと考えられる.これらのサンゴにはわずかな移動性はあるものの,底質に埋没すれば命取りになりかねない.両種ともに,ホシムシの一種と共生関係を築いて維持することによ

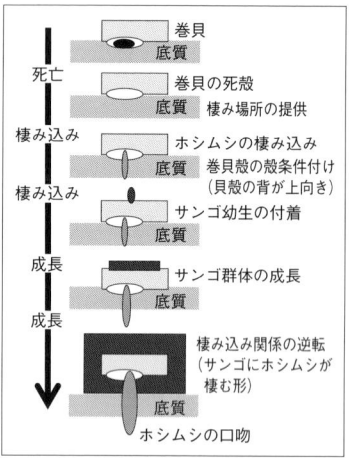

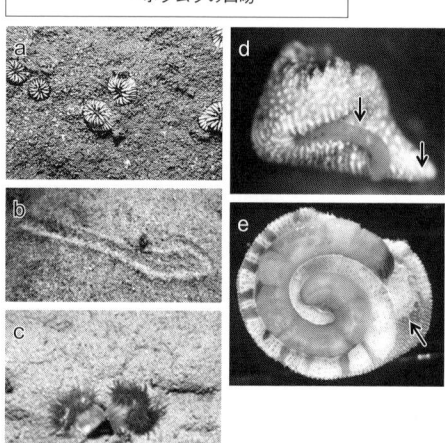

図5-4 スツボサンゴ・ホシムシの棲み込み共生系の成立過程の概念図. a) 海底のムシノスチョウジガイ. b) ホシムシに引きずられて移動したスツボサンゴの軌跡. c) 触手をいっぱいに拡げたスツボサンゴ. d) 吻を伸ばしたホシムシ（矢印）. スツボサンゴに包み込まれた貝殻の先端が見える（矢印→）. e) スツボサンゴの骨格内のトンネルの中に入っているホシムシ（壊して中が見えるようにしたスツボサンゴ）. 黒い部分が頭で, その先にトンネルの入り口（矢印→）.

って, この問題を解決している. ムシノスチョウジガイとホシムシの棲み込み共生系の成立と, ムシノスチョウジガイが底質への埋没の危険をホシムシの活動によってみごとに克服していることは, ホシムシが吻を出す穴に綿栓をつめておこなった簡単な現場実験によって, すでに明らかにされている（西平1995）.

ここでは, ムシノスチョウジガイと同所的に棲息するスツボサンゴの場合を例に紹介しよう. スツボサンゴとホシムシの棲み込み共生系は, 大筋次のような経過で形成される（図5-4）. まず, 小礫や微小な巻貝

の死殻など孔の開いている小さな基質に，ヤドカリと同じようにホシムシの幼体が棲み込む．水の動きや動物による撹乱によって不安定な状態にあったものが，ホシムシの棲み込みによって常にその背面が上向きになるように条件付けられる．それは，ホシムシが移動や餌探索のために常に口吻を砂泥の中に刺し込んでいるからである．そのため貝殻や小礫は安定し，サンゴ幼生の付着に適した状態になる．スツボサンゴが本来固着性であることがわかる．

スツボサンゴが成長すると，やがてホシムシの入った貝殻を包み込む．この時点で，ホシムシとサンゴの棲み込み関係が逆転して，スツボサンゴは事実上非固着性になる．ホシムシはスツボサンゴの成長をうまく操作してサンゴの骨の中に渦巻き状のトンネルを確保しつつスツボサンゴと共に成長し，両者の棲み込み共生系が完成して，底質上に転がってくらすことになる．

ホシムシは口吻を底質の中に挿入して，今やホストであるスツボサンゴを引きずりながら移動を続ける．そのため，たとえサンゴが砂に埋まっても，横転したり逆さになったとしても，すぐに本来の上向きの姿勢に戻り，埋没の危険から逃れ，砂泥がもたらす不都合を回避できる．

ホシムシは，ホストであるサンゴの2倍もの重さを引きずることが可能である．自然状態のスツボサンゴを引きずることは，ホシムシにとって大きな負担にはなっていないようである．この棲み込み共生は，スツボサンゴが常に砂泥環境で生存していくために，不可欠なものになっているようである．スツボサンゴが利益を得ていることは容易に推測できるが，ホシムシも成長と共に成長するサンゴの骨格内部に棲み込み続けることができると考えられることから，スツボサンゴとホシムシが共に利益を得ていると考えられる．しかし，この共生系が両者の身の安全を完全には保証しているものではないらしいことは，ヤドカリの入った生きたスツボサンゴが見られることや，生きた状態の軟体部が付いたまま，ばらばらに壊されたスツボサンゴの破片が見られることから明らかである．

1個のスツボサンゴには1匹のホシムシが棲み込んでいることがほとんどで，2つの孔が開いているスツボサンゴはきわめて稀である．

幼生の付着時にスツボサンゴとムシノスチョウジガイの2種のサンゴ

がホシムシの入った巻貝の殻に共に付着したと考えられる例を，これまで見たことがない．もし，そのようなことが起こるのであれば，狭い貝殻上での両種の関係がどのような結果になるか興味深いことである．日本ではこれらのサンゴの繁殖生態に関する研究はまだおこなわれていないようで，幼生を得ることができれば興味深い実験をおこなうことが可能であり，棲み込み共生系や適応形質の収斂に関して，より深く洞察することができるようになるであろう．

スツボサンゴには，褐虫藻とホシムシが棲み込んでいるだけでなく，微小な二枚貝と巻貝も棲み込んで複雑な共生系ができあがっていることはすでにわかっているが，これらの棲み込み者間の関係についてはまだ不明なことが多く残されている．

適応形質の収斂

スツボサンゴはキサンゴ亜目・キサンゴ科に属し，ムシノスチョウジガイはチョウジガイ亜目・チョウジガイ科に属している．系統的に異なる両種が，同所的に砂泥底に棲息して，同じホシムシの一種と共生している．また，いずれも褐虫藻を共生させている．ムシノスチョウジガイもスツボサンゴと同じ経過で棲み込み共生系を成立させ，砂泥がもたらす不都合をホシムシの助けを借りて克服している（西平1995）．

このように，これら2種のサンゴが，広い地理的分布域の中で同一の砂泥底環境を棲み場所とし，この場がもたらす厳しい制約を，同じ方法によって克服していることは，適応形質の収斂の例として興味深い．両種の広い地理的分布範囲の全域で，同じ組み合わせの棲み込み共生が見られるため，これらの棲み込み共生系は，適応形質の収斂の成立と維持機構を探る格好の研究対象にもなる．

ワレクサビライシの場合

砂泥底や砂礫底に，ワレクサビライシ *Diaseris distorta*（図5-2e）と同属のオオワレクサビライシ *D. fragilis*（図5-2d）（口絵31）が同所的にまたは異所的に高密度で棲息していることがある．これらの2種は，ともに自切によって無性的に増殖するサンゴで，沈殿物の除去や移動性に優れ，ひっくり返っても自力で起き上がることができる．運動性

が大きいために，アクロバットサンゴと呼ばれることもある．砂泥底における底生生活のスタートが自切でできる破片からはじまることは，初期死亡軽減の点で大きな利点があると思われる．固着基盤が見あたらないような海底で，自切によって増殖した痕跡をもつおびただしい数のサンゴが重なり合うように棲息している場合もあり，沖縄やタイ国シャム湾の個体群が，有性生殖をおこなっているかどうか興味ある問題である．

ある地域で大きな集団を作って高密度で見られるサンゴが，すべてクローニングによって増えたものなのかどうかを複数地点で比較しつつ調べる必要がある．どちらも広い分布域をもつ同属の2種が，同一海域内でも海域間でも形態的変異が見られることもあって，詳しい研究が必要である．

Yamashiro and Nishihira（1998）は，実験室内でワレクサビライシの自切を調べたが，野外でおびただしい密度で棲息しているワレクサビライシやオオワレクサビライシが，もっぱら自切を繰り返しているのか，時に有性生殖もおこなっているかは不明である．

終生固着生活を続けるスワリクサビライシ

スワリクサビライシ *Fungia* sp.（口絵32）は，シタザラクサビライシ *Fungia fungites* に酷似したクサビライシの一種である．同一種であるという考えもあるようだが，ここでは便宜的に西平・Veron（1995）に従っておこう．

このサンゴの最大の特徴は，クサビライシ類でありながら大きく成長した後も基盤に固着したままで，非固着生活に移行することがないことである．礁池などの浅瀬で容易に見ることができ，大潮時に干出する個体が見られることもある．台風の後などに海底に転がっている場合もあるが，そのような個体も傘の下に柄がついたままであるため，傘が離脱した後に成長したものとは考えられない．

固着性であるために，付着基盤の構造によって成長のためのスペースに限界がある場合が多く，シタザラクサビライシの周縁が円形や楕円形であるのと対照的に，スワリクサビライシの縁辺部は不規則に波打っていることが多く，固着したまま成長したことを示している．

沖縄本島のある礁池におけるスワリクサビライシの生態分布，個体群

構造，個体の形態的特徴などに関する知見は得られているが，シタザラクサビライシとの徹底的な比較研究をおこなって，この種の正体を突き止めることができれば，これまでのクサビライシ類に対する常識を変える成果をもたらすと考えられる．もし，シタザラクサビライシと同種であるという結果になれば，問題は一層複雑になり，新たなステップでの研究がはじまる契機にもなるであろう．

　スワリクサビライシでは他のクサビライシ類のように，固着生活時代の成長段階で無性生殖としての傘の離脱が起こらないのはなぜなのか？シタザラクサビライシなどとの比較研究が，クサビライシ類に特徴的な無性生殖法の制御のからくりを探りあてるきっかけを与えるかもしれない．

　ここまで，砂泥底にこだわってサンゴの生態の一端を紹介した．他にも多くの興味あるサンゴたちやサンゴが示す事柄が，サンゴ礁のいたる所に転がっている．仮説をもって自然と生物を観ることが常道であろうが，時には考えすぎずに自然を観て，自然に学びながら自然を遊び楽しむのも良いのではないかと考えている．リフレッシュと思わぬ発見にいたるかもしれない．

引用文献

Dai CF, Horng S. (2009) Scleractinia Fauna of Taiwan. The Complex Group. National Taiwan University. I, pp 172, II, pp 162

西平守孝（1995）足場の生態学，平凡社，東京，pp 268

西平守孝（1998）サンゴ礁における多種共存機構．井上民二・和田英太郎（編著）岩波講座・地球環境学5．生物多様性とその保全，岩波書店，東京，pp 161-195

西平守孝・Veron JEN（1995）日本の造礁サンゴ類，海游社，東京，pp 435

酒井一彦・西平守孝（1995）いろいろな種類のサンゴの共存―サンゴ礁生物の多種共存の基礎．西平守孝・酒井一彦・佐野光彦・土屋　誠・向井　宏（共著）サンゴ礁―生物がつくった〈生物の楽園〉，平凡社，東京，pp 15-80

佐野光彦（1995）サンゴ礁魚類の多種共存に関わる造礁サンゴの役割．西平守孝・酒井一彦・佐野光彦・土屋　誠・向井　宏（共著）サンゴ礁―生物がつくった〈生物の楽園〉，平凡社，東京，pp 81-118

土屋　誠（1995）サンゴ礁のマイクロエコシステム―サンゴ群体上における小動物

の共存.西平守孝・酒井一彦・佐野光彦・土屋　誠・向井　宏（共著）サンゴ礁　生物がつくった〈生物の楽園〉,平凡社,東京,pp 119-168

Veron JEN (1986) Corals of Australia and the Indo-Pacific. Angus and Robertson Publ pp 644

Veron JEN (1992) Hermatypic corals of Japan. Aust Inst Mar Sci Monogr Ser 9 pp 234

Veron JEN (2000) Corals of the World, Aust Int Mar Sci, Townsville, Vol. 1 ,Vol. 2, Vol. 3. pp 463, pp 429, pp 490

Yamashiro H, Nishihira M (1998) Experimental study of growth and asexual reproduction in *Diaseris distorta* (Michelin, 1983), a free-living fungiid coral. J Exp Mar Biol Ecol 225：253-267

第6章
サンゴの生活史と共生

日高道雄

造礁サンゴの体のつくりと生活史

　「サンゴ」は刺胞動物門に属する動物のうち，石灰質の骨格を形成する動物の総称である．「造礁サンゴ」は，褐虫藻と呼ばれる渦鞭毛藻と共生するサンゴであり，褐虫藻と共生しない「非造礁サンゴ」よりも速く骨格を形成できるため，サンゴ礁を形成する立役者となる．造礁サンゴの中でもっとも重要なグループはイシサンゴ類である．ここでは，造礁サンゴの中でも，褐虫藻と共生するイシサンゴ類について解説する．サンゴの体のつくりと生活史を見る前に，まず刺胞動物の体制や生活史の特徴を見てみよう．

刺胞動物の生活史：ポリプとクラゲ

　刺胞動物には，海底の岩などに付着するポリプ型と，自由遊泳するクラゲ型の2つの体制が見られる．刺胞動物門は，4つの綱（ヒドロ虫綱，箱虫綱，鉢虫綱，花虫綱）からなるが，ヒドロ虫綱，箱虫綱，鉢虫綱の3綱は，原則としてポリプ型とクラゲ型の世代交番をおこなうためメデューソゾア（medusozoa）と呼ばれる．花虫綱はポリプ世代のみで，クラゲを作らない（図6-1）．世代交番をおこなう場合，ポリプ世代は無性的にクラゲを形成するが，クラゲ形成の仕方は3つの綱で異なっている．ヒドロ虫類ではポリプ側壁からクラゲが出芽するが，箱虫類ではポリプが直接クラゲに変態する．そして鉢虫類ではポリプ上部が横にくびれて（横分体形成：ストロビレーション）クラゲを形成する．クラゲ世代をもつものでは，クラゲが有性生殖をおこない，受精卵からプラヌラ

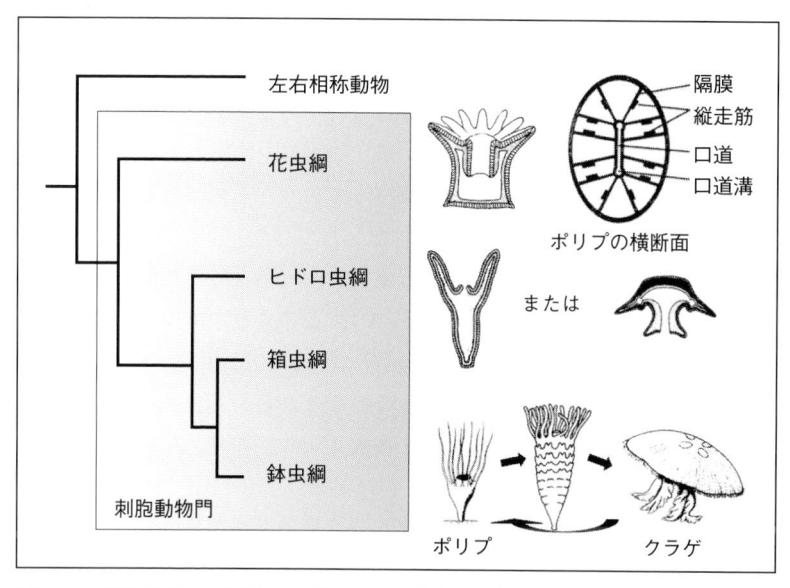

図6-1 刺胞動物の系統図．ヒドロ虫綱，箱虫綱，鉢虫綱の3綱は，メデューソゾア（medusozoa）とも呼ばれ，原則としてクラゲ世代をもつ．

幼生が生じ，プラヌラ幼生が着生，変態してポリプになる．花虫類はクラゲ世代をもたないので，ポリプが有性生殖をおこなう．

　ポリプとクラゲは外観が大きく異なるが，構造的にはどちらも口が1つある袋のようなものである．袋の中の空間は胃腔と呼ばれ，ここで食物が消化される．袋の壁は，外側の皮層と内側の胃層の2層の細胞層からなり，これら2層の間には中膠と呼ばれるコラーゲンなどの細胞外成分からなる層がある．また刺胞動物の体は放射相称を示し，口を中心としてある角度回転させるともとの形に重なる．他のほとんどの多細胞動物は，左右相称であり，また発生過程の一時期に3層の細胞層（外胚葉，中胚葉，内胚葉）からなる構造をとる．刺胞動物は，放射相称の体制をもち，外胚葉由来の皮層と内胚葉由来の胃層の2層の細胞層しかもたないことから，多細胞動物の進化初期の体制をもち続けながら現在にいたったと考えられる．ただし，刺胞動物の祖先は，中胚葉的な第3の細胞層をもち，遊泳性のクラゲ型であったとする説もある（Seipel and Schmid 2005）．

花虫類のポリプの構造は，ヒドロ虫類のポリプと比べて複雑である．ヒドロ虫類のポリプが単純な円筒形の袋であるのに対して，花虫類のポリプでは，口から胃腔に口道と呼ばれる管が伸びており，さらに胃腔が放射状の隔膜によって仕切られている．隔膜は，胃層と中膠のみからなる膜であるが，中膠の片側のみが波打っており，その波打った面に沿って縦走筋がはしっている．隔膜は対をなしており，通常の隔膜の対では，波打った面は互いに向き合っているが，方向隔膜と呼ばれる2対の隔膜では互いに外側を向いている（図6-1）．このような隔膜の配置や，口が細長く，イシサンゴ以外の花虫類ポリプでは，口道の両端または一方の端に口道溝と呼ばれる構造があることなどから，花虫類のポリプは左右相称（または二放射相称）を示すと考えられており，単純な放射相称のヒドロ虫類のポリプとは異なる．

　最近の分子系統学的研究によれば，刺胞動物で初めに分岐したのは花虫綱であり，他の3綱（メデューソゾア）は後から分岐したものである（図6-1）．この3綱はともに直鎖状のミトコンドリアDNAをもち，花虫類は他の多細胞動物と同様に環状のミトコンドリアDNAをもつことも，分岐の順番を支持している（Bridge et al. 1992）．また，花虫類のイソギンチャクと人が，ともに多細胞動物進化初期の遺伝子をもち続けているというMiller and Ball（2008）の報告は興味深い（図6-2）．系統的に離れているサンゴと人が共通の遺伝子をもち続けており，遺伝子組成から見ると，サンゴはハエや線虫より人に近いとも言える．サンゴの共生や白化機構の研究に，人の免疫や酸化ストレス関連遺伝子の研究がモデルとなる可能性がある．

サンゴの体のつくりと生活史

サンゴの体のつくり

　サンゴ礁を形成する立役者はイシサンゴ類である．イシサンゴとイソギンチャクはともに花虫綱六放サンゴ亜綱に属する．イシサンゴ（以降，サンゴとする）は，骨格をもつイソギンチャクとも言える．サンゴはイソギンチャクのようにポリプ単独で生活するものもあるが，無性的に増えたポリプが分離せずに群体を形成するものが多い．群体サンゴでは，群体内のポリプどうしは共肉と呼ばれる組織でつながっており，各ポ

■■■ 多細胞動物祖先遺伝子　▨▨▨ 獲得イントロン　▧▧▧ 消失イントロン

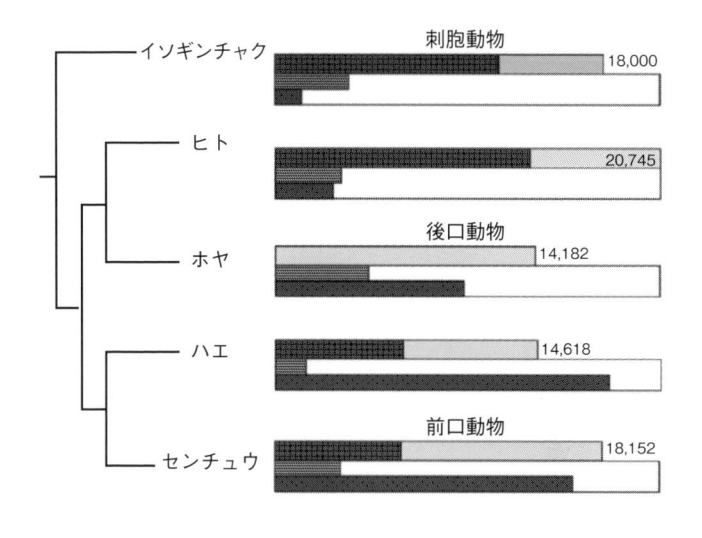

図6-2　イソギンチャク，ヒト，ホヤ，ハエ，線虫の系統関係と，それぞれが多細胞動物の共通祖先に由来する遺伝子をどのくらいもっているかを示した図．イソギンチャク（花虫類）とヒトがともに祖先遺伝子を多く共有していることがわかる．多細胞動物の祖先がもっていたイントロン（遺伝子内にあるが mRNA が作られる際に除去される部分）に対して，新たに獲得あるいは消失したイントロンの割合も示されている．黒枠は，獲得イントロンの場合はそれぞれの動物のもつイントロンの総数を示し，消失イントロンの場合は共通先祖のもっていたイントロンの総数を示している（Miller and Ball 2008 を改変）．

リプの胃腔も互いに連続している（図6-3）．すなわち，サンゴ群体は骨格の上を覆う，ポリプの数だけ口の開いた袋と考えることができる．サンゴ群体は，このようなポリプの増加と，ポリプやポリプ間の共肉と呼ばれる組織が炭酸カルシウムの骨格を分泌することにより成長する．ポリプ自身はポリプの棲む穴の壁（莢壁）や壁から突き出る隔壁を作りながら上に伸びていく．ただ，ポリプがある程度伸びると，ポリプの底盤がもち上がり新たに骨格の底板（横隔板と呼ばれる）を形成する．そのため，ポリプの棲む穴（莢）はただの中空ではなく，節がある（図6-3）．共肉部も同様に泡状に穴があいた骨格を作っては，上にも

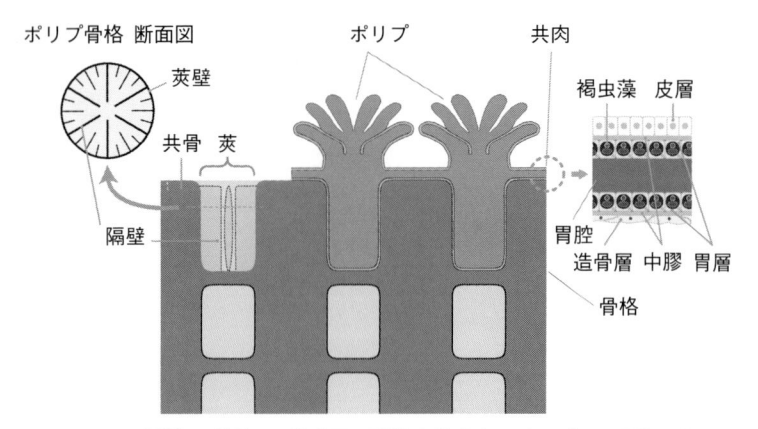

図6-3 サンゴ群体の縦断面の模式図．群体を構成するポリプは，骨格の上にのっており，共肉により隣のポリプとつながっている（右側）．骨格は，ポリプの入っている穴（莢）と共骨とからなる（左側）．共肉部の構造（右上）と莢の横断面図（左上）も示した（安田直子原図を改変）．

ちあがることを繰り返し，共同骨格（共骨）を形成する．このようにして，サンゴの骨格が成長し，生きたサンゴ組織は，いつも骨格表面の厚さ数mmの部分に存在することになる．

サンゴのさまざまな生活史

サンゴの生活史についての最近の研究を，とくに有性生殖，無性生殖，褐虫藻の獲得，そして老化や寿命に焦点をあてて紹介したい．

①サンゴの性と生殖細胞形成

サンゴの70〜80％は雌雄同体で，同じポリプ内に卵と精巣を発達させる．残りの20〜30％は雌雄異体であり，オスとメスはそれぞれ別の群体（あるいは個体：ポリプ）である．サンゴの多く（80％）は卵と精子を海水中に放出し体外受精をおこなう（放卵放精型）．受精卵は海水中を漂いながら発生し，プラヌラ幼生になる．プラヌラ幼生は海底に沈んでゆき，適当な基盤を見つけて着生し，ポリプへと変態する．一方，残りの20％のサンゴは，体内受精をおこない，胃腔内でプラヌラ幼生にまで育てた後に，プラヌラ幼生を海水中に放出する（プラヌラ保育型）（図6-4）．プラヌラ幼生が着生，変態すると最初のポリプ（一次ポリプ）

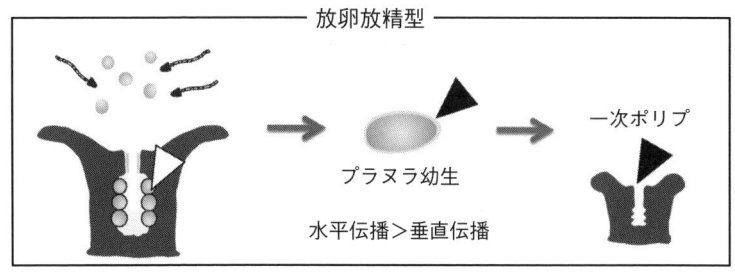

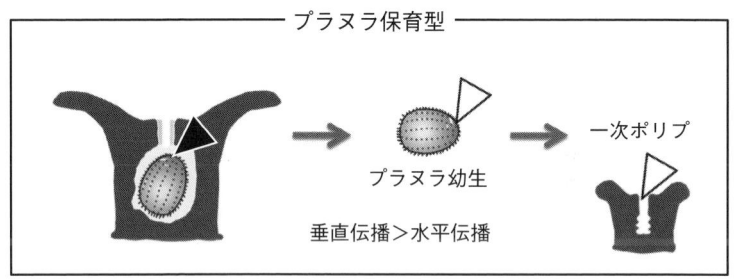

図6-4 サンゴの生殖パターンと褐虫藻獲得の時期．放卵放精型のサンゴでは，褐虫藻を毎世代外界から獲得する水平伝播型が多く，プラヌラ保育型のサンゴでは，親から褐虫藻を受け継ぐ垂直伝播型が多い．それぞれの生殖パターンにおいて，多くの種で見られる褐虫藻獲得の時期を▼で，少数の種で見られる褐虫藻獲得時期を▽で示した（広瀬慎美子原図を改変）．

が形成される．群体サンゴでは，一次ポリプから組織が周囲に成長していき，広がった組織から新たなポリプが出芽する．このようにして，また種によってはポリプが分裂（触手環内出芽）することにより，多数のポリプからなる群体ができる．

ほとんどのサンゴでは，生殖巣は隔膜中に発達する．ある種のサンゴでは隔膜から突き出た柄の先に生殖巣が発達する．卵原細胞や精原細胞は胃層より隔膜内の中膠に移動し，そこで発達する（図6-5）．卵形成は精子形成より早めに始まるが，卵と精子はほぼ同時に成熟する．サンゴの種によっては，産卵の数週間前に卵はピンクや赤く色づく．台湾のナガレハナサンゴ *Euphillia ancora* では，産卵時期（4, 5月）にテストステロンやエストラジオールなどの性ホルモンや生殖腺刺激ホルモン・放出ホルモンの濃度が上昇する（Twan et al. 2006）．さらにテストステロンからエストラジオールを作る酵素アロマターゼの活性も産卵時期に

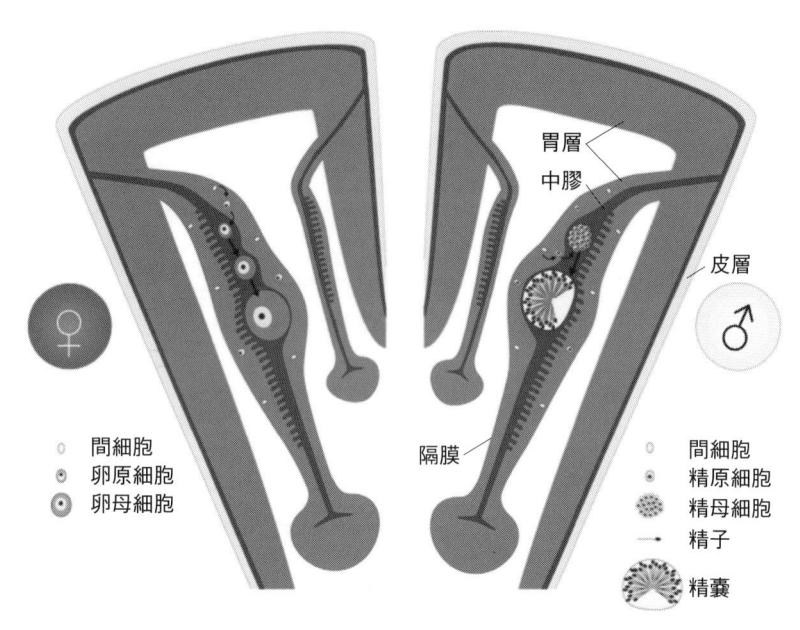

図6-5 アザミサンゴの生殖細胞が隔膜内で成熟するようすを示した模式図．間細胞（または生殖系幹細胞，ただしどちらの細胞もサンゴではまだ同定されていない）から分化した卵原細胞（左）や精原細胞（右）は，隔膜の胃層から中膠に移動し，そこで分化，成熟する．アザミサンゴは雌雄異体である（Hayakawa 2008 を改変）．

上昇する．脊椎動物と同様，サンゴでも性ホルモンが生殖細胞の成熟や産卵行動に関わっている可能性がある．

　Loya and Sakai（2008）は，マルクサビライシ *Fungia repanda* とトゲクサビライシ *Ctenactis echinata* とで，性転換が起こることを報告した．彼らは，マーキングした個体の放卵放精を4年間にわたって継続して観察し，マルクサビライシではオスからメスに，トゲクサビライシでは，オスからメス，あるいはメスからオスへと両方向の性転換が起こることを発見した．

　ハエ，線虫，人では，DMドメイン（DM domain）と呼ばれる共通の（保存された）DNA結合領域をもつ転写因子（DNAの特定の部位に結合して，遺伝子の発現を調節するタンパク質）が，性決定や性分化に重要な役割を果たしている．これらの動物は，性決定や性分化の分子

的機構の少なくとも一部を共有していると考えられる．Miller et al. (2003) は，ハイマツミドリイシ *Acropora millepora* が DM ドメインを含むタンパク質をコードする遺伝子 *AmDM1* をもつことを発見した．Hayakawa et al. (2005, 2006) は，アザミサンゴ *Galaxea fascicularis* で卵黄タンパク質ビテロジェニン遺伝子を発見し，この遺伝子がメスのみで発現することを報告している．近い将来，サンゴの性決定や性分化，そして性転換の分子機構が解明されることが期待される．さらに始原生殖細胞から生殖細胞への分化，配偶子の成熟のコントロール機構が明らかにされ，環境要因が生殖時期を決定する分子機構が明らかにされることが望まれる．

②サンゴの生殖時期を決める要因

多くのサンゴは年に1度，海水温が上昇する春から夏にかけて，一晩から数晩の間に放卵放精する．同種のサンゴは同期して放卵放精する．さらに，オーストラリアのグレートバリアリーフや沖縄では，初夏の満月の晩あるいは数日後の晩に，異なる種のサンゴが一斉に放卵放精する現象（mass spawning）が知られている．

サンゴは，どのような環境要因を感じて生殖時期を決めているのであろうか？ 1年のどの時期に産卵するかは，海水温によって決まると考えられる．熱帯域のインドネシアでは，ミドリイシ属の多くは年2回産卵する．海水温の年変動の少ない熱帯域で，サンゴの生殖時期がどのような環境要因により決定されるのかについてはまだよくわかっていない．

満月の晩あるいは数日後の晩に産卵が起こるのは，夜間の月の明るさを感じていると考えられている．また，日没後数時間して産卵が開始されるのは，日光を感じているためである．実際にハイマツミドリイシでは，クリプトクロームという光感受性タンパク質の遺伝子（*cry1, cry2*）が日光に反応して発現し，さらに *cry2* は月光に反応して満月時に発現が上昇する（Levy et al. 2008）．しかし，光を感じてクリプトクローム遺伝子の発現が高まった後，どのような過程を経て産卵にいたるのかはまだ謎である．サンゴの一斉産卵時には，海水中の雌性ホルモン濃度が高まることから，性ホルモンやフェロモンのような化学物質がより細かいタイミングの調節をおこなっている可能性もある．

プラヌラ幼生を保育するタイプでは，年に複数回，配偶子形成をおこ

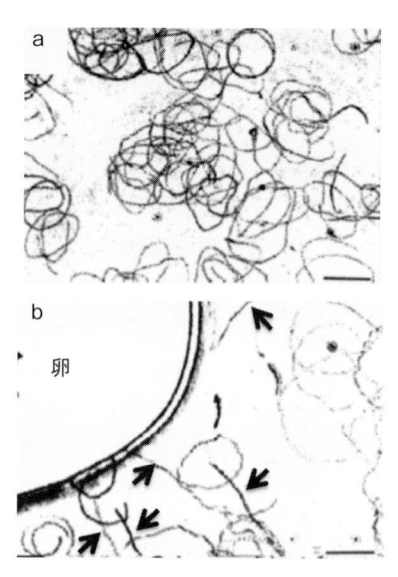

図6-6 コユビミドリイシの精子の運動軌跡．a) 精子は卵が近くにないときは動かないが，精子内 pH を上げると回転運動をする．b) 同種の卵が近くにあると精子は卵に向かって直線的に泳ぐ（←矢印）(Morita et al. 2006 を改変：reproduced/adapted with permission from The Journal of Experimental Biology).

なうものが少なくない．これらのものでは，いくつかの成熟段階の卵母細胞がポリプ内に見られ，翌月に成熟する卵母細胞がすでに用意されている．プラヌラ幼生の放出は月周期のある時期におこり，卵形成，精子形成も月周期にしたがっていると考えられる．ハナヤサイサンゴ *Pocillopora damicornis* は，代表的なプラヌラ保育型サンゴであるが，人工的に月周期を変えた水槽内で飼育すると，新たな月周期にしたがってプラヌラ幼生を放出する．プラヌラ保育型のサンゴでも，クリプトクローム遺伝子が月光を感じて，プラヌラ放出のタイミングの制御に関わっているのか今後の研究が待たれる．

最近，サンゴの卵が精子誘引物質を分泌することがわかってきた．外液（ナトリウムイオン欠如海水）にアンモニウムイオン（NH_4^+）を加えて，サンゴ精子の細胞内 pH を上昇させると精子は鞭毛運動を開始し，円の軌跡を描くように泳ぐ．この時，同種の卵が近くにある場合，精子

は卵に向かって直線運動を開始する (Morita et al. 2006) (図6-6). 卵から分泌された物質が精子の細胞内カルシウム濃度を低下させることにより, 円運動から直線運動への転換が起こる. この誘引物質は, 同種の精子を誘引するが, 異種の精子は誘引しない. このことから野外で異なる種のサンゴが同時に産卵しても, 交雑して種間雑種ができる確率は低いと思われる.

褐虫藻の獲得

多くの放卵放精型のサンゴは褐虫藻を含まない卵を産むため, プラヌラ幼生や一次ポリプの段階で外界から褐虫藻を獲得しなくてはならない. このようなサンゴは水平伝播型と呼ばれる (図6-4). ある種のサンゴは褐虫藻を含む卵を産卵する. また, プラヌラ幼生を保育するサンゴのほとんどは褐虫藻を既に親から受け継いだ幼生を放出する. このように母親由来の褐虫藻を受け継ぐタイプを垂直伝播型と呼ぶ.

コモンサンゴ属 *Montipora* やハマサンゴ属 *Porites* の多くの種, そしてイボハダハナヤサイサンゴ *Pocillopora verrucosa* などでは, 産卵の前に褐虫藻が卵の中に入り込む. 放卵放精型でありながら, 褐虫藻は垂直伝播される. 発生の過程で, 褐虫藻は胃層細胞に局在するようになるが, その時期や過程は属により異なっている (Hirose and Hidaka 2006) (図6-7). Hirose and Hidaka (2006) は, ユビエダハマサンゴ *Porites cylindrica* やイボハダハナヤサイサンゴ, ヘラジカハナヤサイサンゴ *Pocillopora eydouxi* などでは, 褐虫藻を含む細胞が胞胚腔に落ち込み, 胃層細胞に分化することにより, 褐虫藻が胃層細胞に局在すると考えた. Marlow and Martindale (2007) は, チリメンハナヤサイサンゴ *Pocillopora meandrina* では, 褐虫藻を含む細胞片が胞胚腔に落ち込み, 食作用により胃層細胞に取り込まれると考えた. プラヌラ保育型のハナサンゴ *Euphyllia grabrescens* では, ポリプから放出された直後のプラヌラ幼生では褐虫藻はおもに皮層に存在するが, その後の発生に伴い褐虫藻は胃層に分布するようになる (Huang et al. 2008).

水平伝播型のサンゴは, プラヌラ幼生が着生変態して一次ポリプになってから褐虫藻を獲得すると考えられてきた. しかし実験条件下では, プラヌラ幼生も褐虫藻を獲得することが最近の研究によりわかってきた.

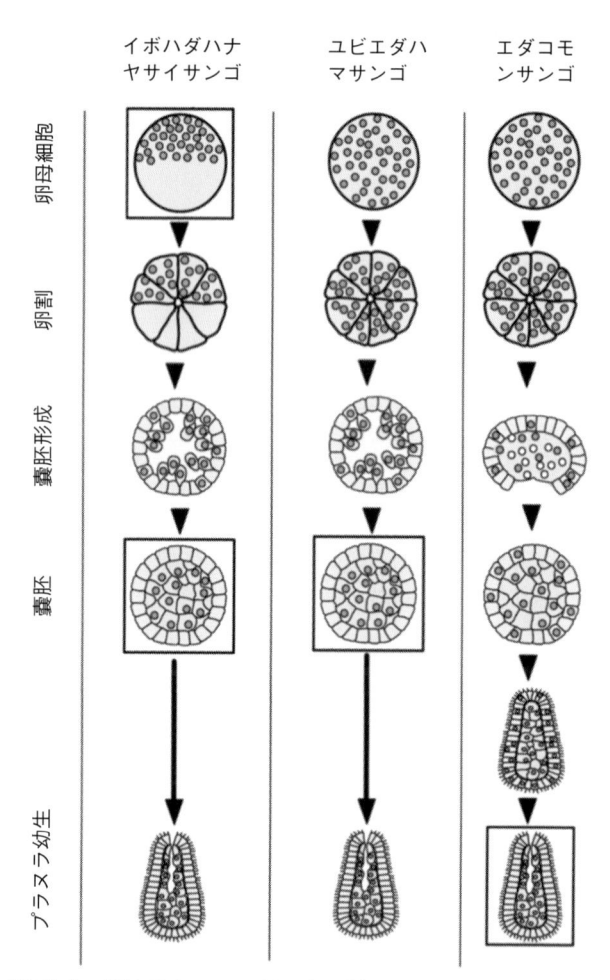

図6-7 卵母細胞が褐虫藻（つぶつぶ状の小黒丸）を含むイボハダハナヤサイサンゴ，ユビエダハマサンゴ，エダコモンサンゴの初期発生．褐虫藻が胃層に局在する時期とそのプロセス，原腸陥入のパターンは，3属間で異なっている．卵母細胞や初期胚で，褐虫藻の局在化の起こるステージを四角で囲んだ（Hirose and Hidaka 2006 を改変）．

Harii et al.（2009）は，さまざまなサンゴ種において，プラヌラ幼生も褐虫藻を獲得することを示した．プラヌラ幼生が褐虫藻を獲得するのは，口や胃腔を発達させた時期であり，ウスエダミドリイシ *Acropora tenuis*

受精5日後　　　　　受精6日後

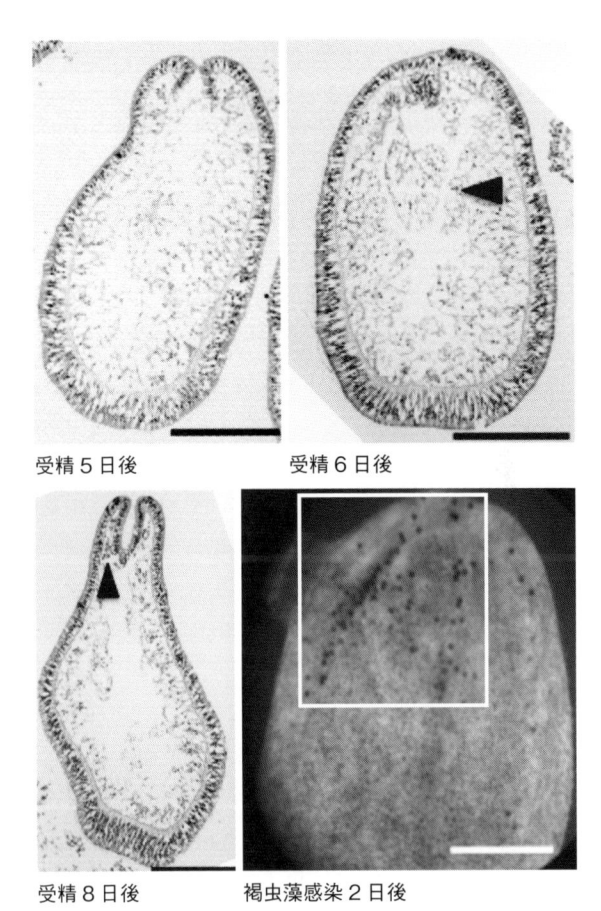

受精8日後　　　褐虫藻感染2日後

図6-8　コユビミドリイシ *Acropora digitifera* のプラヌラ幼生の褐虫藻獲得．口と胃腔が形作られる受精後6日目から，実験的に褐虫藻を取り込ませることが可能になる．取り込まれた褐虫藻を▲で示す．感染2日後の幼生を蛍光顕微鏡で見ると赤いクロロフィル傾向を示す褐虫藻（囲みの中）がはっきりと見える．なおスケール長は200マイクロメーター（Harii et al. 2009 を改変）．

とコユビミドリイシ *Acropora digitifera* ではそれぞれ受精後5日目，6日目にはじめて褐虫藻を取り込み，その後幼生内の褐虫藻数は増加していく（図6-8）．共生可能な褐虫藻はサンゴ礁域の海水中にも，また堆積物中にもいると考えられる．ろ過海水中で飼育したサンカクミドリイシ *Acropora monticulosa* のプラヌラ幼生は褐虫藻を取り込まないが，

サンゴ礁の堆積物を加えたろ過海水中で飼育すると褐虫藻を獲得した（Adams et al. 2009）．サンゴ礁域の海水中でウスエダミドリイシやウスチャキクメイシ *Favia pallida* のプラヌラ幼生を飼育すると，幼生は褐虫藻を取り込む（Harii et al. 投稿準備中）．このことは，自然界でもプラヌラ幼生が褐虫藻を取り込むことが可能なことを示している．ただ，プラヌラ幼生が野外で遊泳中にどの程度の頻度で褐虫藻を獲得するのかはまだよくわからない．褐虫藻を共生させたプラヌラ幼生は，褐虫藻の光合成産物を利用できるため生存に有利な可能性もある．一方，海面近くを浮遊している時期は，強光ストレスを受けるため，プラヌラ幼生の生存にとって褐虫藻が重荷になる可能性もある（139頁参照）．プラヌラ幼生が海底に着生し，一次ポリプに変態した後に褐虫藻を取り込む場合は，浮遊期間中は褐虫藻をもたないおかげで褐虫藻に由来する酸化ストレスを避けることができ，着生後は着生場所の環境に適した褐虫藻を獲得できると考えられる．このことが，毎世代外界から褐虫藻を獲得する水平伝播型サンゴが多い理由なのかもしれない．

無性生殖と老化，寿命

多くのサンゴは，波の力などにより群体の一部が破片化しても，その破片が再生して新たな群体を形成する能力をもつ．このようにして無性的に群体を増やす方法を破片分散（fragmentation）と呼ぶ．クサビライシ属 *Fungia* やワレクサビライシ属 *Diaseris* のサンゴは，みずから骨格を割れやすくして無性的に増える（Yamashiro et al. 1989）．何らかの原因でサンゴが死にかかった場合でも，ごく少量の組織が生き残っていると，その組織片からポリプが再生し，新たなサンゴを作りだすこともある（Kramarsky-Winter and Loya 1996）．群体からポリプや組織片が離脱し，プラヌラ幼生に似た構造となり，別の場所に着生，変態して新たな群体を作る場合もある．ハナヤサイサンゴでは，有性生殖によって作られるプラヌラ幼生もあるものの（Permata et al. 2000），多くのプラヌラ幼生は無性的に作られると考えられている（Yeoh and Dai 2010）．

このように1つの群体から無性的に増殖したサンゴ群体は，もとの群体と遺伝的に等しく，お互いにクローンの関係にある．サンゴの個体群

の中には，このようなクローン群体と有性生殖の結果生じたユニークな遺伝子組成をもつ非クローン群体とが混在している．

　無性生殖により増殖したクローンのサンゴたちは，ずっと生き続けるのだろうか？そもそもサンゴの寿命はどの程度なのだろうか？塊状のハマサンゴなどでは，成長速度と群体の大きさから数百年あるいは千年以上生きたと思われる群体が発見されている（Potts et al. 1985；Lough and Barnes 1997）．一方，破片分散によって増えるサンゴでは，サンゴの大きさから単純に年齢を推定することはできない．破片から再生した群体は，もとの群体の年齢を受け継ぐと思われる（Permata and Hidaka 2005）が，再生の過程で若返ることもあるのだろうか？このような疑問に答えるために，サンゴの軟体部（組織）から年齢を推定する方法の開発が望まれている（Ojimi and Hidaka 2010）．今後，幹細胞の体細胞あるいは生殖細胞への分化が老化や寿命に影響するメカニズム（Yoshida et al. 2006），体性幹細胞の体内での分布や維持機構（Watanabe et al. 2009）が明らかにされ，一見して不死身とも見えるサンゴの高い再生能力の細胞学的基盤が明らかにされることが望まれる．サンゴの高い再生能力を利用したサンゴ礁回復の手法が樹立されることも期待したい．

造礁サンゴと褐虫藻の共生

　造礁サンゴは，熱帯の透き通った，栄養分の少ない海に適応し，さながら砂漠の中のオアシスのようにサンゴ礁を造っている．造礁サンゴは，他の刺胞動物同様に，触手に備えた刺胞で動物プランクトンを捕獲し摂食する．また，粘液についたバクテリアや有機物を摂食すると考えられている．しかし，サンゴが貧栄養の海に適応して栄えている秘密は褐虫藻との共生にある．サンゴ内の褐虫藻は，光合成産物の大部分を宿主であるサンゴに渡す．サンゴは褐虫藻から得た栄養分の一部は呼吸や成長に用いるが，残りは脂質として体内に貯蔵するか，粘液などの形で外に出してしまう．体外に出された粘液などの栄養分はサンゴ礁に棲む他の生物を養うことになる．このように褐虫藻が熱帯の貧栄養の海で，高い生産性を示すのは，サンゴ−褐虫藻共生系内で窒素やリンなどの栄養塩

をリサイクルするためと考えられている．褐虫藻は，窒素やリンを含むサンゴの老廃物を取り込んで利用できるため，貧栄養の海でも高い光合成をおこなえるのである．一方，サンゴ-褐虫藻共生系は，他の熱帯生物に比べストレスに弱く，とくに高温ストレス下で共生系が崩壊し白化する．サンゴ礁が環境変動にどのように応答するかを予測し，サンゴ礁を守るために環境ストレスをどの程度のレベルに抑えることが必要かを理解するためには，サンゴと褐虫藻の共生関係，そして共生系のストレス応答の理解が欠かせない．

サンゴ-褐虫藻共生体の多様性

褐虫藻の多様性

有孔虫からサンゴ，シャコガイにいたるさまざまな海産無脊椎動物に共生する黄褐色の単細胞藻類は，褐虫藻（zooxanthella）と呼ばれ，同一種 *Symbiodinium microadriaticum* に属すると考えられてきた．1980年代半ばになって，サカサクラゲを含む4種の宿主と共生する褐虫藻がそれぞれ異なる染色体数をもつことが発見され，サカサクラゲ由来の *S. microadriaticum* に加えて3種の褐虫藻が別種として記載された（Trench and Blank 1987）．彼らは，電子顕微鏡の連続切片から立体像を再構成し，染色体数を推定した．ただし，褐虫藻の核では細胞分裂をしていない間期にも染色体が凝縮しており，彼らが染色体とした核内の電子密度の高い部分は，細いDNAの紐によりつながっており独立した染色体ではないという報告もある（Udy et al. 1993）．

1990年代以降，褐虫藻の分類はおもに18S-rDNA（リボソーム遺伝子）を用いた分子系統学的研究により調べられ（Rowan and Powers 1991a, b），現在ではクレードA～Hまでの8つのクレードに分けられている（Coffroth and Santos 2005）．サンゴには，そのうちA，B，C，D，Fの5つのクレードの褐虫藻が共生している（Baker, 2003）．各クレードは分子系統樹の1つのまとまった枝に対応するが，それぞれのクレード内には複数の種が含まれていると考えられている．

褐虫藻のタイプ分けあるいは遺伝子型の識別には，さまざまな方法が用いられてきた．当初，18S-rDNAおよび28S-rDNAのRFLP解析（Restriction Fragment Lengh Polymorphism：制限酵素を用いたDNA

の塩基配列の違いを検出する方法）により褐虫藻のクレード分けがなされたが，その後さらに細かいタイプ（サブクレード）を識別するために，ITS領域（リボソームRNAの3個のサブユニットをコードする遺伝子にはさまれたITS1，ITS2領域で転写後とり除かれる）の塩基配列の変異を高感度で調べられるDGGE（Denaturing Gradient Gel Electrophoresis）解析やSSCP（Single Strand Conformational Polymorphism）解析が用いられるようになった．SSCPの検出感度は10％程度であり，複数の褐虫藻タイプが混在する場合，微量しか存在しないタイプは検出できない．DGGEにおいても，異なる塩基配列をもつ断片が，同一位置のバンドを示すことがあり，多様性を過小評価する危険性がある．今のところ，ITS2領域をPCR増幅した後，クローニング（1つのDNA断片を大腸菌などにとりこませて増幅する操作）し，10クローン程度の塩基配列を決定することにより，主要なタイプを決める方法が現実的と考えられる．この場合も，量の少ない褐虫藻タイプは検出できない可能性があり，たとえマイナーな配列が検出できたとしても，その配列が低密度で混在する褐虫藻タイプのものなのか，あるいはITS2配列のゲノム内変異を示すものかはわからない（Sampayo et al. 2009）．リボソーム遺伝子はゲノム内に多数のコピーがあるので，ITS2にコピー間変異がある場合は，1つの褐虫藻細胞が複数のITS2配列をもつためである．このようなことから，今現在も，褐虫藻組成を調べる完璧な方法はない．

サンゴ–褐虫藻共生体の多様性

　同一種のサンゴ，あるいは同じサンゴ群体が複数のタイプの褐虫藻と共生する例が知られている一方で，1つのタイプの褐虫藻とのみ共生するサンゴ種も知られている（日高 2006）．同一サンゴ種や同一サンゴ群体に共生する褐虫藻の多様性はどのくらいなのだろうか？そして褐虫藻組成は環境変動や発生過程に伴い，どの程度変化するのだろうか？これらの問題に答えるためには，サンゴ内の褐虫藻組成を精密に調べる技術が必要である．サンゴが外界から新たな褐虫藻を獲得するためには環境中に共生可能な褐虫藻が存在しなくてはならないので，環境中の褐虫藻組成を調べることも必要である．

南グレートバリアリーフのショウガサンゴ *Stylophora pistillata* は，クレードCの4種類のサブタイプの褐虫藻と共生するが，そのうちの2タイプC79とC35/aはストレス耐性が低く，これら2タイプの褐虫藻と共生する群体では，白化中に他のタイプの褐虫藻が検出される．しかし，白化から回復するともとのタイプの褐虫藻と共生するようになる（Sampayo et al. 2008）．ランダムにサンプリングした群体の褐虫藻組成を白化前後で比較すると，ストレス耐性の低い褐虫藻タイプが減少し，強いタイプが増加しているように見える．しかし，同一群体を追跡調査した結果，ストレス耐性の低い褐虫藻と共生していた群体が死亡して群体数が減り，その結果見かけ上，褐虫藻組成が変化することがわかった．Stat et al.（2009）は，水平伝播型のサンゴ5種，垂直伝播型のサンゴ5種について，2002年の白化前後で褐虫藻組成が変化したかを調べた．ITS2のDGGE解析によると，7種で白化が見られたが，白化から回復した群体は白化前と同じサブタイプの褐虫藻と共生していた．同種でも群体により異なるサブタイプの褐虫藻と共生する場合があったが，そのような場合も白化前後でサブタイプが変化することはなかった．白化により褐虫藻タイプが入れ替わる現象は，以前に考えられていた（日高 2006）ほど普遍的ではなく，もともと共生していた褐虫藻と異なるタイプの褐虫藻と持続的に共生関係を結べるサンゴの種はそれほど多くないのかもしれない．

　近縁なサンゴ2種で，異なるタイプの褐虫藻と共生関係を結べるかどうか，すなわち共生関係の柔軟性が大きく異なる場合もある．シコロサンゴ属のトガリシコロサンゴ *Pavona divaricata* とシコロサンゴ *P. decussata* は，褐虫藻との共生関係の柔軟性に顕著な差を示す．同じ礁池に生息するこれら2種のサンゴを比較した結果，トガリシコロサンゴはクレードCとDのどちらのタイプの褐虫藻とも共生可能で，同じ群体が季節により異なるクレードの褐虫藻と共生している場合が多かった．それに対し，シコロサンゴは，1年を通して常にクレードCの褐虫藻と共生していた．クレードCのみをもつシコロサンゴは，クレードCとDの両タイプと共生しうるトガリシコロサンゴと比較して，環境の季節変動に感受性が高かった（Suwa et al. 2008）．褐虫藻との共生関係の柔軟性が高いサンゴほど環境変動に対する耐性が高く，このことはまた，

褐虫藻の生理学的性質の違いがサンゴの白化耐性に重要なことを示している．

　Mieog et al.（2007）は，rRNA遺伝子のITS1領域をリアルタイムPCRを用いて解析することで，潜在する褐虫藻タイプを従来の100倍以上の高感度で検出できることを示した．ハイマツミドリイシ，ウスエダミドリイシ，ショウガサンゴ，ヨコミゾスリバチサンゴ *Turbinaria reniformis* の4種のサンゴは，これまで1つの群体は1種類の褐虫藻と共生すると考えられてきたが，リアルタイムPCRを用いることにより，78%のサンゴで潜在する（マイナータイプの）褐虫藻が見つかった．ただ，リアルタイムPCR法により褐虫藻のタイプ組成を定量化するためには，rDNAのコピー数がクレードにより異なることなどの問題がある．Mieog et al.（2009）は，ゲノム内に1ないし数コピーしかないアクチン遺伝子のイントロン部を利用して，リアルタイムPCR法によりさらに正確に宿主サンゴ内のクレードCとDの褐虫藻の割合を定量化する方法を開発した．ただし，アクチン遺伝子のコピー数が，クレードCでは7，クレードDでは1と異なっていたため，コピー数の補正が必要であった．今後，サンゴ内の褐虫藻組成をより正確に，高感度で測定できるようになれば，環境変化に対応して，褐虫藻組成が変化する現象がどの程度に，またどのようなサンゴ種で起こっているのかを明らかにできると考えられる．

発生過程での褐虫藻組成の変化

　プラヌラ幼生や一次ポリプ，幼群体など発生初期の段階ではさまざまなタイプの褐虫藻と共生できるものの，成群体になると特定のタイプの褐虫藻と共生するようになる例が報告されている（日高 2006）．ウスエダミドリイシの褐虫藻をもたない一次ポリプをサンゴ礁で育てると，クレードC（その場所の成群体のもつ"C1"タイプ）やクレードDの褐虫藻を獲得する（Little et al. 2004）．同様に，Abrego et al.（2009）も，ウスエダミドリイシとハイマツミドリイシで，成群体がクレードCの褐虫藻と共生している場所に移植した幼群体で，クレードDの褐虫藻が優占することを観察した．幼群体では，成群体に比べて褐虫藻に対する選択性が低く，感染性の高いクレードの褐虫藻が優占すると考えられ

る．水平伝播型サンゴの褐虫藻タイプは，生息環境やその地域に存在する褐虫藻プールの影響を受けると考えられる．しかし，クレードCあるいはクレードDの褐虫藻を感染させた幼群体をサンゴ礁に戻して飼育しても，外界から新しい褐虫藻を獲得することはなかったという（Little et al. 2004）．さまざまな褐虫藻タイプを受け入れられるのは発生初期に限られると考えられる．また，サンゴ種によって，いったんあるタイプの褐虫藻と共生すると，そのタイプの褐虫藻とは免疫的寛容が成立し，他のタイプの褐虫藻を受け入れなくなる可能性もある．

垂直伝播型のサンゴは親から受け継いだ褐虫藻のみを保持し，世代を重ねるに連れて褐虫藻と共進化していくのだろうか？グレートバリアリーフや沖縄でさまざまなサンゴ宿主に共生する褐虫藻タイプを調べた研究（LaJeunesse et al. 2004）によれば，垂直伝播型のハマサンゴ属とコモンサンゴ属のサンゴは，それぞれ，タイプC15を祖先型として分岐したと思われる褐虫藻，タイプC21から分岐したと思われる褐虫藻と共生していた．どちらの属においても，各地域のサンゴは，同じタイプから分岐したと思われる異なるタイプの褐虫藻と共生し，地域特異性を示した．ただ，褐虫藻タイプ間の変異は小さく，これらの垂直伝播型サンゴでは，宿主サンゴと褐虫藻が各地域においてともに遺伝的分化をとげた，すなわち共進化したと考えられる．一方，垂直伝播型のサンゴでも，地域により異なるクレードの褐虫藻と共生する例も知られており，これらのサンゴでは，水平伝播型のサンゴと同様に，外界から新たな褐虫藻を獲得する現象が過去に起こったと考えられる（日高2006）．

環境中の褐虫藻

サンゴ礁域の環境中に共生可能な褐虫藻が生存していることは，褐虫藻をもたない宿主をサンゴ礁海域で飼育すると褐虫藻を獲得することからも明らかである．沖縄のサンゴ礁の砂地から単離・培養された褐虫藻はクレードAのものばかりで，自由生活性の褐虫藻なのか，偶然，宿主外で生存している褐虫藻なのかはよくわからなかった（Hirose et al. 2008）．一方，海水中の褐虫藻を分析すると，ハワイのカネオヘ湾ではクレードCの褐虫藻が，またカリブ海ではクレードBの褐虫藻が多かった（Manning and Gates 2008）．これら2地域の海水中の褐虫藻組成は，

クレードのレベルではそれぞれの地域でのサンゴの褐虫藻組成を反映している．しかし，ハワイ，カネオヘ湾のココナツ島での海水中の褐虫藻サンプルとサンゴ（ハマサンゴの一種 Porites compressa，コモンサンゴの一種 Montipora capitata，ハナヤサイサンゴ）に共生する褐虫藻との詳細な比較では，どちらもクレードCが優占するものの，海水中の褐虫藻がサンゴ宿主内褐虫藻とサブクレードレベルで一致することはなかった（Pochon et al. 2010）．このことは，今回調べた垂直伝播型のサンゴ3種では，環境中の褐虫藻がサンゴに新たに取り込まれて共生する shuffling 現象はめったに起こらないこと，そしてこれらのサンゴから排出された褐虫藻は海中で長期間生存できないことを示している．

サンゴはなぜ白化するのか

通常の熱帯生物がかなりの高温に耐性をもつのに比べ，サンゴ−褐虫藻共生体は，海水温の上昇や強光，紫外線などに敏感に反応し，褐虫藻を失いあるいは褐虫藻が組織内で死ぬことにより白化する．サンゴ白化時に大型藻類が死ぬことは知られておらず，微細藻類の光合成は35℃くらいまで正常におこなわれる．熱帯魚の致死温度は34.7〜40℃とされている．一方，造礁サンゴでは，過去の夏期最高水温の平均を1〜2℃上回る（29〜32℃）と白化してしまう．白化したサンゴは，回復する場合もあるが，死ぬ場合もある．白化したサンゴが死ぬのは，褐虫藻の光合成産物をもらえなくなり栄養不足になって死亡すると一般的に考えられている．ただ，白化状態で損傷した褐虫藻を体内に保持していることが，サンゴに新たなストレスを作りだし，その結果として死亡する可能性も考えられる．サンゴの白化機構において褐虫藻はどのような役割を果たしているのだろうか．

褐虫藻はストレス条件下ではサンゴにとって重荷になる

サンゴの解離細胞を培養すると球形の細胞凝集塊（tissue ball；以降，球状細胞塊とする）を作り，表面の繊毛運動により回転運動をはじめる．高温ストレス下で，球状細胞塊は細胞がこぼれ落ち，不定形に変形する．このときを球状細胞塊の死亡と見なし，異なる条件下で球状細胞塊の生存時間を比較した．その結果，球状細胞塊は高温（31℃）下では，常温

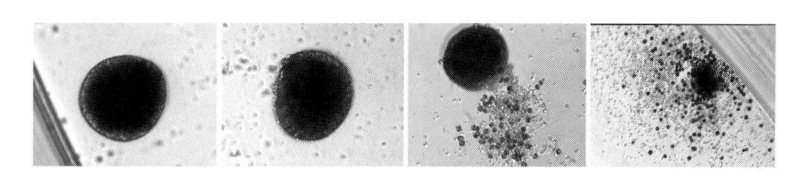

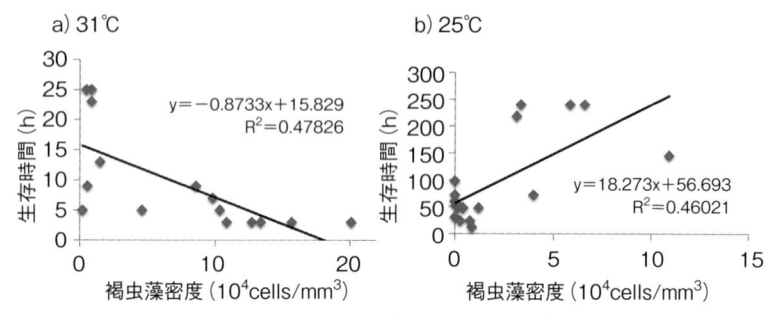

図6-9 クサビライシ属サンゴの球状細胞塊（tissue ball）の生存時間と褐虫藻密度の関係．a）高温（31℃）下では球状細胞塊の褐虫藻密度が高いほど生存時間は短くなる．b）常温（25℃）下では，褐虫藻密度が高いほど生存時間が長くなる．ただし，常温下では，生存時間は褐虫藻密度によらない場合も多く見られる．上の写真は，高温ストレス下で球状細胞塊が死亡するようすを示す（Nesa and Hidaka 2009a を改変）．

（25℃）下より早く死亡した．高温ストレス下では，球状細胞塊は褐虫藻密度が高いほど早く死ぬ傾向を示した（Nesa and Hidaka 2009a）（図6-9）．一方，常温下では，そのような傾向は見られなかった．このことは，高温ストレス下で褐虫藻がサンゴ宿主にとって有害な物質を産生していることを示唆している．アスコルビン酸とカタラーゼ，あるいはマンニトールなどの活性酸素除去剤をくわえると，生存時間がある程度長くなることから，この有害物質は活性酸素種（ROS：Reactive Oxygen Species）であることが示唆された．また球状細胞塊を高温処理すると，宿主細胞にDNA損傷をおこすが，抗酸化剤のマンニトールをくわえるとDNA損傷が抑えられる（Nesa and Hidaka 2009b）．

ミドリイシ属 *Acropora* のサンゴは，褐虫藻を含まない卵を産むため，発生したプラヌラ幼生は褐虫藻をもっていないが，人工的に褐虫藻を取り込ませることも可能である．トゲスギミドリイシ *Acropora intermedia* の幼生を高温（32℃）下で3日間処理すると，褐虫藻を含む幼生では，

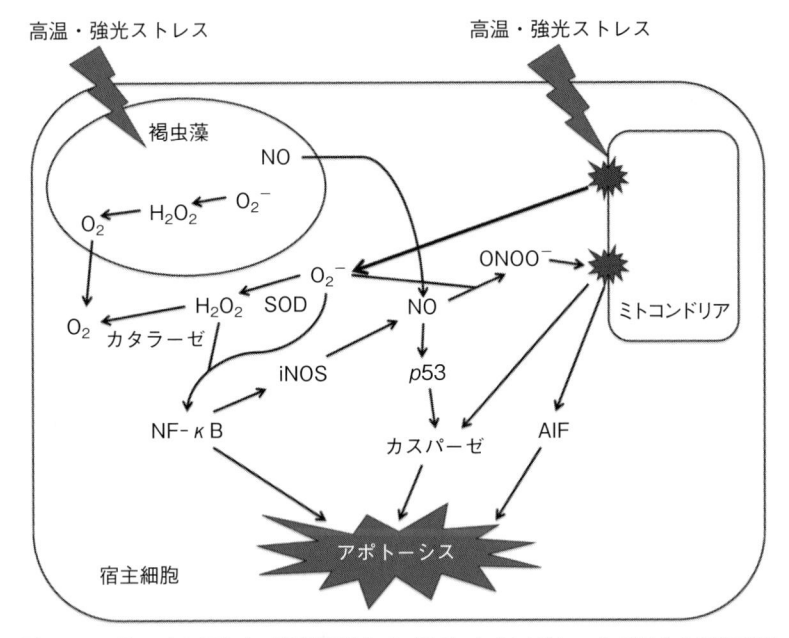

図6-10 サンゴの細胞内で活性酸素生成（O_2^-）からアポトーシスによる細胞死にいたるプロセスの模式図（Weis 2008を改変）．

褐虫藻を含まない幼生に比べて，顕著な生存率の低下，抗酸化酵素スーパオキシドディスムターゼ（Superoxide dismutase）の活性上昇，脂質過酸化の指標であるマロンジアルデヒド（Malondialdehyde）含量の上昇が見られた（Yakovleva et al. 2009）．ウスエダミドリイシの褐虫藻を取り込ませた幼生と褐虫藻をもたない幼生を，自然光下で3日間飼育したところ，褐虫藻を含む幼生では，褐虫藻を含まない幼生に比べ顕著なDNA損傷が見られた（Nesa et al. 投稿準備中）．これらの結果は，プラヌラ幼生においても，高温や強光などのストレス条件下では，褐虫藻がサンゴにとって重荷（酸化ストレス源）となることを示している．

サンゴ成群体においても，ストレスにより褐虫藻の光合成系が損傷を受けると，細胞内酸化ストレスが上昇し，さまざまなプロセスを経て，アポトーシス（apoptosis）による細胞死にいたるとするモデルが提唱されている（Weis 2008）（図6-10）．実際に，イソギンチャクの一種

Aiptasia sp. やヒメマツミドリイシ *Acropora aspera* を高温ストレス処理すると，最初に胃層細胞にアポトーシスが見られ，アポトーシス頻度がピークに達する頃に褐虫藻の消失（白化）が起こる（Dunn et al. 2004；Ainsworth et al. 2008）．ストレス条件により，正常な褐虫藻が放出される場合と，変性した褐虫藻が放出される場合がある（Bhagooli and Hidaka 2004；Franklin et al. 2004）．その後は宿主胃層細胞の崩壊がさらに進み，胃層内に変性褐虫藻が見られるようになる．アポトーシスで死ぬ褐虫藻とネクローシス（壊死：necrosis）で死ぬ褐虫藻の両方が観察される．野外で白化したサンゴ組織内には，色素を失い，細胞内に空胞が満ち，大きく膨れた褐虫藻が観察されるが，これらはネクローシス死をおこした褐虫藻と思われる（Brown et al. 1995；Mise and Hidaka 2003）．

サンゴ-褐虫藻共生系のストレス防御機構

これまで，褐虫藻の存在が共生系としてのストレス感受性を高めていることを見てきた．ストレス下で褐虫藻が活性酸素種（ROS）を産生し，それ以外にもさまざまなストレス要因がサンゴ細胞内でROSを産生させる．細胞内酸化ストレスは，タンパク変性，脂質過酸化，DNA損傷を引き起こし，その結果として，細胞の機能低下，増殖停止，最終的には細胞死にいたると考えられる（図6-11）．ただし，サンゴと褐虫藻の共生が2億年以上前の三畳紀に始まった（Stanley 2006）とすると，共生系であることを利用したストレス防御機構があるのではないかと考えられる．たとえば，サンゴは紫外線吸収物質（MAA）や蛍光タンパク質（FP）により，褐虫藻を光ストレスから防御している．サンゴ自体はMAAを合成することはできないが，褐虫藻やバクテリアが合成したもの，あるいは餌から取り込んだものを加工して使っていると考えられている．

サンゴが褐虫藻と共生すると，硫酸イオンの取り込みに関わる硫酸イオントランスポーター遺伝子の発現が上昇する（Yuyama et al. 2010）．褐虫藻は取り込まれた硫酸イオンを利用して硫黄同化をおこない，硫黄を含むアミノ酸，システインやメチオニンをサンゴに供給している可能性がある．システインは，酸化ストレスの防御や酸化ストレスシグナル

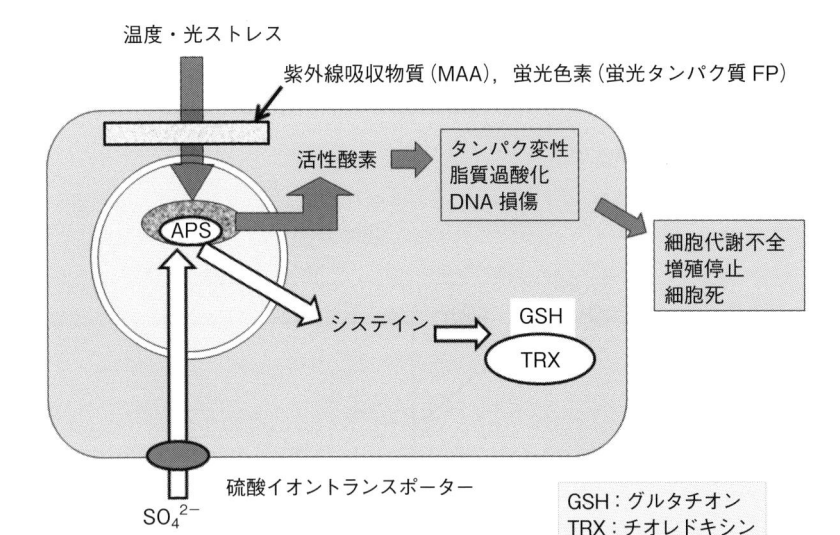

図6-11 サンゴ−褐虫藻共生系のストレス防御機構のモデル.「褐虫藻による硫黄同化,含硫アミノ酸の供給が,サンゴ細胞内でのグルタチオンやチオレドキシンの合成を促進することにより,共生体のストレス耐性を高める」という仮説を示す.APSは,5'-アデニル硫酸で,葉緑体内で硫酸イオン還元の基質となる.

の伝達に関わるグルタチオンやチオレドキシンの合成材料である.チオレドキシンは,チオール基(-SH)をもつタンパクで,細胞質内で標的酵素のチオール基の酸化還元状態を調節することにより酵素活性を制御することが知られている.パーオキシレドキシン(チオレドキシン依存性過酸化水素消去酵素)と共役して過酸化水素の除去にも関わっている.還元型チオレドキシンは,さまざまな転写因子のDNA結合能を増加させるとともに,アポトーシスを起こす因子(ASK1)と結合することによりアポトーシスを抑制する.実際に,チオレドキシンを人に投与すると酸化ストレスの影響が緩和される.チオレドキシン遺伝子を過剰発現させたマウスでは,酸化ストレスによる傷害が低減する.褐虫藻が,含硫アミノ酸をサンゴに供給し,チオレドキシン系を介してサンゴ−褐虫藻共生体のストレス耐性を高めているという可能性も考えられる(図6-11).

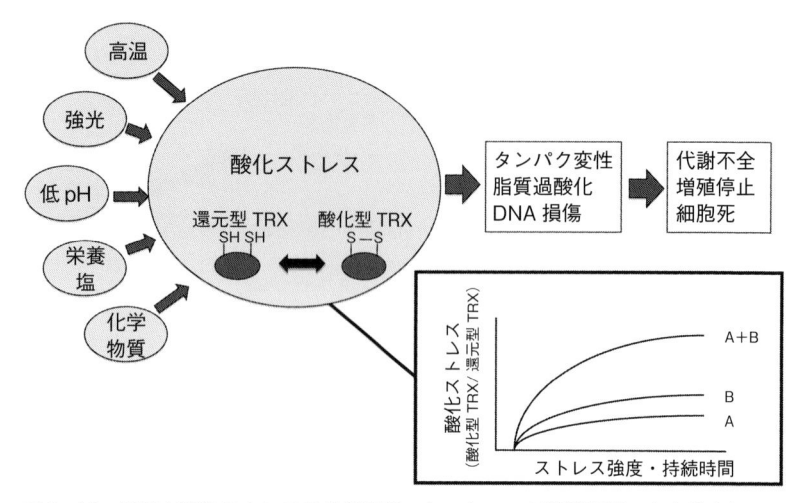

図6-12 細胞内酸化ストレスの指標を用いたストレスの影響評価.さまざまなストレスは,細胞内酸化ストレスを高めることにより,細胞の代謝不全,増殖停止,細胞死を引きおこす.細胞内酸化ストレスのシグナル伝達に関わるチオレドキシン(TRX)は,酸化ストレス指標の候補の一つである.酸化ストレス指標を用いて,さまざまなストレス(A,Bなど)の影響を解析できるようになることが望まれる.

　さまざまなストレスは,ストレスに特異的な応答を引き起こすものの,共通の応答として細胞内酸化ストレスを上昇させる.そして細胞内酸化ストレスは,その程度に応じて,代謝不全,増殖停止,アポトーシスやネクローシスによる細胞死などの,重篤の度合の異なる結果を引き起こす.このことは,細胞内酸化ストレス状態が,ストレスの種類によらない,初期ストレス応答の良い指標であることを示している.細胞内酸化ストレス状態を示すパラメーターを測定することができれば,ストレスの強度や持続時間とストレス応答の関係を異なるストレス間で比較し,さらに,異なるストレスが同時に作用した場合に相乗効果があるのかなどを解析できるようになる(図6-12).チオレドキシン(TRX)は,細胞内酸化ストレス状態により酸化型TRXと還元型TRXの比率が変化し,酸化ストレスシグナルを伝達する機能をもつ.もし,サンゴ細胞内の酸化型TRXと還元型TRXの比率を求めることができれば,サンゴの

細胞内酸化ストレス状態を示す有効なパラメーターの1つとなると思われる．人では，酸化型TRXが細胞外に出てくるため，血液中のTRX量を測定することにより，人のストレス状態（細胞内酸化ストレス状態）を推定することができる．

サンゴ−褐虫藻共生体のストレス応答

サンゴ−褐虫藻共生体のストレス応答を調べる

　野外のサンゴがどのようなストレスを受けているか，それは単独のストレスかそれとも複合的なストレスかを知ることができれば，サンゴ礁の保全や回復にも役立つと考えられる．ストレスに特異的なバイオマーカーの開発が望まれている．また，ストレスを受けたサンゴが白化あるいは死にいたるプロセスを分子レベルで理解することをめざして，サンゴがストレスを受けたときに，どの遺伝子が発現するかを解析する研究がおこなわれている．

　Desalvo et al.（2008）は，マルキクメイシ属の一種 *Montastrea faveolata* の白化したサンゴと正常な状態のサンゴの遺伝子発現の違いを，cDNAマイクロアレイを用いて解析するとともに，9日間の高温処理の期間中に発現が変化する遺伝子を探索した．その結果，高温ストレス（とそれに伴う白化）は，酸化ストレス，カルシウムイオンの恒常性，細胞骨格，細胞死，石灰化，代謝，タンパク合成，熱ショックタンパク質（heat-shock proteins）などに関連する遺伝子の発現やトランスポゾンの活性などに広範な影響をおよぼすことを見いだした．

　Smith-Keune and Dove（2008）は，ハイマツミドリイシの群体を高温（32℃）下で6時間処理すると，蛍光タンパク質（GFP-homolog）の遺伝子発現が低下することをRT-PCR法を用いて示した．この発現の低下は褐虫藻の光合成能の低下に先行して起こることから，彼らは，この蛍光タンパク質が高温ストレスの高感度な指標となることを提唱している．Rodriguez-Lanetty et al.（2009）も，高温（31℃）下で3時間処理したハイマツミドリイシのプラヌラ幼生で，蛍光タンパク質（DsRed-type FP）の発現が低下したことを報告している．GFP-homologとされた蛍光タンパク質は，塩基配列の類似性から，じつはDsRed-type FPと同じものであることが示唆されている．また，3時

間高温処理した幼生では，熱ショックタンパク質の発現が急激に上昇し，マンノース結合Cタイプレクチン（mannose-binding C-type lectin）の発現が低下した．マンノース結合レクチンは病原体の認識に関わっており，このレクチンの発現低下は免疫能の低下と関係している可能性がある．

　Yuyama et al.（投稿準備中）は，高温（32℃）や化学物質（有機スズや光合成阻害剤のDCMU）で処理したウスエダミドリイシの一次ポリプの遺伝子発現をHiCEP法で解析した．HiCEP法は，制限酵素処理したcDNA断片を，蛍光標識したプライマーでPCR増幅し，個々の増幅産物をシークエンサーで電気泳動して識別する方法である．シークエンサーで検出されたピークの高さを比較することにより，ストレス処理をしないポリプとストレス処理をしたポリプ間で遺伝子発現を比較することができる．その結果，ストレスに応答して発現が上昇した98の遺伝子のうち，高温，有機スズ，DCMUのどのストレスに対しても発現が上昇した遺伝子は9個，3種のうち2種のストレスに対してのみ発現上昇を示したものが27個，1種のストレスにのみ発現上昇を示したものが62個であった．一方，同定された7遺伝子（サンゴの5遺伝子，褐虫藻の2遺伝子）のうち，3種のストレスすべてに対して発現上昇を示した遺伝子は酸化ストレス応答タンパク質（oxidative stress responsive protein）のみであった．多くの場合，異なるストレスに対して異なる遺伝子が発現変化を示すことから，遺伝子発現解析に基づいて，サンゴがどのような種類のストレスを受けているかを推定することも可能と考えられる．

　Meyer et al.（2009）は，次世代シークエンサー454を用いて，ハイマツミドリイシのプラヌラ幼生の遺伝子転写産物の解析を網羅的におこなった．この装置では1回の稼働で60万以上の配列を読むことができ，約11,000の遺伝子を同定することができた．高温ストレスや変態誘導などの処理をしたプラヌラ幼生を用いることによって，ストレス応答，アポトーシス，免疫応答，タンパクの折りたたみなどのさまざまな機能に関連する多くの配列を得た．さらに，代謝系，細胞内シグナル伝達，転写因子などサンゴの幼生で発現している，ほとんどすべての配列がデータベース上で利用可能となり，サンゴの遺伝子発現の解析を効率的に

おこなうための基盤が得られた．今後，マイクロアレイや次世代シークエンサーによるストレス応答遺伝子の網羅的解析が進むと思われる．

サンゴと褐虫藻の共生に関わる遺伝子の探索

共生関係の崩壊である白化の分子機構を理解するためには，共生関係の維持機構の理解が必要である．サンゴと褐虫藻の共生関係の樹立や維持に関わる遺伝子の研究が進んでいる．Yuyama et al.（2010）は，ウスエダミドリイシの一次ポリプが褐虫藻と共生したときに，どのような遺伝子の発現が変化するのかをHiCEP法により調べた．彼らは，褐虫藻と共生したポリプで硫酸イオントランスポーター遺伝子の発現が高まること，そして脂質代謝，細胞内シグナル伝達，膜輸送に関する遺伝子で発現が共生により変化することを見いだした．

一方，Voolstra et al.（2009）は，ミドリイシ属の一種 *Acropora palmata* とマルキクメイシ属の一種 *Montastrea faveolata* の2つの幼生に共生可能な褐虫藻株あるいは共生不可能な褐虫藻株を与え，30分後および6日後の遺伝子発現の変化をマイクロアレイを用いて調べた．その結果，共生可能な褐虫藻を与えた場合は，発現が変化する遺伝子はごく少数であったが，共生しない（不適合な）褐虫藻を与えた場合には，6日後に多くの遺伝子で顕著な発現の変化が見られた．彼らは，共生の成立にはアポトーシスおよび免疫系の制御（分裂促進因子活性化タンパク質キナーゼMAPKや転写因子のNF-κBを介したシグナル伝達）が重要であると示唆している．

Sunagawa et al.（2009）は，褐虫藻と共生するイソギンチャクの一種 *Aiptasia pallida* のcDNAライブラリーから10,285個のESTs（cDNAの末端部分配列のデータセット）を解析することにより，刺胞動物と褐虫藻の共生に関わると思われる遺伝子を同定した．そのなかには，グルタチオンの合成や酸化還元，チオレドキシンの酸化に関わる酵素など，酸化ストレス反応系の遺伝子が含まれている．

共生開始に伴う宿主サンゴの遺伝子発現の研究はいくつかあるが，褐虫藻の遺伝子発現の変化はほとんど調べられていない．Bertucci et al.（2010）は，褐虫藻のPタイプH^+-ATPaseの発現が共生の開始に伴って上昇することを示した．PタイプH$^+$-ATPaseは，ATPを分解

して水素イオンを輸送するH$^+$ポンプとして機能するため,褐虫藻の入っている小胞(シンビオソーム)内のpHを下げることにより,炭酸水素イオンHCO$_3^-$から二酸化炭素の産生を促進し,光合成の材料である二酸化炭素を濃縮していると思われる.宿主サンゴの炭酸脱水酵素遺伝子が褐虫藻との共生により発現上昇すること(Yuyama et al. 未発表)を考えあわせると,光合成のための二酸化炭素(CO_2)濃縮機構に,宿主と共生体両方の遺伝子が関与していることがわかる.光合成だけでなく,石灰化やストレス防御などにおいても,宿主と共生体の両方の遺伝子が協調して作用する分子機構が存在すると予想され,その解明が望まれる.

　サンゴの生活史の特性,褐虫藻との共生関係,そしてサンゴ-褐虫藻共生系のストレス応答の機構を理解することは,サンゴ礁がローカルあるいはグローバルな環境変動に,どのように応答するかを予測するうえでも重要である.ここまでサンゴについてまだわかっていないこと,研究が必要な分野や挑戦すべき課題に焦点をあてることをめざしたが,サンゴの研究に興味をもつ人が増えることに役立てれば幸いである.

引用文献

Abrego D, van Oppen MJH, Willis BL (2009) Highly infectious symbiont dominates initial uptake in coral juveniles. Mol Ecol 18:3518-3531

Adams LM, Cumbo VR, Takabayashi M (2009) Exposure to sediment enhances primary acquisition of *Symbiodinium* by asymbiotic coral larvae. Mar Ecol Prog Ser 377:149-156

Ainsworth TD, Hoegh-Guldberg O, Heron SF, Skirving WJ, Leggat W (2008) Early cellular changes are indicators of pre-bleaching thermal stress in the coral host. J Exp Mar Biol Ecol 364:63-71

Baker AC (2003) Flexibility and specificity in coral-algal symbiosis: diversity, ecology, and biogeography of *Symbiodinium*. Ann Rev Ecol Evol Syst 34:661-689

Bertucci A, Tambutté E, Tambutté S, Allemand D, Zoccola D (2010) Symbiosis-dependent gene expression in coral-dinoflagellate association: cloning and characterization of a P-type H$^+$-ATPase gene. Proc R Soc B 277:87-95

Bhagooli R, Hidaka M (2004) Release of zooxanthellae with intact photosynthetic activity by the coral *Galaxea fascicularis* in response to high temperature stress. Mar Biol 145：329-337

Bridge D, Cunningham CW, Schierwater B, DeSalle R, Buss LW (1992) Class-level relationships in the phylum Cnidaria：evidence from mitochondrial genome structure. Proc Natl Acad Sci USA 89：8750-8753

Brown BE, LeTissier MDA, Bythell JC (1995) Mechanisms of bleaching deduced from histological studies of reef corals sampled during a natural bleaching event. Mar Biol 122：655-663

Coffroth MA, Santos SR (2005) Genetic diversity of symbiotic dinoflagellates in the genus *Symbiodinium*. Protist 156：19-34

Desalvo MK, Voolstra CR, Sunagawa S, Schwarz JA, Stillman JH, Coffroth MA, Szmant AM, Medina M (2008) Differential gene expression during thermal stress and bleaching in the Caribbean coral *Montastraea faveolata*. Mol Ecol 17：3952-3971

Dunn SR, Thomason JC, LeTissier MDA, Bythell JC (2004) Heat stress induces different forms of cell death in sea anemones and their endosymbiotic algae depending on temperature and duration. Cell Death Differ 11：1213-1222

Franklin DJ, Hoegh-Guldberg O, Jones RJ, Berges JA (2004) Cell death and degeneration in the symbiotic dinoflagellates of the coral *Stylophora pistillata* during bleaching. Mar Ecol Prog Ser 272：117-130

Harii S, Yasuda N, Lodoriguez-Lanetty M, Irie T, Hidaka M (2009) Onset of symbiosis and distribution patterns of symbiotic dinoflagellates in the larvae of scleractinian corals. Mar Biol 156：1203-1212

Hayakawa H (2008) Molecular analysis of egg proteins in a reef-building coral. Doctoral thesis (The University of Tokyo) pp 54

Hayakawa H, Andoh T, Watanabe T (2006) Precursor structure of egg proteins in the coral *Galaxea fascicularis*. Biochem Biphys Res Comm 344：173-180

Hayakawa H, Nakano Y, Andoh T, Watanabe T (2005) Sex-dependent expression of mRNA encoding a major egg protein in the gonochoric coral *Galaxea fascicularis*. Coral Reefs 24：488-494

日高道雄 (2006) 褐虫藻の多様性と造礁サンゴのストレス耐性 琉球大学21世紀COEプログラム編集委員会 (編) 美ら島の自然史—サンゴ礁島嶼系の生物多様性— 東海大学出版会, 神奈川, pp 147-164

Hirose M, Hidaka M (2006) Early development of zooxanthella-containing eggs of the corals *Porites cylindrica* and *Montipora digitata*：the endodermal localization of zooxanthellae. Zool Sci 23：873-881

Hirose M, Reimer JD, Hidaka M, Suda S (2008) Phylogenetic analyses of potentially free-living *Symbiodinium* spp. isolated from coral reef sand in Okinawa, Japan. Mar Biol 155：105-112

Huang H-J, Wang L-H, Chen W-NU, Fang L-S, Chen C-S (2008) Developmentally regulated localization of endosymbiotic dinoflagellates in different tissue layers of coral larvae. Coral Reefs 27：365-372

Kramarsky-Winter E, Loya Y (1996) Regeneration versus budding in fungiid corals : a trade-off. Mar Ecol Prog Ser 134 : 179-185

LaJeunesse TC, Bhagooli R, Hidaka M, deVantier L, Done T, Schmidt GW, Fitt WK, Hoegh-Guldberg O (2004) Shifts in relative dominance between closely related *Symbiodinium* spp. in coral reef host communities over environmental, latitudinal, and biogeographic gradients. Mar Ecol Prog Ser 284 : 147-161

Levy O, Appelbaum L, Leggat W, Gothlif Y, Hayward DC, Miller DJ, Hoegh-Guldberg O (2008) Light-responsive cryptochromes from a simple multicellular animal, the coral *Acropora millepora*. Science 318 : 467-480

Little AF, van Oppen MJH, Willis BL (2004) Flexibility in algal endosymbioses shapes growth in reef corals. Science 304 : 1492-1494

Lough JM, Barnes DJ (1997) Several centuries of variation in skeletal extension, density and calcification in massive *Porites* colonies from the Great Barrier Reef : a proxy for seawater temperature and a background of variability against which to identify unnatural change. J Exp Mar Biol Ecol 211 : 29-67

Loya Y, Sakai K (2008) Bidirectional sex change in mushroom stony corals. Proc R Soc B 275 : 2335-2343

Manning MM, Gates RD (2008) Diversity in populations of free-living *Symbiodinium* from a Caribbean and Pacific reef. Limnol Oceanogr 53 : 1853-1861

Marlow HQ, Martindale MQ (2007) Embryonic development in two species of scleractinian coral embryos : *Symbiodinium* localization and mode of gastrulation. Evol Dev 9 : 355-367

Meyer E, Aglyamova GV, Wang S, Buchanan-Carter J, Abrego D, Colbourne JK, Willis BL, Matz MV (2009) Sequencing and *de novo* analysis of a coral larval transcriptome using 454 GSFlx. BMC Genomics 10 : 219

Mieog JC, van Oppen MJH, Cantin NE, Stam WT, Olsen JL (2007) Real-time PCR reveals a high incidence of *Symbiodinium* clade D at low levels in four scleractinian coral across the Great Barrier Reef : implication for symbiont shuffling. Coral Reefs 26 : 449-457

Mieog JC, van Oppen MJH, Berkelmans R, Stam WT, Olsen JL (2009) Quantification of algal endosymbionts (*Symbiodinium*) in coral tissue using real-time PCR. Mol Ecol Resources 9 : 74-82

Miller DJ, Ball EE (2008) Cryptic complexity captured : the *Nematostella* genome reveals its secrets. Trends Genet 24 : 1-4

Miller SW, Hayward DC, Bunch TA, Miller DJ, Ball EE, Bardwell VJ, Zarkower D, Brower DL (2003) A DM domain protein from a coral, *Acropora millepora*, homologous to proteins important for sex determination. Evol Dev 5 : 251-258

Mise T, Hidaka M (2003) Degradation of zooxanthellae in the coral *Acropora nasuta* during bleaching. Galaxea, JCRS 5 : 32-38

Morita M, Nishikawa A, Nakajiima A, Iguchi A, Sakai K, Takemura A, Okuno M

(2006) Eggs regulate sperm flagellar motility initiation, chemotaxis and inhibition in the coral *Acropora digitifera, A. gemmifera* and *A. tenuis*. J exp Biol 209:4574-4579

Nesa B, Hidaka M (2009a) High zooxanthella density shortens the survival time of coral cell aggregates under thermal stress. J Exp Mar Biol Ecol 368:81-87

Nesa B, Hidaka M (2009b) Thermal stress increases oxidative DNA damage in coral cell aggregates. Proc 11th Int Coral Reef Symp (Florida):144-148

Ojimi MC, Hidaka M (2010) Comparison of telomere length among different life cycle stages of the jellyfish *Cassiopea andromeda*. Mar Biol 157:2279-2287

Permata DW, Hidaka M (2005) Ontogenetic changes in the capacity of the coral *Pocillopora damicornis* to originate branches. Zool Sci 22:1197-1203

Permata DW, Kinzie RAIII, Hidaka M (2000) Histological studies on the origin of planulae of the coral *Pocillopora damicornis*. Mar Ecol Prog Ser 200:191-200

Pochon X, Stat M, Takabayashi M, Chasqui L, Chauka LJ, Logan DDK, Gates RD (2010) Comparison of endosymbiotic and free-living *Symbiodinium* (Dinophyceae) diversity in a Hawaiian reef environment. J Phycol 46:53-65

Potts DC, Done TJ, Isdale PJ, Fisk DA (1985) Dominance of a coral community by the genus *Porites* (Scleractinia). Mar Ecol Prog Ser 23:79-84

Rodriguez-Lanetty M, Harii S, Hoegh-Guldberg O (2009) Early molecular responses of coral larvae to hyperthermal stress. Mol Ecol 18:5101-5114

Rowan R, Powers DA (1991a) A molecular genetic classification of zooxanthellae and the evolution of animal-algal symbiosis. Science 251:1348-1351

Rowan R, Powers DA (1991b) Molecular genetic identification of symbiotic dinoflagellates (zooxanthellae). Mar Ecol Prog Ser 71:65-73

Sampayo EM, Dove S, LaJeunesse TC (2009) Cohesive molecular genetic data delineate species diversity in the dinoflagellate genus *Symbiodinium*. Mol Ecol 18:500-519

Sampayo EM, Ridgway T, Bongaerts P, Hoegh-Guldberg O (2008) Bleaching susceptibility and mortality of corals are determined by fine-scale differences in symbiont type. Proc Natl Acad Sci USA 105:10444-10449

Seipel K, Schmid V (2005) Evolution of striated muscle:jellyfish and the origin of triploblasty. Dev Biol 282:14-26

Smith-Keune C, Dove S (2008) Gene expression of a green fluorescent protein homolog as a host-specific biomarker of heat stress within a reef-building coral. Mar Biotechnol 10:166-180

Stanley Jr GD (2006) Photosymbiosis and the evolution of modern coral reefs. Science 312:857-858

Stat M, Loh WKW, LaJeunesse TC, Hoegh-Guldberg O, Carter DA (2009) Stability of coral-endosymbiont associations during and after a thermal stress event in the southern Great Barrier Reef. Coral Reefs 28:709-713

Sunagawa S, Wilson EC, Thaler M, Smith ML, Ccaruso C, Pringle JR, Weis VM,

Medina M, Schwarz JA (2009) Generation and analysis of transcriptomic resources for a model system on the rise : the sea anemone *Aiptasia pallida* and its dinoflagellate endosymbiont. BMC Genomics 10 : 258

Suwa R, Hirose M, Hidaka M (2008) Seasonal fluctuation in zooxanthella composition and photo-physiology in the corals *Pavona divaricata* and *P. decussata* in Okinawa. Mar Ecol Prog Ser 361 : 129-137

Trench RK, Blank RJ (1987) *Symbiodinium microadriaticum* Freudenthal, *S. goreauii* sp. nov., *S. kawagutii* sp. nov. and *S. pilosum* sp. nov. : gymnodinioid dinoflagellate symbionts of marine invertebrates. J Phycol 23 : 469-481

Twan W-H, Hwang J-S, Lee Y-H, Wu H-F, Tung Y-H, Chang C-F (2006) Hormones and reproduction in scleractinian corals. Comp Biochem Physiol A 144 : 247-253

Udy JW, Hinde R, Vesk M (1993) Chromosomes and DNA in *Symbiodinium* from Australian hosts. J Phycol 29 : 314-320

Voolstra CR, Schwarz JA, Schnetzer J, Sunagawa S, Desarvo MK, Szmant AM, Coffroth MA, Medina M (2009) The host transcriptome remains unaltered during the establishment of coral-algal symbioses. Mol Ecol 18 : 1823-1833

Watanabe H, Hoang VT, Mättner R, Holstein TW (2009) Immortality and the base of multicellular life : lessons from cnidarians stem cells. Semin Cell Dev Biol 20 : 1114-1125

Weis VM (2008) Cellular mechanisms of cnidarian bleaching : stress causes the collapse of symbiosis. J Exp Biol 211 : 3059-3066

Yakovleva IM, Baird AH, Yamamoto HH, Bhagooli R, Nonaka M, Hidaka M (2009) Algal symbionts increase oxidative damage and death in coral larvae at high temperature. Mar Ecol Prog Ser 378 : 105-112

Yamashiro, H., M. Hidaka, M. Nishihira, Poung-In S (1989) Morphological studies on skeletons of *Diaseris fragilis*, a free-living coral which reproduces asexually by natural autotomy. Galaxea, JCRS 8 : 283-294

Yeoh SR, Dai CF (2010) The production of sexual and asexual larvae within single broods of the scleractinian coral, *Pocillopora damicornis*. Mar Biol 157 : 351-359

Yoshida K, Fujisawa T, Hwang JS, Ikeo K, Gojobori T (2006) Degeneration after sexual differentiation in hydra and its relevance to the evolution of aging. Gene 385 : 64-70

Yuyama I, Watanabe T, Takei Y (2010) Profiling differential gene expression of symbiotic and aposymbiotic corals using a high coverage expression profiling (HiCEP) analysis. Mar Biotechnol DOI : 10.1007/s10126-010-9265-3

第7章

サンゴ礁の魚たち

中村洋平

　地球上の海洋面積に占めるサンゴ礁の割合はわずか0.1％であるものの，海産魚類の約半数の種はサンゴ礁に生息している．サンゴ礁における底生魚類の現存量は温帯沿岸の30〜40倍ともいわれており（Russ 1984），そこで漁獲される魚類は熱帯沿岸国の人々の主要なタンパク源として利用されている．また，サンゴ礁魚類を対象とした観賞魚の取引やレジャーダイビングなどの観光業は，漁業と並ぶ基幹産業となっている．これらの特性から，サンゴ礁の魚類は食料資源や観光資源として，あるいは研究材料として，多くの人々の注目を集めてきた．

　サンゴ礁魚類の生態研究はスキューバが普及し始めた1970年代から急速に広まった．この時期から1980年代にかけては，繁殖行動に関する研究が盛んにおこなわれ，さまざまな種で性転換が起きていることが明らかにされた．また，同時期に群集の形成機構についても多くの研究者が取り組み，仔稚魚の着底の時空間変動パターンや着底後の種間・種内競争や生残のメカニズムが明らかにされていった．1990年代になると，ライトトラップ（光を点灯して仔魚を採集する装置）による仔魚の生態研究が始まる．1990年代後半からは，資源管理や環境保全に関わるような仔魚の分散範囲やサンゴ礁とその周辺の生態系のつながりに注目した研究が活発になってきている．

　サンゴ礁の魚類の生態や行動にはいまだに不明な部分も存在するが，この半世紀の間に科学的な知見は著しく蓄積された．ここではそのすべてを網羅することはできないが，現在までに得られている基礎的な知見を中心に紹介したい．

サンゴ礁の魚類の特徴

　現生の魚類はおよそ28,000種と推定されており，このうち16,000種が海産魚類である（Nelson 2006）．海産魚類の中で熱帯浅海域で確認されているのは10,000種で，そのうちおよそ7,000種がサンゴ礁の発達する海域に生息する．

　硬骨魚類の中で約100科がサンゴ礁で生活している（Leis 1991）．この中でスズキ目が50科ともっとも優占しており，種数においてもサンゴ礁の魚類の7～8割を占める（桑村 1987）．スズキ目の中で，サンゴ礁という環境に特徴的に出現する科は，ベラ科，ブダイ科，スズメダイ科，ニザダイ科，アイゴ科，ツノダシ科，チョウチョウウオ科，キンチャクダイ科である（口絵33～40）．

　ベラ科は，おもにエビ・カニ類や貝類などの底生無脊椎動物を摂食する魚類で，熱帯域を中心に453種が知られている．体長15cm未満の小型な種が多いが，ベラ科最大の種であるメガネモチノウオ *Cheilinus undulatus* は体長2mにもなる．ブダイ科は88種が知られており，おもに海藻やデトリタス（detritus）を摂食する．一般にオスとメスの間に著しい体色の違いがあるのも特徴である．また，ベラ科やブダイ科に属する多くの種で性転換をし，複雑な社会システムを形成する．スズメダイ科には348種が属しており，動物プランクトンを摂食する種もいれば，ハルパクチクスなどの底生甲殻類や藻類を摂食する種もいる．藻食性の種では，なわばり形成がよく見られる．

　ニザダイ科は80種が，アイゴ科は27種が知られている．これらのほとんどの種が藻類食やデトリタス食で，時に大きな群れを形成する．ツノダシ科にはツノダシ *Zanclus cornutus*（口絵38）の一種だけが属する．細長い口吻を使って，サンゴの間にいるエビ・カニ類や海綿などを食べる．

　チョウチョウウオ科とキンチャクダイ科の一般的な特徴として，体が左右に平べったい形をして，体高は高く，体色が鮮やかである．チョウチョウウオ科には122種が属しており，その9割がインド・太平洋域に分布している．チョウチョウウオ科の半数の種はサンゴのポリプを摂食するが，その他の種はエビ・カニ類や藻類，あるいは動物プランクトン

を摂食する．キンチャクダイ科は82種が知られており，そのほとんどが西部太平洋に分布する．おもに海綿，藻類，動物プランクトンを摂食する．体色は成長段階によって著しく変化し，稚魚と成魚ではまったく異なる色彩・斑紋を呈することがある．オス・メスによる体色の差も大きく，いわゆる性的二型を示す種が多い．

　大部分のサンゴ礁の魚類は昼行性で，夜になるとサンゴや岩のすき間に隠れて寝る．ベラ科のキュウセン属などは砂の中に潜って眠る．また，オビテンスモドキ Novaculichthys taeniourus はサンゴ片を積み重ねて寝床を作り，その中で眠る．一方，夜行性魚類もみられる．その代表はインド・太平洋ではテンジクダイ科とイットウダイ科で，西部大西洋ではイサキ科とフエダイ科である．これらの魚類は，昼間はサンゴや岩の下で身を潜めているが，夜間になると甲殻類や小型魚類を摂食するために活発に動き回る．

　群集内での各食性群の割合をみてみると，底生無脊椎動物を摂食する魚類が種数で全体の半数近くを占め，藻食，動物プランクトン食，雑食，魚食と続く（表7-1）．また，温帯域と比べると，サンゴ礁には藻食魚（温帯沿岸では種数の2～8％，サンゴ礁では10～20％を占める）（Hermelin-Vivien 2002）や魚食魚（ハタ類など）が多いのが特徴である．サンゴ礁内での分布パターンをみてみると，動物プランクトン食魚は礁斜面に多く，礁原部で少ない．逆に，藻食魚は礁原部で多い傾向にある．

表7-1　サンゴ礁における魚類群集の各食性群の割合（％）（出典：Jones et al. 1991）．

食性群	マーシャル諸島	西インド諸島	ハワイ島	グレートバリアリーフ	沖縄本島
藻食魚	26	13	7	15	18
動物プランクトン食魚	4	12	18	20	15
底生無脊椎動物食魚*	49	44	56	53	41
ポリプ食	6	1	9	5	9
固着性動物食	8	6	13	3	
移動性動物食	35	37	34	45	
雑食魚	13	7	10	4	19
魚食魚	10	25	7	8	4
その他（掃除魚など）			2		2

＊底生無脊椎動物食魚の中で，ポリプ食，固着性動物食，移動性動物食の割合がわかるものには個別に値を示した

サンゴ礁には小型の魚類が多く，最大体長が10cm未満の種が全体の半数近くを占める（Munday and Jones 1998）．グレートバリアリーフ北部に位置するリザード島のサンゴ礁では，個体数密度においてはハゼ科（全体に占める割合が58％），スズメダイ科（24％），イソギンポ科（5.3％），ベラ科（3.8％），テンジクダイ科（3.4％）などに属する小型魚類が優占するが，生物量ではニザダイ科（39％）やブダイ科（14％）などの藻食魚とハタ科（11％）などの魚食魚がスズメダイ科（15％）とともに高い割合を占める（Depczynski et al. 2007）．このように，種数と個体数で小型魚類が優占し，生物量で比較的大型の藻食魚や魚食魚が高い割合を占めるのは，サンゴ礁で見られる一般的な現象である．

サンゴ礁の魚類の地理的分布

サンゴ礁の魚類を中心とした熱帯性魚類の種構成の違いから，世界の海を大きく4つの海域に分けることができる．①インド・太平洋域，②東太平洋域，③西大西洋域，④東大西洋域（図7-1）．これらの海域は大陸や広大な外洋によって遮られている．

4つの海域の中でもっとも広い面積を有するのがインド・太平洋域で，アフリカ東海岸からハワイ諸島，イースター島までを含む．この海域の種数は約4,500種で，他の海域の種数（1,500種未満）を大きく越える．種数で優占する科はハゼ科（300種以上），ベラ科（約300種），スズメダイ科（約300種），テンジクダイ科（約250種）である．大陸から離れた外洋に位置する海洋島（たとえば，ハワイ諸島，イースター島，マルキーズ諸島）では固有種の割合が高い（15～25％）．ウミテング科，キス科，スナハゼ科，アイゴ科，タナバタウオ科はインド・太平洋域に限って分布する．また，インド・太平洋域と他の海域に共通して出現する種はひじょうに少ない．それぞれ，東太平洋域とは62種，西大西洋域とは8種，東大西洋域とは32種しか共通種がいない（Moyle and Ceck 2004）．

東太平洋域はバハ・カリフォルニアから南米エクアドルのガヤキル湾周辺までをさす．この海域はインド・太平洋域とは深海で隔てられており，西部大西洋域とはパナマ地峡で遮られている．東太平洋には約750種が知られており，その約8割が固有種である．種数が多い科はニベ科

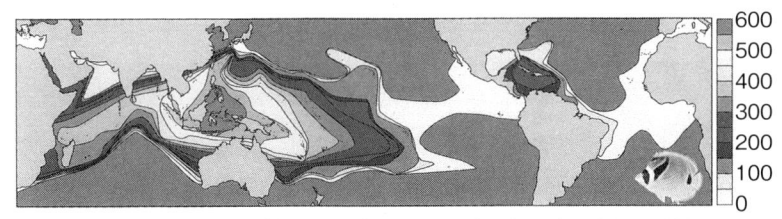

図7-1 サンゴ礁の魚類（主要13科）の種数の地理的分布．右側の数値は種数を示す（出典：Bellwood and Meyer 2009）．

とハゼ科（各80種）で，イサキ科，ベラ科，ハタ科に属する魚類も多く出現する（各30種）(Mooi and Gill 2002)．また，インド・太平洋域で一般的に見られるフエフキダイ科やイトヨリダイ科は分布しない．

西部大西洋域はフロリダ半島からバミューダ諸島や西インド諸島，メキシコ半島東岸までを含む．約1,500種が生息しており，種数が多い科（30種以上）はハゼ科，ハタ科，ラブリソムス科，テンジクダイ科，ベラ科，ニベ科である（Mooi and Gill 2002)．

東大西洋域はアフリカ西部沿岸のカーボベルデからアンゴラまでの一帯をさし，セントヘレナ島やアセンション島などの外洋の島々も含む．サンゴ礁があまり発達していないために，種数も約450種と少ない．魚種の約4割が固有種であるが，その他は西部大西洋域の魚類相と似ている．

世界でもっともサンゴ礁魚類の種数が多い海域はフィリピン-インドネシア近海で，約2800種が確認されている（図7-1)．海域ごとにサンゴ礁魚類の種数の勾配をみてみると，太平洋では，フィリピンを始点として東部に向かうにつれて減少する．また，インド洋では，東部から西部に向かうにつれて種数が減少する．このような分布の特徴は，フィリピン-インドネシア海域から魚類が分散していったことを示唆している（Mora et al. 2003)．

サンゴ礁の魚類の生活史

サンゴ礁魚類の生活史は生物学的・生態学的に大きく3つの時期（①浮遊生活を送る卵・仔魚期，②底生生活を始める稚魚期，③繁殖が可能になる成魚期）に分けられる（図7-2)．

卵・仔魚期

　サメ・エイ類など体内受精をするものを除いて，サンゴ礁魚類は体外受精によって沈性卵あるいは浮性卵を産む（表7-2）．沈性卵を産む種の多くは，卵をサンゴや親の体表に付着させて孵化するまでの間は親（おもにオス）が保護をする（Thresher 1984）．孵化は動物プランクトン食魚の活動が低下する夕刻に起こり，仔魚は引き潮にのって沖合に分散する．浮性卵を産む種の産卵は，卵が捕食されないように，卵が沖合へ流されやすい場所（たとえば，礁縁部）や時間（満潮後）におこなわれる．孵化までの時間は短く，多くの場合24時間以内に起こる．このようにして，サンゴ礁の魚類の大部分はサンゴ礁を離れて浮遊生活をおくる．実際に浮遊生活を欠くサンゴ礁魚類は10種程度しか知られていない（Leis 1991）．

　浮遊期の長さは，沈性卵を産む種では15〜25日（97種の平均21.4日），浮性卵を産む種では20〜40日（119種の平均34日）で，3ヵ月を超える種は少ない（Thresher 1991）．また，同じ種でも，地域や季節の違いによって浮遊期間が数日ほど異なることもある（Bay et al. 2006）．

　孵化直後の多くの仔魚は卵黄内の油球によって浮力を得ているが，卵黄がなくなり摂食をはじめる頃には，外部形態を特殊化させて沈下に対する抵抗を増大させた形態をもつ（図7-2）．浮遊期間中の分散距離についてはよくわかっていない．沿岸から沖合に数百km離れた場所でもサンゴ礁魚類の仔魚が採集されていることから，種によっては100km以上の分散が可能と考えられる．一方で，産卵場所付近に滞留している個体もいる．グレートバリアリーフのリザード島でおこなわれたJones et al.（1999）の研究によると，テトラサイクリンで標識をつけたニセネッタイスズメダイ *Pomacentrus amboinensis* の卵をサンゴ礁で孵化させて，その後同じサンゴ礁に加入してきた稚魚5,000個体の耳石を調べたところ，15個体に標識を確認したという．Sweater et al.（1999）は，沿岸域と外洋との微量元素濃度の違いが魚の耳石に生活履歴として残される特性に注目し，ブルーヘッドラスと呼ばれるベラ科の一種 *Thalassoma bifasciatum* の耳石を調べたところ，場所によって半数近くの個体が沿岸域だけで浮遊生活をおくっていることを明らかにした．両種は産卵様式（前者は沈性卵，後者は浮性卵）と浮遊期間（約20日と40日）が大

表7-2 サンゴ礁の魚類の受精卵の性質と保護方法（出典：桑村 1987；Leis 1991 を改変）.

受精卵の性質	保護方法	科数*	おもな科
浮性卵	保護なし	53	ベラ科，ブダイ科，チョウチョウウオ科，ニザダイ科，ハタ科
沈性卵	保護なし	2	アイゴ科，フグ科
沈性卵	見張り	11	スズメダイ科，メギス科，イソギンポ科，ハゼ科
沈性卵	体外運搬	6	テンジクダイ科（口内），ヨウジウオ科（腹面）
体内受精	体内運搬	2	フサイタチウオ科，アサヒギンポ科，軟骨魚類

＊軟骨魚類は除く

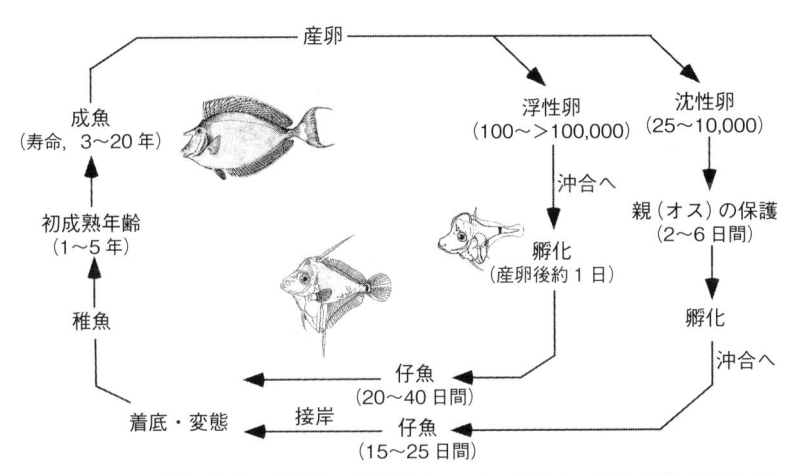

図7-2 サンゴ礁の魚類の生活史．写生画はテングハギ属（ニザダイ科）の仔魚（体長3mmと8.3mm）と成魚（300mm）(出典：Hourigan and Reese 1987；Leis 1991).

きく異なるため，これらの結果は，さまざまなサンゴ礁魚類が産卵場所付近に滞留している可能性があることを示している．仔魚の分散個体と滞留個体の割合は，産卵場所，海流，死亡率，成長に伴う移動などが複雑に関係しているために，サンゴ礁によって異なると考えられる．両者の割合を正確に把握することは難しいが，産卵量と加入量に強い相関が認められるサンゴ礁ならば，そこでは滞留個体が多い可能性が高い．

浮遊生活の間，仔魚はコペポーダ（copepoda）などの動物プランクトンを摂食しながら成長する．仔魚の水平分布様式は海域によって異なるが，グレートバリアリーフのリザード島では，岸から10km以内の海

第7章 サンゴ礁の魚たち —— 159

域に仔魚の分布が集中している．また，ハゼ科やテンジクダイ科などに属する遊泳力の弱い仔魚はサンゴ礁付近に分布していることが多い（Leis 1991）．水深別にみてみると，表層と水深100m以深にあまり分布しないのはどの海域でも見られる現象のようである．カリブ海のバルバドス周辺海域では，仔魚は水深15～60mに多く，フエダイ科やスズメダイ科の一部の種は成長するほど深場に定位するという（Cowen 2002）．

　沖合での視覚や嗅覚などの感覚器官が底生生活に適応するまで成長すると，仔魚はサンゴ礁に戻ってくる．沖合にいる仔魚がサンゴ礁に戻ってくる方法については，以下の3つの理由から，最近では仔魚自身が遊泳して接岸していると考えられている．①仔魚の多くが夜間に選択的にサンゴ礁に接岸してくる（Dufour and Galzin 1993），②岸向きの吹送流や潮汐流と仔魚の接岸量とのタイミングが同調しないことがある（Milicich 1994），③着底直前の仔魚の多くが高い遊泳能力をもっている（図7-3）．

　サンゴ礁の沖合で着底をひかえた仔魚を放すと，夜間はサンゴ礁の方向に（Stobutzki and Bellwood 1998），昼間はサンゴ礁とは逆方向に泳いでいくことから（Leis et al. 1996），仔魚は沖合でもサンゴ礁の方向を認識できるようである．サンゴ礁の方向を認識する手段として，おもに化学物質と音が注目されている．Atema et al.（2002）は，サンゴ礁内と沖合の2つの海水を並行に流した水槽にテンジクダイ類の仔魚を放したところ，前者を積極的に選択した個体がいたことから，沖合にいる仔魚はサンゴ礁由来の化学物質を嗅ぎ分けて接岸していると考えた．一方でSimpson et al.（2004）は，サンゴ礁内で録音した音を放つライトトラップと無音のライトトラップをサンゴ礁の沖合に設置したところ，前者で多くの仔魚が採れたことから仔魚はサンゴ礁の音（とくにテッポウエビなどの無脊椎動物から発せられる音）を頼りに接岸していると考えた．海水成分によってサンゴ礁の方向を認識するならば，サンゴ礁由来の化学物質が引潮時にある程度の濃度を保ちながら沖合に拡散しなくてはいけない．一方，音は潮汐流とは無関係に広範囲に伝わるため，より現実的な方向認識手段として考えられている．

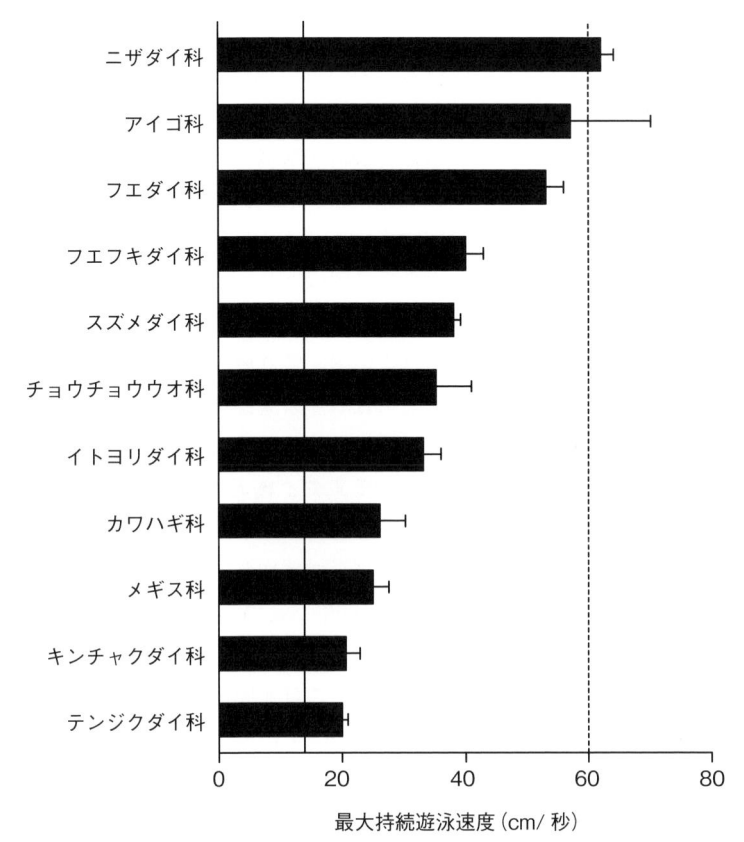

図7-3 グレートバリアリーフのリザード島で採集された着底直前のサンゴ礁魚類（11科）の最大持続遊泳速度（平均＋標準誤差）．縦線：リザード島周辺の平均潮流速度（実線）と最大潮流速度（点線）．多くの仔魚は微弱な潮の流れに逆らって泳ぐことができる（出典：Fisher 2005）．

稚魚期

　サンゴ礁にたどり着いた仔魚は，着底をして底生生活を開始する．この時に多くの個体で色素沈着や「変態」と呼ばれる底生生活に適した形態に変化がみられ，稚魚になる（McCormick et al. 2002）．着底時の体長は種によって異なり，たとえばスズメダイ科やテンジクダイ科に属する魚類のように10mm前後で着底する種もいれば，ニザダイ科やヒメジ科に属する魚類のように30〜50mm前後で着底する種もいる．

着底場所は種によって異なり，スズメダイ類やチョウチョウウオ類はサンゴ群集域に，ブダイ類は礁原内の微細な藻類が多い場所に着底する．また，ニザダイ類はサンゴ群集域やサンゴ礫場など複数の場所に着底する（Nakamura et al. 2009）．水深による着底場選択も見られ，スズメダイ科の一種 *Stegastes leucostictus* は水深 1〜2 m の浅場に，*S. variabilis* は水深 10〜15 m の深場に着底する（Wellington 1992）．ベラ科の一種 *Halichoeres bivittatus* は，着底後 5 日間ほどサンゴ礫のすきまで生活し，そこで変態を終えると，すきまから出てきて生活を始める．

　着底はおもに夜間におこなわれている．これは，多くの捕食者が活動している昼間を避けるためと考えられる．着底が夜間であるために，着底場所の選択には視覚以外の感覚器官を使っていると考えられている．たとえば，ミスジリュウキュウスズメダイ属の一種である *Dascyllus albisella* やクマノミ属の仲間は，生息場所である造礁サンゴやイソギンチャクから出る水溶性の化学物質を嗅覚で感知して，着底場所を特定する（Elliott et al. 1995；Danilowicz 1996）．ミスジリュウキュウスズメダイ *D. aruanus* やデバスズメダイ *Chromis viridis* は同種がいる場所に着底が集中することが知られているが，これも同種の存在を化学物質によって認識しているようである（Sweatman 1988；Lecchini et al. 2005）．しかし，さまざまな種類の造礁サンゴや魚類が混在するサンゴ礁において，嗅覚だけで好適な着底場所を特定するのは容易ではない．多くの個体は，夜間に嗅覚によって造礁サンゴや同種が存在する場所を認識するとその近くに着底をして，日中に視覚などを使って好適な場所に移動していると考えられる．

　着底後の数週間は，体が小さいために被食される危険が高い．一般に着底してから 1〜2 週間の死亡率が高く，着底後 45 日目の生残率は定住性のスズメダイ類で 70〜80％，移動性のベラ類やブダイ類は 40〜50％と推定されている（Sale and Ferrell 1988）．したがって，着底した場所の捕食者からのシェルターとしての質の良し悪しや，捕食者の密度が生残に大きく影響をおよぼす．たとえば，捕食者がいても，着底した造礁サンゴの立体構造が複雑でシェルターとして好適ならば生残率は高い（図 7-4）．しかし一方で，特定の造礁サンゴに着底が集中すると，シェルターを巡る競争が激しくなる．ミスジリュウキュウスズメダイ属

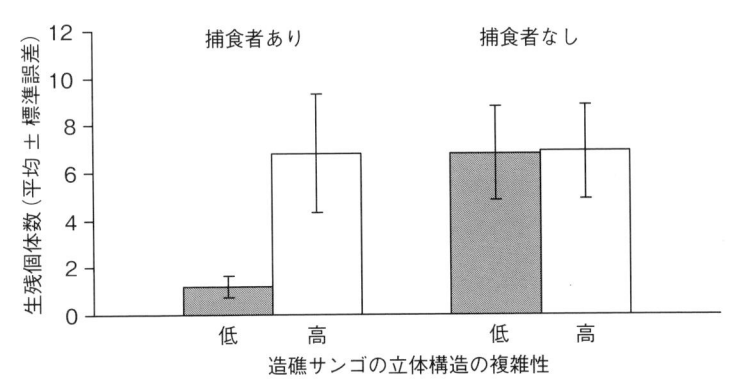

図7-4 立体構造の複雑性が異なる造礁サンゴにおけるネッタイスズメダイ *Pomacentrus moluccensis* の稚魚15個体の2ヵ月後の生残数. 左側は捕食者が存在する場所で, 右側は捕食者が存在しない場所 (出典: Beukers and Jones 1997).

を対象にした研究によると，稚魚密度が高い造礁サンゴでは，体の小さな若い個体はシェルターを巡る競争排他によって外側に追いやられ，被食率が高いという (Holbrook and Schmitt 2002). また，稚魚密度が高いと，食物資源を巡る競争も激しくなることがある. 動物プランクトン食魚であるコケギンポ科の *Acanthemblemaria spinosa* と *A. aspera* は動物プランクトンを食べやすい造礁サンゴの上部を生息場所として好むが，両種が同じ造礁サンゴに加入すると，競争的に優位な *A. spinosa* が造礁サンゴの上部を占領し，*A. aspera* は造礁サンゴの下部で棲むようになる. その結果，動物プランクトンをあまり摂食できない造礁サンゴの下部では成長率が低いという (Clarke 1992). 動物プランクトン食であるニセネッタイスズメダイの稚魚の密度を3段階に調整した実験をしてみると，密度が高いほど成長が遅い (Jones 1987). これは密度の増加に伴い個体あたりに得られる食物量が少なくなることに原因がある. このような食物を巡る競争で死亡することは少ないものの，成長の遅れによって性成熟までの時間が長くなることがスズメダイ類などいくつかの魚種で知られている (Booth 1995).

　稚魚期にみられる造礁サンゴへの着底と，その後の競争と生残の過程は，群集構造や成魚の分布パターンを決定するうえで大きな役割を果た

す．たとえば，仔稚魚の着底量が利用できる造礁サンゴの空間容量を大きく上回るならば，着底後の競争が群集形成のうえで重要になる．このような考え方を「競争・平衡説」と呼ぶ．また，着底後の捕食による死亡率が高ければ，種数と個体数は少ないために競争の重要性は少なくなる（捕食説）．一方で，利用できる造礁サンゴの容量が十分な環境では，着底後の競争や生残よりも着底パターンが群集構造に大きく影響をおよぼすと考えられる（加入制限説）．このように，着底量の違いや着底した造礁サンゴの特性によって，その後の競争や被食の度合いも異なる．したがって，どの過程が相対的に重要なのかは場所や時期によって異なる（佐野 1995）．

スズメダイ科やハゼ科などに属する小型の定住魚は，着底した場所周辺で成魚になることが多いが，ブダイ科やハタ科に属する多くの種は成長に伴って生息場所を礁原部から礁斜面に移行させる．このような移動は，成長に伴い必要とする生活空間や食物の量や質が，それまでの生息場所で不足した場合や繁殖のためのなわばり形成時に起こることが多い．また，移動性魚類の多くの種は成長に伴って生活範囲も拡大する．ヒメジ科のオジサン *Parupeneus multifasciatus* は，着底後 3 日間は造礁サンゴの周辺でスズメダイ類と一緒に動物プランクトンを摂食しているが，4 日目になると海底の無脊椎動物を食べ始める．動物プランクトンを食べているときの生活範囲は 3 m^2 であるが，底生無脊椎動物を食べ始める頃には 60 m^2 となり，2 ヵ月後には 245 m^2 まで広がる（McCormick and Makey 1997）．体が大きくなるほど消費するエネルギー量が多くなるために，広い範囲で多くの食物を摂取しなくてはならないのだろう．

成魚期

稚魚期の激しい生存競争を経て，生殖能力を備えた状態まで成長すると，成魚として繁殖行動を起こす．サンゴ礁の魚類の性成熟年齢は，体の大きさと正の相関が認められ（Thresher 1991），スズメダイ類やハゼ類などに属する小型魚類では 1 年ほどで，ブダイ類やフエフキダイ類では 2 ～ 3 年ほどで成熟を開始する種が多い．一方，メガネモチノウオやカンムリブダイ *Bolbometopon muricatum* など最大体長が 1 m 以上になるような大型魚類では，性成熟開始までに 4 ～ 5 年もかかる．

サンゴ礁魚類の婚姻形態はおもに4タイプ（一夫一妻，ハレム型一夫多妻，なわばり訪問型複婚，乱婚）に分けられる．一夫一妻はおもに同じペアで繰り返し繁殖する種類で，チョウチョウウオ類やクマノミ類でみられる．ペア関係は1回の繁殖期間だけの場合もあれば，数年にもわたって維持する場合もある．ハレム型一夫多妻は，オスのなわばり内にメスの行動圏が含まれている場合をさす．この場合，1つのハレムのメスたちの行動圏は重複している場合もあれば（たとえば，ホンソメワケベラ *Labroides dimidiatus*），互いになわばりを形成することで重複しない場合もある（たとえば，ホホワキュウセン *Halichoeres miniatus* やムラサメモンガラ *Rhinecanthus aculeatus*）．そして，オスは自分のなわばり内のメスと繁殖をおこなう．なわばり訪問型複婚では，オスのなわばりにメスが次々とやってきて産卵あるいは交尾する．たとえば，スズメダイ科の仲間では，オスが岩や造礁サンゴに産卵床を作り，求愛してメスを呼び込む．産卵床にやってきたメスは卵を産むとそこから出て行き，オスが卵の保護をする．そこにまた別のメスが近づくと，オスは求愛してそのメスにも産卵してもらう．カリブ海のサンゴ礁に棲むブルーヘッドラスのオスは，満潮時になるとサンゴ礁の縁にやってきて一時的になわばりをつくり，そこを訪れるメスと次々にペア産卵をおこなう．乱婚（非なわばり型複婚）では，オスがなわばりをもたず，異なるメスとペア産卵あるいは群れ産卵（交尾）を繰り返す．卵保護をしない魚類（たとえば，ベラ科）や卵保護する魚類（たとえば，テンジクダイ科）でも乱婚はみられる（桑村 2004）．

　同じ種において，複数の婚姻形態が見られることもある．先ほど紹介したブルーヘッドラスでは面積の小さいサンゴ礁ではおもになわばり訪問型複婚であるのに対して，大きなサンゴ礁ではなわばりに侵入してくるオスの個体数が多いためになわばり防衛ができなくなり，群れ産卵（乱婚）が優勢になる．また，ミスジリュウキュウスズメダイ属の *Dascyllus marginatus* では，生息場所である造礁サンゴのサイズが大きくなるほど，婚姻形態が一夫一妻，ハレム型一夫多妻，なわばり訪問型複婚へと変化する（Fricke 1980）．サイズの小さな造礁サンゴでは，オスはメスを独占できるのに対して，大きな造礁サンゴでは複数のオスがいるためにメスを独占できないことが，これらの婚姻形態を決定している．

魚類は一般に雌雄異体とされているが，硬骨魚類448科のうち48科から性転換する種（可能性が高い種も含む）が報告されている（Sadovy and Liu 2008）．サンゴ礁の魚類に限ると，スズメダイ科，ハタ科，ベラ科，ブダイ科，キンチャクダイ科など少なくとも22科が性転換する（表7-3）．この性転換には性転換の方向によって，3つのタイプに分けられる．はじめはメスとして機能し，後にオスになる場合を雌性先熟（protogyny），その反対にはじめはオスで後にメスに変わる場合を雄性先熟（protandry）と呼ぶ．さらに，メスからオス，オスからメスのいずれの方向にも性転換できることを双方向性転換（bi-directional sex change）という．

　このような性転換は，オス・メスの繁殖成功の相対的な大小が年齢あ

表7-3　サンゴ礁の魚類における性転換の方向．二重丸は科の中で報告されている属数が多い方を示す（出典：Sadovy and Liu 2008を改変）．

目/科	雌性先熟	雄性先熟	双方向
ウナギ目			
ウツボ科	◎	○	
カサゴ目			
ダンゴオコゼ科	○		○
コチ科		○	
スズキ目			
ハタ科	◎		○
メギス科	◎		○
グランマ科*	○		
キツネアマダイ科*	○		
フエフキダイ科	○		
タイ科	○	○	
イトヨリダイ科	○		
ツバメコノシロ科*		○	
チョウチョウウオ科*	○		
キンチャクダイ科	◎		○
ゴンベ科	◎		○
スズメダイ科	○	○	
ベラ科	◎		○
ブダイ科	○		
トラギス科	○		
ベラギンポ科	○		
ハゼ科	◎		○
フグ目			
モンガラカワハギ科*	○		
ハコフグ科*	○		

＊表記した性転換の方向が示唆されているが，組織学的にまだ確証が得られていない科

るいは体のサイズに応じて逆転するときに起きる．したがって，その種がもつ婚姻形態と密接な関係をもつ．たとえば，大きなオスがメスを独占するハレム型一夫多妻においては，小さなオスはハレムをもつことができない．この場合，オスの繁殖成功は体が大きいほど急激に増加するので，小さいとき（若いとき）はメスとして繁殖した方が良い．このような繁殖戦略をもつ魚類においては，オスがメス個体の性転換を社会的に抑制していることが知られている．たとえば，ホホワキュウセンのハレムからオスを取り除くと，メスの中の大型個体のなわばりが拡大し，他のメスのなわばりを囲うようにしてオスに性転換する（図7-5）．

一方，クマノミ Amphiprion clarkii のように同じオス・メスが繁殖を繰り返す場合には，子どもの数がオスの精子数よりもメスの産卵数によって決まる．なぜならば，大きな配偶子である卵の数は，小さな配偶子である精子の数よりもはるかに少ないためである．また，体が小さいと多くの卵を作ることができないので，体が大きくなってからメスに性転換した方が，より多くの子どもを残すことができる．雄性先熟のクマノミでは最大個体がメスで，次に大きな個体がオス，そして，それ以下の個体は未成熟個体である．メスが死ぬと，オスがメスに性転換し，未成熟個体の中で最大のものがやがてオスとして成熟する．

双方向性転換の場合は，社会的な地位が変化することによって繁殖に有利な方に性を転換する．たとえば，ホンソメワケベラの婚姻形態はハレム型一夫多妻であるが，密度が低い地域ではハレムになれずにペアになることがある．このような場所では，メスの死亡などで独身オスが複数生じた場合，オスの中で体の小さい方がメスに変わる．このように，社会的地位に応じて双方向に性を転換する魚類は他にもいると考えられるが，そのような視点で調査や実験がおこなわれた種はまだ少ない（桑村 2004）．

産卵期の長さは魚種によって異なる．ハタ科，ニザダイ科，アイゴ科の仲間は産卵期間が年間の中で半年弱と比較的短い（Sadovy 1996）．フエダイ科，スズメダイ科，ベラ科，ブダイ科，チョウチョウウオ科，キンチャクダイ科の産卵は周年おこなわれているが，そのピークは季節性をもつ．また，高緯度になるにつれて産卵期間は水温の高い時期に集中する傾向にある．産卵回数は浮性卵を産む種は多く，ヨコスジフエダ

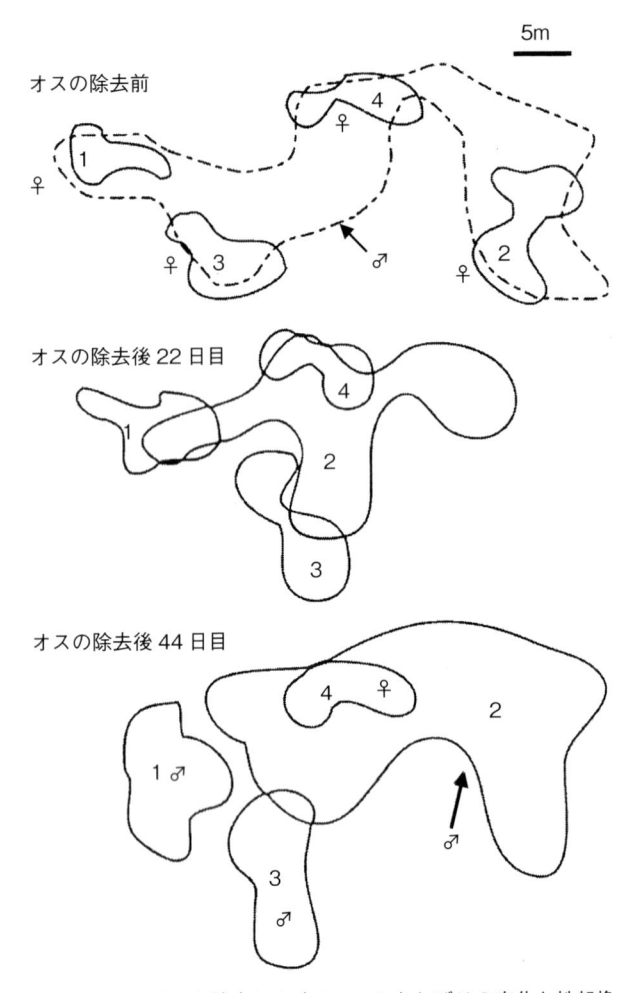

図7-5 ハレムからオスを除去した時のメスのなわばりの変化と性転換．数字はオス除去前におけるメスの大きさの順番（大→小）を示す．オスの除去後22日目には，2番目に大きなメスがなわばりを拡大し，他のメスを囲うようにしてオスの役割を担う．除去後44日目には，2番のメスがオスに性転換する．最終的に，2番のオスのなわばりに入らなかった1番と3番のメスもオスに性転換したが，これらのなわばりの大きさは変わらなかった（出典：Munday et al. 2009）．

イ Lutjanus vittus は，産卵期間中，1ヵ月で20回ほど産卵をおこなう（Davis and West 1993）．一方，沈性卵を産む種は，産卵期間中，月に数回の頻度で産卵をする．

　サンゴ礁の魚類には，繁殖活動に月周性や潮汐性が認められる種がいる．クマノミ類は満月に，アミアイゴ Siganus spinus は新月に，ゴマアイゴ S. guttatus は上弦の月に産卵をおこなうことが多い．ハタ類の産卵は満月周辺が多いが，これは月明かりがあるときの方が産卵場への移動や繁殖行動がおこないやすいためと考えられている．また，サンゴ礁の魚類の仔魚は新月に加入する種が多いが，この時期に加入できるように産卵のタイミングを特定の月齢に合わせているという説もある．一方，ミツボシキュウセン Halichoeres trimaculatus は月周期に関係なく，昼間の満潮時に産卵を繰り返す（Thresher 1984；Takemura et al. 2004）．

　サンゴ礁の魚類の寿命は種によって大きく異なる．体の大きさと寿命が比例しないことも多く，最大体長が10cmほどのスズメダイ科でも種によって寿命が5〜30年と大きく異なる．ブダイ科に属する魚類は10年前後，ハタ科に属する魚類は10〜30年が多い．また，ニザダイ科やフエダイ科には30年を超える種も知られている（Flower 2009）．寿命がもっとも短い種は，Eviota sigillata という体長11〜20mmのハゼの仲間で約2ヵ月である．この種の性成熟までの期間も生後4〜5週間と短い．

海草藻場やマングローブ域を利用するサンゴ礁魚類

　サンゴ礁の礁原部には，被子植物の海草によって形成される大規模な群落（海草藻場という）がしばしば見られる．また，熱帯沿岸の河口付近には，木本類を中心としたマングローブ林が発達していることが多い．沿岸域にあるこれらの生息場所にもサンゴ礁の魚類の稚魚が高密度で生息している．たとえば，インド・太平洋域の海草藻場ではフエフキダイ類の稚魚が，マングローブ域ではフエダイ類の稚魚が多い．西部大西洋の海草藻場やマングローブ域では，イサキ類，フエダイ類，ブダイ類の稚魚が生息する．これらのサンゴ礁の魚類は，海草藻場やマングローブ域である程度成長すると，サンゴ礁に生活の場を移す（口絵41〜44）．

このようにサンゴ礁の魚類の一部は，サンゴ礁に隣接する海草藻場やマングローブ域を稚魚の成育場として利用している．カリブ海のキュラソー島では，サンゴ礁魚類85種のうち17種が稚魚期を海草藻場やマングローブ域ですごすという（Nagelkerken et al. 2000）．また，沖縄県石垣島の伊土名沿岸ではサンゴ群集域で観察される魚類220種のうちで少なくとも4種が海草藻場を，3種がマングローブ域を稚魚の成育場として利用している（Shibuno et al. 2008）．

海草藻場やマングローブ域は，以下の理由から稚魚の成育場として適していると考えられている．①稚魚の食料資源となる無脊椎動物が豊富に存在する，②海草やマングローブによって形成される複雑な立体構造が捕食者からの格好の隠れ家となっており，捕食者の密度もサンゴ礁よりも低いために被食の危険が少ない．

インド・太平洋域に広く分布するイソフエフキ $Lethrinus\ atkinsoni$（口絵41, 42）は約1ヵ月の浮遊期間の後，体長2 cmほどで海草藻場に着底する．稚魚はそこでヨコエビや多毛類などを食べながら成長し，体長が7〜8 cmになると貝類やカニ類などを食べ始める．体長が10 cmを超えると捕食される危険も少なくなるので，貝類やカニ類が海草藻場よりも多いサンゴ礁に生息場所を移行し始める．このように，イソフエフキは成長段階に応じて被食の危険を最小限にしながら，自分に適した食物を多く摂食できるような生息場所で生活している．カリブ海に生息するイサキ科の一種 $Haemulon\ sciurus$ は稚魚期初期を海草藻場ですごす．そこで，体長6 cmほどまで成長するとマングローブ域に生息場所を移す．そして，体長が12 cmほどになると，サンゴ礁に移動するという．この種は稚魚期の中間でマングローブ域を成育場として利用するが，マングローブ域が存在しない場所では体の大きさが小さい状態（体長6 cmほど）で海草藻場からサンゴ礁に移動する（図7-6）．この場合，サンゴ礁での本種の密度は低いことが明らかになっているが，その理由として移動時の体の大きさが小さいためにサンゴ礁での被食の割合が高いことが指摘されている（Mumby et al. 2004）．

海草藻場やマングローブ域が稚魚の成育場として重要な理由として，そこを利用している種の大部分の個体が稚魚期に，これらの生息場所を利用していることがあげられる．沖縄県石垣島のサンゴ礁に生息するオ

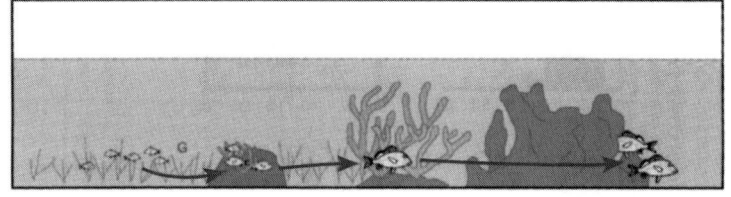

図7-6 イサキ科の一種 *Haemulon sciurus* とブダイ科の一種 *Scarus guacamaia* の成長に伴う生息場所の移動．上図はマングローブ域が存在する場所で，下図はマングローブ域が存在しない場所（出典：Mumby and Harbone 2006）．

　キフエダイ *Lutjanus fulvus*（口絵43，44）41個体の筋肉組織中の炭素安定同位体比を調べてみると，36個体に稚魚期をマングローブ域ですごしていた形跡が認められた（Nakamura et al. 2008）．カリブ海のキュラソー島でも同様な方法によって，サンゴ礁に生息しているフエダイ科の一種 *Ocyurus chrysurus* 51個体のうち50個体が，稚魚期を海草藻場ですごしていた事実が報告されている（Verweij et al. 2008）．これらの結果は，両種の個体群が海草藻場やマングローブ域の成育場機能によって維持されていることを示している．実際に，Mumby et al.（2004）は，マングローブ域が隣接するサンゴ礁とそうでないサンゴ礁の *H. sciurus* の現存量を比較したところ，前者は後者よりも25倍も高いことを明らかにしている．

　海草藻場やマングローブ域は，稚魚の成育場だけでなく採餌場としても利用されている．カリブ海に生息するイサキ科の一種 *Haemulon flavolineatum* は，昼間はサンゴ礁やマングローブ域に分布しているが，夜間になると群れで海草藻場に移動して小型甲殻類を採餌する（図7-7）．

図7-7 日没後，採餌のためにサンゴ礁から海草藻場に移動してきたイサキ科の一種 *Haemulon flavolineatum*. これらの個体は日出20～30分前にサンゴ礁へ帰って行く（出典：Ogden and Ehrlich 1977）.

　そして，明け方になるとサンゴ礁やマングローブ域に帰っていく．このような採餌回遊は，昼間の生息場所から100～200mの範囲内でおこなうことが多いが，時には1km以上の距離を移動することもある（Krumme 2009）．インド・太平洋域では，イサキ類やフエダイ類による夜間の採餌回遊は認められない．しかし，イットウダイ類が夜間に海草藻場で採餌をしている．イットウダイ類は，昼間はサンゴのすきまや岩の下の薄暗いところに身を潜めているが，夜間になると礁原内で餌を探す．また，オオスジヒメジ *Parupeneus barberinus* やコバンヒメジ *P. indicus* は，昼間にサンゴ礁と海草藻場の間を行き来しながら底生甲殻類などを食べている（Nakamura and Tsuchiya 2008）．

　海草藻場やマングローブ域の存在は，サンゴ礁の魚類の種多様性や個体群の維持において重要な役割を果たすことがあるものの，沿岸域に発達する海草藻場やマングローブ林は現在までに地球上の総面積の約3割が消失したと推定されている．マングローブ域を稚魚の成育場として利用するブダイ科の一種 *Scarus guacamaia*（図7-6）は，過去30年の

間に個体数が大幅に減少した.カリブ海では,1960年代後半から1970年代初頭にマングローブ林が大規模に伐採され,1970年代半ばから後半にかけては S. guacamaia の成魚が乱獲された.したがって,この種の個体数の減少要因には成魚の乱獲と成育場の消失が考えられる.この場合,成魚の漁獲量を規制しても稚魚の成育を保障するマングローブ域がなければ個体群は維持されない(Mumby et al. 2004).サンゴ礁魚類の生態研究と保全管理は長い間サンゴ礁ばかりに目が向けられてきたが,S. guacamaia の例は,サンゴ礁とその周辺生態系とのつながりを考慮しなくては解決されないことを示している.

引用文献

Atema J, Kingsford MJ, Gerlach G (2002) Larval reef fish could use odour for detection, retention and orientation to reefs. Mar Ecol Prog Ser 241:151-160

Bay LK, Buechler K, Gagliano M, Caley MJ (2006) Intraspecific variation in the pelagic larval duration of tropical reef fishes. J Fish Biol 68:1206-1214

Bellwood DR, Meyer CP (2009) Searching for heat in a marine biodiversity hotspot. J Biogeogr 36:569-576

Beukers JS, Jones GP (1997) Habitat complexity modifies the impact of piscivores on a coral reef fish population. Oecologia 114:50-59

Booth DJ (1995) Juvenile groups in a coral-reef damselfish: density-dependent effects on individual fitness and population demography. Ecology 76:91-106

Clarke RD (1992) Effects of microhabitat and metabolic rate on food intake, growth and fecundity of two competing coral reef fishes. Coral Reefs 11:199-205

Cowen RK (2002) Larval dispersal and retention and consequences for population connectivity. In: Sale PF (ed) Coral Reef Fishes. Academic Press, San Diego, pp 149-170

Danilowicz BS (1996) Choice of coral species by naïve and field caught damselfish. Copeia 1996 (3):735-739

Davis TLO, West GJ (1993) Maturation, reproductive seasonality, fecundity, and spawning frequency in *Lutjanus vittus* (Quoy and Gaimard) from the North West Shelf of Australia. Fish Bull US 91:224-236

Depczynski M, Fulton CJ, Marnane MJ, Bellwood DR (2007) Life history patterns shape energy allocation among fishes on coral reefs. Oecologia 153:111-120

Dufour V, Galzin R (1993) Colonization patterns of reef fish larvae to the lagoon at Moorea Island, French Polynesia. Mar Ecol Prog Ser 102:143-152

Elliott JK, Elliott JM, Mariscal RN (1995) Host selection, location, and association behaviors of anemonefishes in field settlement experiments. Mar Biol 122: 377-389

Fisher R (2005) Swimming speeds of larval coral reef fishes: impacts on self-recruitment and dispersal. Mar Ecol Prog Ser 285: 223-232

Fowler (2009) Age in years from otoliths of adult tropical fish. In: Green BS, Mapstone BD, Carlos G, Begg GA (eds) Tropical Fish Otoliths: Information for Assessment, Management and Ecology. Springer, London, pp 55-92

Fricke HW (1980) Control of different mating systems in a coral reef fish by one environmental factor. Anim Behav 28: 561-569

Harmelin-Vivien ML (2002) Energetics and fish diversity on coral reefs. In: Sale PF (ed) Coral Reef Fishes. Academic Press, San Diego, pp 265-274

Holbrook SJ, Schmitt RJ (2002) Competition for shelter space causes density-dependent predation mortality in damselfshes. Ecology 83: 2855-2868

Hourigan TF, Reese ES (1987) Mid-ocean isolation and the evolution of Hawaiian reef fishes. Trends Ecol Evol 7: 187-191

Jones GP (1987) Competitive interactions among adults and juveniles in a coral reef fish. Ecology 68: 1534-1547

Jones GP, Ferrell DJ, Sale PF (1991) Fish predation and its impact on the invertebrates of coral reefs and adjacent sediments. In: Sale PF (ed) The Ecology of Fishes on Coral Reefs. Academic Press, San Diego, pp 156-179

Jones GP, Milicich MJ, Emslie MJ, Lunow C (1999) Self-recruitment in a coral reef fish population. Nature 402: 802-804

Krumme U (2009) Diel and tidal movements by fish and decapods linking tropical coastal ecosystems. In: Nagelkerken I (ed) Ecological Connectivity among Tropical Coastal Ecosystems. Springer, New York, pp 271-324

桑村哲生 (1987) サンゴ礁魚類群集の構造と種間関係. 月刊海洋科学, 19: 508-514

桑村哲生 (2004) 性転換する魚たち—サンゴ礁の海から—. 岩波書店, 東京, pp 205

Lecchini D, Shima J, Banaigs B, Galzin R (2005) Larval sensory abilities and mechanisms of habitat selection of a coral reef fish during settlement. Oecologia 143: 326-334

Leis JM (1991) The pelagic stage of reef fishes: the larval biology of coral reef fishes. In: Sale PF (ed) The Ecology of Fishes on Coral Reefs. Academic Press, San Diego, pp 183-230

Leis JM, Sweatman HPA and Reader SE (1996) What the pelagic stages of coral reef fishes are doing out in blue water: daytime field observations of larval behavioural capabilities. Mar Freshwater Res 47: 401-411

McCormick MI, Makey LJ (1997) Post-settlement transition in coral reef fishes: overlooked complexity in niche shifts. Mar Ecol Prog Ser 153: 247-257

McCormick MI, Makey LJ, Dufour V (2002) Comparative study of metamorphosis in tropical reef fishes. Mar Biol 141: 841-853

Milicich MJ (1994) Dynamic coupling of reef fish replenishment and oceanographic processes. Mar Ecol Prog Ser 110 : 135-144

Mooi RD, Gill AC (2002) Historical biogeography of fishes. In : Hart PJB, Reynolds JD (eds) Handbook of Fish Biology and Fisheries, Vol. 1. Blackwell, London, pp 43-68

Mora C, Chittaro PM, Sale PF, Kritzer JP, Ludsin SA (2003) Patterns and processes in reef fish diversity. Nature 421 : 933-936

Moyle PB, Cech JJ Jr (2004) Fishes : an Introduction to Ichthyology, 5th ed. Pearson Benjamin Cummings, San Francisco, pp 726

Mumby PJ, Edwards AJ, Arias-Gonzalez JE, Lindeman KC, Blackwell PG, Gall A, Gorczynska MI, Harborne AR, Pescod CL, Renken H, Wabnitz CCC, Llewellyn G (2004) Mangroves enhance the biomass of coral reef fish communities in the Caribbean. Nature 427 : 533-536

Mumby PJ, Harborne AR (2006) A seascape-level perspective of coral reef ecosystems. In : Cote IM, Reynolds JD (eds) Coral Reef Conservation. Cambridge University Press, New York, pp 78-114

Munday PL, Jones GP (1998) The ecological implications of small body size among coral-reef fishes. Oceanogr Mar Biol : an Annu Rev 36 : 373-411

Munday PL, Ryen CA, McCormick MI, Walker SPW (2009) Growth acceleration, behaviour and otolith check marks associated with sex change in the wrasse *Halichoeres miniatus*. Coral Reefs 28 : 623-634

Nagelkerken I, Dorenbosch M, Verberk WCEP, Cocheret de la Morinière E, van der Velde G (2000) Importance of shallow-water biotopes of a Caribbean bay for juvenile coral reef fishes : patterns in biotope association, community structure and spatial distribution. Mar Ecol Prog Ser 202 : 175-192

Nakamura Y, Horinouchi M, Shibuno T, Tanaka Y, Miyajima T, Koike I, Kurokura H, Sano M (2008) Evidence of ontogenetic migration from mangroves to coral reefs by black-tail snapper *Lutjanus fulvus* : stable isotope approach. Mar Ecol Prog Ser 355 : 257-266

Nakamura Y, Shibuno T, Lecchini D, Kawamura T, Watanabe Y (2009) Spatial variability in habitat associations of pre- and post-settlement stages of coral reef fishes at Ishigaki Island, Japan. Mar Biol 156 : 2413-2419

Nakamura Y, Tsuchiya M (2008) Spatial and temporal patterns of seagrass habitat use by fishes at the Ryukyu Islands, Japan. Estuar Coast Shelf Sci 76 : 345-356

Nelson JS (2006) Fishes of the World, 4th ed. John Wiley & Sons, Inc., New Jersey, pp 601

Ogden JC, Ehrlich PR (1977) The behavior of heterotypic resting schools of juvenile grunts (Pomadasyidae). Mar Biol 42 : 273-280

Russ G (1984) A review of coral reef fisheries. UNESCO reports in marine science 27 : 74-92

Sadovy Y (1996) Reproduction of reef fishery species. In : Polunin NVC, Roberts

CM (eds) Reef Fisheries. Chapman & Hall, London, pp 15-59
Sadovy Y, Liu M (2008) Functional hermaphroditism in teleosts. Fish Fisher 9:1-43
Sale PF, Ferrell DJ (1988) Early survivorship of juvenile coral reef fishes. Coral Reefs 7:117-124
佐野光彦（1995）サンゴ礁魚類の多種共存にかかわる造礁サンゴの役割．西平守孝・酒井一彦・佐野光彦・土屋　誠・向井　宏（共著）サンゴ礁―生物がつくった〈生物の楽園〉．平凡社，東京，pp 81-118
Shibuno T, Nakamura Y, Horinouchi M, Sano M (2008) Habitat use patterns of fishes across the mangrove-seagrass-coral reef seascape at Ishigaki Island, southern Japan. Ichthyol Res 55:218-237
Simpson SD, Meekan MG, McCauley RD, Jeffs A (2004) Attraction of settlement-stage coral reef fishes to reef noise. Mar Ecol Prog Ser 276:263-268
Stobutzki IC, Bellwood DR (1998) Nocturnal orientation to reefs by late pelagic stage coral reef fishes. Corel Reefs 17:103-110
Swearer SE, Caselle JE, Lea DW, Warner RR (1999) Larval retention and recruitment in an island population of a coral-reef fish. Nature 402:799-802
Sweatman H (1988) Field evidence that settling coral reef fish larvae detect resident fishes using dissolved chemical cues. J Exp Mar Biol Ecol 124:163-174
Takemura A, Rahman MS, Nakamura S, Park YJ, Takano K (2004) Lunar cycles and reproductive activity in reef fishes with particular attention to rabbitfishes. Fish Fisher 5:317-328
Thresher RE (1984) Reproduction in Reef Fishes. TFH publ. Inc., New Jersey, pp 399
Thresher RE (1991) Geographic variability in the ecology of coral reef fishes: evidence, evolution, and possible implications. In: Sale PF (ed) The Ecology of Fishes on Coral Reefs. Academic Press, San Diego, pp 401-436
Verweij MC, Nagelkerken I, Hans I, Ruseler SM, Mason PRD (2008) Seagrass nurseries contribute to coral reef fish populations. Liminol Oceanogr 53:1540-1547
Wellington GM (1992) Habitat selection and juvenile persistence control the distribution of two closely related Caribbean damselfishes. Oecologia 90:500-508

第8章

サンゴ礁の植物たち

大葉英雄

　サンゴ礁は，地球上の生態系の中でも，かなり高い生産力をもち，その生産力は熱帯多雨林と同じか，それを越えるものと考えられている（ホイッタカー 1979；關・長沼 2005）．しかし，サンゴ礁の海に潜ると，色鮮やかなサンゴや熱帯魚などの動物ばかりが目につき，一次生産者である植物，とくに海の植物の代表である植物プランクトンや海藻があまり目につかない．サンゴ礁には，いったいどのような植物がいて，どのような働きをしているのだろうか．その謎をひもといてみたい．

　サンゴ礁に生育する植物プランクトン，共生藻類，海藻，海草などの海産植物について，現在，さまざまな角度から研究が進められているが，じつはまだわからないことばかりである．ここでは，現在までに解明されていることを，小さい植物から順を追って説明してゆきたい．

微細藻類

植物プランクトン

微小植物プランクトン

　熱帯の外洋域は，海洋の中でもっとも貧栄養な海域と言われているが，こうした海域でもプランクトン性の藍藻 cyanophytes[1] の一種，トリコデスミウム属 *Trichodesmium* が繁茂することが知られている（塩崎ら 2009）．しかし，このトリコデスミウムがサンゴ礁内にも生育しているという報告は今のところない．

　熱帯域の外洋やサンゴ礁には，直径 2〜20 μm のナノプランクトン

(nanoplankton)や直径0.2〜2μmのピコプランクトン（picoplankton）などの微小な植物プランクトンがたくさん生育していることが，最近の研究でわかってきた（Charpy and Blanchot 1996；Zehr et al. 2001；Charpy 2005；關・長沼 2005）．糸状のトリコデスミウムは，細胞の直径が5〜50μmで，群体の長さが1〜10mmであること，また細菌の大きさが0.1〜10μmであることなどから考えると，ナノプランクトンやピコプランクトンがひじょうに小さい植物プランクトンであることがわかる．これらの微小プランクトンは，通常のプランクトンネットでは採集が難しいことや，プランクトンネットがおもに船上から操作されるため，浅いサンゴ礁や波当たりの強いサンゴ礁外縁部付近での採集が難しいことなどから，サンゴ礁域での植物プランクトンの研究は遅れている．

　サンゴ礁域にはピコプランクトンが多く，その優占種はシネココッカス属 *Synecococcus* やプロクロロコッカス属 *Prochlorococcus* などの原核（裸核）生物で，後者は以前，原核緑色植物とされていたが，最近は両属とも藍藻（シアノバクテリア）として扱われている（Partensky et al. 1999）．この他のピコプランクトンとして，微小な真核植物プランクトン（ユーカリオファイト eukaryophytes）の生育も観察されている（Charpy and Blanchot 1998）．

　勿論，サンゴ礁にも浮遊珪藻や渦鞭毛藻（Shah et al. 2010）などの植物プランクトンが生育・分布しているが，これらの研究はあまり進んでいないのが現状である．

植物プランクトンの一次生産力と窒素固定力

　熱帯域には，藍藻（シアノバクテリア）が多量に生育・分布しているが，これらは単なる一次生産者としてだけではなく，窒素固定者としても重要な働きをしている（Capone et al. 1997；Montoya et al. 2004）．

　北西大西洋の熱帯外洋域で測定された植物プランクトンの一次生産量と窒素固定量は，それぞれ800〜1,000 mg C/m²/day，46〜736 μmol N/m²/dayで，この一次生産量の8〜47%をトリコデスミウムが担っていた（Carpenter et al. 2004；Capone et al. 2005）．また，Montoya et al.（2004）は，オーストラリア北岸沖のアラフラ海で，シネココッカス様あるいはプロクロロコッカス様の単細胞性窒素固定菌が，3,955 μmol N/

㎡/day という高い窒素固定力をもつことを明らかにしている.

　Charpy and Blanchot（1998）は，フランス領ポリネシアのタカポト環礁で，ピコ植物プランクトンの代表種群であるシネココッカス，プロクロロコッカスおよび微小真核生物（ピコユーカリオート picoeukaryote）の現存量と一次生産量を測定した．その結果，環礁内の礁湖では，シネココッカスが優占種として分布しているとともに，高い一次生産量をもつことがわかった．一方，環礁近くの外洋域では，プロクロロコッカスが優占し，シネココッカスの現存量は全体の1％にすぎないことが明らかになった．

　Casareto et al.（2006）は，宮古島南東部の保良湾で植物プランクトンの種組成，現存量，一次生産量を調べた結果，植物プランクトンのうち60％がピコプランクトンで，湾内の優占種はシネココッカス，ピコユーカリオート，プロクロロコッカスであったことを報告している．湾外では，シネココッカスとプロクロロコッカスとが同量で生育していた．一次生産量は，23.2～69 μg C/l sw/day で，このうち65％がピコプランクトンによるものであった．さらに，彼女らは，これらのピコプランクトンの現存量が礁原付近で減少することから，ピコプランクトンがサンゴ礁動物に食べられていることを推察している．

　このように，植物プランクトンがひじょうに少ないと思われていたサンゴ礁域にも，藍藻（シアノバクテリア）を主体とした微小な植物プランクトンが多数生育・分布し，サンゴ礁生態系の一次生産者として，また窒素固定者として大きな役割を果たしていることがわかってきた．

底生微細藻類

共生藻類

　共生藻類の詳細については，第6章を見てもらうことにして，ここではサンゴ礁の一次生産者としての共生藻類（symbiotic algae）について簡単に触れておく．

　造礁サンゴ類やシャコガイ類には，単細胞性微細藻類の褐虫藻（ゾーザンテーラ zooxanthella：*Symbiodinium* spp.）が共生していることはよく知られている（川口 1970；野沢 1973；高橋 1988；山里 1991）．この褐虫藻は渦鞭毛藻の一種で，宿主（動物）内では鞭毛を細胞内に引っ

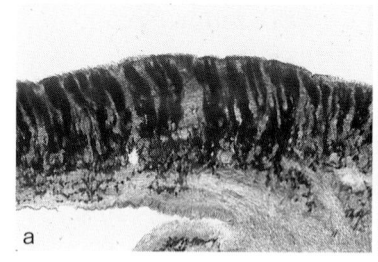

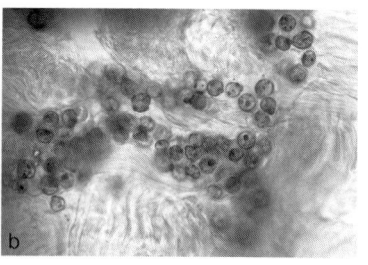

図8-1 シャコガイの一種「シラナミガイ」の外套膜内に共生している褐虫藻.
a) 外套膜の縦断面, 黒い部分はすべて褐虫藻, b) 外套膜中に共生する褐虫藻（球形体）.

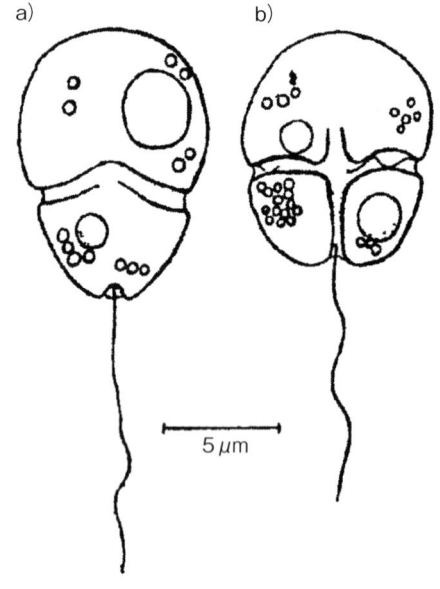

図8-2 川口四郎博士によって，世界で初めて培養観察された遊泳期の褐虫藻（渦鞭毛藻型）(Kawaguti 1944).
a) 背面. 横溝のみからなる.
b) 腹面. 縦溝と横溝が交差している.

込め，直径約10μmの球形体として生育している（図8-1）が，宿主の体外に出ると，ヒョウタン型をした遊泳細胞となり，縦鞭毛と横鞭毛を1本ずつ伸張して泳ぎだす (Kawaguti 1944; Freudenthal 1962)(図8-2).
　サンゴ礁では，共生藻類を体内に共生させている動物は，造礁サンゴ

表8-1 サンゴ礁の共生生物（宿主と共生者）．

宿主（動物）	共生者（共生藻類）
原生動物（有孔虫など）	褐虫藻（zooxanthella），クロレラ，クリプト藻，珪藻など
海綿動物	褐虫藻，クロレラ，クリプト藻，藍藻（シアノバクテリア）など
刺胞動物（腔腸動物） （サンゴ，イソギンチャク，ソフトコーラル，ヒドロ虫，クラゲなど）	褐虫藻，クロレラ，プラシノ藻など
扁形動物（*Convoluta* など）	褐虫藻，プラシノ藻，珪藻など
軟体動物（シャコガイ，ウミウシなど）	褐虫藻，クロレラ，藍藻（シアノバクテリア）など
棘皮動物（クモヒトデなど）	藍藻（シアノバクテリア）
原索動物（チャツボボヤなど）	プロクロロン（*Prochloron*）

類やシャコガイ類だけではなく，いろいろな無脊椎動物がいる（弥益1988）．また，共生藻類も褐虫藻だけではなく，クロレラ，プラシノ藻，クリプト藻，珪藻，藍藻，プロクロロンなどの，いろいろな藻類がいる（表8-1）．

　褐虫藻は，造礁サンゴやソフトコーラルのような刺胞動物（腔腸動物）や，シャコガイやハートガイなどの軟体動物だけではなく，星砂やゼニイシなどの有孔虫（原生動物），海綿動物，扁形動物などにも共生している．これらの動物（宿主）に共生している褐虫藻は，これまですべて*Symbiodinium microadriaticum*という渦鞭毛藻一種であると考えられていたが，近年のDNA解析の結果から，複数の種に分類されることになった（Rowan and Powers 1991；Rowan 1998；LaJeunesse 2001；Takishita et al. 2003；Takabayashi et al. 2004）．

　共生者の褐虫藻と宿主のサンゴとの間の共生関係（図8-3）は，1960～1970年代にさかんに研究され，褐虫藻は光合成によって産出した酸素やグリセロールなどの有機物を宿主のサンゴに与え，サンゴは褐虫藻へ光合成に必要な二酸化炭素やアンモニアなどの無機物や生育場所を与えるほか，有害な紫外線を光合成に有効な波長に変換する働きもしていること（川口1970）が明らかにされている．

穿孔藻類
せんこう

　サンゴ礁には，造礁サンゴ類をはじめ，シャコガイ類や巻貝類などの

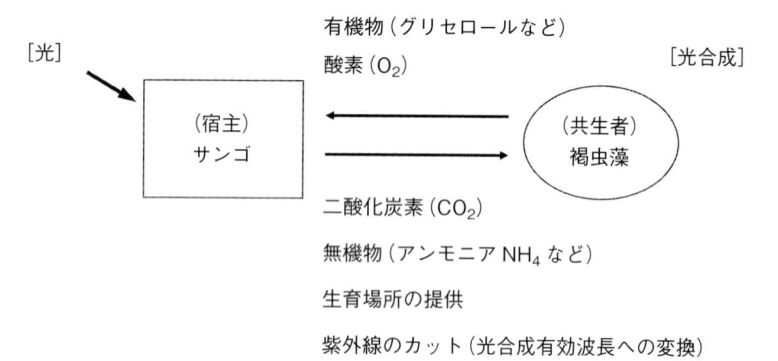

```
[光]　　　　　有機物（グリセロールなど）
　　　　　　　酸素（O₂）　　　　　　　　　[光合成]
　　　┌─────┐　←──────────　⎛共生者⎞
　　　│（宿主）│　──────────→　⎝褐虫藻⎠
　　　│サンゴ　│
　　　└─────┘　二酸化炭素（CO₂）
　　　　　　　　無機物（アンモニア NH₄ など）
　　　　　　　　生育場所の提供
　　　　　　　　紫外線のカット（光合成有効波長への変換）
```

図8-3　サンゴと褐虫藻の共生関係.

軟体動物，サンゴモ類やイワノカワ類などの海藻など，石灰質を沈着する生物がたくさん生息しており，サンゴ礁はそれらの死骸が堆積・固着してできた生物礁の1つである．

　サンゴ礁では，このような石灰質からなる生物骨格や岩盤（死んだ生物骨格）内に穿孔し生育・繁茂する微細藻類が多数存在することが知られている．Odum and Odum（1955）は，エニウェトク環礁の内側礁原でサンゴ礁生態系の栄養構造（生産力）を初めて解明し，その時にこの穿孔藻類（boring algae, perforating algae）がサンゴの骨格内や他の石灰基質に多量に生育していることを見出した．彼らは，海藻・海草や微細藻類の現存量を測定し，サンゴに共生している褐虫藻の現存量が0.0038 mg乾重/cm²であるのに対して，糸状の穿孔藻類の現存量が0.059 mg乾重/cm²と褐虫藻より一桁高い現存量をもつことを示した．また，場所によっては，穿孔藻類が植物全体の現存量の80～90％を占めていることを明らかにしている．

　このように，サンゴ礁に穿孔藻類が多量に存在し，かつ一次生産者として大きな役割を果たしていることが判明したにもかかわらず，その後，サンゴ礁における微細藻類の研究は共生藻類の褐虫藻に目が向けられ，穿孔藻類の研究はほとんどおこなわれてこなかった．

　サンゴ礁の礁湖や礁池（水深数mの浅い礁湖）の浅所には，よく枝状サンゴの群集が広がっている．この枝状サンゴが死ぬと，その枝が折れ，長さ5～10cmの棒状片（瓦礫）となり，それらがたくさん集積し

瓦礫場を形成する．この瓦礫場は，一見，無生物の砂漠のように見えるが，近寄って瓦礫をよく見ると，その上には，長さ数mmの緑藻，褐藻，紅藻，藍藻などの微小・小型海藻が生育・繁茂していることに気がつく．

さらに，この瓦礫の中には，カサノリ目 Dasycladales に属する緑藻の根部（穿孔性）や穿孔性緑藻のカイガラミドリイト属 Ostreobium をはじめ，藍藻のヒエラ属 Hyella，プレクトネマ属 Plectonema，マスチゴコレウス属 Mastigocoleus，スキトネマ属 Scytonema などの穿孔藻類が無数に生育している（Weber-van Bosse 1932；Ohba et al. 2009）（図8-4）．

藍藻は高い窒素固定能をもっていることが知られているが，石灰質に穿孔している藍藻もサンゴ礁生態系内での一次生産者かつ窒素固定者として，最近，注目されはじめている（Tribollet et al. 2006；Casareto et al. 2009）．Casareto et al.（2009）は，沖縄県瀬底島の瓦礫場から採集した瓦礫の一次生産量と窒素固定量を測定し，それぞれ135〜367 nmol C/μg chl a/day と 0.77〜7.17 nmol N/μg chl a/day の高い値を得た．こ

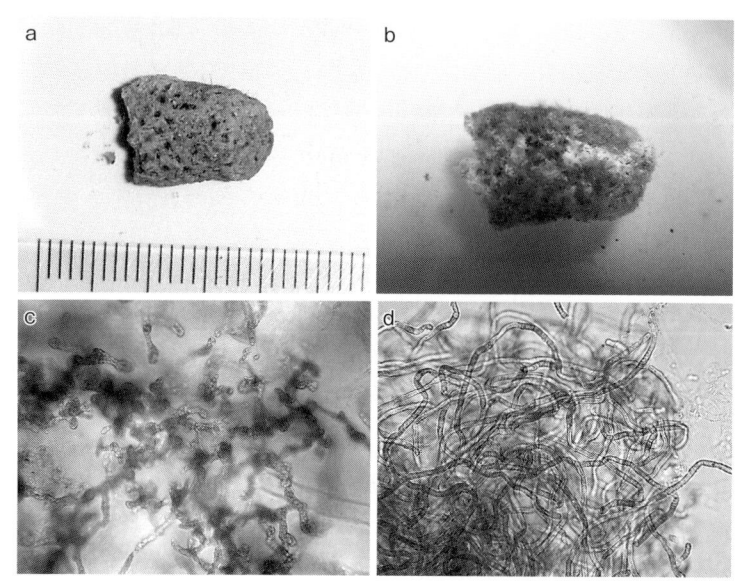

図8-4　瓦礫中に生育している穿孔藻類の一例．a) 脱灰前の瓦礫片の先端部，b) 脱灰後に残った穿孔藻類の塊，c) 緑藻のカイガラミドリイト属，d) 藍藻のスキトネマ属．

の結果は，一見，砂漠のように見える瓦礫場が，じつはサンゴ礁において，重要な物質生産の場所であることを示している．上述のように，生きた造礁サンゴや紅藻サンゴモ類の骨格内にも穿孔藻類は多量に生育しているので，サンゴ礁の一次生産者としての穿孔藻類の役割はとても大きいと考えられる．

砂地の上や中の微細藻類

　波静かな礁湖や礁池の浅瀬に広がる白い砂地が，ときどき黄土色に染まり，その上に小さな気泡が無数に発生していることがある（口絵45）．これは，おもに底生珪藻が群集するとともに，それらが光合成によって産出した酸素の気泡が密集していることによるものである．これほど濃密な群集ではないにしても，サンゴ礁の砂地の上や中には珪藻のほか，藍藻や鞭毛藻などの微細藻類，そして共生藻類を共生させている底生有孔虫類が多数生育している．

　たとえば，フランス領ポリネシアのタカポト環礁の水深0.5～1mの砂底に生育している微細藻類（おもに，底生有孔虫の一種 $Amphistegina\ lessoni$ に共生する共生藻類）の現存量は56～907 mg chl a/m²で，生産量（酸素放出量）は115～354 mg O_2/m²/hという比較的高い値であることが報告されている（Sounia 1976）．また，オーストラリアのグレートバリアリーフ南部にあるヘロン島のサンゴ礁では，堆積物上にアンフォーラ属 $Amphipora$，ナビキュラ属 $Navicula$，ニッチア属 $Nitzschia$ など9属の珪藻とアンフィディニウム属 $Amphidinium$，プロロセントルム属 $Prorocentrum$ などの7属の渦鞭毛藻，ユレモ属 $Oscillatoria$ の藍藻が多量に見出され，その現存量は92～995 mg chl a/m²という高い値が測定された（Heil et al. 2004）．この堆積物上の微細藻類の現存量は，その上の水柱（water column）に存在するすべての植物プランクトンの現存量の約100倍にあたる量であった．

　Casareto et al.（2009）は，沖縄県瀬底島の礁池に広がる砂底の一次生産量と窒素固定量を測定したところ，それぞれ545.4 nmol C/μg chl a/day と 2.85 nmol N/μg chl a/day の比較的高い値を得た．

　このように，サンゴ礁では砂地と言えども，いろいろな微細藻類が生育・分布しており，比較的高い一次生産力，窒素固定力をもっている．

海藻（小型～大型藻類）

サンゴ礁の海藻

　一口に海藻と言っても，藻高（背丈）が数mmの微小・小型藻類から1mを越える大型藻類まで，また外形が葉状，糸状，殻状，塊状，匍匐状など，さまざまな大きさ・形の藻類からなる．しかし，大型藻類のホンダワラ類を除くと，サンゴ礁に生育する海藻の大半は小型～中型藻類である．

　海藻は，その体色から大きく緑藻 Chlorophyta，褐藻 Phaeophyta，紅藻 Rhodophyta，藍藻 Cyanophyta（シアノバクテリア cyanobacteria）の4つの種群に分けられる．

　寒帯や温帯の海では，コンブ目 Laminariales の海藻（カジメ・アラメ類やワカメ・コンブ類）やホンダワラ科 Sargassaceae などの大型褐藻が大きな群落，すなわち海中林（marine forest, kelp bed）やガラモ場（*Sargassum* bed）を形成するとともに，褐藻自体の種数が多い．これに対して，熱帯・亜熱帯のサンゴ礁では，造礁サンゴが大きな群集を作り，寒帯や温帯で見られる大型褐藻（熱帯性ホンダワラ科の褐藻を除く）からなる海中林や藻場（algal bed）はまったく見られず，小型な緑藻や紅藻が数多く生育・繁茂している．このように，サンゴ礁の海藻相は，温帯や寒帯の海に比べ，緑藻の種数が多く，褐藻の種数が少ないことが特徴の1つである（瀬川 1956）．

　サンゴ礁に生育する緑藻は，ミドリゲ目 Siphonocladales，イワヅタ目 Caulerpales，カサノリ目 Dasycladales などに属する小型な種が多いが，どれも色や形がとても綺麗なものばかりである（Littler and Littler 2003；Ohba et al. 2007）（口絵46～51）．また，これらの小型緑藻は，藻体が巨大な細胞からなり，1つの細胞内に多数の細胞核をもつことから，多核管状緑藻（coenocytic green algae）とも呼ばれている．たとえば，オオバロニア *Ventricaria ventricosa* の藻体は卵形で，大きさが鶏の卵と同じくらいの巨大な細胞1つからできている．また，匍匐茎の長さが1mを越えるイワヅタ属 *Caulerpa* の藻体は，1枚の細胞壁のみで規定されており，内部には細胞を仕切る壁がない管状多核体であり，

単核で世界最大の細胞であるダチョウの卵をはるかに凌ぐ，巨大な細胞（＝藻体）からなる生物である（Jacobs 1994）（口絵48）．

　熱帯性緑藻には，サボテングサ属 Halimeda，ハゴロモ属 Udotea，スズカケモ属 Tydemania，カサノリ目などのように，石灰質を沈着させている種も多い（口絵49～51）．

　サンゴ礁に生育する褐藻には，アミジグサ目 Dictyotales，カヤモノリ目 Scytosiphonales，ホンダワラ科に属するものが種数，現存量ともに多く，上述のように，寒温～温帯に広く分布するコンブ目に属する種はまったく生育していない．とくに，アミジグサ目に属するアミジグサ属 Dictyota やウミウチワ属 Padina は，サンゴ礁のいたる所に生育している（口絵52, 53）．熱帯性ウミウチワ属は，2～3層細胞の薄い藻体からなり，藻体表面に薄く石灰を沈着させているものが多い．サンゴ礁特有のホンダワラ科褐藻として，ヤバネモク属 Hormophysa とラッパモク属 Turbinaria（口絵54）があげられ，ともに礁湖や礁池の浅瀬に群落を形成している．他に，アツバモク Sargassum crassifolium，トサカモク S. cristaefolium，ヒメハモク S. myriocystum，コバモク S. polycystum，タマキレバモク S. polyporum，ホンダワラ属の一種 S. echinocarpum などをはじめとして，いろいろな熱帯性ホンダワラ属が，造礁サンゴが生育できない礁湖・礁池の浅瀬（とくに内側礁原の浅瀬）に群落を形成している．

　サンゴ礁に生育する紅藻は，緑藻を超える種の多様性をもち，さまざまな形・大きさをした紅藻がいたる所に生育している．とくに，サンゴ礁ではウミゾウメン目 Nemaliales，サンゴモ目 Corallinales，スギノリ目 Gigartinales，オゴノリ目 Gracilariales，マサゴシバリ目 Rhodymeniales，イギス目 Ceramiales に属する種が多く生育・分布している（口絵55～60）．

　この中で，ウミゾウメン目やサンゴモ目は，藻体の内外に石灰質を沈着させている．サンゴモ目は細胞間のみならず細胞壁にまで石灰質を沈着させており，とくに無節サンゴモ類（無節石灰藻類）の藻体はまるで石のごとく堅く，とても海藻とは思えない種もいる（口絵57）．この無節サンゴモ類が，死んだ造礁サンゴの骨格の上や間を被うことによってサンゴ礁が形成される．すなわち，生物礁の1つであるサンゴ礁は造礁

サンゴだけでは形成されず，無節サンゴモ類が死んだサンゴの骨格が崩れないようにつなぎ合わせるセメントのような役割を果たすことで，はじめて形成されるのである．したがって，無節サンゴモ類は，サンゴ礁において，一次生産者としてだけではなく，造礁生物としても重要な生物群の1つである．ただし，死んだサンゴ片などからなる瓦礫は，続成作用的結合（diagenetic cementation：化学的作用による結合）によって固結することも報告されており（Rasser and Riegl 2002），死んだ生物骨格がすべて，無節サンゴモ類によって固結されるわけではない．

　芝状藻類（小型糸状藻類 turf algae）と呼ばれる糸状の小型海藻がサンゴ礁のいたる所に生育している（口絵61）．この芝状藻類は，緑藻，褐藻，藍藻などからなるが，優占種はイギス目（イギス科 Ceramiaceae，イトグサ属 *Polysiphonia*，ヒメゴケ属 *Herposiphonia* など）やマサゴシバリ目（テングサモドキ属 *Gelidiopsis*，ニセイバラノリ *Coelothrix irregularis* など）に属する紅藻である．芝状藻類は，なわばり性スズメダイ（造園スズメダイ）のなわばり内で繁茂していたり，造礁サンゴの死滅後に死んだサンゴの上に繁茂することが多く，サンゴ礁では厄介者扱いされることがあるが，これらは藻食魚類の重要な餌でもある．

　サンゴ礁には，底生の藍藻（シアノバクテリア）がたくさん生育しており，枝状サンゴの枝間や海草葉上をはじめとして，砂上や潮間帯の岩礁上に，また上述したように，石灰基質内にも穿孔藻類として広く生育・分布している．また，西オーストラリアのシャークベイに林立する円柱状のストロマトライトは，太古の海の浅瀬でも形成されていた構造物として有名であるが，このストロマトライトはエダウチクダモ属 *Schizothrix* やスキトネマ属などの糸状の藍藻の働きによって形成される（Bathurst 1976）．

　サンゴ礁に生育する藍藻は，死んだ造礁サンゴの上や夏場の干潮時に干上がると高温となり，造礁サンゴや他の海藻が生育できないような，潮間帯に広がる砂泥底やビーチロック上でよく群落を形成している．藍藻には糸状体からなる種が多く見られ，クダモ属 *Lyngbya*，オオナワモ属 *Hydrocoleum*，ナガレクダモ属 *Phormidium*，タバクダモ属 *Symploca*，ヒゲモ属 *Calothrix* などが比較的大きな群体や群落を形成している（口絵62〜65）．また，殻状のイワソメアイモ *Kyrtuthrix maculans* や小球状のアイミドリ *Brachytrichia quoyi*（口絵65）はともに濃緑色から緑がかった黒色をし，サンゴ礁域の潮間帯中・上部から飛沫帯（満潮時に海水はつからないが，波しぶきがかかる所）にかけての岩上に広く生育しているが，前者の藻体は薄くて堅く岩面に密着しているので，慣れない人には藻類には見えないかもしれない．

海藻の生態分布

　裾礁が発達した琉球列島では，陸地（島）の海岸線に沿って，砂浜や岩礁が広がっており，ところどとろにノッチやビーチロックが点在し，沖にはサンゴ礁の礁原が海岸線に平行して横たわり，帯状の白い砕波帯が見える．砕波帯が形成される礁縁から外洋に向かって礁斜面が形成され，浅い所ではテーブル状サンゴや被覆状サンゴが優占し，深い所では枝状サンゴや葉状サンゴが優占した群集が形成されている．海岸線や沖に見える礁原との間には，水深1～2mの浅い砂地からなる礁池（深くても10m以浅）が広がっており，砂底上には広範囲にわたって枝状サンゴ群集やアマモ場（海草藻場），ガラモ場などの藻場が形成されている．また，大型塊状ハマサンゴからなるマイクロアトールやさまざまなサンゴが集まってできたサンゴ小丘（coral knoll）なども散在している．このように，サンゴ礁は，いろいろな地形や環境を備えており，それに対応してさまざまな生物が生育している．

　こうしたサンゴ礁では，汀線（波打ち際）から沖に向かって，造礁サンゴが種群毎に海岸線に平行に帯状に分布していることが知られている（Morton and Challis 1969；Barnes and Huches 1982；山里 1991）．これを生物の帯状分布（帯状構造 zonation）と言うが，他の動植物にも同じような帯状分布やサンゴ礁の独特な地形・環境に対応した分布が見られ，海藻もその例に違わない（Womersley and Bailey 1969；大葉 2003；Ohba et al. 2006）．

　たとえば，海岸に点在するノッチやビーチロック上，干潮時に干しあがる礁原上には潮間帯海藻が繁茂している．サンゴ礁では，最近，潜水調査がよくおこなわれているが，磯歩きによる潮間帯の海藻植生調査はおこなわれることが少なく，多くの海藻が見落とされているようだ．しかし，潮間帯海藻の現存量は少ないものの，サンゴ礁に生育する海藻の

半数（種数）近くはこの潮間帯に生育しているので，海藻相の調査では注意すべきである．

礁湖・礁池の浅瀬に広がる砂底には，イワヅタ属，サボテングサ属，ハゴロモ属，ハウチワ属 *Avrainvillea* などの緑藻がよく生育している．寒帯～温帯に生育する海藻は，岩上や小石・瓦礫上にしか生育しておらず，砂上には生育していないが，サンゴ礁ではこのように砂上で生育できる海藻も珍しくない（口絵48, 50）．

浅い礁湖・礁池の砂底には，ところどころにアマモ場や枝状サンゴ群集が形成されている．海藻は，このアマモ場を形成する海草の葉上や，枝状サンゴの枝間によく生育・繁茂している．海草の葉上には，小型で糸状の紅藻イギス目や褐藻のアミジグサ属，オキナワモヅク（春季のみ）などがよく繁茂している．

枝状サンゴをよく見ると，サンゴの生きている部分は枝の上部10～20cmに限られ，その下の枝上および枝間には，多くの小型海藻や小動物が生育していることに気がつく（Morton and Challis 1969）．枝状ハマサンゴ類や枝状コモンサンゴ類に比べ，枝間がやや広い枝状ミドリイシ類（たとえば，スギノキミドリイシ *Acropora formosa*）の枝間には，緑藻のミナミシオグサ *Cladophora dotyana*，アミモヨウ *Microdictyon japonica*，フサバロニア *Valonia fastigiata*，オオバロニア，イワヅタ属，スズカケモ *Tydemania expeditionis*，ヒメイチョウ *Udotea javensis*，サボテングサ属；褐藻のヒメヤハズ *Dictyopteris repens*，アミジグサ属，ウミウチワ属，ハイオオギ *Lobophora variegata*，ジガミグサ *Stypopodium zonale*；紅藻のガラガラ科 *Galaxauraceae*，ハイカニノテ *Amphiroa foliacea*，無節サンゴモ類，イワノカワ属 *Peyssonnelia*，コケイバラ *Hypnea pannosa*，イギス科，イトグサ属，ソゾ属の一種 *Laurencia tronoi*，キクヒオドシ *Amansia rhodanta* など多種多様な小型海藻が生育・繁茂している．

これらの小型海藻が上方に伸び出し，枝状サンゴを覆い尽くさないのは，サンゴのポリプと海藻との争い（Titlyanov et al. 2006）や藻食魚類による海藻摂餌によるものと考えられている．最近，造礁サンゴの白化現象や陸域からの悪影響などによってサンゴ礁が疲弊し，造礁サンゴが弱っていたり，乱獲などによって藻食魚類が減少してしまったような

所では，今にもサンゴを被ってしまうほど，海藻が枝状サンゴの上部まで伸び出しているようすも見られる．

このように，着生基質が少ない礁湖・礁池浅所の砂地に生育する枝状ミドリイシや他の枝状サンゴは，海藻などの固着生物の着生基質として役にたっている．また，その立体構造の複雑性から，魚類の隠れ場，生育場，餌場，産卵場として大きな役割を果たしており，サンゴ礁生態系内ではとても重要な場所である．したがって，サンゴ礁での魚やイカなどの水産資源の減少は乱獲だけではなく，この枝状サンゴの死滅による影響も大きいと思われる（佐野 1984）．

海藻の一次生産力

サンゴ礁に生育する海藻は小型な種が多いとともに，いろいろな底生生物と混生していることが多いので，海藻群集としての生産力の測定例は少ない．

カリブ海のオランダ領キュラソー島のサンゴ礁において測定された海藻の現存量は1.4〜2.8 kg/m²で，総一次生産量[2]は平均5.65 kg C/m²/年，純一次生産量[3]は平均2.33 kg C/m²/年であった（Wanders 1976）．また，Hatcher（1988）はサンゴ礁における一次生産力を評価した中で礁原上に生育する海藻の総一次生産量は2.3〜37.4 g C/m²/日，すなわち839.5〜14,381 g C/m²/年とひじょうに高いことを報告している．

これらのサンゴ礁における海藻の単位面積あたりの純一次生産量は，熱帯多雨林の純一次生産量1 kg C/m²/年（2.2 kg乾重/m²/年）（ホイッタカー 1979）の0.8〜15倍とひじょうに高い．サンゴ礁に生育する海藻の現存量は低いものの，サンゴ礁は透明度と水温が高い（十分な光量，温度）ので，ターンオーバー（turnover，代謝回転）がひじょうに速いこと，および純一次生産量が高いことから，サンゴ礁における海藻の生産力は高いと考えられる．

サンゴ礁の異変と海藻の繁茂

地球上における人口増加，経済発展，沿岸部開発，魚介類の乱獲，地球規模の気候変動などに伴い，世界のサンゴ礁は疲弊・衰退しはじめ，とくに1998年に生じた世界規模のサンゴ大白化現象以降，サンゴ礁の

疲弊・崩壊に関する報告が著しく増加している（Wilkinson 1998；Hughes et al. 2003；Bellwood et al. 2004）．

オニヒトデの大発生・食害による造礁サンゴの死滅や，大型台風によるサンゴ礁の破壊などについては過去にも多数報告されているが，これらの事象は，その悪い要因がなくなり，環境が元の良い状態に戻れば，サンゴ礁が急速に自然再生し，数年で元の状態に戻っている（Colgan 1987；Wakeford et al. 2008）．

しかし，陸上での農地開発，土地改良，道路建設，都市開発などが盛んにおこなわれるようになり，大量の土壌（赤土）がサンゴ礁に流れ込むようになった1980年代以降，サンゴ礁は死滅していくばかりで，サンゴ礁がなかなか自然再生・回復せず，死んだままの状態が長く続いている（環境庁・海游1999；藤岡・大葉2003；大葉2005；Ledlie et al. 2007；渡邊・灘岡2009）．

造礁サンゴが死滅すると，その骨格が岩盤や瓦礫と化すが，そこを着生基盤として，新たな生態遷移（ecological succession）（以降，遷移とする）がはじまる．一般的に，遷移はまず小型で成長の速い生物が入植し，その後，徐々に大型で成長の遅い生物に移り変わっていき，最後には元あった生物群集（極相）に戻る過程（遷移系列）をたどる（ホイッタカー1979）．

サンゴ礁での遷移は，造礁サンゴが死んだ後，まず細菌が取りつき，死んだポリプ・共肉部を分解することからはじまる．その後，微細藻類（珪藻，藍藻など）が入植し，続いて糸状の小型海藻（アオノリ類，シオミドロ類，イギス科藻類など）や殻状の小型海藻（無節サンゴモ類，イワノカワ類）が入植・繁茂する（Adey and Vassar 1975；松田1979）．その後，サンゴのプラヌラ幼生が入植・成長し，元のサンゴ礁に戻ってゆく．なお，造礁サンゴは遷移後期種であるが，プラヌラ幼生加入の機会があれば，遷移初期に入植することもある．環境が良ければ，ふつう4〜6年でサンゴ礁は自然再生・回復し，極相に達する（Ohba et al. 2009）．

しかし，環境が悪いままの状態では，サンゴ礁はなかなか自然再生せずに，小型の糸状海藻や殻状海藻，あるいは大型褐藻のホンダワラ類やソフトコーラル群集などが死んだサンゴの上を被い，そのままの状態が

長く続く．これをサンゴ礁でのフェーズシフト（phase shift，生物相の変換/第11章参照）と呼んでいる（Hughes 1994；Mumby 2009）．なお，生物的に無あるいは無に近い状態から最終的な生物群集（極相，終相）に向かって，時間の経過とともに，順次，入れ替わっていく生物群集の変化をさす生物遷移（一次遷移，二次遷移）とたんなる一時的な生物群集（生物相）の変化をさすフェーズシフトとは区別するべきである．ただし，現在，環境悪化に伴って生じているサンゴ礁のフェーズシフトは，生態遷移の様式（巌佐ら 2003）内の「退行遷移」あるいは「他律遷移」の1つと考えても良いかもしれない．ここでは，海藻の観点から見たサンゴ礁の荒廃について簡単に説明する．

現在，サンゴ礁で問題となっているフェーズシフト，とくに造礁サンゴ死滅後の海藻繁茂の要因として，おもに①栄養塩や堆積物などの陸源物質のサンゴ礁への流入量増加，②乱獲による藻食（植食）動物の減少，③その両方などがあげられている（Miller et al. 1999；McCook 1999, 2001；Smith et al. 2001；Stimpson et al. 2001；Valentine and Heck Jr 2005；Mumby 2009）．最近の栄養塩添加実験（栄養塩を添加して，海藻の生育状況を調べる）とケージ実験（カゴなどを使って藻食動物の食害を阻止したもの）との組合せ実験により，栄養塩の増加よりも乱獲による藻食動物（おもに魚類）の減少が，サンゴ礁での海藻の繁茂に強い影響を与えていることがわかってきた（Smith et al. 2001；Jompa and McCook 2002；Szmant 2002；Jayewardene 2009；Sotka and Hay 2009）．

また，海藻の繁茂がサンゴのプラヌラ幼生の着底や稚サンゴの成長を阻害し，サンゴ礁の自然再生・回復を遅らせていると考える研究者もいる（Hughes 1994）．しかし，紅藻の無節サンゴモ類がプラヌラ幼生の着底を誘引する物質を出しているという研究結果（Morse et al. 1996）や，プラヌラ幼生着底実験において，まったく新しい人工着底基盤よりも1～2ヵ月間，海中に放置して，無節サンゴモ類や微小な糸状藻類を生やした人工着底基盤の方がプラヌラ幼生の着底率や生残率が高いという研究結果（山木ら 2006）もある．したがって，海藻の繁茂が必ずしもサンゴ礁の自然再生・回復を阻害しているとは限らないようである．

サンゴ礁が長期間，自然再生・回復しない礁湖・礁池の浅所において，

死滅した造礁サンゴや瓦礫の上で繁茂している藻類は，イギス科藻類やテングサモドキ属などの微小な糸状海藻，無節サンゴモ類やイワノカワ類などの殻状海藻，ハイアミジやハイオオギなどの小型の匍匐状海藻である（藤岡・大葉2003）．これらの小型海藻はすべて，遷移の初期に入植し繁茂する先駆種（pioneer）であり，遷移が進んだ極相期（サンゴ群集に戻ったとき）には，造礁サンゴ群集の周辺に散在する瓦礫や小岩などの物理的に不安定な着生基質に生育している．これらの不安定基質は波の力などにより転がり，常に遷移を繰り返しており，こうした不安定基質の上では大型で成長の遅い海藻は生育できず，小型で成長の速い海藻（先駆種）が優占繁茂する（今野1977；Littler and Littler 1984）．すなわち，造礁サンゴ死滅後，微小・小型海藻が繁茂し続け，長い期間，サンゴ礁が再生・回復しない場所は，環境が悪くなったままで，遷移が前に進まずに途中で止まった状態が続いているか，途中まで進んでも，環境が悪いために再び遷移初期に戻ってしまうことを繰り返している可能性がある（藤岡・大葉2003；Ohba et al. 2004）．

このように，生態遷移の概念から判断すると，海藻の繁茂が直接の原因となって造礁サンゴの新規加入や成長を阻害し，サンゴ礁の自然再生・回復を遅らせているのではなく，人為的な環境悪化が継続あるいは増大することによって，遷移が途中から進まない状態を作りだし，現在のサンゴ礁の疲弊状態（フェーズシフト現象，サンゴの病気の蔓延など）を継続させていることがわかるだろう．

生態遷移やフェーズシフト現象をはじめとする多くの生態学的研究から，健全なサンゴ礁，とくに浅い礁湖・礁池に形成されている枝状ミドリイシ群集帯では，枝状ミドリイシ，海藻，藻食魚の間に図8-5に示すような関係があることがわかってきた．すなわち，枝状ミドリイシの枝上や枝間は，海藻や他の小動物の良い着生基質となり海藻が繁茂し，その海藻を藻食魚が餌として食べることによって，枝状ミドリイシが海藻によって被われることを防止している．また，枝状ミドリイシは，藻食魚を始め，多くの魚類の隠れ家，産卵場，稚仔魚の生育場として利用されている．さらに，枝状ミドリイシは共生藻類や穿孔藻類を内在し，それ自身が一次生産者の役割も果たしている．

このように見てくると，枝状ミドリイシ群集は，生態学上かつ水産学

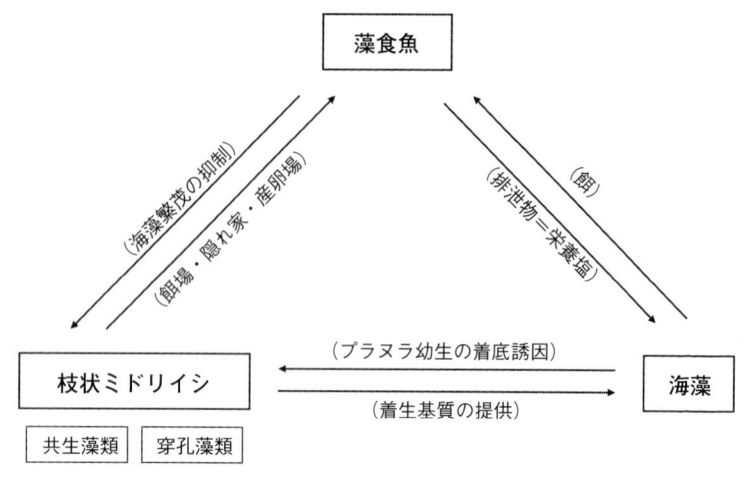

```
                    ┌────────┐
                    │ 藻食魚 │
                    └────────┘
              ↗  ↙          ↖  ↘
    (海藻繁茂の抑制)        (排泄物＝栄養塩)
   (餌場・隠れ家・産卵場)        (餌)
   ↙                                ↘
┌──────────────┐                  ┌──────┐
│ 枝状ミドリイシ │ ←──────────── │ 海藻 │
└──────────────┘  (プラヌラ幼生の着底誘因)└──────┘
                   (着生基質の提供) →
 ┌────────┐ ┌────────┐
 │ 共生藻類 │ │ 穿孔藻類 │
 └────────┘ └────────┘
```

図8-5 枝状ミドリイシ群集帯における3つの生物群（枝状ミドリイシ，海藻，藻食魚）の関わり．

上，温帯のガラモ場やアマモ場と同じような重要な役割を果たしていることがわかる．現在，この貴重な枝状ミドリイシ群集がほとんど崩壊してしまっている所が多く，サンゴ礁生態系の種多様性を保つため，すなわちサンゴ礁を保全するためには，まず，この陸域や人間活動の影響を受けやすい枝状ミドリイシ群集の再生・復活を果たすことが必要である．それには，まずサンゴ礁の環境を元の健全な状態に戻すことからはじめなければならない．

海草（アマモ類，海産顕花植物，海産種子植物）

海草と海藻

　海草（seagrasses）はアマモ類とも呼ばれ，藻類からなる海藻（marine algae；狭義の seaweeds）とは系統的に大きく異なる植物群である．地球上の植物は，海中で誕生し進化した藻類が陸にあがり，陸上でコケ類，シダ類，草類，木類と進化した．シダ類の段階で維管束組織を獲得し，さらに分化・進化を続けたが，その進化過程で一部の草類が再び海中の

世界に戻り，生育・分布を拡げた植物群が海草である．動物の進化においても，一度海から上陸した後，再び海に戻った動物群，すなわち，イルカやクジラ，アシカやアザラシなどがいるが，海草はそれらと同じような進化経路をたどった生物群である．

したがって，海草は維管束組織をもち，花を咲かせ種子を作る海産顕花植物（海産種子植物）であり，維管束組織や花器官をもたず，体の表皮細胞のすべてが葉緑体をもち，体の表面全体で光合成をおこなう海藻とは異なる．この2つの植物群を明確に区別するために，海草を「うみくさ」と読み，海藻を「かいそう」と読むようにしている（大場・宮田 2007）．

海草は有性生殖をおこない，種子による繁殖・分散をおこなうとともに，地下茎の伸張による栄養繁殖（無性生殖）も盛んにおこなう．とくに，分布の北限に近い所に生育している熱帯性海草は，有性生殖よりも栄養繁殖の方が盛んなようである．

海草の種類と分布

形態の分化が進んでいない海藻に比べ，海草は根，茎，葉，さらに地下茎（根茎）といった明白な部位に区別できる．多くの文献では，海草の分類や同定をおこなう際に葉や花・実などの部位を重要な形質としてあげている．しかし，熱帯性海草の場合，地下茎，根，葉鞘（葉部の基部を包む器官）の形態が属によって明確に異なっているので，葉の先端の形態とともに，これらの形態を覚えれば比較的容易に属や種の同定ができるようになる（Ohba et al. 2007）．

現在，海草は世界中から約50分類群（亜種，変種などを含む）が報告されており，このうち約半数がサンゴ礁に生育している（den Hartog 1970）．造礁サンゴは，フィリピン，インドネシア，パプアニューギニア，ソロモン諸島に囲まれた三角地帯（coral triangle）においてもっとも種の多様性が高く，そこから遠ざかるに従って，出現する種数が減っていくことが知られている（Veron et al. 2009）．熱帯性海草も，造礁サンゴと同様に，この三角地帯周辺でもっとも種多様性が高く，14種ほどが報告されており，そこから遠ざかるに従って出現する種数が減り，たとえば太平洋東部に位置するソシエテ諸島（ヒタチ）では，トゲウミヒ

図8-6 日本の沿岸に生育しているおもな海草. a) アマモ (温帯性種), b) ウミヒルモ, c) コアマモ, d) リュウキュウスガモ, e) ベニアマモ, f) スガモ (亜寒帯性種), g) マツバウミジグサ, h) リュウキュウアマモ, i) ボウバアマモ, j) ウミショウブ (野沢1974).

表8-2 琉球列島に生育している海草.

和 名	学 名
被子植物門	Anthophyta (Magnoliophyta)
単子葉植物綱	Monocotyledonopsida (Liliopsida)
オモダカ目	Alismatales
アマモ科	Zosteraceae
コアマモ	*Zostera japonica* Ascherson *et* Graebner
ベニアマモ科	Cymodoceaceae
ウミジグサ（ニラウミジグサ）	*Halodule uninervis* (Forsskål) Ascherson
マツバウミジグサ	*Halodule pinifolia* (Miki) den Hartog
ベニアマモ	*Cymodocea rotundata* Ehrenberg *et* Schweinfurth *ex* Ascherson
リュウキュウアマモ	*Cymodocea serrulata* (R. Brown) Ascherson *et* Magnus
ボウバアマモ（シオニラ）	*Syringodium isoetifolium* (Ascherson) Dandy
トチカガミ科	Hydrocharitaceae
ウミショウブ	*Enhalus acoroides* (Linnaeus) Royle
リュウキュウスガモ	*Thalassia hemprichii* (Ehrenberg *ex* Solms-Laubach) Ascherson
ウミヒルモ	*Halophila ovalis* (R. Brown) J.D. Hooker
トゲウミヒルモ	*Halophila decipiens* Ostenfeld
オオウミヒルモ	*Halophila major* (Zollinger) Miquel
ヤマトウミヒルモ*	*Halophila nipponica* J. Kuo

*同種異名（生態型）のホソウミヒルモ，ヒメウミヒルモを含む（Uchimura et al. 2008）.

ルモの一種が見られるだけとなる（Mukai 1993；向井1995）.

　日本のサンゴ礁域，すなわち琉球列島には，これまでに9種の海草の生育・分布が報告されていた（田中ら1962；Nozawa 1972）（図8-6）.その後，Kuo et al.（1995）が，沖縄島に生育するトゲウミヒルモ *Halophila decipiens* を日本新産種として報告している．最近，日本産ウミヒルモ属について，多くの新種が記載されているが，Uchimura et al.（2008）は詳細な形態の観察と DNA 解析の結果から，日本産ウミヒルモ属を4種にまとめている．彼らの研究結果に従えば，琉球列島に生育・分布する海草類は12種となる（表8-2）.

海草の生態と一次生産力

　サンゴ礁に生育する海草は，波静かな礁湖・礁池の浅い砂底に大きな群落，すなわちアマモ場（海草藻場，seagrass bed あるいは seagrass meadow）を形成し生育している（口絵66～68）．アマモ場は単一種

で形成されることもあるが，一般的には複数種が混生することが多い．

多くの熱帯性海草は，砂底（砂泥底，砂礫底も含む）の中に地下茎と根を伸ばして生育・繁茂しているが，タラッソデンドロン属の一種 *Thalassodendron ciliatum*（分布北限：パラオ諸島）は，温帯性〜亜寒帯性海草のスガモ属 *Phyllothpadix* のように，岩盤上に地下茎と根をはわせて生育している（口絵68）．また，リュウキュウスガモは地下茎を伸ばしにくい小石や瓦礫が多く混在した砂礫底でもよく生育し，大きなアマモ場を形成する．

大半の海草は，水深約5mよりも浅い所に生育・繁茂しているが，ウミヒルモ類は水深20〜30mの深い所にも出現し群落を形成する．とくに，トゲウミヒルモやホソウミヒルモ（ヤマトウミヒルモの深所型？）は浅い所よりも深い所で見かけることが多い．

温帯性海草の生産力（現存量，季節的変化など）やアマモ場の生態（種多様性，食物連鎖，物質・エネルギー循環など）はよく研究されているが，熱帯性海草の生産力に関する研究は少ない．

葉長が1〜1.5mになるウミショウブを除くと，熱帯性の海草の多くは葉長（1〜）5〜30（〜50）cmの小型な種からなる．したがって，葉長が2m以上にもなる温帯性・亜寒帯性海草のアマモ場に比べ，熱帯性海草のアマモ場の生産力は低いと思われるかもしれない．しかし，熱帯性海草は，葉の形成・枯死脱落などのターンオーバー（代謝回転）がとても速いので，高い生産力をもつことが知られている（野島・向井 1987；向井 1995）．

たとえば，パプアニューギニア産のボウバアマモは，約500g/m²の現存量と約3.3kg乾重/m²/年の生産量をもち，ウミジグサ，ベニアマモ，リュウキュウアマモは，200〜600g/m²の現存量と1〜2kg乾重/m²/年の生産量をもっている（Brouns 1987）．また，フィリピン産のリュウキュウスガモが主体となり他6種が混生した群落では，平均して約600g/m²の現存量と約2kg乾重/m²/年の生産量が測定されている（Vermaat et al. 1995）．カリブ海産のリュウキュウスガモ属の一種 *Thalassia testudinum* は400〜1500g/m²の現存量と0.4〜2.2kg乾重/m²/年の生産量をもつことが報告されている（Juman 2005）．

陸上のイネ科草原での現存量が平均1.6kg乾重/m²，生産量が平均0.6

kg乾重/㎡/年であることや，熱帯多雨林での一次生産者の現存量が平均45kg乾重/㎡，生産量が平均2.2kg乾重/㎡/年であること（ホイッタカー1979）を考えると，サンゴ礁のアマモ場は陸上の植物群落と比べて現存量が低いものの，一次生産量は熱帯多雨林のそれに匹敵する，高い生産力をもっていることになる．

　海草の葉上には，多種多様な小型の着生藻類が大量に付着・繁茂しており，魚の稚魚や他の藻食動物の餌として利用されている．これらの藻類の生産量を加味するとサンゴ礁のアマモ場は，さらに高い生産力をもっていることになる（Heij 1984, 1987）．また，海草や海藻は，藻食動物に直接食べられるだけではなく，枯死・脱落した葉や茎が分解しデトリタスとなり，それがいろいろな生物（細菌，魚やナマコなどのデトリタス・フィーダー）によって，大量に利用（消費）されている．

サンゴ礁の植物たち

　ここまで，植物プランクトンから海藻，海草にわたり紹介してきたが，ひじょうに多種多様な植物がサンゴ礁に生育していることがわかったと思う．また，海草や一部の海藻（大型藻類）を除くと，サンゴ礁に生育・分布する植物の大半は，肉眼で見ることが難しい微細・小型の種や，共生藻類や穿孔藻類などのように，動物体内や石灰基質内に隠れて生育している微細藻類であることに気がつかれたと思う．

　サンゴ礁の植物の多くは微細・小型で，一見，現存量が低いように見えるが，ターンオーバーがひじょうに速いので，その一次生産力は高い．また，一次生産力にくわえ，窒素固定能をもつ藍藻（シアノバクテリア）が，サンゴ礁の海中や海底にひじょうに多く生育していることも，サンゴ礁生態系内の植物たちの特徴の一つとしてあげられる．

　このような多種多様な植物がサンゴ礁に生育することによって，大量の造礁サンゴや魚類，貝類などの動物群集が生育することができ，海の砂漠といわれる熱帯海域に，オアシスのごとく，生物がとても豊富な世界，すなわちサンゴ礁生態系が形づくられているわけである．

　しかし，この生物がつくりあげたすばらしいサンゴ礁も，人間のすさまじい経済活動によって，近年，急速に疲弊・崩壊しはじめている．サ

ンゴ礁の崩壊は,生物からの人間への警告でもあり,私たちはサンゴ礁をはじめ地球全体の環境を修繕し保全していく必要性に迫られている.

注
[1] 藻類の中でも,原核生物である藍藻は,近年,細菌の仲間とみなされ,シアノバクテリア cyanobacteria として扱われることが多くなった.しかし,シアノバクテリアの分類体系は以前の藍藻の分類体系のままであることと,他の藻類(緑藻,褐藻,紅藻など)と比較するうえで,「藍藻」は便利な名称であるので,ここではシアノバクテリアを以前の分類群名のまま藍藻として扱う.必要に応じて,適宜,藍藻をシアノバクテリアと読み替えて下さい.
[2] 総一次生産量:植物の光合成による有機物生産の総量.
[3] 純一次生産量:総一次生産量から呼吸量を差し引いた量.

引用文献

Adey WH, Vassar JM (1975) Colonization, succession and growth rates of tropical crustose coralline algae (Rhodophyta, Cryptonemiales). Phycologia 14:55-69

Barnes RSK, Hughes RN (1982) An Introduction to Marine Ecology. Blackwell Sci Publ, Oxford, pp 339

Bathurst RGC (1976) Recent carbonate algal stromatolites. In:Bathurst RGC (ed) Developments in Sedimentology 12. Carbonate Sediments and their Diagenesis. Elsevier Sci Publ, Amsterdam, pp 217-230

Bellwood DR, Hughes TP, Folke C, Nyström M (2004) Confronting the coral reef crisis. Nature 429:827-833

Brouns JJWM (1987) Aspects of production and biomass of four seagrass species (Cymodoceoideae) from Papua New Guinea. Aquat Bot 27:333-362

Capone DG, Burns JA, Montoya JP, Subramaniam A, Mahaffey C, Gunderson T, Michaels A, Carpenter EJ (2005) Nitrogen fixation by *Trichodesmium* spp.:an important source of new nitrogen to the tropical and subtropical North Atlantic Ocean. Global Biogeochem Cycles 19:1-17

Capone DG, Zehr JP, Paerl HW, Bergman B, Carpenter EJ (1997) *Trichodesmium*, a globally significant marine cyanobacterium. Science 276:1221-1229

Carpenter EJ, Subramaniam A, Capone DG (2004) Biomass and primary productivity of the cyanobacterium *Trichodesmium* spp. in the tropical N Atlantic ocean. Deep-Sea Res I 51:173-203

Casareto BE, Charpy L, Blanchot J, Suzuki Y, Kurosawa K, Ishikawa Y (2006) Phototrophic prokaryotes in Bora Bay, Miyako Island, Okinawa, Japan. Proc

10th Int Coral Reef Symp：844-853

Casareto BE, Charpy L, Langlade MJ, Suzuki T, Ohba H, Niraula M, Suzuki Y (2009) Nitrogen fixation in coral reef environments. Proc 11th Intern Coral Reef Symp：890-894

Charpy L (2005) Importance of photosynthetic picoplankton in coral reef ecosystems. Vie et Milieu 55：217-223

Charpy L, Blanchot J (1996) *Prochlorococcus* contribution to phytoplankton biomass and production of Takapoto atoll (Tuamotu archipelago). C R Acad Sci Paris, Sci/Life Sci 319：131-137

Charpy L, Blanchot J (1998) Photosynthetic picoplankton in French Polynesian atoll lagoons：estimation of taxa contribution to biomass and production by flow cytometry. Mar Ecol Prog Ser 162：57-70

Colgan MW (1987) Coral reef recovery on Guam (Micronesia) after catastrophic predation by *Acanthaster planci*. Ecology 68：1592-1605

den Hartog C (1970) The sea-grasses of the world. Tweede Reeks 59：1-275, pls 1-31

Freudenthal HD (1962) *Symbiodinium* gen. nov. and *S. microadriaticum* sp. nov., a zooxanthella：taxonomy, life cycle, morphology. J Protozool 9：45-52

藤岡義三・大葉英雄（2003）(1) サンゴ礁の攪乱，回復の評価とそれに基づく管理手法に関する研究．①造礁サンゴ群集の健全度指標に基づく生態系管理手法の開発．環境省地球環境研究総合推進費終了研究成果報告書．F-5：「サンゴ礁生態系の攪乱と回復促進に関する研究」平成12年度〜平成14年度．p. 9-31 http://www.airies.or.jp/wise/j/J02F0511.htm

Hatcher, BG (1988) Coral reef primary productivity：a beggar's banquet. Trends Ecol Evol 3：106-111

Heij FML (1984) Annual biomass and production of epiphytes in three monospecific seagrass communities of *Thalassia hemprichii* (Ehrenb.) Arechers. Aquat Bot 20：195-218

Heij FML (1987) Qualitative and quantitative aspects of the epiphytic component in a mixed seagrass meadow from Papua New Guinea. Aquat Bot 27：363-383

Heil CA, Chaston K, Jones A, Bird P, Longstaff B, Costanzo S, Dennison WC (2004) Benthic microalgae in coral reef sediments of the southern Great Barrier Reef, Australia. Coral Reefs 23：336-343.

ホイッタカー RH（原著），宝月欣二（訳）(1979) ホイッタカー生態学概説—生物群集と生態系— 培風館，東京，p 363

Hughes TP (1994) Catastrophes, phase shifts, and large-scale degradation of a Caribbean coral reef. Science 265：1547-1551

Hughes TP, Baird AH, Bellwood DR, Card M, Connolly SR, Folke C, Grosberg R, Hoegh-Guldberg O, Jackson JBC, Kleypas J, Lough JM, Marshall P, Nyström M, Palumbi SR, Pandolfi JM, Rosen B, Roughgarden J (2003) Climate change, human impacts, and the resilience of coral reefs. Science 301：929-933

巌佐 庸・松本忠夫・菊沢喜八郎・日本生態学会（編）(2003) 生態学事典．共立出版，東京，pp 682
Jacobs WP (1994) *Caulerpa*. Sci Amer 271 (12)：66-71
Jayewardene D (2009) A factorial experiment quantifying the influence of parrotfish density and size on algal reduction on Hawaiian coral reefs. J Exp Mar Biol Ecol 375：64-69
Jompa J, McCook LJ (2002) The effects of nutrients and herbivory on competition between a hard coral (*Porites cylindrica*) and a brown alga (*Lobophora variegata*). Limnol Oceanogr 47：527-534
Juman RA (2005) The structure and productivity of the *Thalassia testudinum* community in Bon Accord Lagoon, Tobago. Rev Biol Trop 53 (Suppl 1)：219-227
環境庁・海游（1999）平成10年度石垣島周辺海域におけるサンゴ礁モニタリング調査報告書．pp 64
http：//www.coremoc.go.jp/report/MNTR/MNTR1999b_cd6-610.pdf
Kawaguti S (1944) On the physiology of reef corals. VII. Zooxanthella of the reef corals is *Gymnodinium* sp., dinoflagelata；its culture *in vitro*. Palao Trop Biol Sta Stud 2：675-679
川口四郎（1970）サンゴ礁．海洋科学 2 (2)：83-85
今野敏徳（1977）海藻群落構造の測定．日本水産学会（編）海の生態学と測定．恒星社厚生閣，東京，pp 16-34
Kuo J, Kanamoto Z, Toma T, Nishihira M (1995) Occurrence of *Halophila decipiens* Ostenfeld (Hydrocharitaceae) in Okinawa, Japan. Aquat Bot 51：329-334
LaJeunesse, TC (2001) Investigating the biodiversity, ecology, and phylogeny of endosymbiotic dinoflagellates in the genus *Symbiodinium* using the ITS region：in search of a "species" level marker. J Phycol 37：866-880
Ledlie MH, Graham NAJ, Bythell JC, Wilson SK, Jennings S, Polunin NVC, Hardcastle J (2007) Phase shifts and the role of herbivory in the resilience of coral reefs. Coral Reefs 26：641-653
Littler DL, Littler MM (2003) South Pacific Reef Plants. Offshore Graphics, Washington, DC, p 331
Littler MM, Littler DL (1984) Relationship between macroalgal functional form groups and substrata stability in a subtropical rocky-intertidal system. J Exp Mar Biol Ecol 74：13-34
松田伸也（1979）石垣島裾礁前縁上部における皮殻型無節サンゴモの遷移，成長速度．月刊地球 1：684-692
McCook LJ (1999) Macroalgae, nutrients and phase shifts on coral reefs：scientific issues and management consequences for the Great Barrier Reef. Coral Reefs 18：357-367
McCook LJ (2001) Competition between corals and algal turfs along a gradient of terrestrial influence in the nearshore central Great Barrier Reef. Coral Reefs

19：419-425

Miller MW, Hay ME, Miller SL, Malone D, Sotka EE, Szmant AM (1999) Effects of nutrients versus herbivores on reef algae：a new method for manipulating nutrients on coral reefs. Limnol Oceanogr 44：1847-1861

Montoya JP, Holl CM, Zehr JP, Hansen A, Villareal TA, Capone DG (2004) High rates of N_2 fixation by unicellular diazotrophs in the oligotrophic Pacific Ocean. Nature 430：1027-1031

Morse ANC, Iwao K, Baba M, Shimoike K, Hayashibara T, Omori M (1996) An ancient chemosensory mechanism brings new life to coral reefs. Biol Bull 191：149-154

Morton JE, Challis DA (1969) The biomorphology of Solomon Islands shores with a discussion of zoning patterns and ecological terminology. Phil Trans Roy Soc B 255：459-516

野島 哲・向井 宏 (1987) 熱帯海草藻場生物群集. 月刊海洋科学 19：530-536

野沢治治 (1973) サンゴ礁の生物生産. 海洋科学 5：111-116

野沢治治 (1974) 海の水草. 遺伝 28 (8)：43-49

Nozawa Y (1972) On the sea-grass from Ishigaki Island. Mem Kagoshima Junshin Junior Coll 2：56-66

Mukai H (1993) Biogeography of the tropical seagrasses in the western Pacific. Aust J Mar Freshwater Res 44：1-17

向井 宏 (1995) サンゴ礁の草原—熱帯海草藻場. 西平守孝・酒井一彦・佐野光彦・土屋 誠・向井 宏 (共著) サンゴ礁—生物がつくった＜生物の楽園＞. 平凡社, 東京, pp 169-225

Mumby PJ (2009) Phase shifts and the stability of macroalgal communities on Caribbean coral reefs. Coral Reefs 28：761-773

Odum HT, Odum EP (1955) Trophic structure and productivity of a windward coral community on Eniwetok Atoll. Ecol Monogr 25：291-320

大葉英雄 (2003) 第7編海藻・海草の調査, 第3章植生調査, 第2節生育の場や基質の違いによる植生の調査法, 2-7 サンゴ礁域. 竹内 均 (監修), 地球環境調査計測事典, 第3巻沿岸域編フジ・テクノシステム, 東京, p 903-907

大葉英雄 (2005) サンゴ礁の植物たち—サンゴ礁の異変と海藻の繁茂—Lagoon (国際サンゴ礁研究・モニタリングセンター ニュースレター) No. 5：2-5

Ohba H, Casareto BE, Suzuki Y (2009) Primary producers and nitrogen fixers colonizing coral rubble of coral reefs at Ryukyus, southern Japan. Phycologia 48 (Suppl)：98-99

Ohba H, Hashimoto K, Shimoike K, Shibuno T, Fujioka Y (2009) Secondary succession of coral reef communities at Urasoko Bay, Ishigaki Island, the Ryukyus (southern Japan). Proc 11th Int Coral Reef Symp：321-325

Ohba H, Ochi H, Fujioka Y (2004) The decline of reef-coral community and the luxuriant growth of benthic marine algae in the moat of Ishigaki-jima Island, Ryukyus (southern Japan). Jpn J Phycol 52 (Suppl)：1-4.

Ohba H, Shibuno T, Takada Y, Suzuki A, Nagao M, Tottori K, Morimoto, N, Fujioka Y (2006) Subtropical marine vegetation under the influence of rivers at Miyara Bay in Ishigaki Island, Ryukyus (southern Japan). Proc 10th Int Coral Reef Symp：319-326

Ohba H, Victor S, Golbuu Y, Yukihira H (2007) Tropical Marine Plants of Palau. Palau International Coral Reef Center, Koror, pp 153

大場達之・宮田昌彦（2007）日本海草図譜．北海道大学出版会，札幌，pp 114

Partensky F, Hess WR, Vaulot D (1999) *Prochlorococcus*, a marine photosynthetic prokaryote of global significance. Microbiol Molecul Rev 63：106-127

Rowan R (1998) Diversity and ecology of zooxanthellae on coral reefs. J Phycol 34：407-417

Rowan R, Powers DA (1991) A molecular genetic classification of zooxanthellae and the evolution of animal-algal symbioses. Science 251：1348-1351

佐野光彦（1984）造礁サンゴの死滅によるサンゴ礁魚類への影響．海中公園情報 Nos 62-63：12-15

Rasser MW, Riegl B (2002) Holocence coral reef rubble and its binding agents. Coral Reefs 21：57-72

瀬川宗吉（1956）原色日本海藻図鑑．保育社，東京，pp 175

關 文威（監訳）・長沼 毅（訳）(2005) 生物海洋学入門，第2版．講談社，東京，pp 242

Shah MMR, Reimer JD, Horiguchi T, Suda S (2010) Diversity of dinoflagellate blooms in reef flat tide pools at Okinawa, Japan. Galaxea, JCRS 12：49

塩崎拓平・武田重信・古谷 研（2009）熱帯・亜熱帯貧栄養海域における新生産の評価．海の研究 18：213-242

Smith JE, Smith CM, Hunter CL (2001) An experimental analysis of the effects of herbivory and nutrient enrichment on benthic community dynamics on a Hawaiian reef. Coral Reefs 19：332-342

Sotka EE, Hay ME (2009) Effects of herbivorous, nutrient enrichment, and their interactions on macroalgal proliferation and coral growth. Coral Reefs 28：555-568

Sounia A (1976) Primary production of sands in the lagoon of an atoll and the role of foraminiferan symbionts. Mar Biol 37：29-32

Stimpson J, Larned ST, Conklin E (2001) Effects of hervivory, nutrient levels, and introduced algae on the distribution and abundance of the invasive macroalga *Dictyosphaeria cavernosa* in Kaneohe Bay, Hawaii. Coral Reefs 19：343-357

Szmant AM (2002) Nutrient enrichment on coral reefs：Is it a major cause of coral reef decline? Estuaries 25：743-766

Takabayashi M, Santos SR, Cook CB (2004) Mitocondrial DNA phylogeny of the symbiotic dinoflagellates (*Symbiodinium*, Dinophyta). J Phycol 40：160-164

高橋達郎（1988）サンゴ礁．古今書院，東京，pp 258

Takishita K, Ishikura M, Koike K, Maruyama T (2003) Comparison of phylogenies based on nuclear-encoded SSU rDNA and plastid-encoded psbA in the symbiotic dinoflagellate genus *Symbiodinium*. Phycologia 42：285-291

田中 剛・野沢洽治・野沢ユリ子（1962）南西諸島に産するSea-Grassについて．南方産業科学研究所報告 3：105-111, 2図版

Titlyanov E, Kiyashko S, Titlyanova T, Yakovleva I, Wada E（2006）Coral-algal competition as determined from the rates of overgrowth, physiological condition of polyps of the scleractinian coral *Porites lutea*, and structure of algal associations within boundary areas. Proc 10th Int Coral Reef Symp：1931-1942

Tribollet A, Langdon C, Golubic S, Atkinson M（2006）Endolithic microflora are major primary producers in dead carbonate substrates of Hawaiian coral reefs. J Phycol 42：292-303

Uchimura M, Faye EJ, Shimada S, Inoue T, Nakamura Y（2008）A reassessment of *Halophila* species（Hydrocharitaceae）diversity with special reference to Japanese representatives. Bot Mar 51：258-268

Valentine JF, Heck KL（2005）Perspective review of the impacts of overfishing on coral reef food web linkages. Coral Reefs 24：209-213

Vermaat, JE, Agawin NSR, Duarte CM, Fortes MD, Marba N, Uri JS（1995）Meadow maintenance, growth and productivity of a mixed Philippine seagrass bed. Mar Ecol Prog Ser 124：215-225

Veron JEN, Devantier LM, Turak E, Green AL, Kininmonth S, Stafford-Smith M, Peterson N（2009）Delineating the coral triangle. Galaxea, JCRS 11：91-100

Wakeford M, Done TJ, Johnson CR（2008）Decadal trends in a coral community and evidence of changed disturbance regime. Coral Reefs 27：1-13

Wanders, JBW（1976）The role of benthic algae in the shallow reef of Curaçao（Netherlands Antilles）. I：Primary productivity in the coral reef. Aquat Bot 2：235-270

渡邊康志・灘岡和夫（2009）空中写真分析による石垣島周辺のサンゴ礁海底被覆と土地利用の変遷評価：その2．日本サンゴ礁学会第12回大会講演要旨集，p 110

Weber-van Bosse A（1932）Algues. Mem Mus Roy Hist Nat Belgique, Hors Ser 6：1-27, pls 5

Wilkinson C（ed）（1998）Status of corals of the world：1998. Aust Inst Mar Sci pp 184

Womersley HBS, Bailey A（1969）The marine algae of the Solomon Islands and their place in biotic reefs. Phil Trans Roy Soc London B 225：433-442

山木克則・岩尾研二・大葉英雄・馬場将輔（2006）人工基盤上でのサンゴ着生に影響を及ぼす生物群．日本サンゴ礁学会第9回大会講演要旨集，p 79

弥益輝文（1988）海の動物と藻類の共生．遺伝 42（2）：12-20

山里 清（1991）サンゴの生物学．東京大学出版会，東京，pp 150

Zehr JP, Waterbury JB, Turner PJ, Montoya JP, Omoregle E, Steward GF, Hansen A, Kart DM（2001）Unicellular cyanobacteria fix N_2 in the subtropical north Pacific Ocean. Nature 412：635-638

第Ⅲ部
サンゴ礁をめぐる諸課題

近年，サンゴ礁に関してとりあげられる話題は楽しいものが少ない．サンゴ礁の土台を築いているサンゴがオニヒトデや巻貝に異常な状態で食べられている．病気も蔓延しているようだ．大雨が降ると赤土は今でも流れ出る．生態系のバランスが崩れているに違いない．地球温暖化は有無を言わさずサンゴ礁に影響を与え，頻繁に白化現象を引き起こしている．あちこちのサンゴ礁で多くのサンゴが死滅し，墓場のようになってしまった．美しかったサンゴ礁の景観はこの後，どのように変化していくのだろう．

第9章
サンゴを脅かす生きものたち

岡地　賢

　サンゴを餌として利用する生物はさまざまで，これまでに魚類と無脊椎動物をあわせて160種以上が知られている（Rotjan and Lewis 2008）．サンゴの生息場所を横取りしようとする生物や，病原菌なども含めると，いわゆる天敵や競争者は熱帯の海産動植物界にあまねく存在するといって良い．ここでは，大発生してサンゴに大きなダメージを与える，とりわけ強力な敵として，オニヒトデ，サンゴ食巻貝と，被覆性海綿（テルピオス）をとりあげ，これまでの調査・研究によって得られた知見を整理してみたい．

オニヒトデ

　オニヒトデ *Acanthaster planci* は，ウニやナマコが属する棘皮動物の一種で，インド洋と太平洋の熱帯海域に生息する大型のヒトデである（口絵69）．成体の平均的な大きさは，直径（腕の先端をむすぶ最大径）20～35cmで，14～18本の腕をもっている．オニヒトデの全身を覆う鋭いトゲの表面にはタンパク毒があり，あやまって手足を触れると激しい痛みをともなう刺傷をうけるため，危険生物として指定されている（塩見 2003；沖縄県福祉保健部 2010）．刺傷をうけた際の応急処置および治療法は「海の危険生物治療マニュアル（亜熱帯総合研究所 2006）」に詳しく記載されているので，沖縄県のオニヒトデ対策ガイドライン（沖縄県文化環境部自然保護課 2007）などとあわせて，オニヒトデの駆除活動や調査研究，マリンレジャー産業に携わる方々にはぜひとも参照いただきたい．

　オニヒトデがサンゴを食べる姿は，テレビや新聞などの報道でよく知

られている．オニヒトデは胃を反転して口から体外に出し，消化液を分泌してサンゴの軟体組織を溶かして吸収する．オニヒトデに食べられた後のサンゴは白い骨格だけとなり，数日のうちに細菌や小型海藻に覆われ，やがて崩壊する．オニヒトデは，テーブルサンゴやエダサンゴと呼ばれるミドリイシ類 *Acropora* spp. のサンゴを好むが，それらが少ないときには塊状のハマサンゴ類やキクメイシ類なども食べる（Pratchett 2007）．

　本来，オニヒトデは比較的稀少な存在で，大発生していない自然状態の生息密度はサンゴ礁を数 km 調査して 1 個体見つかるかどうかという程度であった（Weber and Woodhead 1970；Moran and De'ath 1992）．そのような密度が低い状態のときには，オニヒトデがサンゴを食べる量よりも，新たに成長するサンゴの量が多いので，生態系全体にはほとんど影響を与えることはない．しかし，オニヒトデが大発生すると，広範囲のサンゴ群集が短期間のうちに食べ尽くされる．サンゴ群体を隠れ家にしていた生物や，それらを餌として集まっていた生物は減少し，大発生が終息した後には荒廃した水中の景観が残される．サンゴ群集を中心とする生態系が元どおりの状態に回復するためには，好適な環境が保たれたとしても 10 〜 25 年が必要とされる（Lourey et al. 2000）．それは自然の歴史のなかでは一瞬の出来事かもしれないが，私たち人間にとっては長い時間であり，その間，サンゴ礁からもたらされるさまざまな利益が損なわれるので，オニヒトデは「食害生物」として問題視されるようになった．

　文献や資料に残されているオニヒトデに関する記録によれば，1960 年代以前に起きた大発生は数年で終息したのに対し，1960 年代以降の大発生は，同じ場所で繰り返し起きて（反復性），10 年以上続く（持続性）場合がみられるようになった．その代表的な例が，オーストラリアのグレートバリアリーフにおいて 1962 年からおよそ 15 年周期で起きた 3 回の大発生である．毎回，大発生はケアンズ沖で始まり，集団分布の中心が南東方向へ移動して，およそ 10 年間で 1,000 km 以上の範囲にわたりサンゴ群集の被度が大きく低下した（Sweatman et al. 2008）．

　もう 1 つの例が，沖縄本島で 1960 年代末〜 1980 年代にかけて起きた大発生である．1969 年に沖縄本島の西海岸中央部で始まった大発生は，

恩納村全域に拡大し，1972年には本部半島をこえて北部に達した．1975〜1976年にかけては，南部の摩文仁から那覇の沿岸にも大発生集団が現れ，1970年代末には沖縄本島のほぼ全域のサンゴ群集が食害を受けて死滅した．1980年代になって大規模な集団は姿を消したが，サンゴ群集が回復するのを追いかけるようにオニヒトデの小集団が発生する，いわゆる慢性化の状態が続いた．1990年代にはサンゴ群集が徐々に回復していたが，1996年には恩納村で再びオニヒトデが大発生した（横地 2004）．

オニヒトデの寿命は最長でも8年程度なので，グレートバリアリーフや沖縄で10年以上にわたって続いた大発生集団は複数の世代からなっていたはずである．すなわち，最初に発見された一次発生集団が移動して最後まで食害し続けたのではなく，一次発生集団が繁殖することで二次発生集団が形成されて食害の規模が拡大したと考えられる．1960年代を境として，グレートバリアリーフや沖縄本島で一次発生の頻度が増し，二次発生が長引くようになった背景にはどのような要因があるのだろうか．

オニヒトデが大発生する過程で重要だと考えられている，初期の生活史における生き残り（生残率）を支配する要因と，それらに基づいて提唱されている大発生の仮説について概説しよう．

オニヒトデの繁殖

オニヒトデは棘皮動物のなかでもっとも多産な種である．直径20〜30cmのメスは，1回の繁殖期中に数百万〜数千万個の卵をもつことが知られており，研究の初期の段階から，その多産性が大発生のメカニズムに深くかかわっていると考えられていた．受精率や生残率のごくわずかな増加が，その後の稚ヒトデや成体の数の大きな増加につながる可能性があるからだ（Lucas 1972；Kettle and Lucas 1987）．

オニヒトデは雌雄異体で，それぞれが海中に卵と精子を放出して繁殖する（図9-1a）．野外で採取した個体の生殖巣の大きさから推定した繁殖期は，八重山諸島が6月上旬，沖縄本島で7月上旬，グレートバリアリーフでは12月上旬で，いずれも水温が28〜29℃に上昇する時期に相当する（Birkeland and Lucas 1990）．低緯度の熱帯海域では，繁殖

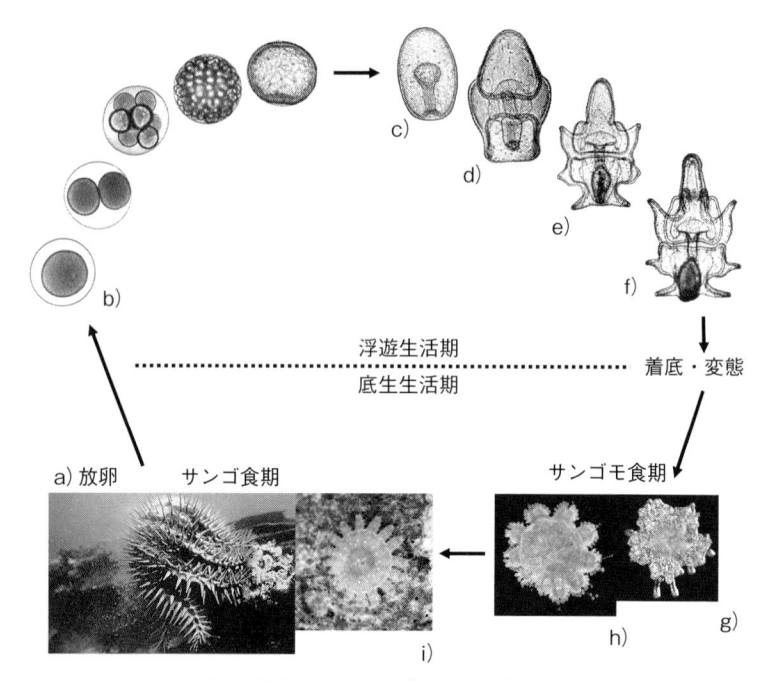

図9-1 オニヒトデの生活史．a) メスの放卵，b) 受精卵，c) 孵化した嚢胚，d) 口と消化管が完成した初期ビピンナリア幼生，e) 発達したビピンナリア幼生，f) ブラキオラリア幼生，g) 変態完了直後の稚ヒトデ，h) サンゴモ食期の稚ヒトデ，i) サンゴ食期に移行した稚ヒトデ．なお，各写真の縮尺比は実際とは異なる．（写真提供：メスの放卵写真a) は Russell Babcock 博士，その他は山口正士博士）

期が長くなるか，または回数が多くなることが知られており，たとえばパラオでは年間2回，3月下旬～4月上旬と9月に明瞭な繁殖期がみとめられた（Idip 2003）．ただし，これまでに野外で観察されたオニヒトデの放精または放卵のタイミングと，月周期，日周期，潮汐周期などとの相関は見出されておらず，繁殖期中にいつ産むかという正確な予測はできない．

Babcock et al.（1994）は，海中で放精しているオスのオニヒトデの下流側に，放卵しているメスのオニヒトデ個体を置き，両者の距離と受精率の関係を調べた．その結果，受精率は100～30mまでの距離では約10％から約30％へとゆるやかに増加するが，15mになると約40％，

10m以下では約70〜80％と，オスとメスが近づくにつれて指数関数的に受精率が増大することがわかった．この結果は2つの重要な示唆を含んでいる．1つは，オニヒトデが大発生していない，自然状態に近い低密度（個体間距離100m）のときでも，放精・放卵が同調した場合は少なからぬ数の幼生が産まれることである．オニヒトデのメスは一度にすべての卵を放出するのではなく，繁殖期中に複数回に分けて放卵するが，これは同調の失敗を減らすためのリスク分散の戦略であろう．もう1つは，オニヒトデの密度が高くなって，個体間距離が近くなったときの放精・放卵の同調が大発生の要因になることである．密集した集団では，オス個体の放精が，近接する他個体の放精・放卵を誘発することがあり，おそらく，この同調性によって莫大な数の幼生が産まれて二次発生が引き起こされるのであろう．オニヒトデの個体間で放精・放卵を刺激あるいは誘発させる性フェロモンが存在する可能性も指摘されている（Beach et al. 1975）が，どのような物質かは特定されておらず，同調のメカニズムはまだわかっていない．

　オニヒトデの駆除に携わる方から，「ヒトデを傷つけてこぼれ出た卵が受精するのではないか」との質問が寄せられることが多い．ヒトデ類の卵が体外で正常に受精・発生できるようになるためには，ヒトデ体内でのホルモン分泌からはじまるいくつかの段階（生化学的な機序）を経なくてはならず，それは放卵の数時間前にしか進行しない（金谷 1974）．このことから，放卵直前の個体を傷つけない限り，人為的に幼生をばらまくようなことはないと思われる．

浮遊幼生期

　産みだされたばかりのオニヒトデの卵は直径約0.2mmと小さいが，海水よりやや比重が大きいので，海底近くをただよう（図9-1b）．受精後約18〜24時間で孵化した胚は水面へ向かって遊泳を始める（図9-1c）．受精の2日後には消化管と口が完成してビピンナリア幼生と呼ばれる段階へ成長し，この時期から海水中の餌を捕食し始める（図9-1d）．受精の3〜4日後には体が角張り，腕状の突起ができて大きさが0.8mm程度になる（図9-1e）．5〜6日後には，腕状の突起が伸びてブラキオラリア幼生と呼ばれる段階へ発達する（図9-1f）．受精後8〜10日

には腹部で石灰質の骨板（ヒトデ原基）が形成され，その重みで幼生は徐々に海底へと沈んでいく．早ければ，受精後12～14日でブラキオラリア幼生は石灰藻（無節サンゴモ）などの基盤上に着底し，その後2日程度で変態を完了して稚ヒトデとなる（図9-1g）(Henderson and Lucas 1971；Yamaguchi 1973)．

　上述した浮遊幼生の成長過程は，実験室内で水温や塩分，あるいは餌の量を最適に調節して得られた結果である．これらの環境条件が変わると幼生の成長は遅くなり，死滅するものが増える．では，野外における環境条件の変動のなかで，オニヒトデ幼生の生残率はどのように影響をうけるのであろうか．

　オニヒトデの初期生活史を解明しようとした研究者たちは，当初，25℃以下の水温で飼育をはじめたが，胚発生は正常に進んでもビピンナリア幼生の段階で成長が止まることに気づき，水温を数℃上昇させることで着底までの幼生飼育に成功した．その後の比較実験により，オニヒトデ幼生の成長に適した水温が26～31℃であることがわかった（Lucas 1973；Yamaguchi 1973）．塩分の影響についても調べられ，胚発生と幼生の成長は25～35（g/kg）の範囲で正常に進行することがわかった（横地ら 1995）．これらの好適とされる範囲は，オニヒトデが繁殖期をむかえる時期のサンゴ礁ではふつうなので，水温や塩分によって幼生の生残率が大きく変化することはないものと思われる．

　浮遊幼生期における餌の重要性は，オニヒトデ研究において繰り返し議論されてきたテーマの1つである．Lucas（1982）は，培養珪藻などの植物プランクトンを異なる密度でオニヒトデ幼生に与えて飼育し，幼生が生き残るためには，クロロフィル量換算で$0.4\mu g/l$以上の餌が必要であることを示した．この値が当時のグレートバリアリーフで観測されたクロロフィル量をやや上回っていたことから，彼は，通常は野外で飢えているオニヒトデ幼生が，何らかの理由で植物プランクトンが増加すると生き残るようになる，つまり，野外での生残率は餌の量によって制限されていることを示唆した．Olson（1987）は，特殊な装置（図9-2）を使用してサンゴ礁の海の中で幼生を飼育し，大部分の幼生が12日という短期間で着底したことを報告した．このことから，彼はLucas（1982）の説を否定し，幼生が植物プランクトン以外の餌を利用してい

図9-2 オニヒトデ幼生を野外で飼育する装置．Olson (1987) が開発した装置にフィルターを取りつけ，段階的に濾過した海水が各容器に分配されるように改造したもの（1992年，オーストラリアの Davies Reef にて撮影）．

る可能性を指摘した．しかし，後の再現実験により，Olson (1987) の飼育装置内では周囲の海水中よりも植物プランクトンが増加する可能性があることがわかった (Okaji 1993)．ふりだしに戻った議論を再びはじめるためには，野外におけるオニヒトデ幼生の餌を特定しなくてはならなかった．

海水中に含まれるプランクトンのうち，大きさが $0.2 \sim 2 \, \mu m$ のものはピコプランクトン，$2 \sim 20 \, \mu m$ のものはナノプランクトンと呼ばれる．藍藻（シアノバクテリア）やバクテリアは前者に，珪藻などのいわゆる植物プランクトンは後者にそれぞれ属する．オニヒトデ幼生がどちらをおもに食べるかを調べるために，幼生をサンゴ礁の自然海水で一定時間飼育して胃内容物を観察すると，藍藻（直径 $1 \sim 2 \, \mu m$）とそれ以外の

植物プランクトン（直径3～4μm）の数はほぼ同じくらいであった．飼育に使用した自然海水中に含まれていた藍藻の密度は，植物プランクトンの密度の千倍以上であったので，藍藻に対する捕食効率がひじょうに悪いことがわかる．さまざまな大きさの培養植物プランクトンや培養バクテリア，プラスチックビーズなどを使った捕食実験でも同じ傾向が確認されたことから，オニヒトデ幼生はピコプランクトンサイズの餌をほとんど食べられないことが明らかとなった（Ayukai 1994；Okaji et al. 1997a）．ヒトデ類の幼生は，体表の繊毛運動によって餌の粒子をとらえるので，繊毛同士の間隔よりも小さいピコプランクトンは機構的に食べにくいはずである（Strathmann 1971）．海水に溶け込んでいる有機物で，無脊椎動物の幼生が利用できるものは，遊離アミノ酸やグルコースなどの糖類である．オニヒトデ幼生が自然海水中からアミノ酸を吸収する量を測定したところ，単位時間あたりの吸収量は基礎代謝量（生存に最低限必要なエネルギー量）の10％に満たないこともわかった（Okaji et al. 1997b）．

　これらの研究によって，オニヒトデ幼生のおもな餌が植物プランクトンであると確認できたので，餌の指標としてクロロフィル量を用いることは妥当である．しかし，餌の量が野外での生残率を支配するというLucas（1982）の説は，自然界に存在する植物プランクトンを使って再検証する必要があった．サンゴ礁の自然海水に微量の栄養塩（リンや窒素などの無機化合物）を加えて数日間溜め置くと，植物プランクトン密度を10～20倍に増加させることができる．その培養海水と自然海水や濾過海水を混合し，異なる植物プランクトン密度に設定した海水で幼生を飼育することで，クロロフィル量と生残率および成長率の関係が得られた（Okaji 1996；Fabricius et al. 2010）（図9-3）．海水中のクロロフィル量が0.25μg/ℓ以下では，ほとんどのオニヒトデ幼生が餌不足で死滅する．0.25～0.8μg/ℓの範囲では，多数の幼生が浮遊期間のなかばで成長が停止し，最大でも半数程度しか生き残ることができない．

　オニヒトデが繁殖する夏期の平均クロロフィル量は，グレートバリアリーフのヨーク岬半島沖の北部海域で0.26μg/ℓ（外洋側）～0.27μg/ℓ（大陸側），ケアンズ沖からタウンズビル沖までの中部海域で0.24μg/ℓ（外洋側）～0.54μg/ℓ（大陸側）と報告されている（Brodie et al. 2007）．

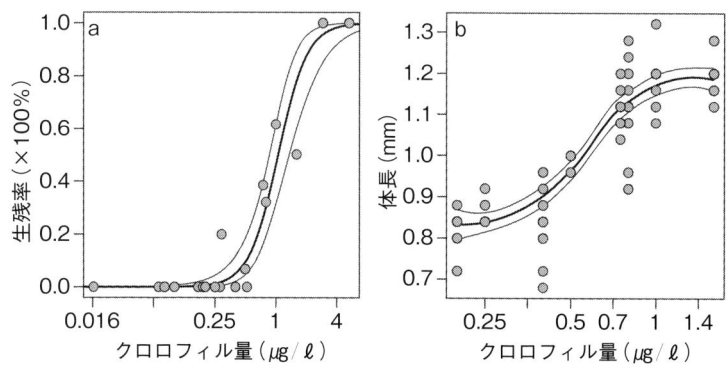

図9-3 海水中のクロロフィル量とオニヒトデ幼生の生残率a）および体長b）の関係（出典：Fabricius et al. 2010）.

　これら野外のクロロフィル観測値は，オニヒトデ幼生の大半が飢えて死滅するとされた範囲であるため，餌の量が生残率を制限するというLucas（1982）の説は再び支持された．ただし，制限の程度は彼が示したレベルよりもややゆるやかで，たとえば，グレートバリアリーフ中部の大陸側では，クロロフィル量がわずかに増加するだけでオニヒトデ幼生の生残率が飛躍的に高まる可能性がある．

　オニヒトデ幼生がもつ遊泳能力はわずかなものである．成長に適した環境条件に恵まれ，順調に育ち，生き残ることができたとしても，将来の生息場所に着底できるかどうかは海水の動きに委ねられる．それゆえ，物理条件としての海流は，幼生の生残を支配するもっとも重要な要因の1つとなる．

　山口（1989）は，海流によるオニヒトデ幼生の運搬と拡散のパターンを調べるため，手の指ほどの大きさのカプセル6,000本と漂流ハガキ1,500枚を，沖縄本島北部西岸の本部町沖合から7月上旬に2回放流し，それらが6週間以内に漂着する範囲を調べた．1回目に放流したカプセルとハガキはおもに沖縄本島の東海岸一帯で，2回目はおもに沖縄本島北西沖の伊江島，伊平屋島，伊是名島と奄美諸島で回収された．この実験結果により，本部町付近で産まれたオニヒトデ幼生を運搬する海流には，沖縄本島に沿って西海岸を北上し，沖縄本島北端の辺戸岬を時計回りに越えて南へ向かうものと，辺戸岬から沖縄本島を離れて北の奄美諸

島へ向かうものの，少なくとも2通りあることがわかった．

　実験期間中はおおむね南よりの季節風が吹くことが多かったが，2回目の放流直後に沖縄本島の西側を台風が通過し，一時的に北風が吹いた後の数日間に強い南風が吹いた．この台風接近による撹乱が，1回目と2回目で漂着範囲の違いを生じさせたようである．オニヒトデの繁殖期に台風などによる海の撹乱が起きると，浮遊幼生は沿岸域から離れて拡散し，着底できない（無効分散する）可能性が高い．別の見方をすれば，オニヒトデの繁殖期に海が穏やかな状態が持続すると，幼生が沿岸域に滞留し，まとまって着底しやすくなると考えられる．

　海流による幼生の運搬が長距離におよぶこともある．串本や足摺岬・宇和海で1970年代前半に起きたオニヒトデの大発生は，沖縄本島で大発生していた集団から産みだされた大量の幼生が黒潮で運搬されたことが原因だと考えられている．当時，黒潮は南日本沿岸に接近しており，沿岸域の冬の水温が，オニヒトデが越冬できる15℃以上に保たれたことも集団形成の要因となった（Yamaguchi 1987）．このような長距離の運搬が可能であることは，2002年頃から南日本沿岸に再び現れたオニヒトデ集団と，同時期に琉球列島で大発生していた集団が遺伝的にほぼ均一であることによって証明された（Yasuda et al. 2009）．日本のオニヒトデ集団と，フィリピンの集団の間にも遺伝的距離はほとんどなく，黒潮を介した遺伝子交流はかなり高い頻度で起きているようである．

稚ヒトデ期

　変態直後の稚ヒトデは5腕で，直径約0.5mmである（図9-1g）．数日後には，親と同じように胃を反転させて，着底基盤である石灰藻（サンゴモ）を1日1～2回のペースで捕食し始める．約3週間後には6本目の腕が生えてきて，以後は10日～2週間ごとに1本ずつ，決まった順序で腕が加わり（図9-1h），約5ヵ月後には16～18腕，直径は8～10mmになる．この頃から，稚ヒトデは徐々にサンゴを食べ始める（図9-1i）．

　熱帯域で餌のサンゴを十分に与えて稚ヒトデを飼育すると，着底後1年で直径5～10cm，2年で約20cmになって性成熟し始め，3年後には約30cmに達する（Yamaguchi 1974a；Lucas 1984）．フィジーの礁原で発見された稚ヒトデ集団の平均的な成長は，水槽の飼育個体と似た成長

率を示したが，西表島で発見された稚ヒトデ集団の成長はやや遅く，2年目で15cm前後，3年目でも20cm前後であった（Zann et al. 1990；波部 1989）．西表島で成長が遅かったのは，生息域に餌となるサンゴが少なかったという理由が考えられるが，冬季の水温低下による影響もあったかもしれない．オニヒトデのエネルギー代謝は水温とともに変化するので，成長率も変化する可能性が高い（Yamaguchi 1974b）．これまで，オニヒトデの成長率と水温の関係は調べられていないので，熱帯以外の地域では，成体のサイズから年齢を推定するときには注意が必要である．

　稚ヒトデは物陰に隠れる性質が強く，着底後，少なくとも数ヵ月間は餌を求めて移動できる距離が数 m 程度である．石灰藻はサンゴ礁のいたるところに成育しているので，初期の稚ヒトデが餌に困ることはない．しかし，食性がかわる時期に餌となるサンゴが近くにないと，その後の成長が大きく制限される．実験水槽でサンゴを与えなかった稚ヒトデは，2年を経過しても直径18mm以上には成長できなかった（Lucas 1984）．オニヒトデの大発生集団は，大きさがほぼそろった数万以上の個体からなるが，この大きな個体群の成育を支えるのに十分な量のサンゴが存在することが，大発生の要因となることは間違いないであろう．

　サンゴ礁の海底には大小さまざまな肉食性の動物が生息しており，そのなかには稚ヒトデを餌とする捕食者も多いと思われる．グレートバリアリーフでおこなわれた野外実験では，捕食による稚ヒトデ（着底後1ヵ月）の1日あたりの死亡率は最大で約6.5%であった（Keesing and Halford 1992a）．これは一見すると小さな値に見えるが，稚ヒトデ期全体の日数を乗じるとひじょうに大きな値となる．試算では，着底後1年で99%以上の稚ヒトデが死亡すると見積もられた（Keesing and Halford 1992b）．ただし，稚ヒトデの捕食者は特定されておらず，捕食される頻度（捕食圧）がどのように変化し，その結果，生残率がどの程度影響を受けるかはまだわかっていない．

オニヒトデはなぜ大発生するのか？

　1995年，グレートバリアリーフ海中公園局が，オニヒトデ問題に携わる国内外の専門家を対象におこなった大発生要因を問うアンケートでは，複数の自然要因と人為的要因が関与するとの回答が多数を占めた

(Lassig et al. 1996).大発生が自然現象なのか,それとも人為的な影響による現象なのかは今も議論が続いているが,単独の要因だけで大発生が起きないことは専門家の共通認識となっている.

　オニヒトデの大発生が自然現象だとする説のおもな根拠は２つある.１つは,オニヒトデのように莫大な数の小さな卵を産み（小卵多産型）,プランクトン食の浮遊幼生を拡散させる繁殖生態をもつ棘皮動物は,大きな個体数変動を示すのがふつうであること（Thorson 1950；山口 1978；Uthicke et al. 2009）.そしてもう１つは,サンゴ礁沿岸での人間活動が盛んになる1960年代以前にも大発生が起きていたという事実が認められることである.熱帯太平洋の複数の島嶼には,オニヒトデをさす現地語の固有名詞が存在する（たとえば,パラオでは「Rrusech」,サモアでは「Alamea」など）.このことは,オニヒトデが世代を超えて人々に語り継がれるようなインパクトを与える存在であったことを反映している.サモアでは,1910年代と1930年代にオニヒトデが大発生したことが口伝や記録に残っている.同様に,琉球列島や南日本沿岸でも1930～1950年代にかけてオニヒトデが大発生したことがわかっている（横地 2004）.科学的に検証された例として,DeVantier and Done (2007)の研究があげられる.彼らは,グレートバリアリーフ各地から採取された塊状ハマサンゴ骨格の,1900～1940年代にかけて成長した部位に,大発生の痕跡とみられる多数のオニヒトデ食痕が残されていることを示した.

　人為的現象説を支持する研究者は,1960年代以降にみられる大発生の反復性と持続性が過去から続いているならば,サンゴ群集は維持されてこなかったと主張している.しかし,そうしたサンゴ群集の回復に関するデータが明らかになるよりもずっと以前から,人間活動が集中する地域の沿岸でオニヒトデの大発生が頻発することが注目されていた.太平洋の地理的に隔てられた地域で,ほぼ同時期に複数の自然要因が大発生を引き起こす方向へ偶発的に働いたとは考えにくく,むしろ,それらの地域に共通する人間活動にかかわる事象のなかに要因を求める方が合理的である.そうした観点から,沿岸開発による水質悪化と,乱獲による捕食生物の減少という人間活動に由来する環境変化が原因だとする２つの仮説,「捕食者減少説（Predator removal hypothesis）」と「幼生

生き残り説（Larval starvation hypothesis）」が，グレートバリアリーフでオニヒトデ問題に取り組んでいた研究者達によって提唱された（Birkeland and Lucas 1990）．

「捕食者減少説」は，サンゴ礁域やその周辺における過剰な漁獲活動によって，オニヒトデを捕食する魚類が減少したために大発生が起きるという説である．グレートバリアリーフやフィジーでは，漁獲圧が高くなるにつれてオニヒトデの個体数が増える傾向がみられた（Dulvy et al. 2004；Sweatman 2008）．オニヒトデの捕食者とされる肉食性魚類（フエフキダイ類，フエダイ類，モンガラカワハギ類，ナポレオンフィッシュ，サザナミフグなど）が，どの程度オニヒトデの個体数を抑制する効果があるかを示すデータはないが，これらの魚類に捕食されて間引かれることで，オニヒトデが繁殖する際の受精率が引き下げられるといった間接的な効果があるのではないかと考えられている（Babcock 私信）．かつてホラガイがオニヒトデの天敵であるとよく言われていたが，ホラガイはオニヒトデよりもアオヒトデなど他のヒトデを好む傾向があり，捕食の頻度もせいぜい1週間に1回程度なので，オニヒトデの個体数を制限できるほどの強力な捕食者ではない．

「幼生生き残り説」は，本来ならば餌不足でほとんど死滅するはずのオニヒトデ幼生が，植物プランクトンが増殖することで，より多く生き残って大発生が起きるというものである．この説では，陸域の農業肥料や生活排水に含まれる窒素やリンなどの無機栄養塩類が河川を通じてグレートバリアリーフへ流入し，栄養塩を吸収して植物プランクトンが増殖する，いわゆる富栄養化がオニヒトデの大発生を招くとしている．1990年代以前はサンゴ礁の富栄養化は推測の域をでなかったが，グレートバリアリーフで長期間取得された水質データを解析することで，大型河川からの栄養塩流出の増加とともに，植物プランクトンも増殖していることが明らかになった（Brodie et al. 2005）．さらに，一次発生が繰り返し起きた場所（ケアンズ沖の南緯16～17度付近）では，大陸側からは大型河川の流出水が押し寄せ，外洋側からは南赤道海流がぶつかって，富栄養化した海水が滞留しやすいことや，多雨の年の数年後に一次発生がはじまる傾向があることなど，仮説のシナリオが野外の状況と符合するようになってきた（Bode et al. 2006）．こうした情報をとりま

とめた Fabricius et al.（2010）は，もともと自然現象であったオニヒトデの大発生が，グレートバリアリーフの富栄養化にともなって十数年周期で頻発する人為的現象へと変化したと結論づけた．

　グレートバリアリーフ以外の島嶼地域においても，植物プランクトンの増殖がオニヒトデの大発生を招く可能性が示されている．Birkeland（1982）は，太平洋の標高が高い（環礁島ではない）島嶼で，オニヒトデの繁殖期に記録的な多雨があった年の3年後に大発生が起きる傾向があることを示した．これは，雨水によって流出する陸域の栄養塩が，沿岸域の植物プランクトン増殖を引き起こしたとする説で，幼生生き残り説の原点とされている．Houk et al.（2007）は，ハワイ諸島，マーシャル諸島，マリアナ諸島でほぼ同時期に起きたオニヒトデの大発生は，植物プランクトンが豊富な北太平洋の水塊（クロロフィル前線）が平年よりも南下して，オニヒトデ幼生の餌が豊富な環境ができたためではないかと推論した．他にも似た例として，インドネシア沿岸にあった多量の植物プランクトンを含んだ水塊が，北赤道反流とミンダナオ渦によってパラオに到達し，その3年後にパラオ沿岸でオニヒトデの大発生が起きたことをあげている．Houk and Raubani（2010）は，バヌアツ共和国沿岸のオニヒトデ大発生が，初夏の強い西風で湧昇流が発生し，深層の栄養塩が表層に供給されて植物プランクトンが増殖したためであることを，衛星画像データの解析から示唆した．また，Mendonça et al.（2010）は，インド洋に面したオマーン湾のディマニヤット諸島周辺で採捕された魚類の胃内容物を徹底的に調べ，オニヒトデを捕食した魚類が見られなかったことから捕食者減少説を否定し，同諸島沿岸で頻発しているオニヒトデの大発生が，モンスーンで発生する湧昇流の栄養塩供給によって植物プランクトンが増殖したためだと指摘した．これらの事例は，栄養塩が増加する原因をおもに自然現象に求めている点でグレートバリアリーフの幼生生き残り説とは異なっている．

　現在のところ，オニヒトデが大発生するおもな要因は，栄養塩の増加にともなう植物プランクトンの増殖だとする考え方が有力である．ただし，大発生にいたるプロセスの説明には，いくつか確証が得られていない部分が残っている．たとえば，野外で増殖する植物プランクトンがオニヒトデ幼生にとって有効な餌かどうか，餌であったとしても他の浮遊

幼生や動物プランクトンに消費されてしまうのではないか，あるいは，オニヒトデと似た浮遊幼生期をもつ他のヒトデ類（アオヒトデやマンジュウヒトデなど）がなぜ大発生しないかといった疑問は解決されていない．同じことが捕食者減少説についても言える．魚類などの捕食者が減少すると，オニヒトデ以外の底生生物も大発生しそうだが，そうならない明確な説明は見当たらない．今後，大発生に関する仮説を検証してゆくためには，オニヒトデの幼生や稚ヒトデをとりまくさまざまな生物の野外での動態にも目を向け，オニヒトデだけが増える理由をデータに基づいて明らかにしなくてはならないだろう．

沖縄本島でのオニヒトデ大発生の要因

前出の Birkeland（1982）の解析には，沖縄本島で1969年と1972年に起きたオニヒトデ大発生も含まれていた．彼が指摘したとおり，1966年と1969年の初夏の降水量は突出していて，過去44年間の4～7月までの4ヵ月の合計降水量記録のなかでは5位と1位であった（図9-4）．興味深いことに，4ヵ月の合計降水量が2位の1972年と，3位の1975年は，沖縄本島南部にオニヒトデ集団が現れた1975年と，東海岸に集団が現れた1978年の3年前にあたる．しかし，1980年代以降は，降水量と大発生の関係ははっきりしていない．

沖縄本島では，1980年代初めにオニヒトデの大発生は収束したようにみえたが，実際には駆除をまぬがれた多くの個体が残っていた．それらが繁殖を繰り返したためか，1984年頃には西海岸のほぼ全域において，サンゴ群集が回復した場所にオニヒトデの集団が現れるようになった（酒井・西平 1986）．このような，慢性的にオニヒトデ集団が発生する状態は1990年頃まで続いた（環境庁自然保護局 1994）．1992年におこなわれた全島調査では，オニヒトデの密度が低下したと報告されたが（沖縄県環境科学センター 1993）．同年11月には恩納村北部の沿岸で直径20mm前後の稚ヒトデが多数発見されている．同じ場所で1994年には直径20cm前後のオニヒトデ集団が，そして，1996年には隣接する海域でさらに規模の大きな別の集団が現れて，回復していたサンゴ群集を食害した（恩納村漁業協同組合データ，比嘉 私信）．2000年代に入ってからも，恩納村をはじめとして各地でオニヒトデの密度が高い状態は続

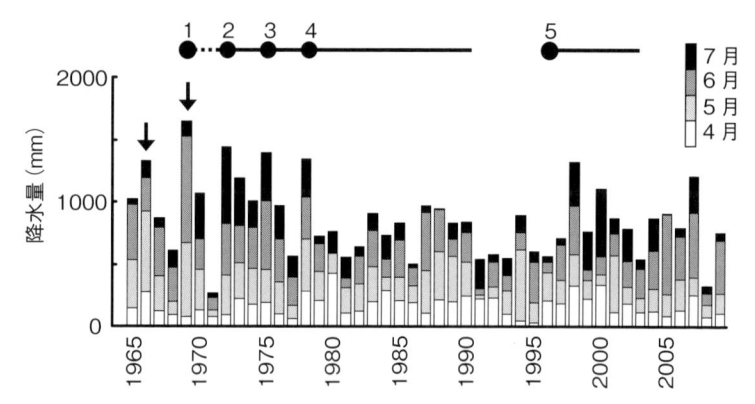

図9-4　沖縄県名護市で観測された，1965～2009年までの4～7月の4ヵ月間の合計降水量の推移と沖縄本島におけるオニヒトデ大発生の状況．図上部にオニヒトデの大発生が持続した期間を横棒で示し，顕著な集団が出現した年に黒丸を付した（1．西海岸中央部，2．恩納村全域～本部半島，3．那覇～摩文仁，4．東海岸，5．恩納村全域）．1969年と1972年の大発生をもたらしたとBirkeland（1982）が主張した，1966年と1969年の降水量データには矢印（→）を付した．なお，彼はこの2つの大発生が分けられるかどうか不明としているので，これらの間は点線でつないでいる．降水量データは，気象統計情報（気象庁）および気象要覧（琉球気象庁）から引用した．

いた．分布域や個体数の変動はあったものの，1980年代以降の沖縄本島では，本来なら稀少な存在であるはずのオニヒトデが，あたかも普通種のような密度で何世代にもわたって維持されていたのである．

　オニヒトデの大発生が一過性である場合は，大発生集団の繁殖によって二次集団が発生したとしても，餌のサンゴが消滅するとともにオニヒトデの個体数は徐々に減り，産みだされる受精卵も少なくなって，数年のうちに低密度の状態に戻る．ところが，沖縄本島では，そうしたプロセスが進行する速度がひじょうに遅くなっているようだ．その原因は不明だが，受精卵を産みだすオニヒトデ集団の規模が小さくなっていたことは事実であるため，「多くの幼生が沿岸域で生き残って着底する」ことと「多くの稚ヒトデが生き残る」という条件が整いやすくなっていることは確かであろう．今後，オニヒトデ大発生の原因究明にむけた努力が続けられるならば，横地（2004）が指摘したように，各々の大発生要因について，慢性化が起きなかった八重山諸島や宮古島と沖縄本島の間

で，定量的に比較することが解決の糸口になるかもしれない．

　これまで，沖縄県では，オニヒトデの大発生が起きてから駆除を始めるという，いわば対症療法的な施策がとられてきた．むろん，サンゴ群集の保全と，サンゴ礁の利用者の利益保護のために，駆除は現実的かつ不可欠な対策であり，今後も機動的におこなわれるべきである．しかし，サンゴ礁が危機的状況にあるなか，将来も起きるかもしれないオニヒトデの大発生に対しては，より抜本的な取り組みも求められる．具体的には，サンゴのプラヌラ幼生の供給源となる重要なサンゴ群集でのモニタリングを強化してオニヒトデの食害を未然に防止したり，あるいは，資源として利用価値の高い海域で，恒常的なオニヒトデの駆除をおこなってサンゴ群集の回復を促すことなどがあげられる．大発生が起きる可能性を低下させる予防的な対策として，繁殖期前に成熟個体を除去することや，現状で疑わしいとされる水質汚染や過剰な漁獲活動（乱獲）といった人為的要因をできるだけ低減することも必要である．

サンゴ食巻貝

　サンゴを食べる巻貝は4科25種類が知られている（表9-1）．このうち，大発生して顕著な食害をもたらす，いわゆる「サンゴ食巻貝」と呼ばれるのは，アクキガイ科に属するシロレイシダマシ類 *Drupella* spp.（口絵71）とトゲレイシダマシ *Habromorula spinosa* である（図9-5）．サンゴヤドリ類 *Coralliophila* spp. は，サンゴに付着して栄養を吸収する寄生貝で，サンゴのポリプや共肉部を直接捕食することはない．また，他の貝類は個体数が比較的少なく，サンゴ群集を脅かすほどの捕食者ではないとされている（Robertson 1970；Fujioka and Yamazato 1983）．

　シロレイシダマシ類は殻高4 cm以下の小さな貝である．世界で *Drupella* 属の貝が6種確認されており，そのうちシロレイシダマシの一種の *Drupella rugosa* を除く5種が日本に生息しており（表9-1），琉球列島から南日本沿岸にかけてのサンゴが生息する海域でふつうに見られる．ヒメシロレイシダマシ，シロレイシダマシ（口絵70），*D. rugosa* の3種は殻の形態変異が大きく，分類に混乱をきたしたことがあったが，現在はそれぞれ遺伝的に異なる別種であることが確認されている（Johnson and Cumming 1995）．

表9-1 サンゴを捕食する巻貝類

和名/学名	分布域	おもな餌
シロレイシダマシ　*Drupella conus*	インド・太平洋	ミドリイシ類，コモンサンゴ類
ヒメシロレイシダマシ　*D. fragum*	インド・太平洋	ミドリイシ類，コモンサンゴ類
クチベニレイシダマシ　*D. concatenata*	インド・太平洋	ミドリイシ類，コモンサンゴ類
ニセシロレイシダマシ　*D. eburnea*	インド・太平洋	ミドリイシ類，コモンサンゴ類
コシロレイシダマシ　*D. minuta*	インド・太平洋	ミドリイシ類
*(和名なし)　*D. rugosa*	インド・太平洋	ミドリイシ類，コモンサンゴ類，ハナヤサイサンゴ類
トゲレイシダマシ　*Habromorula spinosa*	インド・太平洋	ミドリイシ類
ウネレイシダマシ　*Cronia margariticola*	インド・太平洋	
クチムラサキレイシダマシ　*Morula striata*	インド・太平洋	
クチムラサキサンゴヤドリ　*Coralliophilla neritoidea*	インド・太平洋	ハマサンゴ類
カブトサンゴヤドリ　*C. erosa*	インド・太平洋	ミドリイシ類，コモンサンゴ類
トヨツガイ　*C. radula*	インド・太平洋	
ヒラセトヨ　*C. bulbiformis*	西太平洋	ミドリイシ類，コモンサンゴ類など
イセカセン　*C. fearnleyi*	インド・太平洋	キクメイシ類
スジサンゴヤドリ　*C. costularis*	インド・太平洋	
ヒラドサンゴヤドリ　*C. jeffreysii*	西太平洋	ミドリイシ類など
*イジケサンゴヤドリ　*C. abbreviata*	カリブ海	多種
*カリブサンゴヤドリ　*C. caribaea*	カリブ海	多種
ヒトハサンゴヤドリ　*Quoyula madreporarum*	インド・太平洋	ハナヤサイサンゴ類，ハマサンゴ類
*(和名なし)　*Latiaxis hindsii*	東太平洋	ハナヤサイサンゴ類
*(和名なし)　*Muricopsis zeteki*	東太平洋	ハナヤサイサンゴ類
(和名なし)　*Epitonium ulu*	太平洋	クサビライシ類
コグルマ　*Philippia radiata*	太平洋	ハマサンゴ類
*キノコダマ　*Jenneria pustulata*	東太平洋	ハナヤサイサンゴ類，ハマサンゴ類
*(和名なし)　*Pedicularia decussata*	カリブ海	*Solenastrea* 属(カリブ海産サンゴ)

＊印は海外産を示す

　わが国でのサンゴ食巻貝の大発生は三宅島から最初に報告された．1976年に現れたヒメシロレイシダマシの集団は，1ヵ月あたり約17m²の割合でテーブル状ミドリイシ群集を食害した．その猛威は，当時すでに大発生していたオニヒトデの食害を上回るほどであったという（Moyer and Emerson 1982）．1980年代以降も，サンゴ食巻貝は熊本（トゲレイシダマシ），宮崎，高知，和歌山（ヒメシロレイシダマシ）など

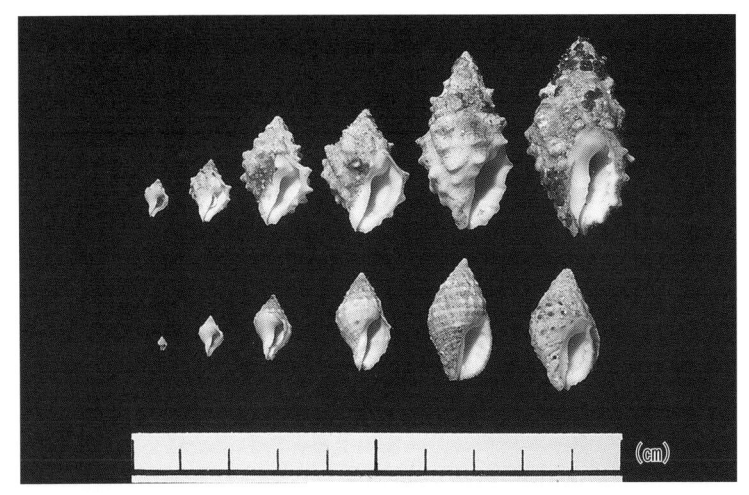

図9-5 シロレイシダマシ(上列)とヒメシロレイシダマシ(下列)の貝殻標本．図中のスケール長は10cm（1目盛＝1cm）（写真提供：下池和幸氏）．

南日本沿岸各地で大発生した．ピーク時には年間数十万個もの巻貝が駆除され，宮崎県の一部海域ではサンゴ群集がほぼ壊滅状態となった（海中公園センター 1991, 1994；野村・富永 2001）．和歌山県では，現在も小さな集団が慢性的にサンゴを食害しているようである（紀州灘環境保全の会 2010）．沖縄県のサンゴ礁でもサンゴ食巻貝が増加したと報告されているが，南日本沿岸の例と比較すると食害は小規模である（下池 1995）．

海外でも，1980年代後半からサンゴ食巻貝（おもにシロレイシダマシと $D.\ rugosa$）の大発生が報じられるようになった．西オーストラリアのニンガルーでは，サンゴ礁のほぼ全域に相当する，長さ260kmもの範囲が食害をうけた（Turner 1994）．巻貝集団の密度がもっとも高かった北部では，約100kmにわたってサンゴ群集の被度が最大で75％低下した（Ayling 2000）．紅海最奥部のアカバ湾では，高密度の巻貝集団が十数年にわたって繰り返し発生し，サンゴ群集を食害し続けている（Schuhmacher 1993；Shafir et al. 2008）．

サンゴ食巻貝の繁殖様式は，ヒメシロレイシダマシとシロレイシダマ

シで調べられており，両種ともほぼ共通している．オス・メスは交尾し，メスは体内に貯えた精子で卵を受精させる．産卵は琉球列島ではほぼ通年，南日本沿岸では春から秋にかけておこなわれ，メスは直径約2mmの黄色い卵囊(らんのう)を数十個，サンゴ群体の下部に産みつける．1個の卵嚢には200個前後の卵が入っている．同じ個体が複数回産卵するので，年間の産卵数は数万個になる．卵は約1ヵ月で孵化してベリジャーと呼ばれる幼生となり，海水中の植物プランクトンを捕食しながら約1ヵ月間浮遊する（Awakuni 1989；Turner 1992）．

沖縄県の阿嘉島では，ヒメシロレイシダマシとレイシダマシの稚貝が，コリンボース（散房花）状ミドリイシの群体で見つかることが多いようである（下池 2010）．両種とも，成長するにつれて枝状ミドリイシ群体やテーブル状ミドリイシ群体へと移動する．稚貝は捕食者から逃れるために，枝の隙間が狭い群体を選び，成長とともに殻が厚くじょうぶになると隙間の広い群体へと生息場所を変えるようである．同島での放流・再捕実験から推定された成長曲線によれば，ヒメシロレイシダマシは着底後約半年で殻高約14mm，シロレイシダマシは約1年半で殻高約24mmになり，それぞれ性成熟する．その後，成長はゆるやかになり，前者が約1年半，後者が約3年半でほぼ最大のサイズとなる．

巻貝がサンゴを食べるときには，吻（口）から消化液を吐きかけ，溶けかかった肉質部を歯舌(しぜつ)とよばれるヤスリ状の摂餌器で掻き取るようにして取り込む．基本的には夜行性だが，大発生すると昼間からサンゴを食べることもある．好んで食べるサンゴは，ミドリイシ類やコモンサンゴ類など，ポリプが比較的小さな種類に限られる（Fujioka and Yamazato 1983；土屋 1985）．サンゴ食巻貝1個体が1日にサンゴを食べる量は，ヒメシロレイシダマシでは0.2〜1.5cm²（野村・富永 2001；下池 2010），シロレイシダマシでは0.8〜3.8cm²と報告されている（Cumming 2009a）．数百個のサンゴ食巻貝が1日にサンゴを食べる量は，1個体のオニヒトデが1日にサンゴを食べる量に相当する．

サンゴ食巻貝は分散して生息するのではなく，1つのサンゴ群体に数個〜十数個が寄り集まっていることが多い．大発生したときには数千個の大集団が形成されるが，やはり狭い範囲に蝟集(いしゅう)してサンゴを食害する（口絵70，71）．このような習性は，巻貝の個体どうしが何らかの

作用をおよぼしあうためではなく，物理的な損傷をうけたサンゴに巻貝が誘引されるためであるようである（谷口 2005）．その例として沖縄県産の枝状コモンサンゴからは，シロレイシダマシを誘引する物質が見つかっている（Kita et al. 2005）．サンゴ食巻貝の野外調査に携わった研究者の多くが，土砂の流入，白化現象，オニヒトデの食害，サンゴの病気，台風，アンカリング（投錨）など，サンゴ群集の撹乱が起きた後にサンゴ食巻貝が大発生すると指摘しており（たとえば阿嘉島臨海研究所 1993, 2010；Antonius and Riegl 1997；Baird 1999），Kita et al.（2005）や谷口（2005）の研究結果はそれを強く支持するものである．

現在，多くのサンゴ群集が何らかの撹乱を受けていると思われるが，被度の低い回復初期のサンゴ群集や，成長が遅い高緯度のサンゴ群集では，比較的小さなサンゴ食巻貝集団によっても食害が深刻化する可能性がある．オニヒトデの場合と同じく，サンゴ食巻貝の大発生を招く可能性がある人為的な撹乱要因はできるだけ減らすように努力する必要があるだろう．

テルピオス

1985年10月，徳之島北西岸の与名間崎沖と東岸の母間沖で，多くのサンゴ群体が黒く変色して死滅する現象が起きた．この現象には「黒死病」という，あたかも伝染病であるかのような名前がつけられ，このまま放置すれば他の海域のサンゴにも伝播して死滅させるのではないかという，危機感をあおるような意見が地元のマスメディアでさかんに報道された．沖縄県では，サンゴ群集が徐々に回復し始めた矢先であったので，この「黒死病」がサンゴ礁の新たな脅威として恐れられたのである．しかし，ほどなくして，この現象は1970年代にグアム島でも起こっており，海綿の *Terpios* 属の一種（以降，テルピオスとする）（口絵72, 73）が生きたサンゴの表面を覆って死滅させることが原因であるとわかった（山口 1985）．

その後の調査で，テルピオスは徳之島だけではなく，奄美大島，与論島，沖縄本島，慶良間諸島，渡名喜島，西表島など琉球列島に広く分布していることが確認された．琉球列島のテルピオスの形態的な特徴は，グアム島のそれとほぼ同じであったが，ハワイ島やミクロネシアから報

告されていたものとは色彩などが異なり，しばらく種が同定されないままとなっていた．そこで，徳之島を含む琉球列島各地で採取されたサンプルがアメリカの専門家のもとへ送られ，グアム島のサンプルとあわせて分類学的な検討がおこなわれた結果，グアム島と琉球列島のテルビオスは同一の種であることが判明し，尋常海綿綱コルクカイメン科に属する *Terpios hoshinota* として新種記載された（Rutzler and Muzik 1993）．

　テルピオスは，他の海綿類によく見られる立体的なスポンジ状の構造をもたないが，長さ約250μmのこん棒状の骨針をもっている．肉質の厚さは1mm以下とかなり薄く，どのような形状の表面でも柔軟に覆うことができる．色彩は暗褐色または黒色だが，光が強くあたる表面には石灰質の粒子が沈着して灰色に見えることがある（口絵72）．表面には，アストロライズ（astrorhizae）と呼ばれる，星形の特徴的な紋様がみられる（口絵73）．体内にはひじょうに多くの藍藻（シアノバクテリア）が共生していて，その体積の合計がテルピオス組織自体の体積より大きくなることもある．光のあたらない部分はあまり成長しないので，他のサンゴ礁海綿類と同様に，テルピオスも共生シアノバクテリアが産生する光合成産物を栄養として利用すると考えられている．

　テルピオスの有性生殖については，山口（1986）の観察例がある．1985年11月，実験水槽で飼育していたテルピオスが，20個の黒褐色の幼生を放出した．外観はサンゴのプラヌラ幼生に似た洋梨型で，長軸方向の大きさは0.6〜0.8mmであった．幼生はガラス容器の底付近を泳ぎまわり，放出2日後に着底し，数日で親と同様の姿になった．生きたサンゴ群体の小片があると，その肉質部には付着せず，近くのガラス面や骨格が露出した部分に付着した．幼生が水面をあまり活発に泳がず，比較的短期間で着底したことから，山口（1986）はテルピオスの有性生殖による分散範囲はさほど広くないと推察した．また，テルピオスがサンゴと同じように断片化によって無性生殖をおこなう可能性も指摘したが，それはテルピオスの小片を他の海域で生息場所の異なるサンゴや岩盤へ容易に移植できることからも確からしいと言える．

　テルピオスの成長速度は基盤の種類によって異なる．Bryan（1973）が野外で測定したテルピオスの成長速度は，生きた塊状ハマサンゴの表面では1日あたり最大1mmであったが，岩盤上では最大でも0.2mm以下

| 生きている枝 | 骨格を露出させた枝 | 移植されたテルピオス |

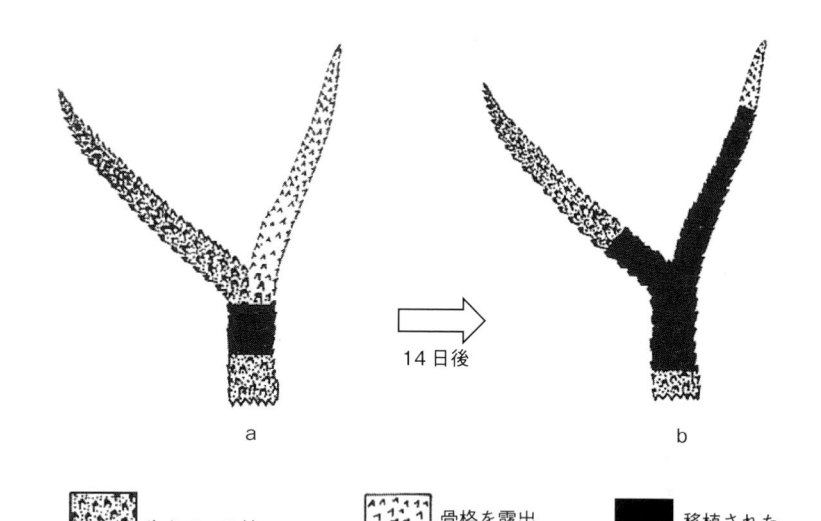

図9-6 移植したテルピオスの成長．a) 枝分かれしたサンゴの根元に移植したテルピオスは，14日後には生きたサンゴ組織のある枝より，b) 骨格を露出させた枝の方へ，より速く被覆成長した（出典：Plucer-Rosario 1987）．

であった．Plucer-Rosario（1987）は，テルピオスが成長していく方向に選択肢があることを想定した実験をおこない，サンゴの組織をはがして骨格を露出させた枝でのテルピオスの成長速度が，サンゴ組織の生きた枝の上での成長速度より約3倍も速いことを明らかにした（図9-6）．ただし，テルピオスはいつまでも成長を続けるわけではなく，野外での長期観察中にサンゴや石灰藻の成長に負けて後退したり，数十cm²の群体が2〜3ヵ月で死滅した場合もあったことを報告している．

グアム島と琉球列島においてテルピオスが大発生したときは，サンゴの種類に関係なく増殖したことから，テルピオスのサンゴに対する選択性は低いと考えられている．サンゴが密生していない場所では，生きたサンゴを覆いつくして，周辺の石灰藻や岩盤にも広がるようすがしばしば観察される．また，サンゴや岩盤以外にも，貝殻，金属，ガラス，プラスチックなど，安定していればどのような基盤上でも成長できる．数cm離れた基盤の間でも，テルピオスが群体の一部を細長い糸状に伸ばし

て被覆範囲を拡げるようすも観察されている（Soong et al. 2009）．

　テルピオスの時間的・空間的な増減のパターンは場所によって異なり，これまでのところ明確な傾向はつかめていない．1971年にグアム島で大発生が発見されたときは，南西部を中心として数十kmにわたり礁斜面の水深5〜32mでテルピオスが優占していた．一部の海域では，テルピオスが慢性的にサンゴや海底を被覆している状態が十数年間続いたという．一方，徳之島や沖縄本島では，大発生が知られた時期でもテルピオスは礁池または上部礁斜面の数百mの範囲に集中し，大部分が1年以内にほとんど消滅した（海中公園センター 1986；岡地 未発表）．台湾の緑島（リュイタオ）では，2005年頃からテルピオスの大発生がはじまり，2006年には約100mの範囲にわたって約30％の海底が覆われていた（Liao et al. 2007）．その後におこなわれた広域分布調査の結果，緑島北岸と東岸でテルピオスが大発生しており，いずれの海域でも水深5mまでの浅い場所に群体が多かったと報告されている（野澤 2010）．

　徳之島で起きたテルピオスの大発生は一過性の現象であったため，何が原因であったかは不明のままである．サンゴ礁をとり巻く環境が変化しつつある現状では，もしテルピオスが再び大発生した場合，以前のようにすぐ消え去るものと仮定することはできない．テルピオスの大発生が長い期間続いた場合，新たなサンゴの加入や成長が妨げられるおそれがあるが，だからと言ってやみくもな駆除をおこなうことは危険である．複雑な形状の基盤からテルピオスを残らず除去することはひじょうに難しく，サンゴを被覆している部分をサンゴ骨格とともに除去しても，テルピオス群体の破片や幼生がまわりに撒き散らされて増殖を助長することになるかもしれない．まずは，テルピオスの自然状態での密度や繁殖頻度，成長に好適な環境条件などの基礎情報を集めることが重要である．台湾と沖縄では，今後数年間にわたってテルピオスに関する研究がおこなわれるようなので，その成果が待ち望まれる．

引用文献

阿嘉島臨海研究所（1993）アムスルだより No. 4. 阿嘉島臨海研究所ニュースレター，1993年11月10日．阿嘉島臨海研究所

阿嘉島臨海研究所（2010）アムスルだより No. 102. 阿嘉島臨海研究所ニュースレター，2010年3月10日．阿嘉島臨海研究所
亜熱帯総合研究所（2006）海の危険生物治療マニュアル．平成17年度内閣府委託調査研究，平成18年3月，財団法人亜熱帯総合研究所，pp 136
Antonius A, Riegl B (1997) A possible link between coral diseases and a corallivorous snail (*Drupella cornus*) outbreak in the Red Sea. Atoll Res Bull 447：1-9
Ayukai T (1994) Ingestion of ultraplankton by the planktonic larvae of the crown-of-thorns starfish, *Acanthaster planci*. Biol Bull 186：90-100
Awakuni T (1989) Reproduction and growth of coral predators *Drupella fragum* and *Drupella cornus* (Gastropoda：Muricidae). Graduation Thesis, Dept of Mar Sci, Univ of the Ryukyus, March 1989. pp 25
Babcock RC, Mundy CN, Whitehead D (1994) Sperm diffusion models and *in situ* confirmation of long-distance fertilization in the free-spawning asteroid *Acanthatser planci*. Biol Bull 186：17-28
Baird A (1999) A large aggregation of *Drupella rugosa* following the mass bleaching of corals on the Great Barrier Reef. Reef Res 9：6-7
Beach DH, Hanscomb NJ, Ormond RFG (1975) Spawning pheromone in crown-of-thorns starfish. Nature 254：135-136
Birkeland C (1982) Terrestrial runoff as a cause of outbreaks of *Acanthaster planci* (Echinodermata：Asteroidea). Mar Biol 69：175-185
Birkeland C, Lucas JS (1990) *Acanthaster planci*：major management problem of coral reefs. CRC Press, Boca Raton, pp 257
Bode M, Bode L, Armsworth PR (2006) Larval dispersal reveals regional sources and sinks in the Great Barrier Reef. MEPS 308：17-25
Brodie J, Fabricius K, De'ath G, Okaji K (2005) Are increased nutrient inputs responsible for more outbreaks of crown-of-thorns starfish? An appraisal of the evidence. Mar Poll Bull 51：266-278
Brodie J, De'ath G, Devlin M, Furnas M, Wright M (2007) Spatial and temporal patterns of near-surface chlorophyll *a* in the Great Barrier Reef lagoon. Mar Freshw Res 58：342-353
Bryan PG (1973) Growth rate, toxicity, and distribution of the encrusting sponge *Terpios* sp. (Hadromerida：Suberitidae) in Guam, Mariana Islands. Micronesica 9：237-242
Cumming RL (2009a) Case study：impact of *Drupella* spp. on reef-building corals of the Great Barrier Reef. Ressearch Publication No. 97, Great Barrier Reef Marine Park Authority, Townsville, Australia, pp 44
DeVantier LM, Done TJ (2007) Inferring past outbreaks of the crown-of-thorns seastar from scar patterns on coral heads. In：Aronson RB (eds) Geological Approaches to Coral Reef Ecology. Ecological Stud 192, Springer pp 85-125
Dulvy NK, Freckleton RP, Polunin NVC (2004) Coral reef cascades and the

indirect effects of predator removal by exploitation. Ecol Letters 7:410-416
Fabricius KE, Okaji K, De'ath G (2010) Three lines of evidence to link outbreaks of the crown-of-thorns seastar *Acanthaster planci* to the release of larval food limitation. Coral Reefs 29:593-605
Fujioka Y, Yamazato K (1983) Host selection of some Okinawan coral associated gastropods belonging to the genera *Drupella, Coralliophila* and *Quoyula*. Galaxea 2:59-73
波部忠重(1989)サンゴ礁の保護・育成とオニヒトデ幼生の駆除に関する研究.昭和63年度科学研究費補助金研究成果報告書,1989年3月,東海大学海洋学部.pp 266
Henderson JA, Lucas JS (1971) Larval development and metamorphosis of *Acanthaster planci* (Asteroidea). Nature 232:655-657
Houk P, Bograd S, Woesik RV (2007) The transition zone chlorophyll front can trigger *Acanthaster planci* outbreaks in the Pacific Ocean:historical confirmation. J Oceanogr 63:149-154
Houk P, Raubani J (2010) *Acanthaster planci* outbreaks in Vanuatu coincide with ocean productivity, furthering trends throughout the Pacific Ocean. J Oceanogr 66:435-438
Idip Jr D (2003) Annual reproduction cycle of *Acanthaster planci* (L.) in Palau. In:Yukihira H (eds) Toward the Desirable Future of Coral Reefs in Palau and the Western Pacific. Proc 1st Palau Coral Reef Conference at Palau Int Coral Reef Center, July 23-26, 2003, Koror, Palau, pp 87-91
Johnson MS, Cumming RL (1995) Genetic distinctness of three widespread and morphologically variable species of *Drupella* (Gastropoda, Muricidae). Coral Reefs 14:71-78
海中公園センター(1986)奄美群島における海中生態系の異変現象の緊急調査報告書.環境庁委託調査報告書,pp 39
海中公園センター(1991)海中公園地区におけるシロレイシガイダマシ類によるサンゴ群集被害実態緊急調査報告書.環境庁委託業務報告書,1991年3月.pp 55
海中公園センター(1994)平成5年度雲仙天草国立公園天草地区におけるトゲレイシガイダマシ類によるサンゴ群集被害緊急調査報告書.環境庁委託業務報告書,pp 69
金谷春夫(1974)卵細胞成熟のホルモン機構.蛋白質核酸酵素 19:1133-1143
環境庁自然保護局(1994)第4回自然環境保全基礎調査海域生物環境調査報告書(干潟・藻場・サンゴ礁調査)第3巻サンゴ礁.pp 262
Keesing J, Halford AR (1992a) Field measurement of survival rates of juvenile *Acanthaster planci*:techniques and preliminary results. MEPS 85:107-114
Keesing J, Halford AR (1992b) Importance of postsettlement processes for the population dynamics of *Acanthaster planci* (L.). Aust J Mar Fresh Res 43:635-651
Kettle BT, Lucas JS (1987) Biometric relationships between organ indices,

fecundity, oxygen consumption and body size in *Acanthaster planci* (L.) (Echinodermata: Asteroidea). Bull Mar Sci 41: 541-551

Kita M, Kitamura M, Koyama T, Teruya T, Matsumoto H, Nakano Y, Uemura D (2005) Feeding attractants for the muricid gastropod *Drupella cornus*, a coral predator. Tetrahedron Letters 46: 8583-8585

Lassig B, Engelhardt U, Moran P, Ayukai T (1996) Review of the crown-of-thorns starfish research committee (COTSREC) program. Res Pub No. 39, Great Barrier Reef Marine Park Authority, January 1996. pp 91

Liao MH, Tang SL, Hsu CM, Wen KC, Wu H, Chen WM, Wang JT, Meng PJ, Twan WH, Lu CK, Dai CF, Soong K, Chen CA (2007) The "black disease" of reef-building corals at Green Island, Taiwan - outbreak of a cyanobacteriosponge, *Terpios hoshinota* (Suberitidae: Hadromerida). Zool Stud 46: 520

Lourey MJ, Ryan DAJ, Miller IR (2000) Rates of decline and recovery of coral cover on reefs impacted by, recovering from and unaffected by crown-of-thorns starfish *Acanthaster planci*: a regional perspective of the Great Barrier Reef. MEPS 196: 179-186

Lucas JS (1972) *Acanthaster planci*: before it eats coral polyps. In: Crown-of-Thorns Starfish Seminar, University of Queensland, Brisbane, August 25, 1972. pp 25-36

Lucas JS (1973) Reproductive and larval biology of *Acanthaster planci* (L.) in Great Barrier Reef waters. Micronesica 9: 197-203

Lucas JS (1982) Quantitative studies of feeding and nutrition during larval development of the coral reef asteroid *Acanthaster planci* (L.). J Exp Mar Biol Ecol 65: 173-193

Lucas JS (1984) Growth, maturation and effects of diet in *Acanthaster planci* (L.) (Asteroidea) and hybrids reared in the laboratory. J Exp Mar Biol Ecol 79: 129-147

Mendonça VM, Al Jabri MM, Al Ajmi I, Al Muharrami M, Al Areimi M, Al Aghbari HA (2010) Persistent and expanding population outbreaks of the corallivorous starfish *Acanthaster planci* in the northwestern Indian Ocean: are they really a consequence of unsustainable starfish predator removal through overfishing in coral reefs, or a response to a changing environment? Zool Stud 49: 108-123

Moran PJ, De'ath G (1992) Estimates of the abundance of the crown-of-thorns starfish *Acanthaster planci* in outbreaking and non-outbreaking populations on reefs within the Great Barrier Reef. Mar Biol 113: 509-515

Moyer JT, Emerson WK (1982) Massive destruction of scleractinian corals by the muricid gastropods, *Drupella*, in Japan and the Philippines. The Nautilus 96: 69-82

野村恵一・富永基之 (2001) 大月町尻貝海岸におけるヒメシロレイシガイダマシ対策と駆除指針. 海中公園情報 130: 1-6

野澤洋耕（2010）台湾のサンゴ礁と黒色海綿テルピオス（*Terpios hoshinota*）の大発生．Lagoon 14：5-6

Okaji K (1993) *In situ* rearing of COTS larvae. In：Engelhardt U, Lassig B (eds) The Possible Causes and Consequences of Outbreaks of the Crown-of-Thorns Starfish, Proceedings of a workshop held in Townsville, Queensland, Australia, 10 June 1992. Workshop Series No. 18, Great Barrier Reef Marine Park Authority, pp 55

Okaji K (1996) Feeding ecology in the early life stages of the crown-of-thorns starfish, *Acanthaster planci* (L.). Ph.D. dissertation, Zool Dept, James Cook Univ of North Queensland, February 1996, pp 121

Okaji K, Ayukai T, Lucas JS (1997a) Selective feeding by larvae of the crown-of-thorns starfish, *Acanthaster planci* (L.). Coral Reefs 16：47-50

Okaji K, Ayukai T, Lucas JS (1997b) Selective uptake of dissolved free amino acids by larvae of the crown-of-thorns starfish, *Acanthaster planci* (L.). In：Proc 8th Int Coral Reef Symp 1：613-616

沖縄県環境科学センター（1993）沿岸海域実態調査（沖縄島及び周辺離島）．平成4年度沖縄県企画開発部委託調査報告書．pp 289

沖縄県文化環境部自然保護課（2007）オニヒトデ対策ガイドライン．沖縄県文化環境部自然保護課．pp 108

Olson RR (1987) *In situ* culturing as a test of the larval starvation hypothesis for the crown-of-thorns starfish, *Acanthaster planci*. Limnol Oceanogr 32：895-904

Plucer-Rosario G (1987) The effect of substratum on the growth of *Terpios*, an encrusting sponge which kills corals. Coral Reefs 5：197-200

Pratchett M (2007) Feeding preferences of *Acanthaster planci* (Echinodermata：Asteroidea) under controlled conditions of food availability. Pac Sci 61：113-120

Robertson R (1970) Review of the predators and parasites of stony corals, with special reference to symbiotic prosobranch gastropods. Pac Sci 24：43-54

Rotjan RD, Lewis SM (2008) Impact of coral predators on tropical reefs. MEPS 367：73-91

Rutzler K, Muzik K (1993) *Terpios hoshinota*, a new cyano-bacteriosponge threatening Pacific reefs. Sci Mar 57：395-403

酒井一彦・西平守孝（1986）造礁サンゴの生態．琉球大学放送公開講座委員会（編），沖縄のサンゴ礁，pp 71-85

Schuhmacher H (1993) Impact of some corallivorous snails on stony corals in the Red Sea. Proc 7th Int Coral Reef Symp 2：840-846

Shafir S, Gur O, Rinkevich B (2008) A *Drupella cornus* outbreak in the northern Gulf of Eilat. Coral Reefs 27：379

下池和幸（1995）阿嘉島におけるサンゴ食貝（シロレイシガイダマシ属2種）の成熟と棲息状況．みどりいし 6：12-16

下池和幸（2010）阿嘉島におけるサンゴ食貝（シロレイシガイダマシとヒメシロレイシガイダマシ）の成長様式．みどりいし 21：20-25

塩見一雄（2003）オニヒトデ刺棘のタンパク毒．日本水産学会誌 69：831-832

Soong K, Yang1 S-L, Chen CA（2009）A novel dispersal mechanism of a coral-threatening sponge, *Terpios hoshinota* (Suberitidae, Porifera). Zool Stud 48：596

Strathmann RR（1971）The feeding behavior of planktotrophic echinoderm larvae: mechanisms, regulation, and rates of suspension feeding. J Exp Mar Biol Ecol 6：109-160

Sweatman H（2008）No-take reserves protect coral reefs from predatory starfish. Curr Biol 18：598-599

Sweatman H, Cheal A, Coleman N, Emslie M, Johns K, Jonker M, Miller I, Osborne K（2008）Long-term monitoring of the Great Barrier Reef. Aust Inst Mar Sci, Townsville, pp 379

谷口洋基（2005）トゲスギミドリイシを使ったシロレイシガイダマシの誘因実験．みどりいし 16：20-22

Thorson G（1950）Reproductive and larval ecology of marine bottom invertebrates. Biol Rev 25：1-45

土屋光太郎（1985）サンゴを食べる巻貝．海中公園情報 65：10-13

Turner SJ（1992）The egg capsules and early life history of the corallivorous gastropod *Drupella cornus* (Roding 1798). Veliger 35：16-25

Turner SJ（1994）Spatial variability in the abundance of the corallivorous gastropod *Drupeila cornus*. Coral Reefs 13：41-48

Uthicke S, Schaffelke B, Byrne M（2009）A boom-bust phylum? Ecological and evolutionary consequences of density variations in echinoderms. Ecol Monogr 79：3-24

Weber JN, Woodhead PMJ（1970）Ecological studies of the coral predator *Acanthaster planci* in the South Pacific. Mar Biol 6：12-17

Yamaguchi M（1973）Early life histories of coral reef asteroids, with special reference to *Acanthaster planci* (L.). In: Jones OA and Endean R (eds) Biology and Geology of Coral Reefs 2：369-387

Yamaguchi M（1974a）Growth of juvenile *Acanthaster planci* (L.) in the laboratory. Pac Sci 28：123-138

Yamaguchi M（1974b）Effect of elevated temperature on the metabolic activity of the coral reef asteroid *Acanthaster planci* (L.). Pac Sci 28：139-146

山口正士（1979）サンゴ礁ヒトデ類の比較生活史．月刊地球 1：675-683

Yamaguchi M（1987）Occurrences and persistency of *Acanthaster planci* pseudo-populations in relation to oceanographic conditions along the Pacific coast of Japan. Galaxea 6：277-288

山口正士（1985）サンゴを覆い殺す黒色カイメン．沖縄タイムス．1985年12月16日

山口正士（1986）サンゴ礁学入門4―サンゴ礁のカイメン類―（1）サンゴの敵としてのカイメン類．海洋と生物 43：88-92

山口正士（1989）オニヒトデ問題（3）漂流カプセル実験による，オニヒトデ浮遊幼生の琉球列島群島間の分散・伝播現象の検証．海洋と生物 60：8-14

横地洋之（2004）サンゴ食害生物．環境省・日本サンゴ礁学会（編）日本のサンゴ礁，pp 51-57

横地洋之・上野信平・小椋將弘・永井　彰・波部忠重（1995）オニヒトデ *Acanthaster planci*（L.）の水温，塩分，低溶存酸素に対する耐性．東海大学海洋研究所研究報告 16：41-51

Yasuda N, Nagai S, Hamaguchi M, Okaji K, Gerard K, Nadaoka K（2009）Gene flow of *Acanthaster planci*（L.）in relation to ocean currents revealed by microsatellite analysis. Mol Biol 18：1574-1590

Zann L, Brodie J, Vuki V（1990）History and dynamics of the crown-of-thorns starfish *Acanthaster planci*（L.）in the Suva area, Fiji. Coral Reefs 9：135-144

Ayling AM（2000）The effects of *Drupella* spp. grazing on coral reefs in Australia. On-line publication by Sea Research. http://www.searesearch.com.au/reports/drupella/drupella.html

紀州灘環境保全の会（2010）サンゴ食貝駆除．紀州灘環境保全の会ホームページ，http://www.starstar.co.jp/eco/kujyo/frmkujyo.htm

沖縄県福祉保健部（2010）気をつけよう！海のキケン生物．沖縄県福祉保健部ホームページ．http://www3.pref.okinawa.jp/site/view/contview.jsp?cateid=93&id=14519&page=1

第10章

サンゴ礁と地球温暖化

茅根　創

　大気中の二酸化炭素濃度は，過去数十万年の氷期-間氷期の変動に対応して，180〜280ppm（0.0002〜0.0003％）の間で変動し，産業革命前の1000年間はほぼ280ppmで安定していた．しかし2010年現在，大気中の濃度は388ppmまで上昇し，現在も上がり続けている．このままでいけば今世紀末には500〜800ppmまで上昇し，その温室効果によって地表の平均気温が1〜4℃上昇すると予想されている（IPCC 2007）（図10-1a, b）．これは，過去数十万年間に地球が経験したことのない現象である．

　生態系は現在の気候に対応して分布し，人間は現在の気候にあわせて生活している．そのため過去数十万年間に経験したことがないような変化が起これば，生態系や人間活動がこれに追いつくことができず，崩壊してしまう可能性がある．すでに起こった温暖化による気温の上昇は0.7℃程度とまだ小さいため，生態系に現れた影響はわずかで，将来どのような影響が現れるかについては，推測するほかなかった．こうした中で，前世紀末の1997〜1998年にかけて世界規模で起こったサンゴ礁の白化（口絵74, 75）は，地球規模の生態系スケールで温暖化の影響が現れた初めての例として，地球環境に関心のあるさまざまな分野の研究者に注目された．サンゴ礁は，地球温暖化の最初の犠牲者というわけである．

　サンゴ礁研究者のほとんどが，この白化が起きるまで，地球温暖化がサンゴ礁にここまで大きな影響を与えるとは予想していなかった．サンゴ礁衰退の原因は，おもに海岸部の開発や陸域の負荷の増加によるローカルなストレスであって，地球温暖化の影響が現れるのはもっと後にな

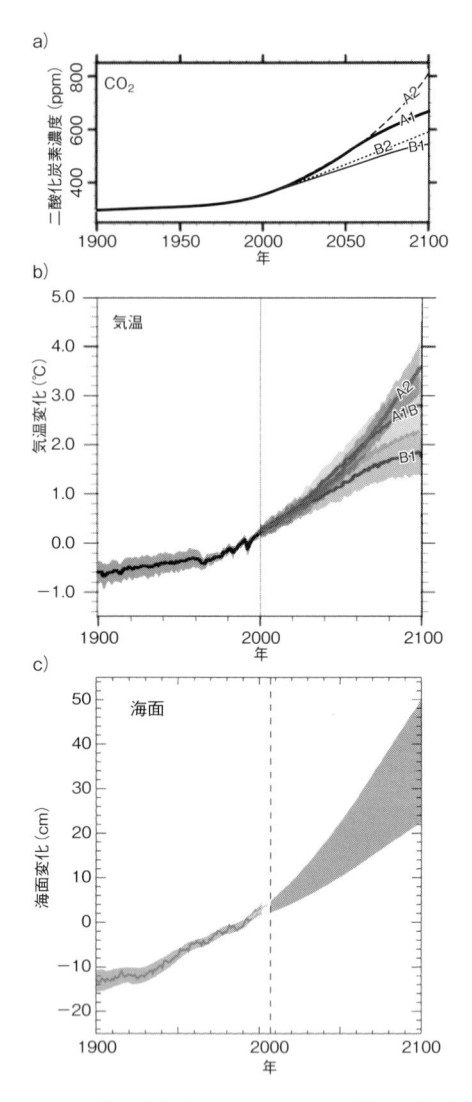

図10-1 IPCC第4次報告による20～21世紀のa) 大気中二酸化炭素濃度, b) 気温, c) 海面変化. 20世紀は観測値, 21世紀は予想値. 気温と海面は1980～1999年の平均値を0とする. A1, A2, B1, B2は将来の世界シナリオを表す (IPPC 2007).

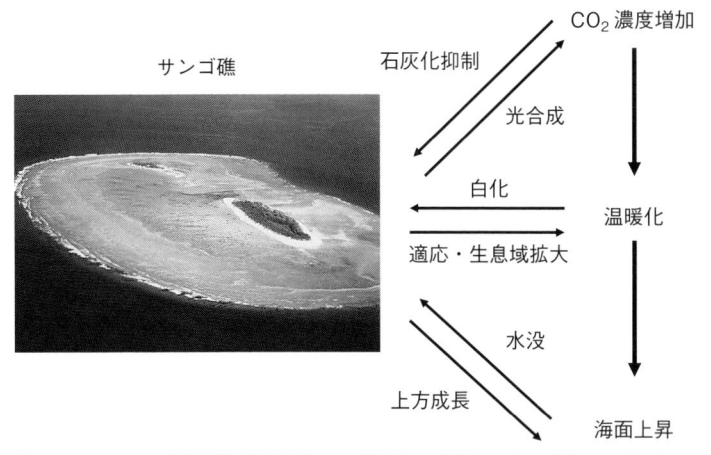

図10-2 サンゴ礁と地球温暖化の各要因との関係．サンゴ礁は，すべての要因と密接に関係しており，しかもその関係は単純ではない．

ってからだろうと考えていたのである．しかし，1997〜1998年の白化は，こうしたサンゴ礁研究者の見方を大きく変えた（Wilkinson 2002）．地球温暖化というグローバルなストレスは，ローカルなストレスとともにサンゴ礁衰退の大きな要因となっている．しかも地球温暖化は，人間の居住域から遠く離れたローカルなストレスのおよばないサンゴ礁にも等しく影響を与える．サンゴ礁の将来を考えるうえで，地球温暖化を考慮することは，今や必須である．

そのうえ，サンゴ礁は，温度上昇以外の地球温暖化のシナリオのすべての要因と密接に関わっている（図10-2）．地球温暖化は，化石燃料の燃焼によって大気中の二酸化炭素濃度が上昇し，その温室効果によって気温が上昇し，海水の熱膨張と氷河の融解によって海水準が上昇するというのが，基本的なシナリオである．IPCC（International Panel on Climate Change：気候変動に関する政府間パネル）第4次報告では，今世紀末までの気温の上昇は1〜4℃，海洋酸性化はpH 0.2〜0.3の低下，海面上昇は18〜59cmと予想している（図10-1）．地球温暖化によって水温が上昇すると，白化がより頻繁に起こることが予想されている．さらに，二酸化炭素濃度が増加して，海洋が酸性化すれば，造礁サンゴ（以降，サンゴとする）など海洋生物の石灰化が抑制されること

第10章 サンゴ礁と地球温暖化

が予想されている．また，海面が上昇すれば，サンゴ礁は水没してしまう．これらの事象が複合して相乗的に影響を与えることも予想される．しかも，こうした応答は後で述べるように決して単純ではない．

ここでは，サンゴ礁と温暖化シナリオの各要因との関係について，そのメカニズムや影響，考えられるさまざまな応答についてまとめた後，ストレスが複合して相乗的な影響が現れる可能性を示し，サンゴ礁の保全・管理には地球温暖化による影響を十分に考慮する必要性があることを述べる．

温暖化による白化

世界規模の白化

1997〜1998年にかけて，世界中のサンゴ礁が白化する大事件が起きた．白化のニュースは，当時普及しはじめたインターネットのメイリングリスト（たとえば，コーラルリスト等）を通じて，世界中のサンゴ礁研究者に現場からリアルタイムで届けられた（図10-3）．

最初の報告は，1997年8月8日に北米東岸のフロリダと，西岸のカリフォルニア湾から同時に飛び込んできた．いずれもそれまで観察されたことがない規模の白化が起こっているという報告だった．その後，10月にはパナマとコロンビア，11月には西インド諸島のグランドケイマ

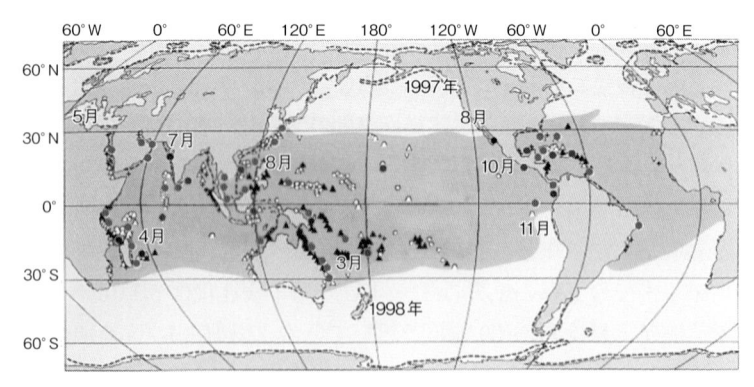

図10-3 1997〜1998年の地球規模のサンゴ礁の白化．黒丸印がそれまでに観測されたことがないような大規模で深刻な白化が観察された地点と観測された月（アミがけはサンゴ礁分布域）．

ンとガラパゴス諸島から白化の報告があり，年が明けて1998年3月にはオーストラリアのグレートバリアリーフから，飛行機からも観察される規模の白化が起こっていることが報告された．さらに，白化はインド洋をケニヤ，モザンビーク，モーリシャス，レユニオン，モルジブと北上し，5月にはインド，スリランカ，マレーシア，7月にはタイ，ベトナムから白化の報告が届いた．そして，ついに1998年8月には，琉球列島のサンゴ礁も大規模に白化した（口絵74）．

わが国では，白化は八重山諸島，沖縄本島と周辺の島々，大東諸島，奄美諸島，薩南諸島，九州の鹿児島，天草，紀伊半島など，サンゴ礁分布の全域および，ミドリイシ属 *Acropora* のサンゴをはじめ多くの優占種が壊滅的なダメージを被った（中野 2004）．白化が軽微だったのは，小笠原諸島や本州の一部のサンゴ礁だけだった．このときの白化で，世界のサンゴ礁の16％が死滅したと報告されている（Wilkinson 2002）．

現場からの報告と同時に，NOAA（National Oceanic and Atmospheric Administration：米国海洋大気局）の衛星が水温の異常海域をモニタリングしていた．図10-4は，各地点の水温が同じ月の平年値よりどれくらい高かったかを示したものである．ちょうど白化の報告があった海域で，その時期に，それぞれの海域の通常より1～4℃高い水温異常水域が広がっていることがわかる．白化は，世界地図上を北米から時計回りの順に生じた高水温異常によって起こったのである．

1997年は，エルニーニョ現象とインド洋ダイポールモード現象が同時に起こった年であった．通常は，太平洋では西側，インド洋では東側の，インドネシア海域がもっとも水温が高いのだが，エルニーニョ現象とインド洋ダイポールモード現象の起こる年には，この高水温域が，それぞれ東と西に移動する．両者は数年に一度それぞれ独立して起こるのだが，1997～1998年には，両者が同時に発生し，異常水温域が周辺海域にも波及して，白化をもたらしたのだと考えられている．エルニーニョ現象もインド洋ダイポールモード現象も，自然の変動である．しかし，地球温暖化によって水温が底上げされたために，高水温異常が強調されて，世界規模の白化につながったと考えられる．さらにこうした変動が，地球温暖化に伴って周期や規模が強化しているという指摘もある（Nakamura et al. 2009）．

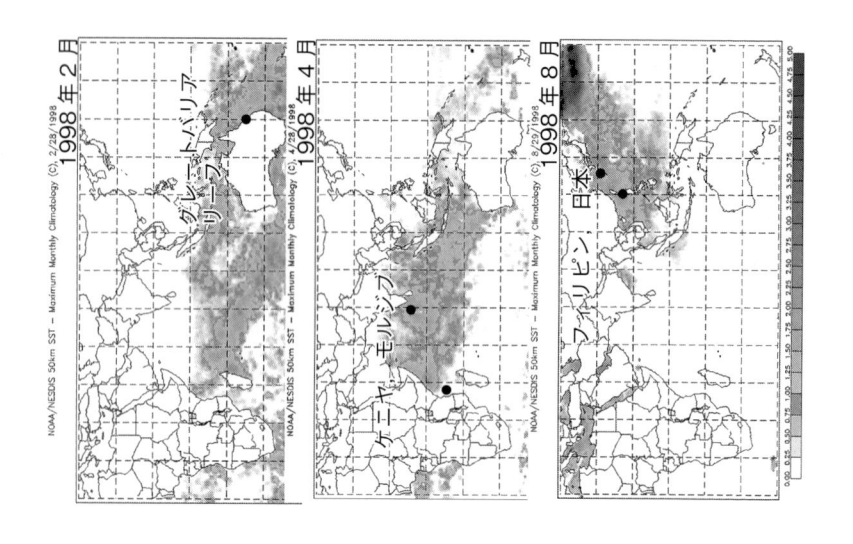

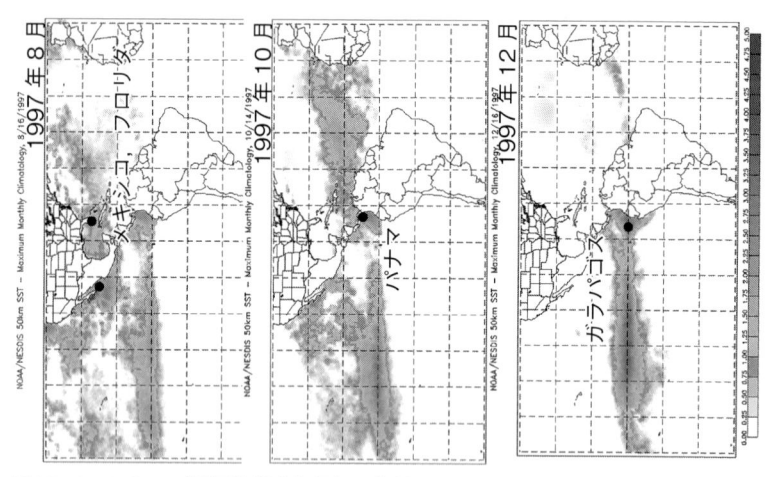

図10-4 NOAA（米国海洋大気局）の衛星によって観測された，1997〜1998年の高水温異常．各地点の平均の値より1℃以上水温が高い海域

白化の原因は高水温

　白化のメカニズムについては，第6章に詳しく解説されている．1997〜1998年の世界規模の白化以降，毎年のようにさまざまな海域で白化

が起こっているが,そのほとんどが高温ストレスによるものである.サンゴの成育に最適な水温は20〜28℃であり,一般に30℃を超える水温が数週間続くとサンゴは白化する.このとき水温の上昇幅と期間の積算がある値を超えると白化が起こる(Baker et al. 2008).31℃の水温が3〜4週間続くと白化し,33℃の水温が数日続いても白化する.熱帯・亜熱帯のサンゴ礁では,多くの場合30℃が閾値とみなせる.

しかし,1997〜1998年の白化では,水温が30℃を超えなかった高緯度の九州天草や紀伊半島などの本州のサンゴ礁も白化した.これは,それぞれの海域にはそこの水温に適応した種が生息しているため,各海域の最高水温を超えると白化したのだと考えることができる.また,同じサンゴ礁の中でも,ある種のサンゴはほとんど白化しているのに,別の種のサンゴには白化の影響が見られないこともしばしばある.さらには,同じ種類の隣り合ったサンゴが,1つは白化し1つはそのままということもある.1つの群体の中でも白化している部分と白化していない部分がまだらになっていることがある.白化は一様なものでなく,地域や種類,群体によっても異なることが大きい.

白化の影響

高水温によって白化するのは,サンゴだけではない.サンゴ礁にはソフトコーラルやイソギンチャクなど共生藻をもつ生物がいるが,彼らも同様に共生藻を放出して白化してしまう.こうしたことから,大規模な白化をサンゴの白化ではなく,サンゴ礁の白化と呼んでいる.

白化によって,サンゴに共生する褐色藻の光合成量は著しく減少する.そのため,サンゴは共生藻からの光合成産物を得られなくなり,成長が遅くなり,やがて死んでしまう.さらに,光合成量の減少は,サンゴ礁スケールでも現れる.琉球列島の石垣島の白保サンゴ礁では,白化前には1m²あたり0.5kg C/年もの光合成生産があったが,白化時には0.1〜0.2kg C/年まで減少してしまった(Kayanne et al. 2005).白化によって,サンゴ礁の生産が低下し,サンゴが死滅してしまうと,サンゴから直接エサを得ている甲殻類やサンゴ食の魚類が減少する.さらに,サンゴ礁の高い生産を基礎として生活していたサンゴ礁生態系の生物群集が崩壊してしまう.

白化からの回復

　白化に対する耐性は，サンゴの種類によって異なる．白保のサンゴ礁では，1998年8月の白化によってサンゴが大きく被度（生きているサンゴが海底面をおおう割合）を減少させた．白化が顕著なのは，エダコモンサンゴ *Montipora digitata* や枝状ミドリイシなどの枝状サンゴと，コブハマサンゴ *Porites lutea*，ハマサンゴ属の一種の *Porites australiensis* などの塊状ハマサンゴであった．一方，アオサンゴ *Heliopora coerulea* はほとんど白化しなかった（Kayanne et al. 2002）．

　白化後の回復も種によってさまざまであった．白保では9月には白化が終了したが，エダコモンサンゴは8割ほどが死滅し，残った群体はわずかであった．これに対して，塊状ハマサンゴは，1ヵ月以上白化していたにもかかわらず，その後共生藻をとり戻して生き返った．一方，被度を大きく減少させたエダコモンサンゴは，わずかに生き残った群体が成長し，2年後には元の被度まで回復した．

　このように，高水温に対する耐性や白化からの回復は，種によって異なる．高水温に対する耐性が高く白化しにくい種，白化しても長期に耐えて共生藻をとり戻す種，白化して死亡しやすいが，生き残った群体がすみやかに成長して元の群集に回復する種がある．しかし，成長の速い種でも，生き残った群体が成長して群集が回復するまでに2年かかる．これは無性的な成長だが，有性生殖により死滅した群集にプラヌラ幼生が加入して再び成長して群集を回復するには5年以上が必要である．

　最近の白化の頻度は，数年に1回と頻繁になってきている．たとえば，石垣島と西表島の間に広がる石西礁湖では1998年以降，2001，2003，2005，2007年と2～3年に1回，中規模な白化が起こっている（野島・岡本 2008）．さらに今世紀半ばには，1～2年に1回白化が起こるのではないかという予想もある（Hoegh-Guldberg 1999；Donner et al. 2005）．これだけの頻度で白化が起こるようになれば，サンゴは回復することができなくなり全滅してしまうだろう．

サンゴは適応できるか？

　サンゴは，さまざまな水温環境に適応してきた．今世紀の温暖化に対して，サンゴが順応・適応することはできないだろうか？　順応とは，

サンゴや共生藻がストレスに対して耐性を強めることで，サンゴが抗酸化酵素や熱ショックタンパクを合成することによって，高水温に順応することが報告されている（Coles and Brown 2003）．

さらに，サンゴが共生藻を入れ替えることによって，新しい環境に適応することも示唆されている．サンゴ体内の共生藻は，遺伝的特性によっていくつかのクレードに分けられ，クレードによってストレス耐性が異なる（第6章参照）．クレードDは高水温に対する耐性が強い．いったん白化したのち回復したサンゴでは，共生藻を他のクレードからクレードDに入れ替えていることが，いくつかの例で明らかになった（Buddemeier and Fautin 1993；Baker et al. 2008）．白化は，新しい環境に対してより適した共生藻に入れ替える適応の過程ではないかという説が提案されている．

今世紀中に白化がより頻繁に発生して，サンゴ礁が全滅するのではないかという予想は，白化する閾値が変わらないという前提でのものである（図10-5a）．すでに述べたように，白化の閾値は地域的に異なっており，けっして一定ではない（図10-5b）．さらに，もし共生藻の入れ替えなどによって，閾値そのものを変えることができるならば，サンゴは新しい環境に適応していくことができ，閾値が時間的にも変化することになる（図10-5c）．

しかし，サンゴがさまざまな環境に適応したのは，数千年以上という時間をかけてのことである．現在の地球温暖化のように，100年で2～3℃という急激な水温の上昇にサンゴが適応していくことができるかについては，悲観的な議論が多い．また耐性の高い種や，適応に成功した種など，温暖化に対する応答は種による差が大きいので，現状のサンゴ礁がそのまま将来にわたって維持されることは考えにくい．前世紀のサンゴ礁と，今世紀のサンゴ礁では，その景観も生態系の構成も大きく異なってしまうだろう．

一方，サンゴはその分布域を高緯度に移動することによって，地理的に適応することもできる．サンゴ分布の北限に位置する日本では，おもに冬季の水温上昇によって南方のサンゴ群集が北上して定着していることが報告されている（野島・岡本 2008）．地質時代を通じてみても，2万年前の氷期には熱帯域に限定されていたサンゴ礁の分布が，氷期が終

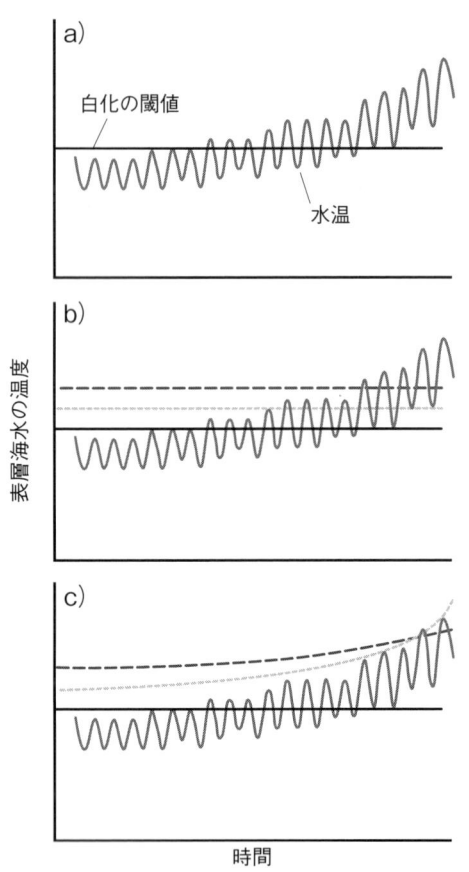

図10-5 白化の閾値と将来の予想図．水温が閾値を超えると白化が起こる．
a) 白化の閾値が一定の場合．b) 白化の閾値がサンゴの種類や地域によって異なる場合．c) 白化の閾値がサンゴの種類や地域によって異なり，時間的にも適応や順応によって変化する場合（Hughes et al. 2003）．

わり温暖化とともに，亜熱帯域に拡大していった．同時に海面も急激に上昇して，現在見られるサンゴ礁が作られた（第1章参照）．6〜9千年前の完新世温暖期には，北半球中緯度域は1〜2℃気温が高かった．このとき，房総半島では現在の倍の種数のサンゴが分布していた（Veron and Minchin 1992）．

248 ── 第Ⅲ部 サンゴ礁をめぐる諸課題

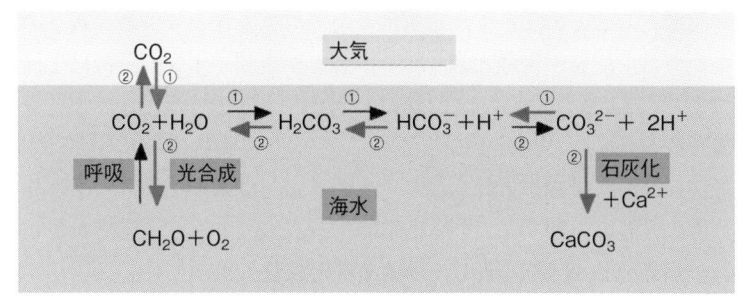

図10-6 海洋の炭酸系．大気中の二酸化炭素濃度が上昇すると，矢印①に沿ってサンゴなどの石灰化が抑制される．

わが国は緯度勾配に沿うサンゴ群集組成の変化がわかっており，今後，温暖化に伴うサンゴの地理的移動をモニターするうえで，重要なフィールドである．そのためには，緯度勾配に沿ったさまざまな海域で，サンゴ群集の正確な記録を整理しておくことが重要である．

酸性化による海洋生物の石灰化の抑制

石灰化を抑制するメカニズム

温暖化だけでなく，二酸化炭素の増加そのものが，海洋を酸性化してサンゴ礁に大きな影響を与えることがわかってきた（Kleypas and Yates 2009）．人類が放出した二酸化炭素の一部は，海洋にとり込まれる．海洋表層で二酸化炭素は，その溶解度に従って，大気から海洋に吸収される．二酸化炭素が他の気体と異なるのは，気体のままで存在するのはごくわずかであるということである．海にとり込まれた二酸化炭素（CO_2）は水（H_2O）と水和して炭酸（H_2CO_3）になり，その後水素イオン（H^+）を1つ解離して炭酸水素イオン（HCO_3^-）に，さらにもう1つ解離して炭酸イオン（CO_3^{2-}）になる．化学式で表すと次のようになる．それぞれの反応はどちら側にも進むので，両矢印で示してある（図10-6）．

$$\text{二酸化炭素}\,(CO_2) + \text{水}\,(H_2O) \rightleftarrows \text{炭酸}\,(H_2CO_3) \rightleftarrows \text{炭酸水素イオン}\,(HCO_3^-) + \text{水素イオン}\,(H^+) \rightleftarrows \text{炭酸イオン}\,(CO_3^{2-}) + \text{2水素イオン}\,(2H^+)$$

海水は，溶け込んだ炭酸と炭酸水素イオンと炭酸イオンの3つがその

第10章 サンゴ礁と地球温暖化

割合を変えることによって,電気的なバランスを保っている.現在の海の条件では,88％が炭酸水素イオン,12％が炭酸イオン,炭酸は1％以下である（Zeebe and Wolf-Gladrow 2001）.このため,海水は大量の炭素を貯留することができる.

海洋に二酸化炭素が溶け込むと,水素イオン濃度が上がり,酸性化する（図10-6の矢印①）.現在の海洋のpHは8.1～8.2程度であるが,これは産業革命前よりpHにして0.1ほど酸性になっている.pH8.1～8.2はアルカリの範囲であり,実際に海が酸性になるわけではなく,酸性の方に進むという意味である.

このとき,3番目の矢印も右に進むわけではない.電気的なバランスをとるため,これを打ち消すように逆に左に進む.このため,二酸化炭素が増加すると炭酸イオンは減少する.石灰化は,この炭酸イオンとカルシウムイオンで炭酸カルシウムを作る過程である（図10-6の矢印②）.

$$\text{カルシウムイオン} (Ca^{2+}) + \text{炭酸イオン} (CO_3^{2-}) \rightarrow \text{炭酸カルシウム} (CaCO_3)$$

酸性化した海水では炭酸イオンが少なくなって石灰化が起こりにくくなるというのが,酸性化による石灰化の抑制メカニズムである.pHが8.2の海水に溶け込んでいる炭酸イオンの濃度は280 μmol/kgであるが,7.8になると70 μmol/kg以下になり,炭酸カルシウムに対して未飽和の状態になってしまう（図10-6）.

石灰化は,海水中のカルシウムイオンと炭酸イオンの濃度が,飽和していることによって起こる.カルシウムイオン濃度は炭酸イオンよりはるかに高いので,ほぼ一定であると考えてよく,飽和はほぼ炭酸イオンの濃度で決まる.現在の熱帯の海水には,飽和の4～5倍の炭酸イオンが含まれている.しかし,さまざまな阻害要因のために,海水中で無機的に石灰化が起こることはない.サンゴなどは,石灰化部位に炭酸イオンを濃縮させることによって効率的に骨格を造っている.しかし,周囲の海水の飽和度が3.3になると石灰化が大きく抑制される（Kleypas and Yates 2009）.

酸性化の影響

　酸性化による石灰化抑制の影響は，サンゴの成長速度や骨格密度の低下となって現れる．さらに石灰化が十分におこなわれないと，サンゴ礁全体として石灰化より侵食や溶食が上回ってしまう．石灰化は，サンゴ礁の3次元的な構造を作る機能をもち，これを多様な生物群集が棲み家として利用している．サンゴ礁地形は，天然の防波堤としても働いている．侵食や溶食が石灰化を上回ると，サンゴ礁のこうした機能が失われてしまう．

　サンゴの炭酸カルシウムの結晶は，アラレ石という鉱物である．図10-7も，アラレ石の飽和度で示されている．一方，有孔虫，石灰藻，ウニのトゲなどは，炭酸カルシウム結晶にマグネシウムを含むようなマグネシウム方解石という鉱物からなる．このマグネシウム方解石は海洋の酸性化がすすむと，アラレ石より溶解しやすいことが知られている．酸性化の影響は，サンゴより先にこうした生物に現れる可能性が高い．有孔虫は，環礁の島々を造る砂の主要な構成者になっている．石灰藻は，サンゴ礁外洋縁の高まりを作るとともに，サンゴの幼生の定着を誘引する基質であることが知られている．これらの生物の石灰化抑制は，サンゴ礁地形と生態系の維持にとって深刻な問題を引き起こす可能性がある．

　一方で，サンゴ礁は高い光合成生産をもっており，二酸化炭素濃度の増加は光合成にはプラスに働く．高い光合成生産は，石灰化を支えるエネルギーになっているとともに，石灰化と共役してこれを駆動している可能性がある．すなわち，光合成による二酸化炭素の除去は，炭酸系の平衡を図10-6の矢印②の方向に移動させ，炭酸イオンを増加させることになる．さらにサンゴ礁は，その高い光合成と呼吸によって，自然状態でも二酸化炭素濃度が100〜700ppmと大きく変動している（Kayanne et al. 2005）．二酸化炭素濃度の増加とサンゴ礁の群集代謝の関係はけっして単純ではないはずであるが，そうした検討はまだ不十分である．

海面上昇による水没

海面上昇のメカニズム

　地球が温暖化すると，陸の氷河が融け出して海水の量が増える．ただ

1880年

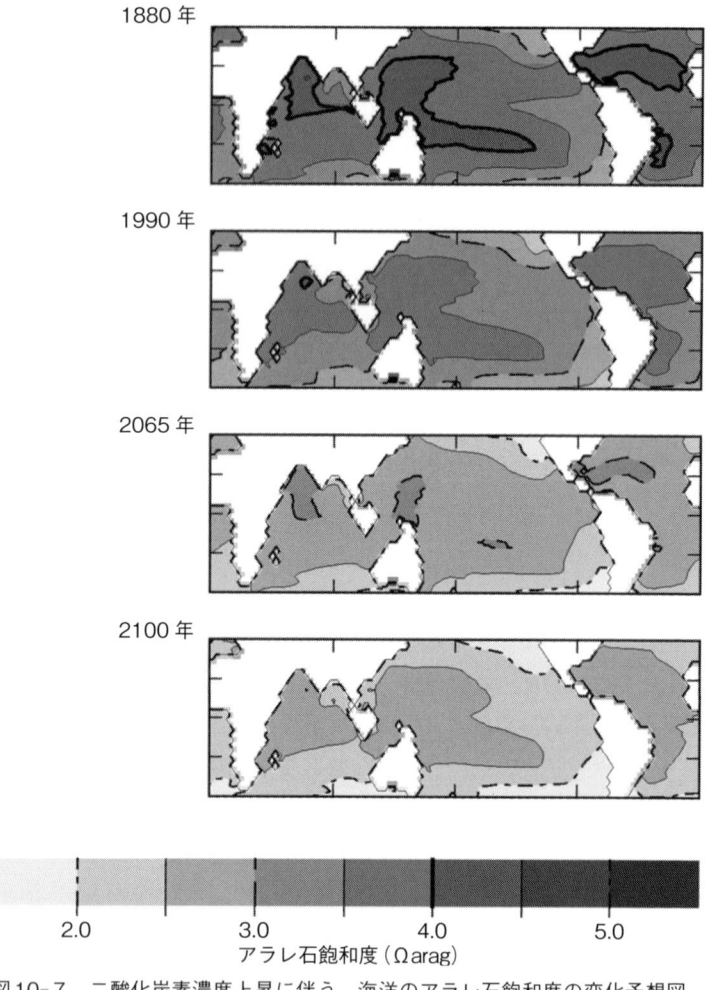

1990年

2065年

2100年

2.0   3.0   4.0   5.0
アラレ石飽和度（Ωarag）

図10-7　二酸化炭素濃度上昇に伴う，海洋のアラレ石飽和度の変化予想図．
（Kleypas et al. 1999）

し，現時点での海面上昇の主役はむしろ，温暖化によって海の表層が暖められて膨張することにある．これまでに海面は17cmほど上昇し，現在，その速度が年に3mmと速まっている．今世紀末までに18〜59cm上昇すると予想されている．この予想の中にはグリーンランドや南極の氷床の大規模な融解は入れられていない．氷床の規模になると，そのほとんど

が0℃以下なので，大規模な融解はさらに温暖化が進まないと起こらないと考えられているからである．しかし，最近，両氷床の末端部分が予想以上のスピードで融解していることがわかり，それにより海面上昇は予想以上の速さで進む可能性が高い．

　海面上昇は，過去に例がないというわけではない．2万年前の氷期には，北米やヨーロッパに大規模な氷床があったため，海面は今より100m以上低下していた．この氷期が終わった後，1万6千年前～6千年前にかけて氷床の融解に伴って海面は100年に1mというスピードで上昇した．

　サンゴ礁はこの海面上昇に追いついて，サンゴや石灰藻や有孔虫など石灰化生物の群体骨格やその破片を積み重ねて，現在見られるようなサンゴ礁地形を造った．海面上昇速度が100年で1mと速かった6千年前以前には，塊状・枝状のサンゴや石灰質の砂礫がこの海面上昇に追いついて上方に堆積していった．しかし，これらのサンゴや砂礫は，砕波帯のような波のエネルギーの高い場では成育・堆積できないために，サンゴ礁の頂面は上昇する海面まで追いつくことはできなかった．海面上昇が安定した6千年前以降，砕波帯でも成育できる太枝（コリンボース型）ミドリイシが砕波帯で頑丈な骨格を積み重ねて，サンゴ礁の頂面が海面に追いついた．これが，サンゴ礁礁原の海側の高まりである礁嶺を形成した．礁嶺の上方への堆積速度は，100年で10～40cmである（茅根ら 2004）．礁嶺の形成によってサンゴ礁の地形分帯構成（帯状配列）が完成した（図10-8）．

海面上昇の影響とサンゴ礁の応答

　サンゴ礁は，自然の防波堤として外洋の波浪から海岸を守っている．台風で外洋に数mもの波浪がたっていても，サンゴ礁外縁の礁嶺でほとんどのエネルギーが失われ，海岸にはせいぜい1m程度の波が来るだけである．津波に襲われても，沖合にサンゴ礁がある海岸では，サンゴ礁のない海岸に比べて被害が少なかったという例もある．海面が上昇すれば，礁嶺を乗り越えて大きな波浪が海岸に押し寄せることになる．

　しかしながら，すでに述べたようにサンゴ礁は海面上昇に追いついて地形を造るポテンシャルをもっている．防波堤の機能を担う礁嶺の上方

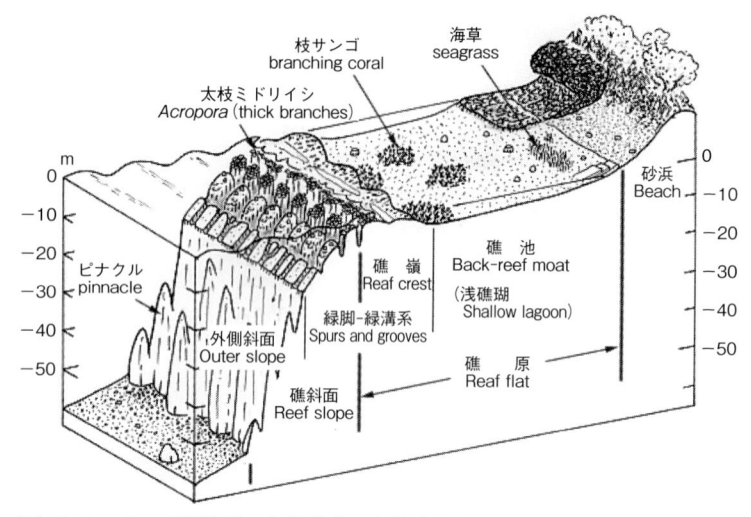

図10-8　サンゴ礁地形の分帯構成．太枝（コリンボース型）ミドリイシが海面に追いついて礁嶺の高まりを造った（茅根ら 2004）．

への成長速度は100年で10〜40cmだから，海面上昇速度がこれ以下であれば，サンゴ礁は海面に追いついて防波堤の機能を維持することができる．このときに重要なのは，砕波帯にコリンボース型のミドリイシが健全に成育していることである（Hongo and Kayanne 2010）．

複合ストレスと保全・管理

複合するストレス

　水温上昇，酸性化，海面上昇という，それぞれ単独のストレスによって，サンゴ礁はさまざまな影響を受ける．さらに，これらの影響は複合して，相乗的な影響をもたらす．水温上昇と酸性化が重なると，より白化しやすくなるという実験結果が報告されている（Anthony et al. 2008）．また，白化してサンゴの被度が減少し，酸性化によって石灰化の速度が減少すれば，サンゴ礁の石灰化の機能が大幅に失われ，海面上昇に対してサンゴ礁の3次元的な構造を維持することができなくなってしまう．

　地球温暖化のシナリオとサンゴ礁の関係を，図10-9のように描くことができる（茅根 2004）．実線の矢印は，ある要因の増加（減少）が他

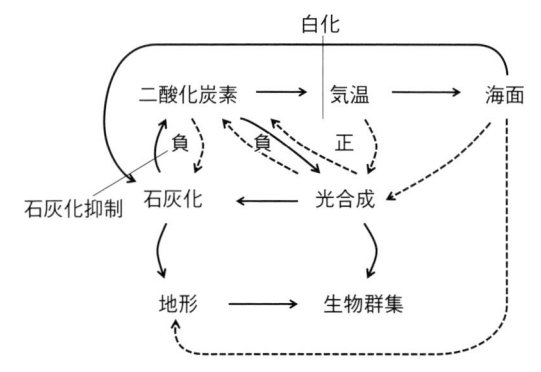

図10-9　地球温暖化，サンゴ礁群集代謝，サンゴ礁地形・生物群集の間のフィードバックループ．

の要因の増加（減少）をもたらす正の作用を，破線の矢印は増加（減少）が減少（増加）をもたらす負の作用を示す．温度上昇や，石灰化抑制が，生物群集の衰退をもたらすことが読みとれる．さらにいくつかの矢印は1周して元に戻っており，これはサンゴ礁が地球温暖化に対して一方的に影響を受けるだけでなく，フィードバックする可能性を示している．二酸化炭素濃度の増加による石灰化の抑制と光合成の増加は，二酸化炭素濃度を減少させる負のフィードバックである．しかし，水温上昇による白化は変化を増幅する正のフィードバックである．

　さらに，こうした地球規模のストレスに，ローカルなストレスが加ると，サンゴ礁の衰退はより深刻になる．すなわち，埋め立てや浚渫などサンゴ礁の直接の破壊だけでなく，陸域の開発に伴う栄養塩や土砂の流入，藻食性の魚の乱獲などはサンゴ礁にストレスを与え，地球温暖化によるストレスからの回復を困難にしている．サンゴ礁に，このような複合的なストレスが加わると，サンゴ群集の優占状態から大型藻類が優占する生態系に不連続的にシフトする，フェーズシフトが起こることが懸念されている（第11章参照）．さまざまな時間スケールをもつ複合的なストレスに対して，サンゴ礁がどのように応答するかを解明・予測することは，サンゴ礁を将来にわたって保全，維持するための基礎である．

地球温暖化世紀のサンゴ礁の保全・管理

　サンゴ礁に対するストレスとして，ローカルな影響とともに地球温暖化の影響が大きいことが明らかになった以上，サンゴ礁の保全・管理を進めるうえで，地球温暖化によるさまざまな影響を考慮しなければならない．

　サンゴ礁を維持するためには，二酸化炭素濃度をどのレベル以下におさえるべきであろうか．388 ppm の現在，すでに白化が頻繁に起こるようになってしまった．450 ppm を超えると毎年白化が起こるようになり，サンゴ群集とサンゴ礁生態系の多様性が失われ，生態系サービス（第13章参照）も大幅に減少することが予想される．さらに500 ppmを超え，産業革命以前の倍の濃度の560 ppm になると，サンゴ礁は藻場や瓦礫に代わってしまい，石灰化より侵食が上回ってサンゴ礁地形自体が崩壊し，水没してしまうことが予想されている（Hoegh-Guldberg et al. 2007；Veron et al. 2009）．サンゴ礁を維持するためには，現在の二酸化炭素の濃度をこれ以上できるだけ上昇させないことが必須である．

　温暖化の影響は，地域によって異なることがわかってきた．同じサンゴ礁でも，流れや波浪が大きく海水が活発に交換する海域や，島陰になって光がやわらぐようなサンゴ礁では，白化の影響が小さい．また，過去に繰り返し白化を受けて回復したサンゴ礁では，高水温に対する抵抗力が強くなっている．地球温暖化の影響が少ないサンゴ礁を，海洋保護区（MPA）などの設定によって重点的に保全することも必要であろう（Baker et al. 2008）．

　地球温暖化が避けられない以上，ローカルなストレスをできるだけ低減して，温暖化に対する抵抗力の高いサンゴ礁を維持する必要がある（Veron et al. 2009）．さらに，移植や増養殖によるサンゴ礁の再生技術を確立，実施することも必要である（第15章参照）．ただし，再生技術を導入する場合でも，ローカルなストレスの低減は前提条件である．また，適切な場所に適切なサンゴを移植することが必要である．たとえば，サンゴ礁地形の維持をはかるのであれば，砕波帯にコリンボース型のミドリイシを移植してやらなければならない．さらに増殖の際に，高水温に強い共生藻を導入するなど，耐性の高いサンゴを作る技術も同時に開発することも試みるべきである．再生技術は，まだ成熟していない，生

態系規模での再生は不可能だなどの慎重・否定的な意見もだされている.しかし,サンゴ礁の危機がここまで深刻になっている以上,私たちはサンゴ礁を将来にわたって維持するために,あらゆる試みをおこなわなければならない.

引用文献

Anthony KRN, Kline DI, Diaz-Pulido G, Dove S, Hoegh-Guldberg O (2008) Ocean acidification causes bleaching and productivity loss in coral reef builders. PNAS 105：17442-17446

Baker a C, Glynn PW, Riegl B (2008) Climate change and coral reef bleaching：an ecological assessment of long-term impacts, recovery trends and future outlook. Estuarine, Coastal Shelf Sci 80：435-471

Buddemeier RW, Fautin DG (1993) Coral bleaching as an adaptive mechanism：a testable hypothesis. Bioscience 43：320-326

Coles SL, Brown BE (2003) Coral bleaching：capacity for acclimatization and adaptation. Adv Mar Biol 46：183-223

Donner SD, Skirving WJ, Little CM, Oppenheimer M, Hoegh-Guldberg O (2005) Global assessment of coral bleaching and required rates of adaptation under climate change. Global Change Biol 11：2251-2265

Hoegh-Guldberg O (1999) Climate change, coral bleaching and the future of the world's coral reefs. Mar Freshw Res 50：839-866

Hoegh-Guldberg O, Mumby PJ, Hooten AJ, Steneck RS, Greenfield P, Gomez E, Harvell CD, Sale PF, Edwards AJ, Caldeira K, Knowlton N, Eakin CM, Iglesias-Prieto R, Muthiga N, Bradbury RH, Dubi A, Hatziolos ME (2007) Coral reefs under rapid climate change and ocean acidification. Science 318：1737-1742

Hongo C, Kayanne H (2010) Relationship between species diversity and reef growth in the Holocene at Ishigaki Island, Pacific Ocean. Sedimentary Geology 223：86-99

Hughes TP, Baird AH, Bellwood DR, Card M, Connolly SR, Folke C, Grosberg R, Hoegh-Guldberg O, Jackson JBC, Kleypas J, Lough JM, Marshall P, Nyström M, Palumbi SR, Pandolfi JM, Rosen B, Roughgarden J (2003) Climate change, human impacts, and the resilience of coral reefs. Science 301：929-933

IPCC (2007) Climate Change 2007：The Physical Science Basis. Cambridge Univ Press, pp 996

茅根 創 (2004) 地球温暖化に対する生命圏の応答.東京大学地球惑星システム科学講座 (編) 進化する地球惑星システム,東京大学出版会,東京,pp 201-221

Kayanne H, Hata H, Kudo S, Yamano H, Watanabe A, Ikeda Y, Nozaki K, Kato K,

Negishi A, Saito H (2005) Seasonal and bleaching—induced changes in coral reef metabolism and CO_2 flux. Global Biogeochem Cycles 19:GB3015

茅根 創・本郷宙軌・山野博哉 (2004) サンゴ礁の分布. 環境省・日本サンゴ礁学会 (編) 日本のサンゴ礁, 環境省, pp 15-21

Kayanne H, Harii S, Ide Y, Akimoto F (2002) Recovery of coral populations after the 1998 bleaching on Shiraho Reef, in the southern Ryukyus, NW Pacific. Mar Ecol Prog Ser 239:93-103

Kleypas JA, Buddemeier RW, Archer D, Gattuso J-P, Langdon C, Opdyke BN (1999) Geochemical consequences of increased atmospheric carbon dioxide on coral reefs. Science 284:118-120

Kleypas JA, Yates KK (2009) Coral reefs and ocean acidification. Oceanography 22:108-117

Nakamura N, Kayanne H, Iijima H, McClanahan TR, Behera SW, Yamagata T (2009) Mode shift in the Indian Ocean climate under global warming stress. Geophys Res Letters 36:L23708, doi:10.1029/2009GL040590

中野義勝 (2004) 地球環境変動と白化現象. 環境省・日本サンゴ礁学会 (編) 日本のサンゴ礁, 環境省, pp 44-50

野島 哲・岡本峰雄 (2008) 造礁サンゴの北上と白化. 日本水産学会誌 74:884-888

Veron JEN, Hoegh-Guldberg O, Lenton TM, Lough JM, Obura DO, Pearce-Kelly P, Sheppard CRC, Spalding M, Stafford-Smith MG, Rogers AD (2009) The coral reef crisis: the critical importance of <350 ppm CO_2. Mar Poll Bull 58:1428-1436

Veron JEN, Minchin PR (1992) Correlations between sea surface temperature, circulation patterns and the distribution of hermatypic corals of Japan. Continental Shelf Res 12:835-857

Wilkinson C (ed) (2002) Status of Coral Reefs of the World 2002. Aust Inst Mar Sci, Townsville, pp 378

Zeebe RE, Wolf-Gladrow D (2001) "CO_2 in Seawater: Equilibrium, Kinetics, Isitopes" Elsevier, pp 346

第11章
サンゴ礁生物の変遷

酒井一彦

サンゴ礁におけるフェーズシフト

　サンゴ礁は熱帯・亜熱帯の浅海を特徴づける地形で，造礁サンゴを主体とする造礁生物の石灰質の骨格から形成される．サンゴ礁は単位面積あたりに生息する生物の種数が，地球上でもっとも多い場所の1つであると言われている．造礁サンゴは，サンゴ礁形成の素材となる石灰質の骨格を形成するだけでなく，サンゴ礁生物群集の種多様性の成立と維持においても，大きな役割を果たしている．そのおもな役割は，一次生産と多様な生物に対する生息場所の提供である．

　造礁サンゴは刺胞動物門に属する動物であるが，細胞内に単細胞生物で光合成能のある褐虫藻が共生しており，サンゴ—褐虫藻共生体としてとらえれば，独立栄養と従属栄養の2つの側面をもっている．晴天時には，褐虫藻の光合成産物の20〜50％が造礁サンゴの外に放出されると言われており（Davies 1984, 1991），放出された光合成産物は，サンゴ礁生態系の食物網に組み込まれる（Wild et al. 2004）．また，樹状の複雑な立体構造を作りだす造礁サンゴは，魚類や甲殻類に生息場所を提供し，塊状サンゴの骨格内は，穿孔性の軟体動物や多毛類などに利用されている（"棲み込み連鎖"：西平 1996）．このため，生きた造礁サンゴが存在することが，生物多様性が高く，生物量の多いサンゴ礁生物群集の成立と維持の必要条件であると言える．逆に言えば，造礁サンゴが減少すれば，サンゴ礁生物群集の生物多様性と生物量が減少するのである．

　造礁サンゴは，人間活動による環境変化に対しては脆弱である．この人間活動による環境変化は，地球温暖化や海洋酸性化などの地球規模の

図11-1　a) 造礁サンゴと魚類が豊富な, "健康"なサンゴ礁(西表島, 2004年).
　　　　b) 大規模白化により造礁サンゴが激減し, 魚類も減少した"荒廃した"サンゴ礁(沖縄本島, 2004年).

変化と（第3章，第10章参照），海水の富栄養化や過剰な漁獲などの地域規模の変化に大別される．20世紀末頃から，地球規模での人間活動による環境変化が，造礁サンゴに及ぼす影響について注目されている．たとえば，強いエルニーニョ現象が起こった1998年には，水温の上昇に伴い，沖縄を含む世界のサンゴ礁で大規模な造礁サンゴの白化が起こり，多くのサンゴ礁で造礁サンゴが激減した（Wilkinson 1998）（図11-1）．種による耐性の違いもあるが，造礁サンゴは生息する場所の通常時の最高水温から2〜3℃水温が高い期間が続けば，褐虫藻を失い白化し，白化が長期間続けば死亡するのである（第6章，第10章参照）．一方，地域規模での人間活動による環境変化は，1960年代から人口の多い陸地に近いサンゴ礁で起こり始めた．ここでは人間活動による環境変化に対して，サンゴ群集がどのように変化したかを，"サンゴ礁のフェーズシフト（phase shift）"をキーワードに見ていく．

フェーズシフトの実例

　環境の変化や撹乱によって，生態系を構成する生物群集が，ある安定した平衡状態から異なる平衡状態へと変移し，環境条件が変移前と同程度に戻っても，元の均衡状態には戻らなくなる状況を，フェーズシフトと言う（Nyström 2000）．フェーズシフトは生態系を構築する生物群集が複数の平衡状態をもつ場合のみ起こりうる．陸上生態系でのフェーズシフトの例としては，アフリカのサバンナ地帯で1890年代に蔓延した

牛疫ウィルスによって，若く小さい樹木を食べる有蹄動物が減少し，サバンナが森林に置き換わったことがよく知られている（Dublin et al. 1990）．淡水生態系では，浅い湖に生活排水などが流れ込み，富栄養化（植物の肥料となる物質が増えること）し，植物プランクトンの密度が増加し透明度が低下することで，湖底に生育するシャジクモが消失することが報告されている（Scheffer et al. 1993）．海洋生態系では，タスマニアのケルプ藻場（コンブの一種の海中林）で，水温の上昇とウニの増加が同時に起こることで裸地化する可能性が指摘されている（Ling et al. 2009）．タスマニアのケルプ藻場では，ケルプをグレージング（藻食性動物が藻類をはぎ取るように食べること）するウニの一種 *Centrostephanus rodgersii* が，その捕食者であるイセエビの一種 *Jasus edwardsii* が漁獲され減少したために増加した．またこの海中林では，近年急速な水温の上昇も起こっており，Ling et al.（2009）は実験的に，水温の上昇とウニの一種の増加が同時に起これば，海中林が裸地へとフェーズシフトする可能性を示した．サンゴ礁生態系では，Hughes（1994）がジャマイカにおいて第一次空間利用者（生物でない基盤を利用する生物）として優占していた造礁サンゴが海藻へ置き換わったことを報告しており，これがサンゴ礁におけるフェーズシフトの典型的な例だと考えられている．

　Hughes らは 1970 年代後半から，ジャマイカのディスカバリー湾で葉状の造礁サンゴ 5 種の個体群動態の研究を始めた（Hughes and Jackson 1985）．彼らは 7〜35 m の水深でサンゴ礁に杭を打ち込んで固定方形区を設け，同じ場所を 1990 年代まで継続して写真撮影し，全造礁サンゴと海藻の被度（海底を生物が覆う比率）の変化を，約 20 年にわたり追跡調査した．その結果，1970 年代後半にはすべての水深で造礁サンゴが優占していたが，1980 年代初めを境にして海藻が優占する生物群集へと変化していったことを報告した（図 11-2）．また，ディスカバリー湾だけではなくジャマイカの広い範囲で，1970 年代から 1990 年代初頭にかけて，造礁サンゴの被度が著しく低下したことも報告した（図 11-3）．彼らは，この変化の理由を，以下のように説明した．

　1）ジャマイカでは 1950 年以降，人口が急激に増加し，漁獲圧が高まった．そのため 1960 年代後半にはサンゴ礁によっては，魚の

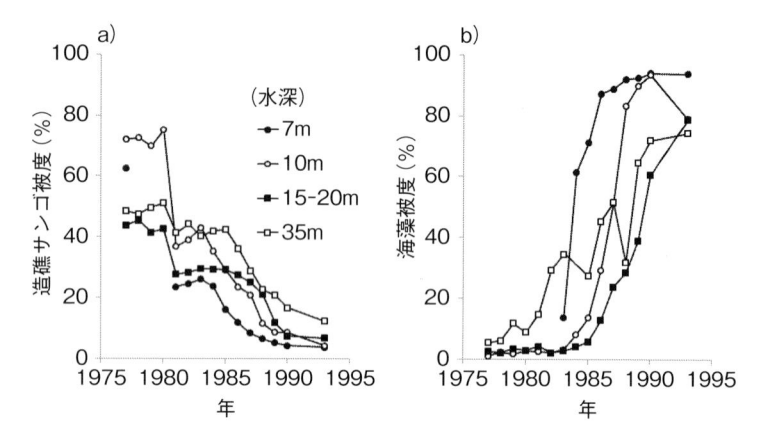

図11-2 ジャマイカ，ディスカバリー湾の定点におけるサンゴ礁のフェーズシフト．a) 造礁サンゴ被度，b) 海藻被度．1980年代初めに，造礁サンゴ優占群集から海藻優占群集へと，生物群集が変化した（Hughes 1994を改変）．

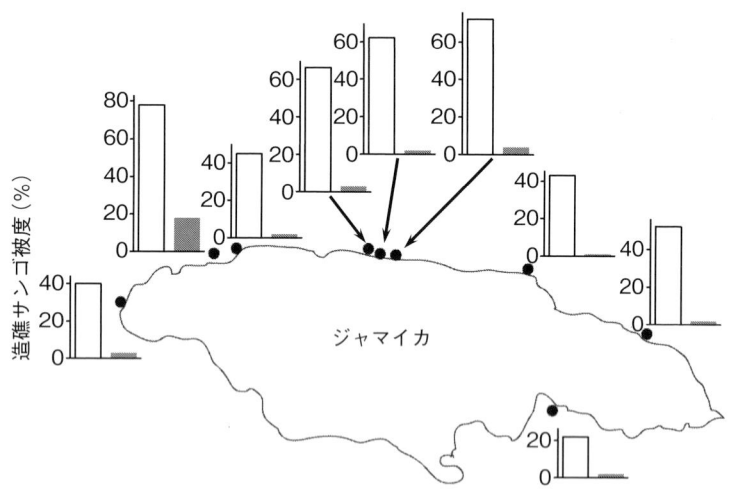

図11-3 ジャマイカの沿岸300kmでの1970年代と1990年代初めの造礁サンゴ被度（%）の比較．白塗りが1970年代，黒塗りが1990年代初めの各地点における造礁サンゴ被度を示す（Hughes 1994を改変）．

262 ── 第Ⅲ部　サンゴ礁をめぐる諸課題

資源量が10年前の2割にまで減少したところもあった．その結果，1980年代には大型の捕食性魚類（サメ，フエダイ，カワハギ，ハタなど）が姿を消し，藻食性魚類（ブダイやニザダイ）は小型化し，ジャマイカの北岸では繁殖できる大きさの藻食性魚類がほとんどいなくなった．

2）ジャマイカを含むカリブ海では，藻食性のガンガゼの一種 *Diadema antillarum* の個体数がもともと多かった．しかし，*D. antillarum* を捕食する肉食性大型魚類と，餌である海藻について競争関係にあった藻食性魚類が乱獲によって減少してからは，*D. antillarum* の密度がさらに増加し，1 ㎡あたり10個体を超える場所がでてきた．

3）1980年に，カテゴリー5（風速毎秒70m以上）のハリケーン・アレンがジャマイカを襲い，とくに浅い場所で造礁サンゴが壊され，造礁サンゴの被度が低下した．台風後一時的に紅藻類（コナハダ属 *Liagora*）の増加が見られたが，この紅藻は数ヵ月で姿を消し，造礁サンゴの加入が始まった．

4）1982年からカリブ海で広がり始めた *D. antillarum* に対して固有の病気が，1983年からジャマイカでも広がり，*D. antillarum* が大量に死亡したため，密度は平均で100分の1程度に減少した．生き残った *D. antillarum* は，餌に対する種内競争が緩和されたために大型となり，生殖巣もよく発達するようになったが新規加入は少なく，1990年代初めまでは *D. antillarum* の個体数回復の兆しはなかった．

5）乱獲による藻食性魚類の減少と，病気による *D. antillarum* の激減により，ジャマイカのサンゴ礁では藻食性動物のグレージング圧が著しく低下した．1980年のハリケーン・アレン襲来によるコナハダ属藻類の増加・消失後は，造礁サンゴが十分回復する前に，造礁サンゴよりも成長速度が速い海藻が増え，海藻が造礁サンゴに置き換わって，サンゴ礁の優占的な第一次空間利用者となった．

サンゴ礁での造礁サンゴの減少と海藻の増加は，ジャマイカに限らずカリブ海のサンゴ礁で広範囲に起こったことが報告されている

(Gardner et al. 2003；Bruno et al. 2009)．また，カリブ海より頻度は少ないものの，インド・太平洋のサンゴ礁でも造礁サンゴの減少と海藻の増加が報告されている．たとえば太平洋では，グレートバリアリーフの大陸に近いいくつかのサンゴ礁で，過去100年間に陸からの土砂流入量が増加し（Mcculloch et al. 2003），海藻が土砂をため込んだために造礁サンゴが成育できなくなり，海藻が優占するサンゴ礁となったことが知られている（Hughes et al. 2010）．また，インド洋では1998年に起こった高水温による大規模白化によって造礁サンゴが大量に死亡し，2005年には造礁サンゴの被度が1％未満となり，海藻の被度が40％に達したと報告されている（Ledlie et al. 2007）．

なぜ造礁サンゴが減り，海藻が増えるような変化が起こるのだろうか？ Hughes（1994）がジャマイカのフェーズシフトを説明した原因は，サンゴ礁全般に当てはまるのだろうか？ 結論から言えば，インド・太平洋ではウニ類のサンゴ礁での藻食性動物としての相対的な重要性が一般的に低いため，上述のジャマイカのように，ウニ類の増減が海藻に影響を及ぼすことは少ないと思われる．このためインド・太平洋のサンゴ礁では，藻食性魚類の増減が，海藻により強い影響を及ぼすと考えられる．

藻食性動物の減少に加え，海水の富栄養化も，フェーズシフトを引き起こす可能性があることもわかってきた．Bellwood et al.（2004）は過去に出版された論文を取りまとめ，造礁サンゴが優占する"健康"な状態にサンゴ礁が保たれるためには，藻類が増加しにくい環境が保たれること，すなわち魚を過剰に漁獲せず，かつ海水を富栄養化させないことが重要であると結論づけた．

フェーズシフト状態が長く続く原因

フェーズシフトを理論的に理解するためには，復元力（resilience）を正しくとらえる必要がある．Bellwood et al.（2004）はサンゴ礁生態系の復元力を，「サンゴ礁生態系が自然の撹乱または人為的撹乱を受けた後，衝撃を吸収し，フェーズシフトを起こさず，回復する力」と定義した．サンゴ礁生態系の場合，元来の造礁サンゴ優占の群集が撹乱を受けた後，海藻優占の群集などに変化せず造礁サンゴ優占に戻る場合には，

復元力が高いと言える．古典的な復元力の概念では，生態系の安定状態は1つであると想定し，環境変化や撹乱（以降，継続的，慢性的に起こる環境の変化を"環境変化"とし，一過性で急激に起こる環境変化を"撹乱"とする）に対してその安定状態から外れにくいこと，そして安定状態から外れた場合に元の状態への戻りやすさが重視される．一方，最近では生態系に複数の安定状態が存在することを想定し，複数の安定状態間でフェーズシフトが起こりうる動的な面が重視されている（Nyström et al. 2000）．現在議論されている復元力とフェーズシフトの理論は，湖の生態系でのフェーズシフトの研究を通して，Schefferらによってモデル化されてきた．

Scheffer et al.（2001）は，それまでの理論的および経験的な研究を包括的に総説としてまとめた．彼らは，まず環境条件と生態系の状態（サンゴ礁で言えば，造礁サンゴが優占する群集か，海藻優占の群集か）との関係に着目した．環境条件の変化は必ずしも人為的な要因によるとは限らないが，ここでは簡単に説明するために環境条件の変化を，生態系の状態に強く影響する人為的要因によるものに限定して考える．これらはサンゴ礁で言えば，藻食性動物の減少，海水の富栄養化，水温上昇，海洋酸性化などである．

Scheffer et al.（2001）によれば，上述の古典的な意味での復元力にあたるのは，ある環境条件に対して平衡状態が1つのみ存在する場合である（図11-4a）．この場合は環境の変化に対して，生態系の状態が連続的に変化し，理論的な意味でのフェーズシフトは起こらない．理論的な復元力の概念において不可欠な要素は，環境条件の変化と生態系の状態の関係が，図11-4bの線のように折れ曲がることである．図の縦軸である生態系の状態は，サンゴ礁生態系であれば，高い方が造礁サンゴの被度が高い"健康"な状態を示しており，低い方が海藻の被度が高い"不健康"な状態を示していると考えてよい．環境条件と生態系の状態の関係が折れ曲がる場合，環境条件が折れ曲がった範囲（図11-4bのF1とF2の間）にある時には，生態系に3つの平衡状態が存在する．しかし，破線部分の平衡状態は，生態系の状態の変化方向を示す矢印が破線に向いていないことが示すように，不安定な平衡状態である（このような不安定な平衡状態は，後述の正のフィードバックによりもたらさ

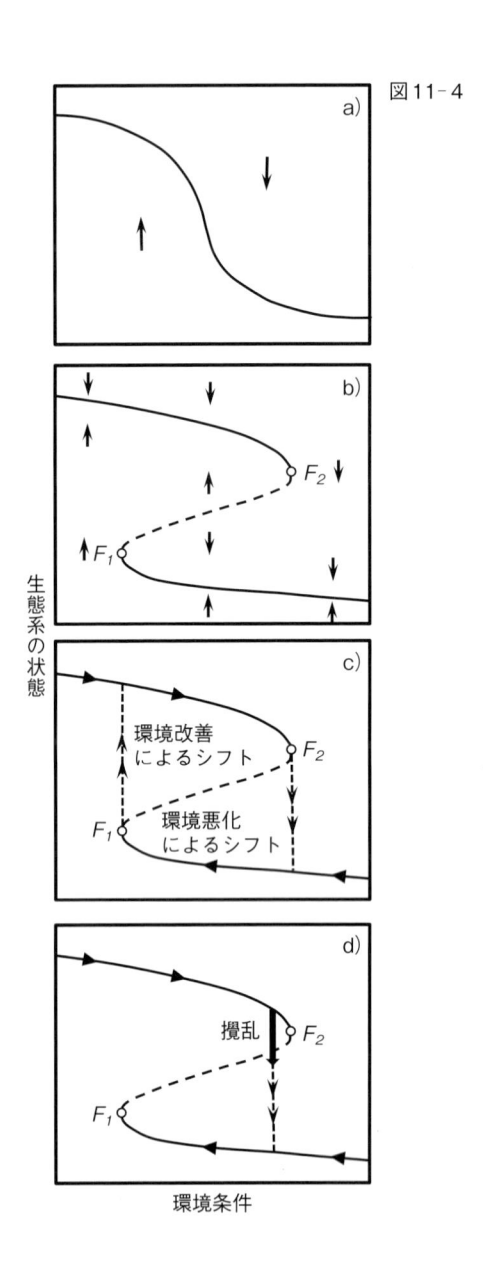

図11-4 環境条件の変化に対して，生態系がとりうる平衡状態．横軸のより右側で環境への人為的影響が強く，縦軸のより上方で，生態系が本来の平衡状態に近い（サンゴ礁の場合は，より上で造礁サンゴの被度が高い）とする．a) ある環境条件に対して，平衡状態が1つしかない場合．矢印は生態系が平衡状態にない場合に，変化が起こる方向を示す．b) 環境条件の変化に対する生態系の平衡状態の曲線が折れ曲がる場合は，折れ曲がった環境条件の範囲で，F1とF2を変曲点として，ある環境条件に対して3つの平衡状態が存在しうる．破線部に矢印が向かないことは，破線部は安定した平衡ではなく，F1とF2から伸びる上下の実線に矢印が向くことは，この環境条件では安定な平衡状態が2つありうることを示す．c) 環境変化によりフェーズシフトが起こる状況．環境条件が人為的悪化（右へと変化）する場合，F2までは生態系の状態の変化幅は小さいが，F2を超えると急激に生態系の状態が変化しフェーズシフトが起こる（環境悪化によるシフト：下向きの矢印と破線）．環境条件が改善され，フェーズシフトが起こる以前の環境条件となっても，履歴現象のために，環境条件がF1を超えなければ，元の状態にフェーズシフト（環境改善によるシフト：上向きの矢印と破線）しない．d) 環境条件が悪化した，F2よりも悪化していなくとも，攪乱（太い矢印）があればフェーズシフトが起こりうる（Scheffer et al. 2001を改変）．

れる).この環境条件の範囲では,安定な生態系の平衡状態は,図中の実線上の2つである.さらに,環境条件が自然状態から人為的な影響で悪化していっても(図中の横軸上を右に移動),F2までは生態系の状態は大きくは変化しない(図11-4c).しかし,環境条件がF2よりもさらに右に変化,すなわち環境が悪化すれば,元の安定な平衡状態(サンゴ礁では造礁サンゴの優占)から別の安定な平衡状態(海藻優占)へと急激にフェーズシフトを起こす.すなわち,F2は環境悪化によるフェーズシフトが起こる閾値であると言える.

この理論によれば,一度環境条件の悪化によるフェーズシフトが起これば,環境条件が改善され,閾値であったF2よりも左へと変化しても,後述する正のフィードバックのために,F1よりさらに左へと環境が改善されなければ,生態系は元の状態へとは戻らない.環境条件が改善されF1よりさらに左に移動し,生態系が元の状態に戻ることもフェーズシフトである.一度フェーズシフトが起こった生態系では,環境条件が閾値よりもさらに改善されなければ,生態系が元の安定な平衡状態に戻らない.言い換えれば,生態系がフェーズシフトを経験したかどうかで,同じ環境条件であっても,生態系の安定状態が異なるのである.このように,過去に起こったことで,同じ条件でも現在の状態が異なることを一般に履歴現象(hysteresis)(Hughes et al. 2010)と言い,この理論で言うフェーズシフトは,生態系に履歴現象をもたらすのである.

環境条件と生態系の状態が折れ曲がる関係となるには,つまり,1つの環境条件に対して生態系の安定な平衡状態が複数存在するためには,対象となる生物群(たとえば造礁サンゴや海藻)が,正のフィードバック効果をもつことが前提となる.たとえば,造礁サンゴが優占する生態系ではサンゴ幼生が多数生産され,造礁サンゴの新規加入が多く,造礁サンゴ群集が維持されやすくなることや,海藻が優占する生態系では造礁サンゴ幼生の加入が抑制され,海藻群集が維持されやすくなることなどが,サンゴ礁での正のフィードバック効果だと考えられている(Hughes et al. 2010).

環境条件がフェーズシフトの閾値を超えていなくても,撹乱が起こればフェーズシフトが起こりうることにも注目する必要がある.すなわち,環境条件が閾値であるF2を超えていなくてもF1を超えていれば,撹

乱によってフェーズシフトが起こる可能性がある（図11-4d）．これは環境条件の変化によって，元の安定した平衡状態を構成する群集の復元力が低下しているために起こる．さらに，環境条件がF2に近づくほど，より弱い撹乱でもフェーズシフトが起こりやすくなる（図11-5）．

サンゴ礁でのフェーズシフトと保全

　Hughes（1994）が報告したジャマイカのサンゴ礁におけるフェーズシフトの例を上述のフェーズシフト理論にあてはめて考えてみると，強い漁獲圧による藻食性魚類の減少と，人間が陸を開発することにともなう海水の富栄養化が進行し，造礁サンゴの復元力が低下する環境変化が進行していたなかで，病気による *D. antillarum* の短期的な減少と，ハリケーンによる造礁サンゴの破壊の2つの自然撹乱が加わったために，環境条件はフェーズシフトの閾値を超えてはいなかったものの，造礁サンゴ群集から海藻群集へのフェーズシフトが起こったと説明できる（Scheffer et al. 2008）．ハリケーン前には造礁サンゴが優占していたことから，自然撹乱が加わる前には，環境条件はフェーズシフトの閾値を超えるまでは悪化していなかったと推測される．

　カリブ海のサンゴ礁では，今世紀に入ってから *D. antillarum* の個体群の回復に伴い，造礁サンゴの加入が増え，加入した幼サンゴがよく成長するようになったという報告もあるが（Idjadi et al. 2010），全体的には造礁サンゴや海藻の量的な比率は，1980年代中頃から2000年代中頃までは大きく変化していないというメタ解析（いろいろ場所でいろいろな時間に得られたデータを，まとめて解析する方法）の結果（Schutte et al. 2010）もあることから，1980年代に起こった造礁サンゴから海藻への優占群集の変化は，フェーズシフトであったと言えるだろう．

　では，カリブ海以外のサンゴ礁では，フェーズシフトは起こっているのだろうか？　Bruno et al.（2009）はサンゴ礁で海藻の被度が50％を超えれば，フェーズシフトが起こっている可能性があると仮定し，世界の1851のサンゴ礁で得られたデータをメタ解析した．この基準では，カリブ海以外でフェーズシフトが起こったサンゴ礁は少なく，またカリブ海では2000年以降造礁サンゴ群集の回復が起こっているサンゴ礁もあると判断された．この結果から彼らは，サンゴ礁生態系では，それま

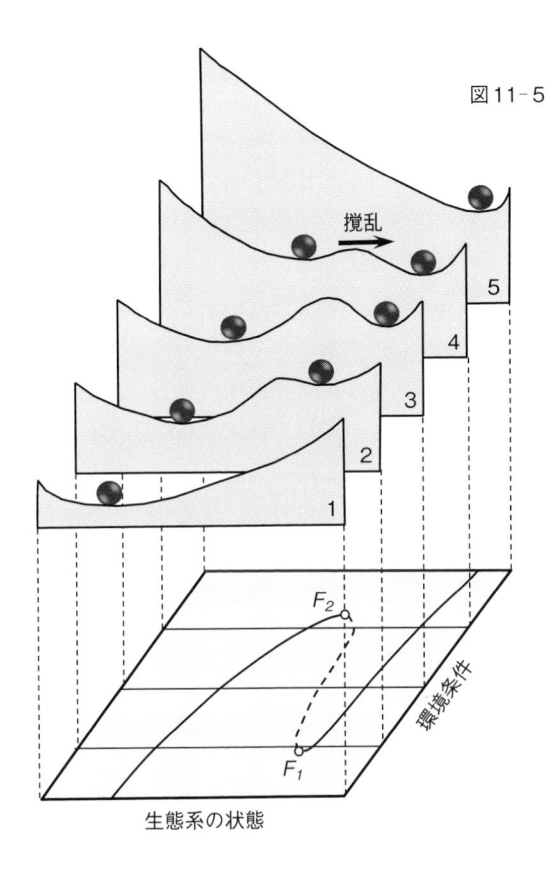

図11-5 環境条件の変化による復元力の変化と,撹乱によるフェーズシフトの起こりやすさ.下の面は,図11-4dを横に配置したもの.下の平面と破線で結ばれた5枚の面のくぼみの深さは,球で示した生態系の安定な平衡状態の復元力の強さを示す.面1と5の環境条件ではそれぞれ,安定平衡状態は1つのみ存在する.元の安定平衡状態については,面2から4へと環境条件が変化するに従いくぼみが浅くなり,復元力が低下し,撹乱によって別の安定平衡状態へとフェーズシフトしやすくなる.別の安定平衡状態については,4から2へと環境条件が変化すると,復元力が低下する(Scheffer et al. 2001を改変).

で考えられてきたよりも,海藻が優占とはなりにくいだろうと主張した.しかし,Hughes et al.(2010)は,海藻被度の絶対値が問題なのではなく,それぞれのサンゴ礁での生物群集の変化を考慮すべきであることを指摘している.

環境の悪化によって,フェーズシフトが起こる可能性があることが,サンゴ礁保全では考慮されるべきである.Hughes et al.(2007)はグレートバリアリーフで,サンゴ礁に大型の網をかけて藻食性魚類を排除したところ,排除しない近隣の場所と比較して海藻の被度が10倍以上となり,造礁サンゴの加入数が半分以下となり生存率も低下することを報告した.この研究は,乱獲により今後藻食性魚類が減少すれば,造礁サンゴから海藻へのフェーズシフトが起こる可能性があることを示してい

る.

　造礁サンゴ群集から海藻群集へとフェーズシフトしたサンゴ礁があるのかどうかを議論することは,サンゴ礁の保全においてはあまり意味がないかもしれない.しかし,わが国のサンゴ礁域である沖縄県内では,人口密集地や,農業や畜産業に利用されている陸域に近いサンゴ礁で,海水の富栄養化が進んでいるのは明らかであり,また魚類も以前に比べれば,乱獲により減少している場所が多いのも間違いないであろう.このような環境条件にあるサンゴ礁では,造礁サンゴ群集の復元力が低下していることが予想される.またここまでは,環境条件以外に造礁サンゴ群集の復元力の基礎となる,造礁サンゴ幼生の加入量を問題としてこなかったが,撹乱などで造礁サンゴが減少したサンゴ礁では,幼生が親サンゴの残っている場所から分散し加入しなければ,造礁サンゴ群集は回復しない.

　私たちの野外研究によれば,沖縄本島周辺のサンゴ礁では,近年サンゴ群集の回復が見られる場所も増えてきたものの,サンゴ幼生の加入量は2002年から少ないままである.これは沖縄本島周辺では1998年の高水温による造礁サンゴの大規模白化のため,親サンゴが激減するとともに(Loya et al. 2001),沖縄本島への幼生供給源であると考えられている慶良間列島で(灘岡ら 2002a, b;Nishikawa et al. 2003),2001年からオニヒトデが大発生し親サンゴが減少した(谷口 2004)ため,地域的に造礁サンゴ幼生の生産・供給量が減少したためだと思われる.一方,親サンゴが豊富に成育する西表島では,台風でサンゴ群集が強く撹乱されても造礁サンゴ幼生が数多く定着し,数年で幼サンゴが多くみられるようになる(図11-6).このように,環境条件がよく,サンゴ幼生の加入が豊富な所では,撹乱後造礁サンゴ群集の回復が認められるが,環境条件がよくても,親サンゴが減少し,サンゴ幼生の生産・供給数が減少すれば,造礁サンゴの復元力の低下が起こる.

　ここまで説明してきたように,サンゴ群集の復元力が低下したサンゴ礁で強い台風,オニヒトデの大発生,高水温による造礁サンゴの大規模白化のような強い撹乱が起これば,フェーズシフトが起こる.フェーズシフトの理論によれば,生態系が元の安定な平衡状態に戻るためには,環境条件をフェーズシフトが起こった時よりも,はるかに良い状態に改

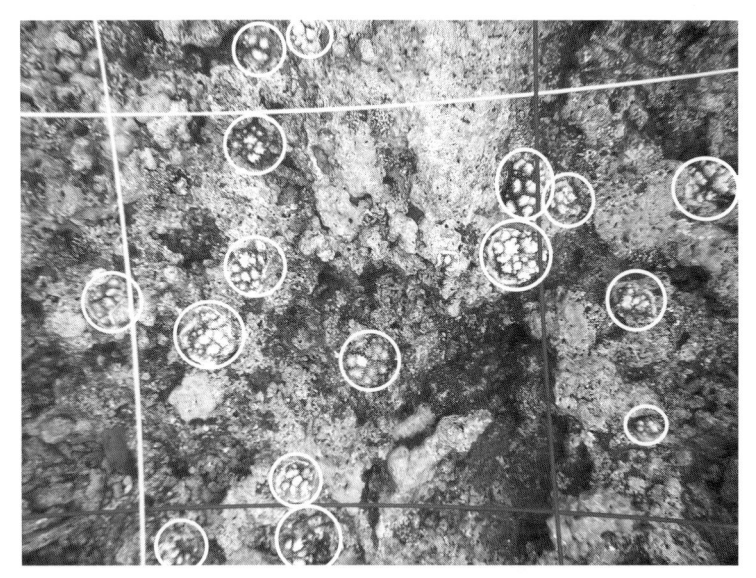

図11-6 西表島，インダビシにおけるミドリイシ属サンゴの加入．白丸で囲んだのが幼サンゴ．この固定区画では，2006年秋の台風によって造礁サンゴがすべて消失してしまったが，2010年夏までに，1㎡に約60の幼サンゴが加入した．角形の1辺は25cm．

善しなければならないことを示唆している．言い換えれば，一度フェーズシフトが起これば，元の状態に戻すのは大変なのである．したがって，サンゴ礁の保全を考える場合，フェーズシフトが起こる前に，造礁サンゴ群集が復元力を十分に保っているサンゴ礁ではその環境を維持し，復元力が低下しているサンゴ礁では環境を改善することでサンゴ群集の復元力を回復させることが重要である．

引用文献

Bellwood DR, Hughes TP, Folke C, Nyström M (2004) Confronting the coral reef crisis. Nature 429：827-833

Bruno JF, Sweatman H, Precht WF, Selig ER, Schutte VGW (2009) Assessing evidence of phase shifts from coral to macroalgal dominance on coral reefs. Ecology 90：1478-1484

Davies PS (1984) The role of zooxanthellae in the nutritional energy requirements of *Pocillopora eydouxi*. Coral Reefs 2：181-186

Davies PS (1991) Effect of daylight variations on the energy budgets of shallow-water corals. Mar Biol 108：137-144

Dublin HT, Sinclair AR, McGlade J (1990) Elephants and fire as causes of multiple stable states in the Serengeti-Mara Tanzania woodlands. J Animal Ecol 59：1147-1164

Gardner TA, Côté IM, Gill JA, Grant A, Watkinson AR (2003) Long-term region-wide declines in Caribbean corals. Science 301：958-960

Hughes T (1994) Catastrophes, phase shifts, and large-scale degradation of a Caribbean coral reef. Science 265：1547-1551

Hughes TP, Graham N J, Jackson JBC, Mumby PJ, Steneck RS (2010) Rising to the challenge of sustaining coral reef resilience. Trends Ecol Evol 25：633-642.

Hughes TP, Jackson JBC (1985) Population dynamics and life histories of foliaceous corals. Ecol Monogr 55：141-166

Hughes TP, Rodrigues MJ, Bellwood DR, Ceccarelli D, Hoegh-Guldberg O, McCook L, Moltschaniwskyj N, Pratchett MS, Steneck RS, Willis B (2007) Phase shifts, herbivory, and the resilience of coral reefs to climate change. Current Biol 17：360-365

Idjadi J, Haring R, Precht W (2010) Recovery of the sea urchin *Diadema antillarum* promotes scleractinian coral growth and survivorship on shallow Jamaican reefs. Mar Ecol Prog Ser 403：91-100

Ledlie MH, Graham NAJ, Bythell JC, Wilson SK, Jennings S, Polunin NVC, Hardcastle J (2007) Phase shifts and the role of herbivory in the resilience of coral reefs. Coral Reefs 26：641-653

Ling SD, Johnson CR, Frusher SD, Ridgway KR (2009) Overfishing reduces resilience of kelp beds to climate-driven catastrophic phase shift. Proc Natl Acad Sci USA 106：22341-22345

Loya Y, Sakai K, Yamazato K, Nakano Y, Sambali H, van Woesik R (2001) Coral bleaching：the winners and the losers. Ecol Let 4：122-131

Mcculloch M, Fallon S, Wyndham T, Hendy E, Lough J, Barnes D (2003) Coral record of increased sediment flux to the inner Great Barrier Reef since European settlement. Nature 421：727-730

灘岡和夫・波利井佐紀・池間健晴・Paringit E・三井 順・田村 仁・岩尾研二・鹿熊信一郎（2002a）沖縄・慶良間列島におけるサンゴ産卵とスリック動態に関する観測．海岸工学論文集 49：1176-1180

灘岡和夫・波利井佐紀・三井 順・田村 仁・花田 岳・Paringit E・二瓶泰雄・藤井智史・佐藤健治・松岡建志・鹿熊信一郎・池間健晴・岩尾研二・高橋孝昭（2002b）小型漂流ブイ観測および幼生定着実験によるリーフ間広域サンゴ幼生供給過程の解明．海岸工学論文集 49：366-370

西平守孝（1996）足場の生態学．平凡社，東京，pp 267

Nishikawa A, Katoh M, Sakai K (2003) Larval settlement rates and gene flow of broadcast spawning (*Acropora tenuis*) and planula-brooding (*Stylophora pistillata*) corals. Mar Ecol Prog Ser 256：87-97

Nyström M, Folke C, Moberg F (2000) Coral reef disturbance and resilience in a human-dominated environment. Trends Ecol Evol 15：413-417

Scheffer M, Carpenter S, Foley JA, Folke C, Walker B (2001) Catastrophic shifts in ecosystems. Nature 413：591-596

Scheffer M, Nes EH, Holmgren M, Hughes T (2008) Pulse-driven loss of top-down control：the critical-rate hypothesis. Ecosystems 11：226-237

Scheffer M, Hosper SH, Meijer ML, Moss B (1993) Alternative equilibria in shallow lakes. Trends Ecol Evol 8：275-279

Schutte V, Selig E, Bruno J (2010) Regional spatio-temporal trends in Caribbean coral reef benthic communities. Mar Ecol Prog Ser 402：115-122

谷口洋樹（2004）最近6年間の阿嘉島周辺の造礁サンゴ被度の変化—白化現象とオニヒトデの異常発生を経て—．みどりいし 15：16-19

Wild C, Huettel M, Klueter A, Kremb SG, Rasheed MYM, Jorgensen BBM (2004) Coral mucus functions as an energy carrier and particle trap in the reef ecosystem. Nature 428：66-70

Wilkinson C (ed)(1998) Status of coral reefs of the world：1998. Aust Inst Mar Sci pp 184

第12章

サンゴの病気

カサレト ベアトリス・中野義勝

　病気（疾病）とは，「何らかの原因（病因）により生体の形態や機能が正常な状態から逸脱した状態」と定義される．病気には特定の原因に起因し，特徴的な症状を呈する場合もあれば，病因が特定されずに，類似の症状でくくって症候群とする場合などが含まれる．水産生物で病気について研究がもっとも進んだ分類群として，人の食糧資源としての魚類があげられる．多くの教科書の中から魚類の病気について見てみると，養殖魚を対象に診断・治療・防疫について詳しく説明されている（小川・室賀2008）．そこでは魚の病気を大別して，1）環境性疾病・餌料性疾病・その他の非感染性疾病，2）感染性疾病としてウィルス性疾病・細菌性疾病・真菌性疾病，3）寄生性疾病として原生動物性疾病・後生動物性疾病などがあげられている．診断には遺伝子技術が導入され，病原体の分類の見直しなど診断の幅が拡がり，ワクチンの開発などによる予防・治療技術の進歩も著しい．国内への未知の病原体の侵入と蔓延を防ぐ防疫体制の制度整備もおこなわれている．しかし，造礁サンゴをはじめとしたほとんどの無脊椎動物では，先行する魚病の研究レベルでの知見ですら，これらに遙かにおよばないのが現状である．ただし，魚類においても野外における状況は，一日の長はあるものの，その対策においては他の海産生物群と大きな違いはない．では，病気を理解することで造礁サンゴを保全することができないかというと，これは野生生物全体における人為的管理のあり方の問題であり，病気の理解はこれらの議論に不可欠な要素である．野外で見られる病気の判定とモニタリングは，造礁サンゴ群集の変遷の歴史を記録し，サンゴ礁の管理上，将来取るべき対応を決定するための重要な情報である．

ほんの十数年を振り返っても，サンゴ礁生態系は世界中いたる所で，自然要因と人為的要因の複合により荒廃し続けてきた（Harvell et al. 1999, 2004；Hughes et al. 2003）．サンゴ礁の重要な構成要素である造礁サンゴは，非生物的要因として異常な水温・過剰な堆積物・有害化学物質・過剰な栄養塩・過剰な紫外線などにより，これらの要因が単独であれ複合的であれ，造礁サンゴの生理的応答としての白化（bleaching）をはじめとしたさまざまな環境性疾病・障害を引き起こし（中野2002b），さらに生物的要因であるオニヒトデや巻貝などによる捕食，海藻や海綿動物などとの競争，病気の蔓延などで衰退してしまう．結果的に，サンゴ礁の造礁サンゴの被度は減少し続けてきた（Green and Bruckner 2000；Richardson and Aronson 2002；Hughes et al. 2003）．

　近年注目されてきた造礁サンゴの感染性疾病は，野外で造礁サンゴの軟組織の障害や喪失といった症状をあらわす．これら病気の原因は細菌，藍藻（シアノバクテリア），ウィルス，原生動物，カビ（真菌類）などさまざまである．病気に冒された造礁サンゴでは成長や生殖に障害が見られ，その結果，その地域の造礁サンゴの群集構造や種の多様性が衰退し，造礁サンゴに依存する多くの生物が多大な影響を被る（Loya et al. 2001）．このような感染性の病気が見られる一方で，突然変異や細胞の代謝機能障害のような遺伝的疾病や，必須の栄養素・ビタミン・元素の欠乏による栄養不良が引き起こす白化，種々の環境ストレスによって引き起こされる環境性疾病としての白化など，感染病以外の障害性の症状の存在も認識しておかなければならない．とくに，高水温によって引き起こされる造礁サンゴの白化は，単に「白化現象」と呼ばれてきたが，環境性疾病として野外でもっとも大規模に発生したことで，サンゴ礁生態系に大きな影響をおよぼした希有な例である．また，野外における病気の判定に際して，魚類をはじめとした他の生物によるかじり取り（grazing）（口絵76-78）やオニヒトデや肉食巻貝類による食害（feeding）（口絵70, 71），多くの生物による寄生や棲み込みによる群体の変成，海藻や海綿動物のテルピオス *Terpios* などとの競争による被覆（overgrowth）（口絵72, 73）などによる障害にも考慮する必要がある．

　ここでは病気とそれをとり巻く諸々の状況を紹介するもので，個々の病気や障害を深く扱うものではないが，おもに野外で観察された症状と

表12-1 サンゴ礁の固着性生物に見られる病気（症候群，症状など）．（ほとんどの病気は英語で記載されるが，一般への紹介にあたり暫定的に日本語訳を提案している．）

疾病名	英名	略号	病因	罹患生物群	疾病の区分	
黒帯病*	Black band disease	BBD	細菌群	Cor, Oct	感染性疾患	
ヤギ類アスペルギルス感染症	Aspergillosis	ASP	真菌 Aspergillus sydowii	Oct	感染性疾患	
白帯病	White band disease	WBD-I	グラム陰性菌	Cor, Oct, Zoa	感染性疾患	症候群
II型白帯病	White band type II	WBD-II	ビブリオ Vibrio harvey/carchariae	Cor	感染性疾患	
ホワイトプラーグ	White plague	WP-I	グラム陰性菌, Vibrio coralicida	Cor	感染性疾患	
II型ホワイトプラーグ*	White plague type II	WO-II	Aurantimonas coralcida	Cor	感染性疾患	
ホワイトプラーグ様疾病	White plague like disease		Thalassomonas loyana	Cor	感染性疾患	
白痘症（白痘）*	White pox	WPX	Serratia marcescens	Cor, Oct	感染性疾患	
ホワイトシンドローム	White syndrome	WS		Cor	感染性疾患	症候群
黄帯病	Yellow band disease			Cor	感染性疾患	症候群
赤帯病	Red band disease	RDB	細菌群	Cor, Oct	感染性疾患	
細菌性白化	Bacterial bleaching		Vibrio shiloi	Cor	感染性疾患	
ハマサンゴ類潰瘍性白斑病	Porites ulcerative white spot	PUWS	ビブリオ	Cor	感染性疾患	
オオスリバチサンゴ白斑症候群	Turbinaria white spot syndrome	TWSS		Cor	感染性疾患	症候群
黄斑病	Yellow blotch	YBS	ビブリオ	Cor	感染性疾患	症候群
茶帯病	Brown band disease			Cor, Oct, Spo	感染性疾患	
異常な白化	Unusual bleaching			Cor		症状
石灰藻ホワイトシンドローム	Crustose coralline white syndrome	CCWS		Cca		症候群
非黒帯病性藍藻症候群	Cyanobacterial syndrome other than black band disease			Cor		症候群
紅帯病	Pink line disease	PLD		Cor		症候群
暗斑病	Dark spot I	DSS-I	ビブリオ	Cor		症候群
暗帯病	Dark band disease	DSS-II		Cor		症候群
成長異常	Growth anomalies (tumors, neoplasm)			Cor, Oct		症候群
黒壊死病	Atramentous necrosis			Cor		症候群
組織壊死	Tissue necrosis	TNE		Cor, Oct, Spo		症状
色素沈着	Pigmentation responses			Cor, Oct		症状
帯状骨格侵食	Skeletal eroding band		繊毛虫 Halofolliculina corallasia	Cor	寄生性疾患	
ハマサンゴ類紅斑病	Porites pink blotch disease	PPBD	Trematoda	Cor	寄生性疾患	
白化	Bleaching		高水温等の環境ストレス	Cor, Oct	環境性疾病	症候群

*は山城（2004）による．
Cor：造礁サンゴ，Oct：八放サンゴ類，Zoa：ゾアンタス（八放サンゴの一種），Spo：海綿動物，Cca：石灰藻

比較的研究の進んだ病気を紹介する（表12-1）.

病気の世界的流行

インド・太平洋のサンゴ礁は世界的に造礁サンゴの多様性が高いが，造礁サンゴの感染性疾病の報告は少なく，むしろ大西洋のカリブ海からのものが多い．カリブ海で観察されたさまざまな造礁サンゴの病気の流行は予想を超えたスピードで，その毒性も強いことが特徴で，カリブ海は「病気のホットスポット」と呼ばれた（Porter et al. 2001；Weil et al. 2002, 2006；Weil 2004）．しかし最近になって，オーストラリア（Willis et al. 2004；Page and Willis 2006），フィリピン（Raymundo et al. 2005；Kaczmarsky 2006），パラオ（Sussman et al. 2006），アフリカ東部（McClanahan et al. 2004），紅海（Winkler et al. 2004）とその奥に位置するアカバ湾のエイラート（Loya 2004）など世界各地でも，造礁サンゴの驚異となりうる病気が見いだされはじめた．日本でも，沖縄県の石垣島の西に広がる石西礁湖で実施された，NPOを主体とした環境調査で造礁サンゴの病気がモニタリングエリア内で急増していることを環境省がとりまとめて報告している（佐藤 2007）．また，沖縄県以外にも宮崎県などからも新たな病気が報告されている（Yamashiro and Fukuda 2009）．

各地から報告されている造礁サンゴの病気の罹患率については，オーストラリア・パラオ・東アフリカからの報告は5％未満，フィリピンからの報告は8％と低いのに対して（Weil et al. 2002；Willis et al. 2004；Raymundo et al. 2005；Page and Willis 2006），ユカタン半島をはじめとするカリブ海全域からの報告は20％以上と高い（Jordan-Dalgren et al. 2005；Weil et al. 2006；Ward et al. 2006）．しかしながら，これらの罹患率は，一部に定期的なモニタリング結果を含むものの，おもに散発的な報告から推定したものが多い．

カリブ海

全世界のサンゴ礁の8％にすぎないカリブ海のサンゴ礁で，造礁サンゴに見られる病気の7割以上が報告されている．一方で，過去のカリブ海での環境性疾病である白化では，インド・太平洋で起こったような造

礁サンゴの高い死亡率は見られなかった（McClanahan 2004）．しかし，カリブ海で起こった2005年の大規模な白化では，造礁サンゴ群集できわめて高い死亡率が観察された．これ以前も，造礁サンゴの病気とウニなどの底棲生物の摂餌のためのかじり取りが，この地域の造礁サンゴの被度と多様性の低下，さらには生息場所の喪失を招いていることが報告されている（Weil 2004）．カリブ海からの病気の報告は，1970年代の2例が初めてであるが（Antonius 1973；Garret and Ducklow 1975），今では20例以上の病気が報告され，その影響は45種のイシサンゴ類，10種の八放サンゴ類，1種のマメスナギンチャク類などの刺胞動物（以降，造礁サンゴとする），9種の海綿動物類，さらには2種の石灰藻にまでおよんでいる．このうち，ほんの数例の造礁サンゴの病気で原因が特定された．1999～2004年にかけてカリブ海でおこなわれた本格的調査からは，1）ほとんどの病気の大流行は造礁サンゴの被度の顕著な低下を起こしたもっとも暑い時期に起こった，2）複数の病気に同時に罹患した群体の増加が観察された，興味深い傾向が明らかになった（Weil et al. 2002；Weil 2004；Smith and Weil 2004）．

ユカタン半島沿岸

カリブ海のメキシコ沿岸からホンジュラス沿岸にかけてのユカタン半島沿岸では堡礁が連なる．この場所は1985年にSCUBA潜水によって，造礁サンゴの分布調査がおこなわれた．2005年におこなった調査結果との比較から，20年間で造礁サンゴの被度は極端に減少したことが明らかになった．造礁サンゴの減少の原因はいくつかあげられるが，もっとも顕著なものはハリケーンの被害と感染性の病気の流行であった．1980年代には「白帯病（White band disease）」と呼ばれる病気がミドリイシ類サンゴの大量死を引き起こし，同時に起こった草食性のウニであるガンガゼ *Diadema antillarum* の大量死は造礁サンゴ群集の回復をさまたげるほどの大型藻類の繁茂を招いた（Lessios et al. 1984）．1995～1998年にかけて，2つの大型のハリケーン（"Gilbert" と "Roxanne"）がミドリイシ類群集に大きな被害をおよぼし，最終的に残ったミドリイシ類も白帯病の大流行で死んでしまった．2000年からは重篤な症状を招く「黄斑病（Yellow blotch）」（口絵79）を含む多くの病気が増加し

てきた．ハリケーンはサンゴ礁群集全体に影響を与えたが，病気は造礁サンゴに特異的に影響を与えた．調査域でもっとも豊富なマルキクメイシ属 *Montastrea* が，一番高い罹患率を示した．カリブ海の固有種である樹枝状のミドリイシの一種 *Acropora palmata* と別の樹枝状のミドリイシ *A. cervicornis* は黄斑病と白帯病によって深刻な減少を示した（Jordan-Dahlgren et al. 2005）．さいわいにして，2005年の白化とハリケーン後の2005年と2006年におこなわれた調査では，この地域のサンゴ群集は少しずつ回復していることが示されている．

東部アフリカ

　南アフリカからソマリアにかけて7,000kmにおよぶアフリカ東岸のサンゴ礁には300種を超える造礁サンゴが棲息する．この地域の造礁サンゴの病気に関する研究例はきわめて乏しい．ザンジバルでは「細菌性白化（Bacteria-induced bleaching）」が報告されている（Ben-Haim and Rosenberg 2002）．黒帯病（Black band disease）（口絵80），白帯病，黄帯病（Yellow band disease）が散発的に見られるが（McClanahan et al. 2004），最近，ケニア沿岸から「ホワイトシンドローム（White syndrome）」（口絵82, 83）が報告された．ザンジバルとケニアでの観察では，造礁サンゴ・八放サンゴ類および海綿動物類について，「茶帯病（Brown band disease）」・白帯病・「成長異常（growth anomalies）」（口絵84, 85）・組織壊死（tissue necreosis）（口絵86, 87）などの病気が低い発生率ながら報告された（Ernesto Weil，私信）．

　これらの病気に対して，西インド洋でもっとも破壊的な要素は造礁サンゴの白化である．1998年のエルニーニョによって引き起こされた高水温は広域に白化を引き起こし，ある地域では50％もの造礁サンゴの死亡率を記録した（McClanahan et al. 2004）．2003年と2005年には局地的な白化も起こった．このような地域では，急激な人口増加が富栄養化や陸域からの流入土砂による懸濁物堆積などの水質の悪化を引き起こしている．この対策として，いくつかの東アフリカの国では海洋保護区の設定と運営のための法律制定に取り組んでいる．

オーストラリア：グレートバリアリーフ（大堡礁）

　グレートバリアリーフはオーストラリア大陸の北東沿岸に位置し，2,800以上のサンゴ礁が南北2,300kmにわたって連なる世界的にも広大なサンゴ礁群である．グレートバリアリーフの中心は大陸の海岸線から20〜150km沖合に位置し，多くは無人か人口の少ない地域である．これらのサンゴ礁は，世界的にみて健全で人の影響のない原生に近い状態と考えられている．グレートバリアリーフ全体が1975年に海洋公園に定められ，その33％がさまざまなタイプの海洋保護区（MPA）に指定されている．最近まで，グレートバリアリーフの造礁サンゴにとって病気はほとんど影響していないと考えられてきた．しかし，2000年前後に「帯状骨格侵食（Skeletal eroding band）」としてはじめて，病気が報告された（Antonius 1999；Antonius and Lipscomb 2001）．その後，黒帯病がこの地域でも報告され（Dinsdale 2002），さらに，2004年にホワイトシンドロームがグレートバリアリーフの多くのサンゴ礁にまたがって急激な流行を起こしたことで（Willis et al. 2004），この地域でも造礁サンゴの病気へ関心が高まった．これ以降，定量的な調査が南北2,000km，東西100kmにおよぶ広範な地域にわたって展開されている（Willis et al. 2004）．それによれば，全地域を通じての罹患率は5％未満と低いが，黒帯病・帯状骨格侵食・ホワイトシンドローム・茶帯病・成長異常・黒壊死病（Atramentous necrosis）・非黒帯病性藍藻症候群（Cyanobacterial syndrome other than black band disease）の7つの主要な病気がこの地域から報告された．新たに観察された諸疾病に加えて，カリブ海でもっとも一般的な病気がグレートバリアリーフでも検出されたことは，以前考えられていた以上にインド・太平洋域のサンゴ礁でも造礁サンゴの病気が広がり，サンゴの被度の減少が進んでいることを示唆している．

　黒帯病は70％の調査地点で見いだされたが，各地点での造礁サンゴの罹患率は0.1％と低かった（Page and Willis 2006）．この病気は枝状のハナヤサイサンゴ類と枝状のミドリイシ類を中心に発病するが，さらにグレートバリアリーフでは10科，32種の造礁サンゴで観察された（Willis et al. 2004）．原生動物である繊毛虫類 *Hallifoliculina corallacea* によって引き起こされる帯状骨格侵食は，造礁サンゴの6科，31種に見られた．この繊毛虫は造礁サンゴの軟組織も骨格も侵食する（Antonius

1999).この病気はインド・太平洋に限られたものと考えられていたが,カリブ海からも見つかり(Croquer et al. 2006)世界的に広がっていることが示唆された.

インド・太平洋域で観察された症状に使われた用語であるホワイトシンドロームは,造礁サンゴの組織が帯状に壊死し剥離後退して骨格がむき出しになることで白く見える症状全般をさす(Willis et al. 2004).グレートバリアリーフで起こったもっとも激しい白化に伴って,2002～2003年にかけてこの症候群の流行のピークをむかえた時期にこの用語が使われた.その後の調査で,この症候群の流行は,宿主となる造礁サンゴの密度が高い地域で,水温上昇との関係が深いことが明らかになった(Selig et al. 2006).グレートバリアリーフでは,この症候群はミドリイシ類をおもな宿主とし,4科17種の造礁サンゴ類におよんだ.

茶帯病はグレートバリアリーフとインド・太平洋域で新たに報告された.健康な組織と骨格の曝された部位の間にできる茶色い帯状の境界域の幅はさまざまで,病気の進行とともに帯状部が群体表面を拡がっていく.顕微鏡観察によると,造礁サンゴの軟体部に共生する褐虫藻を食べる繊毛虫の高密度の集団が,茶色い部分を形成している.この病気はミドリイシ類を主要な宿主として,3科16種の造礁サンゴにおいて観察されている(Willis et al. 2004).

グレートバリアリーフでの病気の広域調査において,成長異常はおもにミドリイシ類に見つかったが,コモンサンゴ類やハマサンゴ類にもおよんでいた(Willis et al. 2004).成長異常は20年ほど前から「造礁サンゴの腫瘍(tumors)」として,グレートバリアリーフ中央のマグネティック島のヒメノウサンゴ *Platygyra pini* とシナノウサンゴ *P. sinensis* に見つかっていた(Loya et al. 1984).黒壊死病はグレートバリアリーフ中央部のマグネティック島のコモンサンゴ類に見つかったが,最近ではグレートバリアリーフ南北域でも見つかっている.非黒帯病性藍藻症候群は,ミドリイシ類とハナヤサイサンゴ類をおもな宿主としているのが,グレートバリアリーフの各所で一般的に見られる.その他に新たな未記載の病気の症状として,ピンクや紫の「色素沈着(pigmentation responses)」(口絵88, 89),藻類による被覆成長,環境因子の特定できない異常な白化が見られた.病気の起因となる環境要因あるいは病原体

のような生物要因の詳細はあまり知られていない．すなわち非黒帯病性藍藻症候群についての藍藻，帯状骨格侵食と茶帯病についての繊毛虫は記載されているが，これらの生物の侵入を可能にした他の病原体の関与や病気の詳細なメカニズムはまだ明らかにされていない．

フィリピン／東南アジア

フィリピンは，世界的に造礁サンゴの種の多様性が高いコーラルトライアングル海域に含まれ，概ね26,000km²におよぶ東南アジアで2番目に大きなサンゴ礁域をもっている．この地域では，500種以上の造礁サンゴが記録されている（Veron 2000）．しかしながら，この地域のサンゴ礁は，白化・造礁サンゴや魚類の乱獲・破壊的漁業・陸域からの流入堆積物・沿岸開発による破壊など，世界的に見てももっとも大きな撹乱に曝されている．高い人口の増加率によって，フィリピンのサンゴ礁の98％は中程度からさらに高いリスクに曝されている．このハイリスクの状況に対応するために，フィリピン政府は残ったサンゴ礁の管理のために多くの法律を制定するとともに，多くの海洋保護区（MPA）を設定した．

フィリピンのサンゴ礁では造礁サンゴの病気は比較的新しい撹乱要因だと考えられている．Antonius (1985) はこの地域で黒帯病を初めて記載し，20年後の広域調査では2地域の8箇所のサンゴ礁で，この病気の罹患率が8％になることを明らかにした（Raymundo et al. 2003, 2005；Kaczmarsky 2006）．この地域の黒帯病の推定される病因として単離された藍藻は，カリブ海とパラオの黒帯病のものと同じであったことから，これらの病気は同一であると考えられる．

ハマサンゴ類潰瘍性白斑病（*Porites* ulcerative white spot：PUWS）（口絵90）は塊状ハマサンゴ類の14種および，一部の塊状ハマサンゴ類では成長異常，黒帯病，帯状骨格侵食とホワイトシンドロームも観察された（Sussman et al. 2006）．

ハマサンゴ類潰瘍性白斑病については，人にも感染するビブリオが病原菌と見なされ，病気の発生地域では，病気の罹患率と人間の居住地域との近接度に相関があることが示唆された（Kaczmarsky 2006）．

最近の観察では，表層水温の高温状態が長期にわたった結果，タイ南

部で大規模な造礁サンゴの白化が起こった．とくにアンダマン海では白化が造礁サンゴ群集の80％以上におよぶ場所も見られた（第2回アジア－太平洋サンゴ礁シンポジウム実行委員会報告 2010年）．東南アジア一帯では1998年の大規模な白化以降も，比較的規模の大きな白化の発生を繰り返している．

日本

日本でもっともよく発達し造礁サンゴの多様性も高いサンゴ礁は，与那国島から九州南沖にかけて連なる琉球列島と，小笠原諸島に見られる．これより北ではサンゴ礁の顕著な発達は見られないが，造礁サンゴの分布はさらに伸びて，太平洋岸では東京湾千葉県館山，日本海では新潟県佐渡が北限とされる．サンゴ礁が発達し多様性の高い亜熱帯域から造礁サンゴの北限の温帯域にかけて78属415種の造礁サンゴが報告されている（西平 2004）．この高い種の多様性とサンゴ礁群集の良好な発達は南から流れてくる黒潮に負うところが大きい．

日本では，感染性の病気が注目される以前から，30年にわたって高水温による造礁サンゴの白化が数多く観察された．その多くはサンゴ礁域で観察され，局所的なもので発生する種も限られていた．日本で初めて報告された白化は，1980年に沖縄の瀬底島で起こった比較的規模の大きな白化で，礁原の8月の水温が30〜31℃となり，ショウガサンゴ *Stylophora pistillata* とトゲサンゴ *Seriatopora hystrix* が影響を受けた（Yamazato 1981）．その後の白化は，八重山諸島で1983年に起こり，おもにミドリイシ類とトゲサンゴ類が影響を受けた（亀崎・宇井 1984）．この年の同時期には瀬底島の礁原でも白化が見られた（中野 2004）．1986年には，宮古島・鹿児島県徳之島・沖縄本島で白化が見られた（沖縄タイムス1986年8月11日；Tsuchiya et al. 1987）．石垣島で1990年に観察されたのに続き，1991年の夏には沖縄本島と周辺離島で白化が観察された．1993年の夏にはさらに規模の大きな白化が，宮古・八重山地方と慶良間諸島で観察された（沖縄県 1994；沖縄タイムス1993年8月1日）．1994年にも規模の大きな白化と高いミドリイシ類の死亡率が，石垣島と沖縄本島の本部半島で記録され（藤岡 1994），瀬底島ではシナキクメイシ *Favites chinensis* とリュウキュウノウサンゴ *Platygyra ryukyuensis* に高い発生が見られた（中野，未発表資料）．この時期の後，1997年にオーストラリアから始まった水温上昇が，1998年の夏には北半球のサンゴ礁域に速やかに達し，沖縄も大きな影響を受けた．この水温上昇では，過去に白化した記録のない多くの種にまで白化が見られるとともに，30mを超える水深まで白化が進行した．さらに，サンゴ礁の発達しない本州でも白化するサンゴが見られ，発生規模の大きさが際だっていた．このため，造礁サンゴ群集で優占するミドリイシ類などが壊滅的な損害を被り，沖縄周辺の造礁サンゴの被度の著しい低下が起こった（Loya et al. 2001；中野 1999）．2001年にもかなりの規模の白化が沖縄本島周辺をはじめ各地で見られるなど（中野 2002a），それ以降も白化は頻発しており，このような造礁サンゴの健康状態の悪化はさまざまな病気の蔓延につながると考えられ，低下してしまった被度の回復に大きな懸念材料となっている．

　成長異常がミドリイシ類，ハマサンゴ類，コモンサンゴ類に見られ（Yamashiro 2000；Yasuda et al. 2006；入川 2006；佐藤 2007），ホワイトシンドローム（佐藤 2007；カサレト 2008），黒帯病（佐藤 2007），原生動物 Trematoda によって引き起こされるハマサンゴ類紅斑病（*Porites* pink blotch disease；PPBD）（山城 2004；入川 2006）といった，世界各地で報告された病気が沖縄本島をはじめとして日本各地に拡がっていることが報告されている．ホワイトシンドロームは沖縄県石垣島と西表島の間に拡がる石西礁湖で蔓延しており，現地でサンゴ礁保全にあたる人々の間に危機感が募っている（上野ら 2009）．

　2007年に沖縄本島の備瀬（びぜ）の礁池から新たな病原菌として分離特定された *Parcacoccus carotinifacience* は，高温ストレス下でエダコモンサンゴ *Montipora digitata* に白化と組織剥離をおこすことが認められた（Casareto et al. 2010）．備瀬の調査では，ハマサンゴにハマサンゴ類紅斑病に症状のよく似た色素沈着を示し，感染力はごく弱いが致死性の病気も確認されている（Nakano et al. 2010）．さらに，沖縄県慶良間諸島や那覇の市街に近い宜野湾市での調査で，ハマサンゴ類潰瘍性白斑，紅帯病（こうたいびょう）（Pink line disease），石灰藻ホワイトシンドローム（Crustose coralline algae white syndrome），茶帯病が確認された（Weil et al. in press）．また，慶良間諸島の阿嘉島では藍藻 *Lyngbya polychroa* による

ウミウチワの仲間 *Annella reticulata* の被覆が観察されている（Yamashiro et al. 2009）．サンゴ礁の発達しない宮崎県からもオオスリバチサンゴ *Turbinaria peltata* に致死性のオオスリバチサンゴ白斑症候群（*Turbinaria* white spot syndrome；TWSS）が観察された（Yamashiro and Fukuda 2009）（口絵91）．これら多くの病気や障害については出現の報告があるだけで，発病のメカニズムなどについてはまだ限られた観察しか成されていない（Casareto et al. 2010；山城ら 2009；鈴木ら 2009）．

病気はどのように発症し，なぜ蔓延するのか？

　何が造礁サンゴの病気の発生を加速させているのだろうか？最近では地球温暖化などの気候変動とそれらを引き起こす人間の活動がその原因として重視されている（Harvell et al. 2002；Selig et al. 2006）．

環境因子

温度

　一般に，造礁サンゴは南北の回帰線の間（北緯23.5度～南緯23.5度）の熱帯・亜熱帯海域を中心に分布する．この海域では年間を通じて温度変化が小さく，このために造礁サンゴは温度変化に対してわずかな変化の幅（およそ18～30℃）でしか耐性をもっておらず，温度ストレスに敏感である．造礁サンゴは高温ストレス下で，体内に共生する褐虫藻あるいはその色素を喪失し白化を起こす．この場合の高水温による白化は，栄養供給の停滞，代謝の低下など多くの障害を引き起こす環境性疾病であり，人の熱中症のような環境性疾患にもたとえられる．日本で1980年から観察されたような局所的な白化は発生する種も限られ，温度ストレスへの応答が種によって異なることを示唆していた．1997年のエルニーニョ現象の際には世界規模で高水温が観測され，多くの種を巻き込む大規模な白化がみられ，白化しやすいミドリイシ類を中心に多くのサンゴが死亡した．1998年に日本で観察された大規模な白化はこれに連なるものだった．この出来事はまさに未曾有であったが（Hoegh-Guldberg 1999），その後オーストラリアでは2002年にこれを超えるほ

どの白化が観察された．さらに，2005年の秋にはカリブ海で，壊滅的な白化が観察された．

　この大規模な白化の直後から，ホワイトプラーグ（White plague）と黄斑病が蔓延した（Miller et al. 2006）．最近，研究者は，異常な高温下での造礁サンゴの死が，高水温で毒性の増した病原体の日和見感染症によって容易に起こりうると考えている（Ben-Haim et al. 2003a, b）．また，温度上昇は造礁サンゴの基本的な生理的資質である感染に抵抗する免疫力に影響するかもしれないという指摘もある（Rosenberg and Ben-Haim 2002）．水温上昇が造礁サンゴの病気を助長するという仮説（Harvell et al. 2007）は，高水温下では病気への造礁サンゴの抵抗力が低下することや，高温で病原体の毒性が強くなるなどの理由で，水温上昇後に造礁サンゴの病気が増加するといういくつかの観察例から強く支持されている．たとえば，真菌類のアスペルギルス *Aspergillus sydowii* や，細菌類のビブリオ *Vibrio shiloi, V. coralliilyticus* といった病原体は，最適温度で増殖と毒性の両方またはどちらかが増すことが知られている（Israely et al. 2001；Banin et al. 2000；Alker et al. 2001；Ben-Haim et al. 2003a, b）．カリブ海で病気の罹患率の季節的変遷について，ホワイトプラーグと黄斑病は水温のもっとも高くなる夏と秋に発生を繰り返し（Weil 私信；Miller et al. 2006），そのうえ，流行の広がりは2005年の白化のピーク後がもっとも広範であった．グレートバリアリーフでも，夏の調査を通じて高い罹患率を示す傾向が観察された（Willis et al. 2004）．グレートバリアリーフのモニタリング・プログラムでは，異常な高水温の起こる頻度とホワイトシンドロームの発生率に強い関係が見いだされている．さらに，病原体による伝染を予想させるように，発症率は造礁サンゴの被度とも相関することが見いだされた（Bruno and Selig 2007）．

水質

　環境ストレスが造礁サンゴの健康に影響を与えることはよく知られている．増加し続ける人口とともに，陸域からは汚染物質，栄養塩，懸濁物，病原体の沿岸生態系への放出が発生する．これらの環境ストレスが，沿岸に生息する多くの底生生物の生命活動の維持・成長・生殖に影響を

およぼすことが報告されている．さらに，サンゴの病気は，おもに富栄養化と懸濁物の堆積といった水質の悪化に促進されている（Bruno et al. 2003）．とくに，富栄養化は病気の進行を助長する点で心配されている．海水中の窒素とリンの増加は黄帯病と真菌類のアスペルギルスに感染した八放サンゴ類のヤギ類の組織喪失を促進することが観察されている（Bruno et al. 2003）．一方，栄養塩濃度の上昇のみが生じた場合は健康な造礁サンゴの組織には影響をおよぼさなかった（Kuntz et al. 2005）．このように病気の感染と高い栄養塩濃度は複合的に病気の進行を促進するが，この効果が宿主である造礁サンゴの抵抗力に対する影響であるのか，病原体の増殖と毒性の強化に影響しているのかはまだよくわかっていない．

　沿岸生態系における陸域から流入する懸濁物や堆積物の影響については多くの報告がある．造礁サンゴの組織壊死は懸濁物や堆積物の物理的障害の結果であると以前は考えられてきたが，微生物因子の含有物も造礁サンゴの健康に影響をおよぼすかもしれない．サハラ砂漠一帯からの風による砂塵の輸送は，「ヤギ類アスペルギルス感染症（Aspergillosis）」（口絵81）をウミウチワに引き起こす真菌類のアスペルギルスの胞子の供給源であり，陸からの砂塵の供給は物理的ストレスばかりでなく病原体の輸送者であることが明らかにされている（Garrison et al. 2003）．

　人為的なストレス要因は複雑な機構で病気の重症化と関わっている．これらを解消するためには，海域のサンゴ礁管理とともに陸域の土地利用の改善によるストレス要因の緩和が重要であろう．

病原体

　特定の生物が感染性の病気を引き起こすことを立証するためには，古典的なコッホの原則を証明する必要がある．この基本的な原則では，1）微生物が感染個体から検出される，2）分離された微生物が健康な個体に新たに感染する，3）新たに感染した個体が同じ症状を引き起こす，4）新たに感染した個体から同じ微生物が分離されることの4つの条件を満たすことで，その微生物を病原菌とみなす．コッホの原則にしたがって造礁サンゴの病気の原因が特定された例として，ビブリオ類の *Vibrio shiloi* によってビワガライシ科サンゴ *Oculina patagonia* に起こる

細菌性白化（Bacteria-induced bleaching）(Kushmaro et al. 1997, 2001)や，やはりビブリオ類 *Vibrio coralliilyticus* によってハナヤサイサンゴ *Pocillopora damicornis* に起こる細菌性白化と組織溶解（Ben-Haim and Rosenberg 2002；Ben-Haim et al. 2003 a, b），微生物の共同体が引き起こす黒帯病（Carlton and Richardson 1995；Richardson et al. 1998；Richardson 2004；Barneah et al. 2007；Richardson et al. 2009），真菌類アスペルギルスによるウミウチワの病気であるヤギ類アスペルギルス感染症（Smith et al. 1996；Geiser et al. 1998），ビブリオ類 *Vibrio carchariae* によるミドリイシ類の「II型白帯病（White band type II）」(Ritchie and Smith 1998；Gil-Agudelo et al. 2006)，細菌類 *Aurantimonas coralicida* による「II型ホワイトプラーグ（White plague type II）」(Richardson et al. 1998；Denner et al. 2003)，細菌類 *Thalassomonas loyana* による「ホワイトプラーグ様疾病（White plague like disease）」(Thompson et al. 2006)，細菌株BA-13によるキクメイシ属 *Favia* とカメノコキクメイシ属 *Goniastrea* の病気（Barash et al. 2005），魚類あるいは羊その他の哺乳類の一般的な腸内細菌として知られるセラチア *Serratia marcescens* によるカリブ海固有のミドリイシ類 *Acropora palmata* の「白痘症（White pox）」(Patterson et al. 2002) が知られている．カリブ海のマルキクメイシ類 *Montastrea* の一種の黄帯病は複数のビブリオ類によって引き起こされると考えられている（Cervino et al. 2004, 2008）．

多くの造礁サンゴの病気に関与する細菌の複雑な関係のために，同様の症状を見せている病気の間でもその比較は難しい．また，感染経路や感染源を知るために病原体を追跡することもひじょうに難しい．現在のところ，それらの病理学，病因学，および動物疫学（たとえば，地理分布，環境要因，罹患率，中間宿主，および空間的・時間的可塑性など）に関する私たちの知識はひじょうに限られている．一般的には，造礁サンゴの白化は，1年のもっとも暑い期間に起こっており，時には，正常な状態より暑さが厳しいときに起こる環境性疾病と考えられる．しかし，ビワガライシ科サンゴ *O. patagonia* とハナヤサイサンゴに起こる白化には，高水温時の細菌感染によるものと見られるものもある．

造礁サンゴの病気への対応

粘液層の働き

　造礁サンゴは体内に単細胞の藻類（褐虫藻）を相利共生させることで特徴づけられるが、さらに、多くの微生物（細菌類）も共存させている「造礁サンゴ共生体（ホロビオント：Coral holobiont）」である。このような宿主生物と共生細菌との関係は、人とその腸内細菌のように多くの生物で見られるが、その共生関係の複雑さから、これらの複合した生理過程を理解することは容易ではない。

　造礁サンゴはその表面に粘液を分泌し、粘液層をつくる。粘液層を構成するほとんどの動物性粘性物質であるムコ多糖類の炭素は共生する褐虫藻に由来し、造礁サンゴの表皮細胞から不溶性糖タンパク質として分泌される（Meikle et al. 1988）。粘液層の中には環境によって変化しやすい微生物相を含んでいる（Azam and Worden 2004；Klaus et al. 2005；Rosenberg et al. 2007）。この粘液層中に通常見られる微生物相はそれぞれの相互作用によって、一定の種構成を維持するとともに、造礁サンゴとも密接に作用し合い、造礁サンゴの生理機構の調節機能をも担っていると考えられる。造礁サンゴの粘液層に生息する細菌類の多くが抗生物質を生産することを示す多くの研究例（Koh 1997；Castillo et al. 2001；Ritchie 2006）は、これらの相互作用の結果として、造礁サンゴの粘液層に共生する細菌類が病原体の侵入を防ぎ、積極的に感染症の防御に貢献していることを示唆している。何らかの原因で粘液層中の細菌相が撹乱されると相互作用も乱れ、このような防御機構が破れ、病原体の侵入を許し、病気を引き起こすと考えられる（Ritchie 2006）。したがって、造礁サンゴの健康を損なうということは、感染（病原菌の侵入）のしやすさと、感染後の潜在的重症化を伴う造礁サンゴの抵抗力の低下との総合作用と理解できる。

ストレスへの抵抗性とプロバイオティクス仮説

　他の無脊椎動物と同様に、造礁サンゴは非特異的な先天性免疫系をもつが、抗体を生産せず、特異的な適応的免疫系を欠いている（Mullen et al. 2004）。このため、魚病予防などでおこなわれるワクチンの開発は

望めない．造礁サンゴの表面全体を覆う表皮と粘液層は，物理的に造礁サンゴを保護するとともに，接触する微生物を絡め取り，共生細菌類の生成する有機酸と殺菌化合物を含んだ物質で破壊する．最近の研究では，造礁サンゴが特異的にこのような病原体への抵抗を発達させ，高水温下での感染症に適応することが示唆された（Reshef et al. 2006）．これを説明するために，異なる環境状況下で造礁サンゴ自体とその共生細菌群の機能的関係が存在するとして，「造礁サンゴのプロバイオティクス仮説（Coral probiotic hypothesis）」が提唱された．これは共生細菌群の最良の組み合わせが，取り巻く環境に対応して造礁サンゴ共生体にもっとも有利になるために選択されるとするものである．共生細菌群の構成を変更することにより，共生体は遺伝的変異よりもさらに速く効率的に環境の変化に順応できるようである．

1994～2002年にかけて，地中海東部でビワガライシ科サンゴ *O. patagonia* に見られた細菌性白化は夏になると起こった．しかしながら，2003年からは，原因となるビブリオ *Vibrio shiloi* は白化した造礁サンゴからも健康なものからも検出できなかった．その後も夏の間 *O. patagonia* の白化は起こったが，病気の特徴は明らかに変化した．たとえば，2002年までは卵と精子の生産が見られなかったが，2003年に白化した *O. patagonia* は有性生殖が可能であった（Loya 私信）．接種実験をおこなうと，造礁サンゴの粘液に付いたビブリオは表皮細胞に侵入することはできるが増殖できず，接種の24時間後には減少することが観察された．つまり，何らかの未知の機構によって，造礁サンゴは細胞内のビブリオを溶解させ，病気を避けることができていた．別の事例としては，フロリダ・キーズの造礁サンゴのホワイトプラーグの原因であるビブリオ *V. coralicida* が，長期の感染を維持できなかったことがあげられる．これらの事例はすべて，造礁サンゴに共生する微生物相が環境条件の変化に応じて速やかに変化するという，造礁サンゴのプロバイオティクス仮説を支持している．

私たちがするべきこと

サンゴ礁での人間の活動によるさまざまな開発行為は生息地の悪化を招き，今後も気候変動が続くことを考えると，私たちはサンゴ礁の管理

における病気という新しい難局に直面しなければならなくなる．私たちは，サンゴ礁における病気の大部分の原因と突然の発生についてまだ説明できていない．感染性の病気の原因と発症機構を明らかにするためには，病原菌に対する防御機構を担う，褐虫藻と宿主細胞との関係や粘液層についての知見を増やす必要がある．造礁サンゴ共生体の複雑な共生機構を解明することは，無脊椎動物の免疫系を理解することに大きく貢献するはずで，これによって改良された病原体の分子診断と遺伝学的手法を用いた造礁サンゴの免疫を高める新たな方法や病原菌をウィルスで制御するファージ療法（造礁サンゴの免疫を高める新たな方法）が考案されはじめてもいる（Efrony et al. 2007）．

異常な高水温は，病原体の分散と発生を促進し，造礁サンゴとその共生細菌相の生理的な平衡や自然な抵抗力を弱める働きをしている．多くの化学汚染物質と人為的ストレスもまた，造礁サンゴの健康を損なう点で同じ重要性をもつ．陸域から流入する懸濁物の堆積は造礁サンゴの粘液層中の微生物相を変化させ，過剰な栄養塩は造礁サンゴの競争者である藻類や病原体の成長を促進すると考えられる（Bruno et al. 2003；Smith et al. 2006；Kuntz et al. 2005）．サンゴ礁生態系の持続性を脅かす気候と人為的変化を理解することは，造礁サンゴの回復と再生を促進するため効果的な方法を教えてくれるだろう．

活発な商業活動による船舶の往来によって，海洋性の病原体は昔にくらべてより速く・遠くまで移動できるようになった．たとえば，ある地域では見られなかった非常在性の病原体が，海外からの船舶のバラスト水に混入し，放出され，地域的な微生物相の撹乱が生じ，その地域の養殖業へ悪影響を与えたという報告がある（Harvell et al. 2004）．このような地球規模の問題に対応すべき海洋保護区の管理の必要性を生じている．もっとも基本的な管理方法は，造礁サンゴの病気の起源をたどり，知り得た進入路を断ち切ることであり，防疫体制の整備は常に心がけていなければならない．さらに恒常的なモニタリングによって病気の発生をいち早く知り，流行の早い時期に高次の防疫手段をとる必要がある．また，養殖そのものに起因する病気・発生蔓延も知られており，サンゴ礁域での養殖産業における魚介類の移動や，造礁サンゴそのものの移動や養殖・移植も頻繁におこなわれるようになっている．これらの対応策

として水産生物の移動の自粛や発生水域への出入りの制限などが考えられ，モニタリングを円滑にするには，野外活動に関わる人々が多くの知見を共有できるようガイドブック（Raymond et al. 2008）を作ると良いが，残念ながら日本版のガイドブックは出されていない．

このような実効性のある活動を支えるには，基本的な病気のメカニズムを体系化して解説する図書の完成が待たれるが，現状では研究例の集約には至っていない（Rosenberg and Loya 2004）．

引用文献

Alker AP, Smith GW, Kim K (2001) Characterization of *Aspergillus sydowii*, a fungal pathogen of Caribbean sea-fan corals. Hydrobiologia 460：105-111

Antonius A (1973) New observations on coral destruction in reefs. Part 3 in Tenth Meeting of the Association of Island Marine Laboratories of the Caribbean (abstract). University of Puerto Rico (Mayaguez) p 3

Antonius A (1985) Coral Diseases in the Indo-Pacific：A First Record. Mar Ecol 6：197-218

Antonius A (1999) *Hallofoliculina corallasia*, a new coral-killing ciliate on Indo-Pacific reefs. Coral Reefs 18：300

Antonius A, Lipscomb D (2001) First protozoal coral-killer identified in the Indo-Pacific. Atoll Res Bull 481：1-21

Azam F, Worden AZ (2004) Microbes, molecules and marine ecosystems. Science 303 (5664)：1622-1624

Banin E, Israely T, Kushmaru A, Loya Y, Orr E, Rosenberg E (2000) Penetration of the coral bleaching bacterium *Vibrio shiloi* into *Oculina patagonica*. Appl Envir Microbiol 66：31-36

Barash Y, Sulam R, Loya Y, Rosenberg E (2005) Bacterial strain BA-3 and a filterable factor cause a white plague-like disease in corals from the Eilat coral reef. Aquat Microb Ecol 40：183-189

Barneah O, Ben-Dov E, Kramarsky-Winter E, Kushmaru A (2007) Characterization of black band disease in Red Sea stony corals. Environ Microbiol 9：1995-2006

Ben-Haim Y, Rosenberg E (2002) A novel *Vibrio* sp. pathogen of the coral *Pocillopora damicornis*. Mar Biol 141：47-55

Ben-Haim Y, Thompson FL, Thompson CC, Cnockaert MC, Hoste B, Swings J, Rosenberg E (2003a) *Vibrio coralliilyticus sp. nov.*, a temperature-dependent pathogen of the coral *Pocillopora damicornis*. Int J Syst Evol Microbiol 53：309-315

Ben-Haim Y, Zicherman-Keren M, Rosenberg E (2003b) Temperature regulated bleaching and lysis of the coral *Pocillopora damicornis* by the novel pathogen *Vibrio coralliilyticus*. Appl Envir Microbiol 69：4236-4242

Bruno JF, Peters L, Harvell CD, Hettinger A (2003) Nutrient enrichment can increase severity of two Caribbean coral diseases. Ecol Letters 6：1056-1061

Bruno JF, Selig ER (2007) Regional decline of coral cover in the Indo-Pacific： timing, extent, and subregional comparisons. PLoS ONE 2 (8)：e711.

Carlton RG, Richardson LL (1995) Oxygen and sulfide dynamics in a horizontally migrating cyanobacterial mat：black band disease of corals. FEMS Microbiol Ecol 18：155-162

カサレト BE (2008) 石西礁湖の水質の特性とサンゴの病原菌を探る. Lagoon 11：2-5

Casareto BE, Yoshinaga K, Suzuki T, Suzuki Y (2010) Temperature-regulated lyses and bleaching of the coral *Montipora digitata* induced by the novel pathogen *Paracoccus carotinifaciens* and a possible immune mechanism of the coral muchopolysaccharide layer. In：2nd IPCRS (abstract book) p 136

Castillo I, Lodeiros C, Nuñez M, Campos I (2001) *In vitro* study of antibacterial substances prodiuced by bacteria associated with various marine organisms. Rev Biol Trop 49：1213-1221

Cervino JM, Hayes R, Polson S, Polson SC, Goreau TJ, Martinez RJ, Smith GW (2004) Relationship of *Vibrio* species infection and elevated temperatures to yellow blotch/band disease in Caribbean corals. Appl Envir Microbiol 70：6855-6864

Cervino JM, Thompson FL, Gómez-Gil B, Lorence EA, Goreau TJ, Hayes RL, Winiarski KB, Smith GW, Hughen K, Bartells E (2008) *Vibrio* pathogens induce Yellow band disease in Caribbean and Indo-Pacific reef building corals. J Appl Microbiol 105：1658-1671

Croquer A, Bastidas C, Lipscomb D, Rodriguez-Martinez R, Jordan-Dahlgren E, Guzman H (2006) First report of folliculinid ciliates affecting Caribbean scleractinian corals. Coral Reefs 25：187-191

Denner EBM, Smith GW, Busse HJ, Schumann P, narzt T, Polson SW, Lubitz W, Richardson LL (2003) *Aurantimonas coralicida* gen. nov., sp. nov., the causative agent of white plague type II on Caribbean scleractinian corals. Int J Syst Evol Microbiol 53：1115-1122

Dinsdale EA (2002) Abundance of black-band disease on corals from one location on the Great Barrier Reef：a comparison with the abundance in the Caribbean region. Proc 9th ICRS 1：239-243

Efrony R, Loya Y, Bacharad E, Rosenberg E (2007) Phage therapy of coral disease. Coral Reefs 26：7-13

藤岡義三 (1994) 造礁サンゴを中心とした生態系の維持機構に関する予備的研究. 環境庁地球環境研究総合推進費平成5年度研究成果報告集2：407-415

Garret P, Ducklow H (1975) Coral diseases in Bermuda. Nature 523：349-350

Garrison VH, Shinn EA, Foreman WT (2003) African and Asian dust : from desert soil to coral reef. BioScience 5 : 469-480

Geiser DM, Taylor JW, Ritchie KB, Smith GW (1998) Cause of sea fan death in the West Indies. Nature 394 : 137-138

Gil-Agudelo DL, Smith GW, Weil E (2006) The white band disease type II pathogen in Puerto Rico. Rev Biol Trop 54 : 59-67

Green EP and Bruckner AW (2000) The significance of coral reefs epizootiology for coral reef conservation. Biol Conserv 96 : 347-361

Harvell CD, Aronson R, Baron N, Connell J, Dobson A, Ellner S, Gerber L, Kim K, Kuris A, McCallum H, Lafferty K, McKay B, Porter J, Pascual M, Smith G, Shutherland K, Ward J (2004) The rising tide of ocean disease : unsolved problems and research priorities. Frontiers Ecol 2 : 375-382

Harvell CD, Jordan-Dahlgren E, Merkel S, Rosemberg E, Raymundo L, Smith G, Weil E, Willis B (2007) Coral disease environmental divers and the balance between coral and microbial associates. Oceanography 20 : 172-195

Harvell CD, Kim K, Burkholder RR, Coldwell PR, Epstein DJ, Grimes EE, Hoffman EK, Lipp ADME, Osterhaus RM, Overstreet J, Porte GW, Smith GW, Vasta GR (1999) Emerging marine diseases : climate links and anthropogenic factors. Science 285 : 1505-1510

Harvell CD, Mitchell CE, Ward JR, Altizer S, Dobson AP, Ostfeld RS, Samuel MD (2002) Climate warming and disease risks for terrestrial and marine biota. Science 296 : 2158-2162

Hough-Guldberg O (1999) Climate change, coral reefs and the future of the word's coral reefs. Mar Freshw Res 50 : 839-866

Hughes T, Baird AH, Bellwood DR, Card M, Connolly SR, Folke C, Grosberg R, Hoegh-Guldberg O, Jackson JBC, Kleypas J, Lough JM, Marshall P, Nyström M, Palumbi SR, Pandolfi JM, Rosen B, Roughgarden J (2003) Climate change, human impacts and the resilience of coral reefs. Science 301 : 292

入川暁之 (2006) 造礁サンゴ類の病気—主として骨格異常に関する報告. Lagoon 7 : 5-11

Israely T, Banin E, Rosenberg E (2001) Growth differentiation and death of *Vibrio shiloi* in coral tissue as a function of seawater temperature. Aquat Microb Ecol 24 : 1-8

Jordan-Dahlgren E, Maldonado MA, Rodriguez-Martinez R (2005) Diseases and partial mortality in *Montastraea annularis* species complex in reefs with differing environmental conditions in the NW Caribbean and Gulf of Mexico. Dis Aquat Org 63 : 3-12

Kaczmarsky L (2006) Coral disease dynamics in the central Philippines. Dis Aquat Org 69 : 9-21

亀崎直樹・宇井晋介 (1984) 八重山列島における造礁サンゴ類の白化現象. 海中公園情報 61 : 10-13

Klaus JS, Frias-Lopez J, Bonheyo GT, Heikoop JM, Fuoke BW (2005) Bacteria communities inhabiting the healthy tissues of two Caribbean reef corals: interspecific and spatial variation. Coral Reef 24:129-137

Koh EGL (1997) Do scleractinian corals engage in chemical warfare against microbes? J Chem Ecol 23:379-398

Kuntz N, Kline SA, Sandin SA, Rohwer F (2005) Pathologies and mortality rates caused by organic carbon and nutrient stressors in three Caribbean coral species. Mar Ecol Prog Ser 294:173-180

Kushmaro A, Banin E, Loya Y, Stackelbrandt E, Rosenberg E (2001) *Vibrio shiloi* sp. nov., the causative agent of bleaching of the coral *Oculina patagonica*. Int J Syst Evol Microbiol 51:1383-1388

Kushmaro A, Rosenberg E, Fine M, Loya Y. (1997) Bleaching of the coral *Oculina patagonica* by *Vibrio* AK-1. Mar Ecol Prog Ser 147:159-165

Lessios HA, Robertson DR, Cubit JD (1984) Spread of *Diadema antillarum* mass mortality through the Caribbean. Science 226:335-337

Loya Y (2004) The coral reefs of Eilat-Past, present and future: three decades of coral community structure studies. In: Rosenberg E, Loya Y (eds), Coral Health and Disease. Springer Verlag, NY. pp 1-34

Loya Y, Bull G, Pichon M (1984) Tumor formations in scleractinian corals. Helgol Mar Res 37:99-112

Loya Y, Sakai K, Yamazato K, Nakano Y, Sembali H, van Woesik R (2001) Coral bleaching: the winners and the loosers. Ecol Letters 4:122-131

McClanahan TR, McLaughlin SM, Davy JE, Wilson WH, Peters EC, Price KL, Maina J (2004) Observation of new source of coral mortality along the Kenyan coast. Hydrobiologia 530/531:469-479

McClanahan TR (2004) Coral bleaching, disease and mortality in the Western Indian Ocean. In: Rosenberg E, Loya Y (eds), Coral Health and Disease. Springer Verlag, NY. pp 157-176

Meikle P, Richards GN, Yellowlees D (1988) Structural investigation on the mucus from six species of coral. Mar Biol 99:187-193

Miller J, Waara R, Muller E, Rogers C (2006) Coral bleaching and disease combined to cause extensive mortality on coral reefs in US Virgin Islands. Coral Reefs 25:418

Mullen M, Peters EC, Drew H (2004) Coral resistance to disease. In: Rosenberg E, Loya Y (eds), Coral Health and Disease. Springer Verlag, NY. pp 377-399

中野義勝 (1999) 1998年夏に見られた大規模なサンゴ礁の白化現象を考える. 沖縄生物学会誌37:93-95

中野義勝 (2002a) 沖縄本島周辺海域における造礁サンゴの白化. 石垣島サンゴ群生地被害実態・原因究明緊急調査報告書 pp 156-162

中野義勝 (2002b) 造礁サンゴの環境負荷への生理生態的反応に関わる研究の概観. 日本におけるサンゴ礁研究Ⅰ:43-49

中野義勝（2004）地球環境変動と白化現象．環境省・日本サンゴ礁学会（編）日本のサンゴ礁 pp 44-50

Nakano Y, Casareto B, Yoshinaga K, Suzuki Y (2010) A field observation of species-specific fatal disease on poritides coral. In : 2nd IPCRS, 20-24 June Phuket, Thailand (abstract book). p 214

西平守孝（2004）日本の造礁サンゴ類．環境省・日本サンゴ礁学会（編）日本のサンゴ礁 pp 10-14

小川和夫・室賀清邦（編）(2008) 改訂・魚病学概論．恒星社厚生閣 pp 192

Page CA, Willis B (2006) Distribution, host range and large scale spatial variability in black band disease prevalence on the Great Barrier Reef, Australia. Dis Aquat Org 69：41-51

Patterson KL, Porter JW, Ritchie KB, Polson SW, Mueller E, Peters EC, Samtavy DL, Smith GW (2002) The etiology of white pox, a lethal disease of the Caribbean elkhorn coral, *Acropora palmata*. Pro Nat Acad Sci USA 99：8725-8730

Porter JW, Dustan JP, Japp WC, Patterson KL, Kosmynin V, Meier O, Patterson ME, Parsons M (2001) Patterns of spread of coral diseases in the Florida Keys. Hydrobiologia 460：1-24

Raymond RJ, Couch CS, Harvell CD (eds)(2008) Coral Disearse Handbook. CRTRCBMP pp 120.

Raymundo LJ, Harvel CD, Reynolds T (2003) *Porites* ulcerative white spot disease in the Florida Key. Hydrobiologia 460：1-24

Raymundo LJ, Rosell KB, Reboton C, Kaczmarsky L (2005) Coral diseases on Philippine reefs : genus *Porites* is a dominant host. Dis Aquat Org 64：181-191

Reshef L, Koren O, Loya Y, Zilber-Rosemberg I, Rosenberg E (2006) The coral probiotic hypothesis. Environ Microbiol 8：2068-2073

Richardson LL, Goldberg WM, Kuta KG, Aronson RB, Smith GW, Richie KB, Halas JC, Feingold JS, Miller S (1998) Florida's mistery coral killer identified. Nature 392：557-558

Richardson LL (2004) Black band disease. In : Rosenberg E, Loya Y (eds), Coral Health and Disease. Springer Verlag, NY pp 325-226

Richardson LL, Aronson R (2002) Infectious disease of reef corals. Proc 9th ICRS：1225-1230

Richardson LL, Miller AW, Broderick E, Kaczmarsky L, Gantar M, Stanić D, Sekar R (2009) Sulfide, microcystin and the etiology of black band disease. Dis Aquat Org 87：79-90

Ritchie KB (2006) Regulation of microbial populations by coral surface mucus and mucus-associated bacteria. Mar Ecol Prog Ser 322：1-14

Ritchie KB, Smith GW (1998) Description of type II white band disease in acroporids corals. Rev Biol Trop 46：199-203

Rosenberg E, Ben-Haim Y (2002) Mini-review : microbial disease of corals and

global warming. Environ Microbiol 58：143-159
Rosenberg E, Koren O, Reshef L, Rotem E, Ziber-Rosemberg L (2007) The role of microorganisms in coral health, disease and evolution. Nature Reviews 5：355-362
Rosenberg E, Loya Y (eds)(2004) Coral Health and Disease. Springer pp 484
佐藤崇範 (2007) 石西礁湖におけるサンゴの病気について. Lagoon 9：13-14
Selig ER, Harvell CD, Bruno JF, Willis BL, Page CA, Casey KS, Sweatman H (2006) Analyzing the relationship between ocean temperature anomalies and coral disease outbreaks at broad spatial scales. In：Phinney JT, Strong A, Skrving W, West J, Kleypas J, Hough-Guldberg O (eds), Coral Reef and Climate Change：Science and Management. Coastal and Estuary Series.Vol. 61, American Geophysical Union Press. pp 111-128
Smith GW, Ives LD, Nagelkerken IA, Ritchie KB (1996) Caribbean sea-fan mortalities. Nature 383：487
Smith JE, Shaw M, Edwards RA, Obura D, Pantos O, Sala E, Sandin SA, Smriga S, Hatay M, Rohwer F (2006) Indirect effect of algae on coral：algae-mediated, microbe-induced coral mortality. Ecol Letters 9：835-845
Smith JE, Weil E(2004)Aspergillosis in gorgonians. In：Rosenberg E, Loya Y(eds), Coral Health and Disease. Springer Verlag, NY pp 279-288.
Sussman M, Bourne DG, Willis BL (2006) A single cyanobacterial ribotype is associated with both red and black bands on diseased corals from Palau. Dis Aquat Org 69：111-118
鈴木俊幸・森 啓嘉・平川徹弥・塩井祐三・吉永光一・Casareto B・鈴木 款 (2009) White syndrome の症状の進行とサンゴ体内の素過程の変化. 日本サンゴ礁学会第12回大会講演要旨集：123
Thompson FL, Barash Y, Sawabe T, Sharon G, Swings J, Rosenberg E (2006) *Thalassomonas loyana* sp. nov., a causative agent of the white plague-like disease of corals on the Eilat coral reef. Int J Syst Evol Microbiol 56：365-368
Tsuchiya M, Yanagiya K, Nishihira M (1987) Mass mortality of the sea urchin *Echinometra mastaei* (Blainville) caused by high water temperature on the reef flats in Okinawa, Japan. Galaxea 6：375-386
上野光弘・木村 匡・下池和幸・砂川政信 (2009) 石西礁湖にサンゴの病気が蔓延するまで. 日本サンゴ礁学会第12回大会講演要旨集：122
Veron JEN (2000) Corals of the World. Australian Institute of Marine Science, 3 volumes. pp 1350
Ward JR, Rypien KL, Buno JF, Aarvell CD, Jarda-Dahrgren E, Muller KM, Rodrigue, Martine RE, Sanche J, Smith G and 8 more authors (2006) Coral diversity and disease in Mexico. Dis Aquat Org 69：23-31
Weil E (2004) Coral reef disease in the wider Caribbean. In：Rosenberg E, Loya Y (eds), Coral Health and Disease. Springer Verlag, NY pp 35-68
Weil E, Casareto B, Irikawa A, Suzuki Y (in press) Japan reefs show the

northernmost distribution of several Indo-Pacific coral reef diseases. Coral Reefs
Weil E, Smith GW, Gil-Agudelo DL (2006) Status and progress in coral reef disease research. Dis Aquat Org 69:1-7
Weil E, Urreiztieta I, Garzon-Ferreira J (2002) Geographic variability in the incidence of coral and octocoral diseases in wider Caribbean. Proc 9th ICRS 2:1231-1237
Willis B, Page CA, Dinsdale EA (2004) Coral disease on the Great Barier Reef. In:Rosenberg E, Loya Y (eds), Coral Health and Disease. Springer Verlag, NY pp 69-103
Winkler R, Antonius A, Renger DA (2004) The skeleton eroding band on coral reef of Aqaba, Red Sea. P.S.Z.N.I. Mar Ecol 25:129-144.
Yamashiro H, Yamamoto M, van Woesik R (2000) Tumor formation on the coral *Montipora informis*. Dis Aquat Org 41:211-217.
山城秀之(2004)イシサンゴ類の病気についての現況.環境省・日本サンゴ礁学会(編)日本のサンゴ礁:58-61
Yamashiro H, Fukuda M (2009) White spot syndrome of *Turbinaria peltata* in the temperate region of Japan. Coral Reefs 28:893
山城秀之・磯村尚子・池松伸也(2009)宮崎産オオスリバチサンゴのホワイトスポットシンドロームについて.日本サンゴ礁学会第12回大会講演要旨集:125
Yamazato K (1981) A note on the expulsion of zooxanthellae during summer 1980 by the okinawan reef building corals. Sesoko Mar Lab Tech Rep 8:9-18
Yasuda N, Nakano Y, Yamashiro H (2006) Pathological studies on coral tumors of *Porites* spp. in Okinawa, Japan. Proc 10th ICRS:159-164

第Ⅳ部
サンゴ礁とつきあうために

サンゴ礁は大きな撹乱を受けてしまった．私たちには美しいサンゴ礁を取り戻す義務がある．私たちはサンゴ礁から多くの恵みを与えられてきた．まずサンゴ礁の重要性を認識し，その重要性を評価する方法を学ぼう．その価値がわかれば，保全のための取り組みも活発になると期待できる．サンゴ礁には，立場が異なる多くの人が関わりをもっているので，議論は単純ではないかもしれないが，今，私たちがなすべきことを整理し，行動を起こさなければならない．積極的にサンゴを増やそうという取り組みも盛んになっている．多くの議論があるこの活動について，じっくりと考えるための情報も提供する．

第13章
サンゴ礁の価値を評価する

豊島淳子・土屋 誠

「サンゴ礁」の値段はいくらなのか？

　私たちは，自然の恵みに依存して生活している．そのありがたさをどのように表現すると良いだろう？　また，その程度をどのように評価すると良いであろうか？

　大部分の自然の恵みには値段がついていない．私たちは植物の光合成によって作られた酸素を呼吸活動に利用して生活しているけれども，空気を呼吸するときに，その使用料を払っているわけではない．また，海水浴を楽しむことや，山で森林浴をすることは自然の恵みの利用のしかたの1つの例であるが，入場料などが必要な一部の場所を除けば，こちらも無料で利用できる．無料であるということは，「お金」でものごとの価値が測られる経済社会のしくみの中では「価値がない」ものとみなされがちである．しかし，自然の恵みは人間の生活になくてはならないものであり，「価値がない」どころか「無限大の価値がある」ものであると考えるべきである．では，どのようにしてその価値を評価すると良いのであろうか？

　これまで私たちの周りのきれいな水や空気，海で獲れる魚などの食料は無限にあり，どんなに使っても減らないものという意識が一般的であった．有害物質などで海や大気を汚染しても，自然に拡散したり分解されたりするので影響はないという誤った意識も存在した．しかし，世界の人口が増加した結果，人間活動により排出される環境汚染物質の量も自然に処理される限界量を超え，自然資源の不足も深刻になってきている．日本国内でも，人口が密集した大都会などでは慢性的にゴミ問題や

水問題を抱え，乱獲によりほとんど自然界では絶滅してしまった生物種などもある．

このように，経済や社会の発展を追求するあまり自然資源の保全への配慮がおろそかになってしまうことを防ぐ手段の1つとして，最近では自然資源の価値を金額に換算し，貨幣価値として考えるという試みがおこなわれるようになった．本来自然の恵みとは，上述のようにお金で価値が測ることができないと考えられてきたが，多少強引ではあっても金額で価値を表現することによって，環境を保護した場合のメリットとデメリットをわかりやすい形で比較することができるようにしようという考え方が普及してきたのである．

サンゴ礁については，これまでに，世界のさまざまな場所でさまざまな研究者や研究機関・団体などによって，経済価値評価に関する研究が実施されている．ここでは，日本全国のサンゴ礁について，その経済価値はどの程度に見積もることができるのか，おおまかな価値評価を試みたい．

サンゴ礁の「恵み」とは？

サンゴ礁から私たちが得ている「恵み」とは，具体的にどのようなものであろうか？ サンゴ礁は人間の生活にどのように「役立って」いるのだろうか？ このような表現は人間中心と言われそうであるが，理解しやすいのでしばらくはこのまま続けることにしよう．

まず，目に見える形で一番わかりやすい恵みとしては，海産物などの「物的資源」があげられる．その中でもっとも重要なのは，サンゴ礁で水揚げされる魚や貝，イセエビ，海藻などの食料である．それらに加えて，ペットショップなどで飼育用に販売される観賞用の熱帯魚やサンゴ，ライブロック（微生物などが付着した石）などもサンゴ礁からの恵みである．また，海岸や海底の砂や礫，石灰岩なども建築資材として利用されてきた．その他に，薬の原材料となる化学物質を抽出するための生物や，装飾品を作るための真珠や貝殻なども重要な資源である．

物質的な恩恵に対して，形のない文化的・精神的な恩恵もある．たとえば，サンゴ礁の海でマリンスポーツなどのレクリエーションを楽しんだり，美しい海を眺めたりして心が癒されること，などがこれにあたる．

最近では，スキューバダイビングなどのマリンスポーツが人気になり，それを目的とした観光客が増えているが，訪れた観光客がサンゴ礁地域でお金を使うことは，地元の経済の活性化にも大きく貢献していることは疑いない．しかしながら，これはサンゴ礁が健全であり，美しい景観が維持されているからこそ成りたつことであるので，常にサンゴ礁の利用と環境保全との関係を良好に保つ必要がある．

　また，沖縄など古くからサンゴ礁の海と深い関わりをもって生活してきた地域では，海に関連した伝統的な儀式や祭礼が継承されており，これらが国の重要無形文化財などに指定されているところもある．サンゴ礁の生態系のしくみや，そこに棲むさまざまな生物の多様性に知的好奇心を刺激されて，サンゴ礁を対象とした研究活動をおこなったり，サンゴ礁を題材にして環境教育をおこなったりする場合なども文化的・精神的価値の1つの例と言える．

　サンゴ礁は，私たちの生活を安全で快適に維持することにも役立っている．サンゴ礁では，サンゴが炭酸カルシウムでできた骨格を形成し，それが長い時間をかけて積み重なって陸地や浅い海を形成するが，これは天然の防波堤であり，台風や津波などの災害や波による浸食作用などから海岸を守る働きをしている．人間による破壊など，何らかの原因で健康なサンゴ礁が消失してしまった場所には，砂浜の砂の流出が続き，陸地が狭くなってしまうこともあり，大きな問題になっている（UNEP-WCMC 2006）．

　サンゴは私たちに地球環境変動のようすを伝えてくれる．1998年に世界的規模で起きた白化現象はとくに顕著なものであった．これは地球温暖化が海水温を世界的レベルで上昇させたという地球規模の大きな力が働いた結果と考えられており，サンゴの白化現象は地球環境の変動を私たちに知らせているものと考えられる．また，過去のサンゴ礁環境はサンゴの骨格の中に情報として記録されており，海洋環境の水温と塩分，洪水などの情報に関しての解析が進んでいる．

　サンゴ礁は埋め立ての場所として，あるいは建設資材の採取場所として利用される．この利用形態は破壊的であり，非持続的なものであるが，埋め立てによって失った機能についても評価することにより，サンゴ礁の価値がいっそう明確になるに違いない．

サンゴ礁などの自然が私たち人間に与えてくれている恩恵は，最近「生態系サービス」あるいは「生態系機能」と呼ばれている．とくに1990年代から世界的に議論が盛んになり，いくつかの論文や書籍が出版されている（Costanza et al. 1997；Moberg and Folke 1999；土屋・藤田 2009）．Costanza et al.（1997）は，人間が自然界から受けている恩恵を，水の供給，食料の提供，レクリエーションの場の提供など17の具体的な生態系サービスとしてまとめた．2001年から世界の1,500人の科学者が連携して検討した国連のミレニアム・エコシステム・アセスメントに関するプロジェクトでは，生態系サービスの議論をまとめ，生態系の環境を調節する機能，水産物などを供給する機能，文化的な利用を可能にする機能，これらのサービスの基盤となる機能の4項目を考慮すべきと述べた．さらにUNEP-WCMC（2006）では，サンゴ礁とマングローブの生態系サービスについてまとめている．今後，これらの議論は科学的論拠が整理されつつ，さらに発展するものと思われる．

サンゴ礁の価値を評価する

　それでは実際に，いくつかの恩恵について経済価値を試算してみよう．ここでは，「物的資源の提供による恩恵」の例として「商業用海産物」を，「文化的・精神的に受ける恩恵」の例として「観光・レクリエーション」を，「防災・安全な暮らしに関する恩恵」の例として「護岸効果」を取りあげる．

物的資源の提供（漁業資源）

　サンゴ礁の経済価値のうち，物的資源の提供の例として，日本国内のサンゴ礁地域でどのくらいの海産物が獲れているのかを調べてみよう．海産物の水揚げ高については，各地の地方自治体や漁業共同組合などによる統計データが蓄積されている．このデータは，地方自治体によってはホームページなどで公開されているところもあるので参考になる．ここでは，サンゴ礁地域の代表として，①沖縄県，②奄美市（鹿児島県），③小笠原村（東京都）の統計データを対象とする．なお，データの詳細にご興味のある方は，各自治体のホームページをご覧いただきたい（表13-1）．

表13-1　サンゴ礁地域の漁獲統計データ.

沖縄県	沖縄県農林水産部水産課 ホームページ「沖縄の水産業」 http://www.pref.okinawa.jp/suisan/suisangyou.html
奄美市	奄美市役所 ホームページ「数字で見る奄美市（統計データ）」 http://www.city.amami.lg.jp/amami01/amami09.asp
小笠原村	東京都産業労働局農林水産部水産課 ホームページ「東京の水産業とは」 http://www.sangyo-rodo.metro.tokyo.jp/norin/suisan/about/index.html

表13-2　「商業用海産物の提供」の価値に関する定量的評価結果.

	対象種数	金額（千円）
沖縄県（平成14～18年の平均値）		
サンゴ礁関連生物の漁獲高	35	2,696,780
海面養殖の生産額	11	7,898,150
奄美市（平成14～18年の平均値）		
サンゴ礁関連生物の漁獲高	12	96,715
小笠原村（父島＋母島）（平成18年）		
サンゴ礁関連生物の漁獲高	4	49,419
計		10,741,064

　計算方法としては，まず統計データの中から，サンゴ礁をおもな生息場所としたり，生活史の一部にサンゴ礁を利用したりしている生物種のみを選択する．これにより，カツオ・マグロのように漁獲統計には含まれているが外洋に生息する魚などは除外される．そして，選択された魚種の年間水揚げ金額を合計する．ただし，海産物は毎年決まった量が得られるわけではなく，年毎に豊漁や不漁で漁獲高が変動し，それに伴って価格が変動するので，何年か分のデータを用いて平均的な値を算出する必要がある．ここでは例として，沖縄県と奄美市についてはデータの中の最新の5年間の平均値を使用した．（小笠原村に関しては，公開されているデータが平成18年度分のみであったので，単年度の値を用いて計算した．）また，漁獲物には天然のものと養殖のものがあるが，養殖の分についても，サンゴ礁の海の中に生簀などを作って養殖されているので，サンゴ礁の経済価値に含めることとした．

　この結果から（表13-2），沖縄・奄美・小笠原のサンゴ礁から1年間に獲れる漁獲物の値段は，およそ107億4000万円と計算される．もちろん，この3つの地域以外にもサンゴ礁で漁業がおこなわれている場所もあるが，それらの地域については人口も少なく漁業も小規模である

と考えられるので，上記の計算結果を日本のサンゴ礁が漁業に貢献している価値の概要を表していると思われる．

ただし，この金額は，実際に獲れた魚が漁協などで公的な取引の対象となった場合の値段（卸価格）に基づいて計算されているので，実際に鮮魚店やスーパーマーケットなどで販売されて消費者の元に届く際の値段（小売価格）は，この数倍になると推測される．ここでは計算に含めていないが，サンゴ礁から獲れた漁獲物が，加工されて店頭に並ぶまでの加工・流通産業やそれに伴う雇用機会の創出も，広い意味ではサンゴ礁によって支えられている経済活動であり，サンゴ礁の経済価値の一部であると言える．さらに，これは市場に流通したものであり，個人の自家消費分は含まれていないことも注意しなければならない．

このように計算すると，サンゴ礁のおよその漁業的な市場価値が推算できるが，じつはもっと過去に遡って統計データを見てみると，ある時期には現在よりもっと多くの魚が獲れていたことがわかっている．たとえば1980年代のはじめには，現在と比べて約4倍の量の魚が沖縄県全体のサンゴ礁から水揚げされていた．それが現在のように減少してしまったのは，魚を多く獲りすぎてしまったことや，サンゴ礁生態系を支えている健康なサンゴそのものが，さまざまな要因により減ってしまったことが原因と考えられている．このように，サンゴ礁の経済的価値は常に一定ではなく，私たち人間がサンゴ礁をどのように利用・保全していくかによって，価値も変動することがある．サンゴ礁の資源を枯渇させないよう，持続的に利用していくことが重要である．

文化的・精神的価値（観光・レクリエーション）

つぎに，「文化的・精神的価値」の例として，「観光・レクリエーション」を目的としたサンゴ礁の利用の経済価値を考えてみよう．もっとも直接的にサンゴ礁の価値を表す指標として，年間に観光客がサンゴ礁地域を訪問するために支出するお金の総額を用いる．この評価方法は，「旅行費用法」と呼ばれている（Cesar et al. 2002）．サンゴ礁地域（沖縄県，奄美群島，小笠原諸島）を訪れ，サンゴ礁と関係の深い観光内容に参加した旅行者数とその消費額から，つぎの計算式にデータをあてはめて計算をおこなった．

〈計算式〉

サンゴ礁地域への年間観光客数 × サンゴ礁と関連の深い観光内容の参加率 × 1人あたりの旅行費用

「サンゴ礁と関連の深い観光内容の参加率」とは，おもに海水浴やダイビングなどサンゴ礁と直接的な関わりのある活動をおこなった観光客の割合をさす．また，「1人あたりの旅行費用」には，往復の交通費と，滞在費や食費・お土産代などの現地で消費したすべての金額が含まれる（旅行の準備にかかった費用などは含まない）．

統計の元となるデータは，漁業の価値評価と同じく，各自治体などがホームページに公表しているものを使用した．各データの出典は表13-3のとおりである．

計算結果を表13-4，表13-5に示す．沖縄県および奄美市の旅行者に関しては，それぞれの出発地からの旅行者の割合に航空運賃を掛け，さらに旅行形態別に，往復の航空券とホテル宿泊などがセットになったパッケージ旅行と個人旅行の比率によって，表13-4の航空運賃割引率を用いて計算した．また，外国人観光客については，十分な統計データがないため，計算に含まれていない．小笠原に関しては，旅行者の出発地に関わらず東京からの往復船賃を用いて交通費をだしているため，実際の旅行者の出発地から東京までの交通費が含まれておらず，実際の金額より少なく見積もられている可能性がある．

3つ地域の結果を合わせると，日本全体ではサンゴ礁の観光・レクリエーションの経済価値は年間2399億円となり，ひじょうに高い価値があることが理解できる．観光資源として利用できる良好なサンゴ礁を保全することが，将来にわたって持続的に経済利益を得ることにもつながると言えるであろう．

防災・安全な暮らしの提供（護岸効果）

造礁サンゴなどが長年成長・堆積を繰り返した結果として形成される石灰岩のサンゴ礁地形は，人間が居住することができる陸地を形成するだけでなく，天然の防波堤として，台風の接近時などに発生する波浪や津波から沿岸地域の住居や住民を保護したり，海岸の砂の流出を防いだりする役割を果たしている（UNEP-WCMC 2006）．Kunkel et al. (2006)

表13-3 「観光・レクリエーション」の価値を概算するのに使用したデータの出典.

サンゴ礁地域への年間観光客数	
沖縄県	沖縄県（2008）観光要覧 平成19年版 http://www3.pref.okinawa.jp/site/view/contview.jsp?cateid=233&id=18343&page=1
奄美群島	鹿児島県大島支庁（2004～2008）奄美群島の概況 平成15～19年度 平成18,19年度：http://www.pref.kagoshima.jp/chiiki/oshima/chiiki/index.html
小笠原諸島	小笠原エコツーリズム協議会（2005）第1回小笠原エコツーリズム協議会資料3．小笠原エコツーリズムの現状 http://www.it-ogasawara.com/sonmin/eco/pdf/17_1data3.pdf
サンゴ礁と関連の深い観光内容の参加率	
沖縄県	沖縄県（2004）平成15年度沖縄観光客満足度調査報告書 http://www3.pref.okinawa.jp/site/view/contview/attach/6372/170930syuuseihoukokusyo.pdf
奄美群島	鹿児島県（2007）奄美群島振興開発アンケート調査報告書 http://www.pref.kagoshima.jp/pr/shima/kaihatsuchosa/amasinanquete.html
小笠原諸島	東京都（2003）小笠原諸島振興開発審議会（第71回）資料5．小笠原諸島及び離島を訪れる観光客に対する意識調査 結果の概要 http://www.mlit.go.jp/crd/chitok/71D5.pdf
旅行費用	
沖縄県	●県内消費額 沖縄県（2008）沖縄県観光要覧 平成18年版（Ⅱ．3．観光統計実態調査） http://www3.pref.okinawa.jp/site/view/contview.jsp?cateid=233&id=16156&page=1 沖縄県観光商工部（2007）平成18年度の観光収入について（平成19年8月23日公表） http://www3.pref.okinawa.jp/site/view/contview.jsp?cateid=233&id=14990&page=1 沖縄県観光商工部（2008）平成19年度の観光収入について（平成20年7月24日公表） http://www3.pref.okinawa.lg.jp/site/view/contview.jsp?cateid=233&id=17247&page=1 ●交通費 沖縄県（2004～2008）観光要覧 平成15～19年版 http://www3.pref.okinawa.jp/site/view/contview.jsp?cateid=233&id=14738&page=1
奄美群島	●群島内消費額 鹿児島県観光交流局観光課（2008）平成19年（1月～12月）鹿児島県観光統計 http://www.pref.kagoshima.jp/sangyo-rodo/kanko-tokusan/kanko/kankotokei/kankoutoukei19.html ●航空運賃 鹿児島県（1995）奄美群島観光振興総合調査報告書
沖縄県・奄美群島	●航空運賃 日本航空 ホームページ（http://www.jal.co.jp/） 全日空 ホームページ（http://www.ana.co.jp/） 内閣府 経済財政運営統括官付 物価担当 ホームページ「公共料金の窓」 http://www5.cao.go.jp/seikatsu/koukyou/air/ai_index.html
小笠原諸島	●島内消費額 財団法人 日本交通公社（2007）平成18年度 小笠原地域エコツーリズム推進モデル事業 実施報告書（第3章 モデル事業3ヶ年における小笠原エコツーリズム推進の経過と分析） http://ogasawara-info.jp/saisei_kekka.html ●小笠原諸島来島の交通費 小笠原海運株式会社 ホームページ http://www.ogasawarakaiun.co.jp/index.html

表13-4 「観光・レクリエーションの提供」の価値に関する定量的評価結果.
(沖縄県・奄美群島)

	年間国内観光客数(人)	旅行者発地割合(%)	旅行形態比率(%)	サンゴ礁と関係の深い観光内容の参加率(%)	片道普通航空運賃(円)	航空運賃割引率(%)	1人当たり県内消費額(円)	試算額(億円)
沖縄県	5,322,180	北海道 1.2	パッケージ旅行 70	海浜リゾートを楽しむ(海水浴・ダイビングなど) 43.4	北海道 76,700	パッケージ旅行 71	72,219	2,324
		東北 1.9	個人旅行 30		東北 60,586	個人旅行 44.5		
		関東 46.3			関東 40,900			
		中部 9.9			中部 48,150			
		近畿 19.4			近畿 34,200			
		中国 2.2			中国 33,100			
		四国 1.4			四国 33,100			
		九州 17.7			九州 27,171			
奄美群島	369,850	北海道・東北 0.4	パッケージ旅行 70	ダイビング17.7	72,250	パッケージ旅行 71	24,287	70
		関東 34.5	個人旅行 30		46,300	個人旅行 26.5		
		中部 3.1			55,300			
		関西 34.5			50,700			
		中国・四国 3.5			48,800			
		九州 24.0			41,700			

表13-5 「観光・レクリエーションの提供」の価値に関する定量的評価結果.
(小笠原諸島)

	年間観光客数(人)	サンゴ礁と関係の深い観光内容の参加率(%)	旅行費用(円)		試算額(億円)
小笠原諸島	15,925	ダイビング 27.6%	来島交通費(往復) 56,660	1人あたり島内消費額 52,763	5

がおこなったシミュレーションでは,サンゴをはじめ多くの生物が生息している健全な「生きた」サンゴ礁は,そうでない「死んだ」サンゴ礁に比べて2倍以上の消波効果があることが示されている.このようなサンゴ礁の海岸防御機能の価値を貨幣換算する場合には,環境が傷ついた

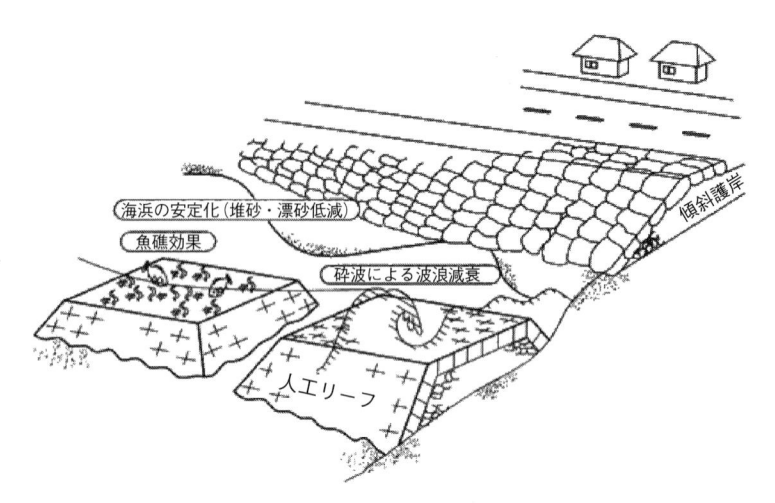

図13-1　人工リーフの構造（(社) 電力土木技術協会 http://www.jepoc.or.jp/tecinfo/tec00051.htm より転載）.

り破壊されたりした場合に，それらを回復するためにかかるコストを算出する，「取換費用法（Replacement cost method）」という手法が多く用いられている（Cesar et al. 2002）．

ここでは，日本のサンゴ礁のうち，主要な部分を占める沖縄県の海岸線を囲んでいるサンゴ礁の距離を，人工的な構造物で置き換える場合に必要な費用を計算し，それをサンゴ礁の護岸効果の経済価値のおよその目安と考えることにする．

まず，サンゴ礁の機能にもっとも類似した構造物として，人工リーフを考える．人工リーフとは，図13-1のような自然のサンゴ礁を模した潜堤構造の人工物で，サンゴ礁と同等の消波効果が期待されるものをさす．防波堤と比較すると，①景観を損なうことがない，②背面の砂浜の流出を保護する，③魚礁としての効果も期待できる，などの利点がある．

この人工リーフの建設費用は，設置する場所の水深や工法によって1 m あたりおよそ100〜300万円であるが，ここでは平均しておよそ1 m あたり200万円を標準と考える．沖縄県の海岸線の長さは，総延長が約1,748 kmであるので，1 kmの海岸線を効果的に保護するために，80％の800 mの長さの人工リーフが必要であると仮定すると（実際のリーフにもそれくらいの開口部があり，船舶の出入りなどにも必要），建

設しなければならない人工リーフの長さは

$1,748\,\text{km} \times 800\,\text{m/km} = 1,398,400\,\text{m}$

である．前述のように1mの人工リーフを建設するのに200万円が必要であるので，建設費用の総額は

$1,398,400\,\text{m} \times 2,000,000\,\text{円/m} = 2,796,800,000,000\,\text{円}$

である．コンクリート製の構造物の耐用年数を50年とすると，この費用は，年間で

$2,796,800,000,000\,\text{円} \div 50\,\text{年} = 55,936,000,000\,\text{円/年}$

$(= 559\,\text{億}3600\,\text{万円/年})$

と計算される．

実際にこれだけの人工リーフを作るのはほぼ不可能であろうし，現実的ではない．しかしながら，自然が長い年月をかけて構築したサンゴ礁が仮に失われた場合，人間が代替物を作ろうとするとどれだけたいへんなことであるかが理解できるだろう．

おわりに

このように，いろいろなデータから，現在の日本のサンゴ礁の経済価値を推定した結果，漁業資源価値は約107億円/年，観光利用価値は2,399億円/年，海岸保護機能の価値は559億円/年という値が得られた．

しかし，最初に述べたように，私たちがサンゴ礁から受けている恩恵は，この3つの項目以外にも，目に見えるもの・見えないものをあわせると数多く存在するので，それらも含めて実際のサンゴ礁の経済価値を計算すると，より大きな金額になるに間違いない．ここで紹介した数値は1つの目安として，日本のサンゴ礁を保護し持続的に利用していくことの意味と重要性を考えるうえでの参考にしていただきたい．

ちなみに，他の国でこれまでにおこなわれたサンゴ礁の経済価値評価の例を見てみると，たとえばハワイでは3億6371万米ドル/年（Cesar et al. 2002），オーストラリアでは37億米ドル/年（Conservation International 2008），インドネシアでは16億4700万米ドル/年（Burke et al. 2002）などの金額が報告されている．サンゴ礁の面積や物価水準の違い，経済評価手法の違いなどもあるので単純には比較することはできないが，日本のサンゴ礁の経済価値はこれらの諸外国に比べても高い．

とくに観光を目的として高度に利用されており，世界自然遺産に指定されているオーストラリアのグレートバリアリーフにも匹敵する経済価値があるようである．その反面，過度の利用によってサンゴ礁に負担がかかっており，たとえばダイビングポイントとして頻繁に利用されている場所では，船のアンカーの投入やダイバーの不注意によってサンゴが折られるなどの悪影響がでているのも事実である．近年大きな問題となっている地球温暖化の影響によるサンゴの白化現象の発生などとあいまって，サンゴ礁生態系のバランスが崩れつつあり，これからも美しいサンゴ礁を保全していくために積極的な保全策を進めることが必要になっている．

なお，この経済価値評価は，環境省の平成20年度サンゴ礁保全再生行動計画策定業務の一部として，サンゴ礁価値評価分科会が作成した資料を基本にしてまとめたものである．

引用文献

Burke L, Selig E, Spalding M (2002) Reefs at Risk in Southeast Asia. World Resources Institute (WRI), Washington, DC pp 72
 (http://www.wri.org/publication/reefs-risk-southeast-asia)
Cesar H, Beukering P, Pintz S, Dierking J (2002) Economic valuation of the coral reefs of Hawaii. Final report. National Oceanic and Atmospheric Administration (NOAA), Coastal Ocean Program. Arnhem, Netherlands, pp 144
Conservation International (CI), Coastal Ocean Values Center (COVC), World Resources Institute (WRI), National Oceanic and Atmospheric Administration (NOAA), International Coral Reef Initiative (ICRI) (2008) Economic Values of Coral Reefs, Mangroves, and Seagrasses. A Global Compilation 2008. Conservation International, Arlington, USA, pp 38
 (http://www.icriforum.org/library/Economic_values_global%20compilation.pdf)
Costanza PR, D'Arge R, de Groot S, Farber M, Grasso B, Hannon K, Limburg S, Naeem OV, O'Neill RJ, Raskin, Sutton P (1997) The value of the world's ecosystem services and natural capital. Nature 387：253-260
Kunkel CM, Hallberg RW, Oppenheimer M (2006) Coral reefs reduce tsunami impact in model simulations. Geophys Res Lett 33：L23612,doi：10.1029/2006GL027892.
Moberg F, Folke C (1999) Ecological goods and services of coral reef ecosystems.

Ecol Economics 29：215-233

土屋 誠・藤田陽子（2009）サンゴ礁のちむやみ―生態系サービスは維持されるか―東海大学出版会，神奈川，pp 203

UNEP-WCMC（2006）In the front line：shoreline protection and other ecosystem services from mangroves and coral reefs. UNEP-WCMC, Cambridge, UK, pp 33

第14章
サンゴ礁を守る取り組み

鹿熊信一郎

サンゴ礁を荒廃させるもの

　サンゴ礁は，厳密には生物である造礁サンゴ等が造った「地形」をさすが，「サンゴ礁生態系」を意味することも多く，この章ではおもに後者の意味で用いる．世界のサンゴ礁の20％がすでに失われ，15％が10～20年後に消滅し，20～40年後にはさらに20％が消滅するといわれるほどの危機的状況にある（Wilkinson 2008）．わが国でも，サンゴ礁の破壊・衰退は進んでおり，造礁サンゴの被度（生きている造礁サンゴが海底を覆う割合）は急速に減少している．

　サンゴ礁を荒廃させる要因は「撹乱要因」と言われる．この撹乱要因はさまざまで，人為的要因として，赤土・過剰栄養塩・化学物質の流入，埋立，浚渫，造礁サンゴの違法採取，漁業・養殖，過剰な観光利用などがある．自然的要因として，台風，大規模白化，オニヒトデ・貝類の食害，病気などがある．ただし，大規模白化現象や台風の大型化は地球温暖化が関係しており，近年のオニヒトデの大発生や病気の蔓延も人間活動が関与している可能性があるので，これらも人為的要因ととらえることもできる．

　環境省は，2010年4月に「サンゴ礁生態系保全行動計画」を策定した[1]．副題が「豊かな地域社会を実現する健全な自然環境の継承を目指して」となっているように，地域社会の発展と調和するサンゴ礁生態系保全をめざすのが目的である．目標として，①国内外の連携体制や情報基盤の整備，②適正な利用と管理を推進し，良好なサンゴ礁生態系の維持が地域の発展につながるしくみ作り，③海洋保護区の設定を含むサン

ゴ礁生態系の保全を掲げている．

サンゴ礁の保全というと，造礁サンゴ移植やオニヒトデ駆除のような能動的・直接的な活動（アクティブ活動）がまず思いあたる．これに対して，人為的影響を軽減する活動はパッシブ活動と呼ばれることがある．直訳すると「受動的」となってしまうが，けっして受身・消極的な活動を意味するわけではない．サンゴ礁の撹乱要因を考えれば，むしろ，パッシブ活動の方がより重要であると言える

陸域からの負荷は重大な撹乱要因であるので，サンゴ礁保全対策には海域だけでなく陸域も含めた統合沿岸管理が必要となる．統合沿岸管理とは，空間的には海での対策と陸域・河川などでの対策を統合する管理であり，政策的には交通，農林水産，環境，観光などの複数の行政部門を統合する縦割りではない管理を意味する．また，人為的要因を少なくするための対策は，造礁サンゴの抵抗力・回復力（レジリアンス）を高めるので，間接的に自然的要因の影響を軽減するための対策にもなる．

ここでは，まずサンゴ礁の保全対策として効果的であると言われている海洋保護区と水産資源の管理について紹介し，ついでサンゴ礁の撹乱要因をあらためて整理して，今後の保全のための対策について議論する．

MPA（海洋保護区）

MPAとは？

サンゴ礁の生物多様性を保全するために，また水産資源を保護・増殖するために，多くの「場」を管理する制度（すなわち「保護区」や「禁漁区」）が使われてきた．これらの区域にはさまざまな名称があるが，最近は総じてMPA（Marine Protected Area：海洋保護区）と呼ばれることが多い．

MPAがサンゴ礁で有効である理由は，生態系保全と資源管理の両方に使うことができること，綿密な調査を実施しなくても漁業者の知識（重要対象種の産卵場・産卵期など）を基に設定することが可能なこと，多魚種の条件にも対応していること，多くの関係者が関わる参加型の管理になりやすいこと，順応的管理をおこないやすいことなどである（鹿熊 2007）．順応的管理とは，不確定要素が多い状況で，管理策と効果の仮説をたて，実行結果をモニタリングし，管理の方策を改良していく方

法である.

　今のところMPAの共通定義はないが，世界自然保護連合（IUCN：International Union for Conservation and Natural Resources）は，1994年に「潮間帯とそれに続くより深い潮下帯における関連動植物，歴史，文化物で，法律もしくはその他の効果的な手段で区域全体あるいは一部の環境を保全するもの」としている．さらに2008年には，陸域を含めて，「法律または他の効果的な手段により，自然および関係する生態系サービスと文化的価値の長期的な保全のために，認められ，奉仕され，管理される，明確に定められた地理的空間」という，より一般的な表現が示された．2004年にクアラルンプール（マレーシア）で開催された第7回生物多様性条約締約国会議（CBD-COP7）では，「海洋環境の限定された区域であって，その水域および関連する植物，動物，歴史的・文化的特徴が，法律および慣習を含む他の効果的な手段により保護され，生物多様性が周囲よりも高度に保護されている区域」と定義された．

　MPAの基準も重要である．IUCNとCOP7の双方の定義では，MPAは法律以外で規定されたものも含まれる．つまり，地域の自主ルールで規定された禁漁区などもMPAに含まれることになる．また，周年にわたり保護されているとは定義されていない．対象生物の産卵期だけを保護する禁漁区などもMPAに含まれる．

　陸域を含めた保護区にはさまざまな形態があり，IUCNでは以下の7つのカテゴリーに分類している（Laffoley 2008）．

　　Ⅰ(a)：Strict Nature Reserve（厳格な自然保護区域）
　　Ⅰ(b)：Wilderness Area（原生自然保護区域）
　　Ⅱ：National Park（国立公園）
　　Ⅲ：Natural Monument or Feature（天然記念物または特徴）
　　Ⅳ：Habitat/Species Management Area（生息域/種の管理区域）
　　Ⅴ：Protected Landscape/Seascape（景観保護区域）
　　Ⅵ：Protected Area with Sustainable Use of Natural Resources
　　　　（自然資源持続的利用・保護区域）

広範で多様な保護区を対象としているため，あるMPAがどの区分になるかわかりにくいことも多い．この章で考えるMPAは，しいて分類

するならばⅥに入るものが多い．これらのMPAには多面的な機能があり，大きくみて生物多様性保全，水産資源管理，エコツーリズム振興があげられる．実際には，この3つの機能を併せもつものが多い．造礁サンゴを保護すれば，結果として，その複雑な空間に他のさまざまな生物が棲みつくため生物多様性は高くなるが，造礁サンゴだけを守れば良いわけではない．水産資源あるいはエコツーリズムの対象を守り増やすことで，地域住民の生計を支えることもMPAの重要な役割の1つである．

MPAの国際的な目標

2002年の持続可能な開発に関するサミット（WSSD：World Summit on Sustainable Development）などで，2012年までに世界的なMPAネットワークを構築する目標がたてられた．また，COP8では「海域の10%を実効的に保護する」という数値目標もたてられた．このため，世界中でMPAは増える傾向にある．わが国には，法的に定められた効果的なMPAは著しく少なく，面積も小さいが，単に面積を増やすだけでは意味がない．なぜなら，総称としてのMPAはさまざまで，入ることさえ許されないものから多目的利用が認められているものまで存在し，規制の程度は大きく異なるからである．また，どんなに大きなMPAを設定しても，ルールが守られなければ意味がない（ペーパーパークと言う）．

MPAはきわめて多様である．完全禁漁（ノーテイク）区と多目的利用域，政府主体による管理と村落主体による管理，永久設定区と期間限定区，対象種や利用方法を限定するか否か，などによってMPAの性格は大きく異なる．周年完全禁漁区のものだけをMPAの条件とする考えもあるが，そうするべきではないだろう．厳格なMPAを増やすことが目的ではなく，効果的に生物多様性を保全し，水産資源などを保護増殖することが目的である．そのためには，さまざまな規制レベル・方法を組み合わせていくのが現実的である．

法的に定められたわが国の代表的なMPAには，海中公園（自然公園法）と保護水面（水産資源保護法）がある．しかし，海中公園では漁業資源となる水産動植物は規制の対象になっていない．つまり水産資源は保護できない．また，保護水面はMPAが成功するための重要な要件で

ある効果的な監視や取締が難しい．国や県が主導して設定した経緯があるため，監視・取締は国や県の責任であり，地域の漁業者などが積極的に監視をおこなうことは少ない．また，海中公園・保護水面ともに規則に柔軟性がなく，順応的管理をおこないにくいという欠点がある．

　これに対し，わが国各地で漁業者が自主的に決めた禁漁区は，漁業者が自分たちで監視をおこない，規則も柔軟である．ただし，自主規制のため法的の裏づけは弱く，遊漁者（レクリエーションの釣人）などには協力を求める形になる．わが国には漁業者自主管理の禁漁区が少なくとも387ヵ所あり，この自主禁漁区をある程度法的に支持するものが616ヵ所ある（Yagi et al. 2010）．WWF（世界自然保護基金）が発行したわが国のMPAに関する報告書（前川・山本 2009）には，このような禁漁区は含まれていない．しかし，これらはMPAの一種ととらえるべきであり，かつ効果的でアジア・太平洋においても有効であると考えられる．今後，自主禁漁区制度を適切に評価するとともに，国際的にも発信していく必要があるだろう．

　一方，漁業者だけによる管理には限界もあるため，政府が制度面や資金面などで支援する共同管理（co-management）のMPAを増やしていくべきである．そして，漁業者やダイバーなど，地域のステークホルダー（利害関係者）が参加・意志を決定するとともに，規則はできるだけ柔軟にして，順応的管理ができる形態が望ましい．

　国際的な目標にあるMPAネットワークには，MPAのつながり（コネクティビティー）を意味する空間的・生態的ネットワークと，人・情報のネットワークの2つの意味がある．ただし，ネットワークを効果的にするためには，当然ながら，個々のMPAが効果的でなければならない．

供給源としてのMPA―スピルオーバー（しみ出し）と幼生拡散

　スピルオーバーとは，MPA内の卵・幼稚仔（小魚など）・成体が周辺海域へ拡散していくことである．厳密には，MPAから幼魚・成魚が外に出ていくスピルオーバーと，卵稚仔が外に出ていく幼生拡散に分けられる．永久設定でおこなわれる完全禁漁区では，もしこれが水産資源を増やすことを目的とするならスピルオーバーの導入は必須である．漁

業者は，増えた水産生物をMPAの外で漁獲することでしか利益を受けられないためである．

　魚の産卵群や造礁サンゴ幼生の供給源を保護するMPAでは，卵や幼生の輸送過程やサンゴ礁間の「つながり」がとくに重要となる．このつながりを明らかにしていくには，潮の流れと対象生物の生態（浮遊期間など）を調べる必要がある．

効果的なMPAの設定
MPAの設定方法

　今後，効果的なMPAを多数設置していくためには，行政に限らず環境関係者と水産関係者が連携していくことがきわめて重要である．国・地方自治体の役割として，効果的なMPA設定とそのネットワーク構築への制度整備や，MPA設定・運営，調査研究，普及啓発に関する資金的支援などがあげられる．共同管理のMPAでは，地域のステークホルダーが参加し，MPAの設定・運用に関する意志決定をおこなう仕組が必要とされる．これをできるだけ科学的，合理的，公平におこなうことができるようにするために，意志決定を支援するシステムも必要であり，科学者は選択肢（オプション）を多く提示し，これをステークホルダーが選ぶ方法が有効である．また，地域に伝わる経験に裏づけられた伝統的な生態学的知識も活用するようにすると良い．

　MPAの有効性を左右する要因として，「監視・取締が十分おこなわれたか」，「MPAの位置は適当だったか」，「面積は十分確保できたか」などが重要であるが，これに加えて設定年数（期間）も考慮しなければならない．とくに，水産資源や造礁サンゴの産卵保護を目的とするMPAでは，効果が目に見える形で現れるには数年間を要する．また，漁業者の自主管理のMPAでは，継続することが何よりも重要となる．

　効果的なMPAの設定に必要な調査研究はさまざまであるが，地域の問題解決に直接役立つ調査研究，スピルオーバーや幼生拡散，エコツアーなどの環境容量に関する項目は優先されるべきである．MPAを設計するうえで，場所，面積，期間，対象生物とルールが重要な要素である．なかでも場所と面積はとくに重要であるので，これらを決定するために必要な科学的情報を蓄積し，関係者に提供していくことが大切である．

MPAを運営するにあたって，境界ブイの製作・設置とその維持，監視活動には多くの費用がかかる．この費用を何らかの方法で確保しない限り，MPAを持続できない．今のところ，自国政府や海外からの支援，ダイビング・エコツアーのユーザーフィー（入場料など）を利用している場合が多い．

MPAと他の管理ツールの組み合わせ

　MPAは万能薬ではない．水産資源管理をおもな目的とするMPAでは，禁漁期，体長制限などの管理ツールと組み合わせる方法も検討する必要がある．たとえば，現在，沖縄でもっともよく機能しているMPAは，羽地・今帰仁地区でのハマフエフキ Lethrinus nebulosus を対象としたMPAだろう．ここでは，ハマフエフキ若齢魚が集まる時期（8〜11月）に，藻場の縁辺域をMPAとして保護している．その成果は漁獲量にはっきりと現れている．八重山では，すべての魚種（おもにフエフキダイ類とハタ類）を対象として主産卵期（4〜6月）に，5つの海域をMPAに設定している（図14-1）．また，月齢に合わせて短期間にきわめて大きな産卵群を作るナミハタ Epinephelus ongus を対象として，八重山漁業協同組合は2010年にMPAを設定した．このMPAは5日間のみの設定ではあったが，ナミハタの産卵群を守ることに成功した．

　MPAを成功させる1つの効果的な方法として，核となる完全禁漁区の周囲を規制のやや弱い緩衝区（バッファー）あるいは多目的利用区（伝統的な漁法や観光など多目的に利用する区域）で囲む方法がある．また，サンゴ礁保全は，基本的に統合沿岸管理を実施しなければならないので，MPAの設定・運営とともに，赤土や過剰栄養塩など陸域からの負荷対策にも取り組む必要がある．

エコツーリズムによる利用

　海外では，MPAを設定してエコツアーの場として利用するケースが増えている．この場合，村落の人々は，サンゴ礁資源を消費せずに観光客から収入を得ることができる．また，MPAの運営費を得るための有力な方法の1つにもなっている．ただ，注意しなければならないのは，サンゴ礁資源の利用を従来の「獲って食べる」方法から，新しい「見て楽しむ」方法へ大きく変えることになるため，漁撈文化・魚食文化への影響には十分な配慮が必要である．また，「エコ」という名目だけで，

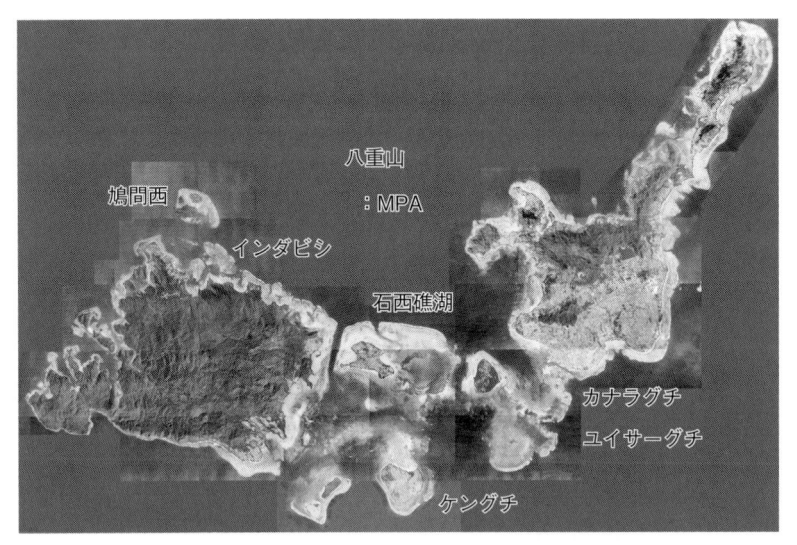

図14-1 八重山海域に設定されている5つのMPA（環境省 国際サンゴ礁研究・モニタリングセンター提供の図を改変）.

実際には環境収容力（環境容量）を無視した観光による過剰利用にも注意が必要である．たとえば，慶良間地域では，サンゴ礁海域をエコツーリズム推進法の特定自然観光資源に指定することで，過剰観光によるサンゴ礁荒廃を防ぐことを計画している．

MPAの効果の評価

今後，MPAを持続させるためには，その効果をできるだけ客観的に評価し，必要に応じて改良していく必要がある．そのためには，まずMPAのデータベースを構築しなければならない．MPAの評価は，良いMPAと悪いMPAを決めることが目的ではなく，他の地区も参考としながら自分たちのMPAを改良する相互学習が第一の目的である．

あるMPAの評価システムでは，生物・物理，社会・経済，管理分野で43の指標を設定して客観的にMPAを評価している（Pomeroy et al. 2004）．この方法はやや複雑すぎるので，それぞれの地域に適したMPA評価システムの開発が急がれる．

MPA評価に限らず，水産資源管理の大きな課題の1つに「加入の自然変動」がある．加入とは，水産用語では漁場に対象生物の新世代が入

ってくることを意味する．造礁サンゴの場合は，幼生が着底して小さなサンゴに育つことをさす．

沖縄には，フエフキダイ類対象のMPAが2地区ある．1つの地区では，MPA設定の2年前に大量の稚魚が加入に成功したが，もう1つの地区は加入が少なかった．加入の成功・失敗は，漁獲の影響以外に，潮の流れ，水温，餌生物の量など，自然要因にも影響される．そして，その影響はMPAの効果を大きく上回ることもある．造礁サンゴの加入も自然変動が大きい．沖縄本島では，2001年にその前後数年間の何倍にもあたるミドリイシ類サンゴが加入した．このような自然変動を，関連する漁業者などのステークホルダーに説明するのは難しいが，MPAの効果を評価するためには考慮しなければならない事象である．

アジア太平洋型MPA

多くの人がサンゴ礁のすぐ近くに暮らし，サンゴ礁資源に深く依存しているアジア・太平洋地域では，そのような環境とは異なる地域（たとえばグレートバリアリーフなど）で開発されたMPAの設計手法をそのまま導入するのは困難であるので，アジア・太平洋型のMPA設計手法を新たに開発する必要があるだろう．

MPAを設定する場合，生物多様性を高く維持することがおもな目的であれば，面積はできるだけ大きい方が良い．また，スピルオーバーが十分発揮されるためにも，ある程度の面積が必要である．しかし，零細漁業の多いアジア・太平洋では，あまり大きな完全禁漁区（MPA）を漁村のすぐ前の海に設定すると，人々は海産物を得ることが難しくなる．今後，生物多様性と持続的利用のバランスを十分に検討しなければならない．生物多様性条約（CBD）の具体的な理念・方法論は，生態系アプローチの12の原則にまとめられている．その第1原則は「土地，水，生物資源の管理目標は，社会が選択すべき課題である」となっている（牧野 2010）．MPAの面積も，基本的には地域社会が決めるべき課題である．

先に述べたように，エコツーリズムで生計をたてる場合には，漁村文化への影響を考慮しなければならない．このため，各漁村において潮の流れや対象生物の生態とともに，漁撈の実態，社会経済要因を十分調査し，その結果に基づきMPAは設計されるべきであるが，アジア・太平

洋ではこのような科学的知見は乏しい．MPAに関する調査研究を進めると同時に，村落の人々の参加を得て，順応的にMPAを設定・改善していくしかない．そして，サンゴ礁資源を利用しながら，サンゴ礁と人類が共存可能となる「持続的資源利用型」＝「アジア・太平洋型MPA」をめざす必要があると考える．

水産資源管理

　サンゴ礁において，生態系の保全と水産資源管理を分けて考えることはできない．両者を一体としてとらえ，漁村振興や環境問題を考える必要がある．実際に，サンゴ礁では，沿岸水産資源の管理計画に沿岸生態系の保全計画が組み込まれることが多くなった．これは，重要水産資源の生息場，保育場，餌場として，サンゴ礁の保全が資源管理の一環として考えられるようになったためである．海藻やウニは造礁サンゴと競合関係にあるので，これらの生物を食べる魚を乱獲するとサンゴ礁を荒廃させてしまうこともある．このため，サンゴ礁保全にとっても水産資源管理は重要である（鹿熊 2009）．

　わが国の水産政策でも，生態系保全が取りあげられるようになった．水産基本法にある「水産業・漁村の多面的機能」とは，漁業生産を本来的機能とすれば，物質循環，環境保全，国防，都市の人々との交流，文化伝承などの公益的機能をさす．水産庁は，この多面的機能の1つである環境・生態系保全機能を高めるために，2009年度から環境・生態系保全対策を開始した．漁業者が主体となる藻場・干潟・サンゴ礁などの保全活動を支援する制度である．

水産資源の状況

　サンゴ礁での漁獲量は減少している．沖縄では，フエフキダイ類，ブダイ類，タカサゴ類，アイゴ類，ハタ類，アジ類などの漁獲量は，1981年までは増加したが，その後減少に転じ，2007年にはピーク時の20～30％に減少してしまった．これは，乱獲によって資源が減少したことが原因であると思われるが，1998年のサンゴの大規模白化の後に減少傾向が顕著になっているため，サンゴ礁の荒廃も強く関係していると考えられる．

熱帯・亜熱帯の特異な事情

　サンゴ礁での水産資源管理は，温帯域で開発された管理手法は有効に機能しないことが多い．なぜなら，熱帯・亜熱帯には独特の事情があり，温帯域の管理手法をあてはめる場合に無理が生じるためである．

　たとえば，温帯では産業上重要な漁獲対象種の数は限られているが，熱帯・亜熱帯では対象種が圧倒的に多く，典型的なサンゴ礁漁業では，魚類だけでも200～300種が漁獲されている．魚種の数が多いことは，一般的な温帯域の管理方式に対しては不利に働く．なぜなら，資源管理の調査研究は，通常，対象種をしぼって実施するため，調査しなければならない魚種が多い場合には調査に膨大な時間を要し，資源管理の開始が遅れてしまうからである．

　また，離島・遠隔地が多いことも効果的な管理を困難にしている．生物学的にいかに優れた管理の方策であっても，それが守られなければ効果がなく，「取締のできない管理の方策は，ほとんど無意味である」と言われている．このため，実効力のある監視・取締体制の整備が必須となる．しかし，監視員・取締船を十分に配備することは，離島・遠隔地が多く，発展途上にある熱帯・亜熱帯では難しい．

共同管理と順応的管理

　このような特殊事情は，政府が主体となる資源管理には不利であるが，村落が主体となる資源管理にはいくつか利点がある．それは，規制の同意を得やすいこと，取締が効果的で経費もそれほどかからないこと，ルールが柔軟で変更しやすいことなどである．

　しかし，村落だけでおこなうコミュニティをベースとした資源の管理にも，村落の漁場範囲を越えて回遊する魚種がいること，村落外の人々による密漁があることから，現在，限界にきている．このため，政府と村落が責任と権限を分担する共同管理によって資源を守っていく方法がサンゴ礁では必要とされている．

　順応的管理（Adaptive management）も有効である．これはサンゴ礁の水産資源管理では，綿密な調査の後に管理をはじめる方法と対比して順応的管理をあげることもある．すでに得られている知見に漁業者の知識を加えて，まずは管理をはじめてしまう．そして，その結果をみて

順応的に管理策を変えていくもので,モニタリング→分析→話し合い→計画→実施→モニタリングというサイクルで管理策を改良していく.

沖縄では,フエフキダイ類を対象に,沖縄県水産試験場によるさまざまな調査の後に管理の方策が提言され,1種の調査に相当量の労力と時間を要している.しかし,フエフキダイ類だけでも産業上重要な種は沖縄に8種生息しており,他のサンゴ礁魚類まで含めると50種を超える.重要な種の調査をすべて終えるには長い年月を必要とするため,資源管理を緊急に実施しなければならない場合には,順応的管理をはじめざるをえないだろう.

順応的管理の大切なことは,そのルールを状況に応じてより柔軟に変更することにある.また,管理の結果をわかりやすく評価するために,計画の段階から評価方法を決めておくべきである.漁業者がモニタリングできる簡単な方法,たとえば指標となる生物を決めて,1人1日あたりの漁獲量を管理前と管理後で比較する方法などが考えられる.

自然科学・社会科学の連携と問題解決型アプローチ

水産資源管理では,対象生物の生態(分布,移動回遊,成長,死亡率,食性,成熟,産卵,加入など)に関する基礎情報が多いほど,効果的な管理方法を選択できる.また,漁業者の同意を得るのも容易になる.これらの情報を蓄積するのは自然科学分野の仕事である.

しかし,仮に自然科学の情報が十分に集まっても,資源管理がうまくいくとは限らない.管理を実施するのは漁獲対象生物ではなく人間である.人間の側の情報とその行動をコントロールする仕組についての調査研究も必要である.これは社会科学分野の仕事である.

これまで,漁業や漁村に関する社会科学の分野では,基礎的な研究が重視され,応用的な研究は軽視される傾向が強かった.そして,社会問題を提起するだけで,その問題を解決する方法を示すことは少なかった.「研究者は現実社会から中立であるべきだ」とされてきたためである.しかし,最近,現実社会で起きているさまざまな問題を解決するために,社会科学者はより積極的に取り組むべきだと考えられるようになってきた.

自然科学の分野でも,ある研究が現象の解明のためなのか,それとも

資源管理に役立つ情報を提供するためなのかによって，研究対象，研究方法，研究目標とそこにたどり着くまでの時間は大きく異なるはずである．サンゴ礁における資源管理の研究では，地域の課題とその対策に関する調査研究を優先する「問題解決型アプローチ」が重要である．

管理ツール

水産資源管理のツール（手法）には，禁漁期，禁漁サイズ，禁漁区，漁具漁法制限，参入制限（免許，漁業権），漁獲量制限などがある．管理ツールは，対象生物の生態情報をもとにして内容が決められるが，もちろん生態だけでなく，その漁村・漁業の実態も十分考慮して選択しなければならない．つまり，生物学的に判断して管理の効果が十分期待できると同時に，取締が比較的容易で，漁業者が規則を守ることが期待できるものでなければならない．

管理ツールは，インプットコントロール（入口管理）とアウトプットコントロール（出口管理）に分けて考えることもできる．インプットコントロールには，漁具漁法制限，禁漁期，禁漁区，免許などが含まれる．アウトプットコントロールには，漁獲量制限や体長制限などが含まれる．代表的なものは，わが国でも1997年から開始されたTAC（Total Allowable Catch：総許容漁獲量）制度である．これは，直接漁獲量を管理するため，生物学・経済学的には合理的であるが，多くの科学的情報が必要であること，漁獲量を監視するのに多大な労力を要することなどの課題がある．したがって，サンゴ礁漁業にTAC制度を導入することは難しく，効果が期待できるさまざまなインプットコントロールを組み合わせる方が現実的である．

里海

最近，「里海」という言葉がよく聞かれるようになった．環境省は2008年度から里海創生支援事業を開始し，水産庁も2009年度から里海に関連する環境・生態系保全対策を開始した．21世紀環境立国宣言，生物多様性国家戦略，海洋基本計画，水産白書などでも里海がとりあげられている．

海外でも，一部の地域で「Sato-umi」づくりがはじまっている．

2008年に上海で開かれた第8回世界閉鎖性海域環境保全会議では，最終日に「Sato-umi」という言葉の入った宣言が採択された．2009年にフィリピンで開かれたPEMSEA（東アジア海域環境管理パートナーシップ）主催の第3回東アジア海域会議においても，「Sato-umi」ワークショップがもたれ，わが国や東アジア各国の「Sato-umi創生活動」が報告された．また，国連大学などは「Sato-yama」と「Sato-umi」をテーマとして，サブグローバル・アセスメントを実施している．

このように，「里海」・「Sato-umi」という言葉は頻繁に使われるようになったが，里海の定義は地域や人によりさまざまで，何を里海と呼ぶのか？ 里海づくりにはどのような活動が必要なのか？ などについての共通理解はまだ得られていない．

里海の定義と課題

もっとも広く使われている里海の定義は「人手が加わることによって，生産性と生物多様性が高くなった海」（柳 2006）というものである．筆者は，人と地先の海の関係がうまくいっている，つまり，生産性・生物多様性が高く維持されていることが条件だと考えている．また，磯焼けで藻場が減ってしまい，水産資源も減っているような「今はうまくいっていない」海でも，地域の人が地先の海と密接に関わり，豊かな海をめざしているのなら，これも里海と考えてよいだろう．

2009年，九州大学において，「日本における里海概念の共有と深化」と題する研究会が開催された．この研究会において，わが国で里海という言葉を使って活動している13名が講演をおこなった．各講演者が考えている里海の内容はさまざまであったが，その概念は対立するものではなかった．また，厳密な定義よりも，里海づくりには，自然科学に基づく技術上の課題だけでなく，制度，文化，交流に関する多くの課題があることがわかった．

たとえば，制度については漁業権と慣習の関係，地域住民や市民の関わり方など，難しい課題がある．これは，コモンズ（共有資源）やローカルルール（地域の自主ルール）の問題でもある．たとえば沖縄には「イノー」という里海的に利用されている海がある．イノーとは，波が砕ける沖側のサンゴ礁と岸の間にある浅く静かな海（礁池）のことである．

古くより沖縄では，沖合は専業の漁業者が利用し，地先のイノーは村落の人々が，半農半漁の生活の中で，コモンズとして水産資源を利用してきた習慣がある．現在でも，とくに離島部では，このようなコモンズ的な利用がおこなわれている．一方，貝類や海藻などの定着性資源は共同漁業権の対象となっていることが多いため，原則として漁業協同組合（以降，漁協とする）の組合員に採捕の権利がある．このため，イノーでは慣習と漁業権制度の関係が複雑になっている．

里海は「人と海との関わり方の概念」とも言えるので，文化的側面も重要であり，人の交流促進の課題も多い．漁業は生態系が基盤の産業である．これまで，わが国の沿岸漁業者は，生態系を保全しながら資源を利用してきた．しかし，全国で漁業者の数が減り，高齢化が進んでおり，漁業者が人手を加えて守ってきた里海を維持することが難しくなってきている．このため，里海づくりとその維持には，市民や地域住民の協力が必要になっている．

里海づくり：生物多様性の保全と資源の持続的な利用

サンゴ礁の保全が重要であることは言うまでもない．しかし，そのやり方にはいろいろな考え方がある．西欧では，「原生」の自然を重視し，生物多様性を守るためには漁業を厳しく規制するべきだという考えもある（Pandolfi et al. 2003）．しかし，生物多様性のもつ生態系サービス（第13章参照）を十分に発揮するには，持続的な漁業を維持していくことも重要である．とくにアジア・太平洋域では，生態系保全と持続的利用のバランスをとることが必要である．その意味で，里海の概念をわが国からアジア・太平洋域へ，そして世界へ発信することには意義がある．

埋立や護岸整備など人の手による開発行為が，生産性が高く，産卵場や稚魚の生息場となる藻場・干潟・サンゴ礁を消滅させてきた．このことが，わが国の沿岸生態系を悪化させてきた重大な要因であり，里海という言葉がこれほど使われるようになった理由の1つでもある．それにも関わらず，里海という言葉が安易な開発に利用されることは避けなければならない．このため，基本的に里海づくりは大規模事業ではなく，少なくとも当面は集落や市民の活動レベルで実施すべきであり，里海づくりの理念的課題について共通理解が進み，技術開発が進んだ後に，そ

の規模を拡大していくべきだろう．

　一方，前述した里海の研究会では，人手をかけることで生産性・生物多様性が高くなる事例が多く発表された．なかでも藻場やサンゴ礁については，持続的に海を利用し保全する伝統的な技術がある．このような技術は，現在失われつつあるが，逆に新しい生態系再生の技術も開発されてきている．

　里海づくりの1つの方向は，物質循環を改善することである．これまで，陸域からの栄養塩負荷を総量規制などによって抑える政策がとられてきた．しかし，漁業にも物質循環をバランスよく促進する機能があり，藻場や干潟は栄養塩負荷を吸収する．今後，これらの機能を再評価するとともに，里海づくりのもう1つの方向である「豊かな水産資源を守る」ことにも注目しなければならない．

撹乱要因別の対策とステークホルダーの協働

　保護区を設定するだけでは問題は解決しない．サンゴ礁を撹乱している要因を突き止め，その影響を削減するための努力が必要である．つぎにこれらの要因を整理し，私たちが考えなければならない課題について述べる．

大規模な白化現象

　大規模な白化現象は，地球温暖化にともなう水温の上昇によって発生すると考えられている．したがって，その対策には地球規模で二酸化炭素の排出を減少させることを考えなければならない．しかし，各地域のレベルにおいても対策が必要である．たとえば，慶良間諸島のように，潮流や地形の特徴により夏期の水温が低い状態で維持され，白化が起こりにくく，かつ，造礁サンゴの幼生の供給源となっている海域を特定し，そこを重点的に保護する取り組みなどである．

赤土汚染

　琉球列島では，「国頭マージ」と呼ばれる赤色土壌（赤土）が広く分布し，陸の面積の大半を占めている．陸域の開発や農業などにより，降雨時に表土が流出し，濁水となって海域に流入する「赤土汚染」は，沖

縄における重大な環境問題の1つである（口絵92）．流出した土壌は，赤色土壌に限らず灰色の土壌（島尻層泥岩など）でも著しいが，沖縄では「赤土など」として，これらすべてを赤土汚染に含めている．

　赤土汚染はサンゴ礁に悪影響をおよぼす．大量の赤土に造礁サンゴが埋もれて死んでしまうこともある．少量でも流入が恒常的であれば，降りかかる赤土を取り除くために造礁サンゴは粘液を出し続け，慢性的なストレスを受けることになる．海水が赤土で濁ると，共生している褐虫藻の光合成にも悪影響がでる．さらに，赤土が堆積した海底には造礁サンゴの幼生は着底できない．

　赤土汚染は，海底の堆積物（底質）を調べることで定量的に把握できる．海水中の赤土濃度は不安定であるが，底質に含まれる赤土の濃度（ＳＰＳＳ：Content of Suspended Particles in Sea Sediment）は比較的安定している．ただし，梅雨期の赤土の流入，台風や季節風の波浪による赤土の巻き上げと拡散などでＳＰＳＳは季節変動する．造礁サンゴの健全度に大きく影響するのは，年間の平均値ではなく最高値である．サンゴ礁では，この最高値を30 kg/m²以下に抑えることが望ましいと報告されている（大見謝ら 2003）．

　赤土汚染対策の基本原則は「発生源対策」である．沖縄県は，1995年に「沖縄県赤土等流出防止条例」を施行した．この条例により，開発にともなう赤土汚染は減少したと言われているが，依然として農地などからの赤土流出は続いている．このため，現在の対策の中心は，圃場構造や営農方法の改善などの農地対策に目が向けられている．

　国，県，市町村が実施する赤土流出対策事業は数多くあり，それぞれの部局間の役割分担もさまざまある．一例として，各市町村が策定する「赤土等流出防止農地対策マスタープラン」があげられる．これは，営農および土木の総合的な対策で，農地からの赤土の流出防止を図ることを目的としている．区画ごとの農地の現況で決める赤土等流出危険度マップと，対策による削減効果をＧＩＳ（地理情報システム）で評価し，削減目標値を設定している．2009年度までに，石垣市をはじめとして，13市町村でマスタープランが策定されている．マスタープランの達成状況（赤土流出削減状況）が示されている地域もあるが，これと海域のＳＰＳＳの推移が一致しない（海域の赤土は減っていない）状況も認め

られるので，今後，検証が必要である．農家・市民レベルの対策としては，農地の裸地を被うマルチング（mulching）や周囲を植物で囲むグリーンベルトの設置が代表的である．

過剰栄養塩

　植物プランクトンや海藻の栄養となる海水中に溶けた窒素・リン・珪素などの無機化合物を総称して栄養塩と呼ぶ．過剰な栄養塩は，サンゴ礁に悪影響をおよぼすと考えられている．沖縄のサンゴ礁では，栄養塩濃度が増加するとミドリイシ類のような造礁サンゴは減少し，代わって海藻類が増加する傾向がある（金城ら 2006）．わが国では，水質汚濁防止法のなかに，海域の利用目的に応じた水質環境基準値が示されており，全窒素や全リンについても基準値が設定されている．しかし，サンゴ礁は貧栄養環境に適応してきた生態系であり，温帯域の基準をそのまま使うことには問題がある．このため，サンゴ礁独自の水質指針値を定める必要がある．

　過剰な栄養塩が造礁サンゴに直接およぼす影響は，十分に解明されていない．低濃度でも生殖行動に悪影響があるという室内実験結果もあるが，造礁サンゴの生残や成長におよぼす影響はよくわかっていない．しかし，過剰な栄養塩は植物プランクトンを増やして海水を濁らせるとともに，海藻を増殖させる．フィジーでは，リゾート施設の増加により陸域からの栄養塩負荷が増大した結果，ホンダワラ類が異常に増殖している．海藻と造礁サンゴは競合関係にあるので，海藻生息域の拡大はサンゴ礁を荒廃させることにつながる．カリブ海では，過剰な栄養塩と藻食性魚類の乱獲が，サンゴが優占する生態系から海藻が優占する生態系へのフェーズシフト（第11章参照）を導いてしまったと言われている（Bellwood et al. 2004）．また，過剰な栄養でバクテリアが増殖し，造礁サンゴの病気を引き起こす可能性も指摘されている．

　市街地からの生活排水の対策も課題であるが，畜産に由来する栄養塩負荷も重大である．沖縄の畜産は，2007年農業産出額全体の約40％を占めており，基幹部門となっている．近年，沖縄では，肉牛生産農家一戸あたりの飼養頭数が増加し規模も拡大している．したがって，畜舎から出される排せつ物による栄養塩負荷も増大していると考えられる．

「家畜排せつ物法」の改正（2008年施行）により，排せつ物の野積みは禁止された．排せつ物が地下に浸透しないように，畜舎の床はコンクリートなどを敷設し，上部は屋根かシートで被うことが義務づけられた．これに違反した場合は50万円以下の罰金となる．このため対策は強化されつつあるが，まだ排せつ物の処理が十分でない場所もみられるので改善の必要がある．

オニヒトデ対策

　1970～1980年代に，沖縄の造礁サンゴはオニヒトデの食害によって壊滅的な打撃を受けた．その後，サンゴ群集は回復したが，2000年頃に沖縄本島や慶良間諸島で再び大発生がはじまった．1980年代当時のオニヒトデ駆除は，できるだけたくさん駆除することを目的としたが，結果として造礁サンゴを守ることはできなかった．このため，沖縄県は2002年にオニヒトデ対策会議を立ちあげ，新しい駆除の方針を検討した．この結果，駆除の目的はオニヒトデを大量に殺すことではなく，貴重なサンゴ群集を守ることであり，海域ごとに最重要保全区域を設定して，そこで徹底的に駆除する方針に切り替えた（沖縄県自然保護課 2004）．

　オニヒトデ駆除の方式は大きく分けて2つある．1つは「恩納方式」であり，もう1つは「慶良間方式」である．恩納方式は，沖縄県恩納村の海岸線約30 kmにわたり，産卵期の前にオニヒトデの密度を許容レベルまで下げてしまう方法である．密度は駆除効率で判断する．恩納村では，この方法がある程度うまくいっていると評価されている．これを可能にしたのは，長年にわたりオニヒトデを駆除してきた恩納村の漁業者の技術（オニヒトデを載せる小さな船を曳きながら，素潜りで駆除する）によるところが大きい．また，一次発生の段階で密度を徹底的に下げているため，二次発生がある程度おさえられていると考えられる．

　慶良間方式では，最重要保全区域が「守るべき」，「守りたい」，「守れる」という3つの基準から決められる．「守るべき」基準は，その海域に貴重なサンゴ群集が存在するか，他の海域への幼生供給源となるか，などで判定される．「守りたい」基準は，重要なダイビングポイントや漁場など，経済的な理由で判定される．「守れる」基準は，オニヒトデの駆除活動は長期間にわたり持続的に実施しなければ意味がないことか

ら，港からの距離，冬季の海象などで判定される．慶良間では5海域が選定され，2001年にはじまった大発生が2006年に収束するまで，県などがおこなった事業による駆除活動においても，ボランティアによる駆除活動においてもこの方式が採用された．

最重要保全区域を設定してから3年目に研究者がおこなった調査では，この区域のサンゴ群集は守られたと評価された．しかし，谷口（2010）は，最重要保全区域の1つである「ニシハマ」と呼ばれる海域の造礁サンゴの被度は，別の海域と比較してある程度維持されたものの，最終的にはオニヒトデの好むミドリイシ類は守ることができなかったと報告している．一方，筆者は，それ以外の項目を考えた場合，ニシハマの駆除活動は効果があったと評価している．その理由は，少なくとも3～4年間はミドリイシ類サンゴ幼生の供給に寄与したこと，ミドリイシ類以外の造礁サンゴがある程度残ったこと，そしてなによりも，駆除活動を実施したダイビング協会の代表が，駆除は成功だったと評価しているためである．

2010年現在，八重山海域でオニヒトデが大発生している．漁業者やダイビング協会を中心に駆除をおこなっており（図14-2），2008年の駆除総数は2007年の20倍の65,000個体，2009年は96,000個体となった．八重山での駆除の基本方針は，やはり重点海域を絞り込むことであるが，八重山の場合，海域が広いため駆除海域の絞り込みが難しい状況にある．また，漁業者とダイビング事業者との間で「守りたい」海域が大きく異なることも問題である．たとえば，漁業者は禁漁区に設定している魚の産卵場で駆除を実施したいと考えるが，ダイビング事業者は，八重山の広範な海域に点在する自分達がよく使うポイントを守りたいと考える．

現在，環境省，水産庁，沖縄県などの予算によりオニヒトデ駆除が実施されている．それぞれの事業がばらばらにおこなわれることなく連携させるために，2009年8月に八重山オニヒトデ対策協議会が設立された．メンバーは国，県，市町，八重山漁協，八重山ダイビング協会，竹富町ダイビング組合などである．この協議会において，八重山における駆除方針を協議し，駆除海域を決定している．今後の活動に期待したい．

図14-2　八重山海域でのオニヒトデ駆除のようす．

造礁サンゴの移植

　最近，造礁サンゴを移植する取り組みが活発になってきている．しかし，サンゴ礁の保全・再生に移植がどの程度寄与するのか，また，どのようにすれば寄与できるのか，などについては十分に検討されているわけではない．そのため，日本サンゴ礁学会サンゴ礁保全委員会（2008）は，サンゴ移植の理念的・技術的課題に関する解説を発表した．

　造礁サンゴ移植の技術には大別して2種類の方法がある．自然海域から造礁サンゴ片を採取し，育成後，移植先に水中ボンドなどを使って固定する「無性生殖法」と，造礁サンゴの卵や幼生を何らかの方法で採取して利用する「有性生殖法」である．

　現在，沖縄で造礁サンゴの移植活動を実施しているのは，行政，企業，ＮＰＯ，ダイビング事業者，漁業者，地域住民，観光客，教育関係者，研究者などじつにさまざまである．行政では，環境省が石西礁湖自然再生事業の一環として有性生殖法による移植を実施している．水産庁は，沖ノ鳥島のサンゴ礁再生を目的として，同様に有性生殖法による移植技

術を開発中である．企業は，ＣＳＲ（企業の社会的責任）として造礁サンゴの移植に関わることが多い．ダイビング事業者は，造礁サンゴの移植を組み込んだツアーを企画している．このように，さまざまな関係者がいるなかで，移植に対する考え方もさまざまである．

移植に対する考え方は，単純化すると次の5つにまとめられる．①移植を推進するべきである．②移植は普及啓発効果が高いので必要であるが，全体的な保全策の1つである．③移植は導入点とし，その後に，より重要な保全策へ向かうべきである．④移植は否定しないが，その前にすべきことがある．⑤移植は遺伝的撹乱など負の効果もあるので，やるべきでない[2]．

両極端な①と⑤をのぞき，②，③，④は類似している．しかし，仮に移植を計画している企業から意見を求められた場合，どの考え方にたつかによって具体的な回答が異なることも考えられる．②の考え方の人は，規模の問題は別として，技術的に移植によって造礁サンゴの増殖は可能と考えている．したがって，逆説的ではあるが，普及啓発目的だけの移植は実施するべきではないと考える．③の考え方の人は，基本的に移植による造礁サンゴの増殖効果は大きくないと考える．したがって，できるだけ早く移植以外の活動に移行するべきだと考える．④の考え方の人は，企業の提案に対し，移植以外の別の活動を最初から実施するべきだと答えるかもしれない．現実的には，移植に関して最低限守らなければならないルールを守り，細かい点については個々のケースで検討していくしか方法はないだろう．このときに，生態学の視点とともに社会経済的な分析も必要であることは言うまでもない．また，上からの目線で「釘を刺す」のではなく，移植を実施しようとする人たちが，どのようなことをしたいのか，どのようなことができるのかも考慮し，一緒に考えていく姿勢も必要である．

石西礁湖の自然再生

2006年に八重山地域の住民，研究者，海洋関連事業者，地方公共団体，国の機関などで構成される石西礁湖自然再生協議会が組織され，石西礁湖のサンゴ礁をどのように守り再生していくかについて検討されている．2010年時点での協議会委員数は78で，その構成は，個人（27名），団体・

法人（25団体），地方公共団体の機関（21機関），国の機関（5機関）と多様である．事務局は環境省と内閣府沖縄総合事務局が担当している．この協議会の活動は，造礁サンゴの保全・再生をめざすことが主体となっている．しかし，石西礁湖自然再生マスタープランでは，石西礁湖のあるべき未来の姿として，「クジラブッタイ（カンムリブダイ）が群れ泳ぎ，ギーラ（シャコガイ）が湧き，サンゴのお花畑が咲き誇っている」とされているように，造礁サンゴだけでなく，サンゴ礁に生息する水産資源を再生させることも重要な目標となっている．

協議会の委員は自然再生法に基づき，石西礁湖の再生に関して実施計画を提案し，活動するように定められている．現時点では環境省が実施計画を提出し，それに沿って自然再生事業が実施されている．事業のおもな項目は，サンゴ礁のモニタリング，持続的利用に関する調査，サンゴ礁の再生（移植），オニヒトデの駆除，自然再生に関する普及啓発などである．

自然再生事業は，国土交通省，農林水産省，環境省が連携している点や，公共事業の環境保全事業に市民の意見を反映させている点はおおいに評価できる．しかし，環境省は赤土汚染や過剰栄養塩などの陸域対策を実施する主管官庁ではない．また，資金を確保しなければ，関心のある市民の活動を支援できない点でも課題は残っている．さらに，漁業者との連携も十分ではない．漁業者は，自然再生の一環である水産資源管理の必要性は十分感じており，実際に取り組んでいる．しかし，これを自然再生事業として実施することに動機を感じていないと考えられる．協議会への漁業者や漁協関係者の参加はとても少ない．今後，遊漁者やダイビング事業者との調整に際して，漁業者が「この協議会を介して議論をした方が有利である」と考えるような仕組づくりが必要であろう．

注

[1] http://www.env.go.jp/nature/biodic/coralreefs/apc/keikaku.pdf
日本サンゴ礁学会のサンゴ礁保全委員会もサンゴ礁保全再生アクションプランを策定している．

[2] これ以外にもさまざまな考え方がある．たとえば「有性生殖法は良いが，無性生殖法はダメ」，「移植を金儲けの道具に使ってはいけない」，「活動を持続させるには資金が必要」，「技術は確立されていないので調査研究が先」などである．

引用文献

Bellwood DR, Hughes TP, Folke C, Nystrom M (2004) Confronting the coral reef crisis. Nature 429:827-832

鹿熊信一郎 (2007) サンゴ礁海域における海洋保護区 (MPA) の多様性と多面的機能. Galaxea, JCRS 8:91-108

鹿熊信一郎 (2009) 沿岸海域における生態系保全と水産資源管理—沖縄県八重山のサンゴ礁海域を事例として—. 地域漁業研究 49 (3):67-89

金城孝一・比嘉榮三郎・大城洋平 (2006) 沖縄県のサンゴ礁海域における栄養塩環境について. 沖縄県衛生環境研究所報 第40号:107-113

前川 聡・山本朋範 (2009) 日本における海洋保護区の設定状況. WWFジャパン, pp 18

Laffoley D d'A (ed) (2008) Towards Networks of Marine Protected Areas. The MPA Plan of Action for IUCN's World Commission on Protected Areas. IUCN WCPA, Gland, Switzerland, pp 28

牧野光琢 (2010) 日本における海洋保護区と地域. 季刊・環境研究, 157:55-62

日本サンゴ礁学会サンゴ礁保全委員会 (2008) 造礁サンゴ移植の現状と課題. 日本サンゴ礁学会誌 10:73-84

沖縄県自然保護課 (2004) オニヒトデのはなし (第2版). pp 30

大見謝辰雄・仲宗根一哉・満本裕彰・比嘉榮三郎 (2003) 陸上起源の濁水・栄養塩類のモニタリング手法に関する研究. 平成14年度サンゴ礁に関する調査研究報告書. 亜熱帯総合研究所 pp 86-102

Pandolfi JM, Bradbury RH, Sala E, Hughes TP, Bjorndal KA, Cooke RC, McArdle D, MacClenachan L, Newman MJH, Paredes G, Warner RR, Jackson JBC (2003) Global trajectories of the long-term decline of coral reef ecosystems. Science 301:955-958

Pomeroy RS, Parks JE, Watson LM (2004) How is your MPA doing? IUCN, pp 217

谷口洋基 (2010) 阿嘉島周辺のオニヒトデ被害と駆除活動の効果. みどりいし 21:26-29

Wilkinson C (ed) (2008) Status of Coral Reefs of the World:2008. Aust lnst Mar Sci, Townsville, pp 296

Yagi N, Takagi A, Takada Y, Kurokura H (2010) Marine protected areas in Japan:institutional background and management framework. Mar Policy 34:1300-1306

柳 哲雄 (2006) 里海論. 恒星社厚生閣, 東京, pp 102

第15章
サンゴ礁を修復・再生する

大森　信

　科学者や環境活動 NPO や行政にかかわる人たちだけではなく，今や社会一般にまで心配がおよんでいるにもかかわらず，サンゴ礁は地球規模で疲弊し，減少している．世界全体ですでに19％が失われて回復の見込みはなく，さらに15％が10～20年以内に失われると懸念されている（Wilkinson 2008）．インド・太平洋海域でも，その減少率は1997～2003年には年間約2％に増加した（Bruno and Selig 2007）．この値は地球全体の熱帯雨林の減少率を超える大きな値である．

　サンゴ礁の疲弊の原因には，台風や津波のような自然現象と，埋め立てや汚染のような人間活動によるものがあり，地球規模の要因にはサンゴの白化現象や病気の蔓延や海水の酸性化現象が指摘されている．白化現象は地球温暖化と関連していることは明らかで，海水の酸性化も大気中の二酸化炭素の増加によるものだから，原因の多くが人間活動によるものと言える．サンゴ礁を傷める人間活動には，その他に乱獲による資源生物の減少や過剰な観光利用による物理的な破壊，農地や都市の開発現場からの赤土などの砂泥の流入や，肥料や汚水の混入による海水の富栄養化があげられる．富栄養化が進むと植物プランクトンが増えて海水の透明度が下がり，光が海底まで届きにくくなる．同時に大型藻類が増えてサンゴの生息場所を奪うし，漁業によって藻食性の魚類や貝類が減れば，やはり大型藻類が増える．自然現象がサンゴ礁に与える影響は激しくても一時的なものが多いが，人間活動がもたらす影響はその多くが慢性的である．慢性的なストレスによってサンゴ礁は疲弊し，再生や復活が妨げられている．

環境保全による修復

　サンゴ礁の修復には「環境保全による修復」と「人為的修復」がある（表15-1）．前者は慢性的なストレスの原因をできるだけ排除して，自然界における生物の営みを望ましいものに保ち，サンゴの自然な再生を期待するものである．人口が増加し，人間活動の影響が地球生態系を変えるまでに増大してしまった現在，すでに人の手が加わってしまっているサンゴ礁を原生のものに戻すことはほぼ不可能であるが，サンゴの成育が妨げられたり，サンゴ礁が疲弊したりしている原因が推定される場合，私たちはサンゴ礁生態系の機能が維持できるように，それらの原因を取り除く努力をしなければならない．地球規模の温暖化や海水の酸性化はただちに止めることができないにしても，赤土の流入や，海水の富栄養化や，漁業や観光業によるサンゴ礁資源の過剰利用などは，社会と行政がもっと真剣に取り組めば地域レベルで軽減することができるであろう．もし，サンゴ礁の慢性的なストレスが除かれ，環境が健全な状態に戻されれば，成長が速いミドリイシ属 *Acropora* やショウガサンゴ属 *Stylophora* などの樹枝状サンゴは5～10年の内に繁殖して，サンゴ礁の復活が期待できる．自然現象による急激な破壊を受けた後でも同じである．「環境保全による修復」は消極的な手段に見えても，サンゴ礁の回復を図るうえでの根幹である．サンゴ礁をとりまく環境が健全さを保てば，白化や病気やオニヒトデによる食害のような被害からのサンゴの回復も速まるに違いない．

　2010年6月にタイ王国プーケットでおこなわれた第2回アジア・太平洋サンゴ礁シンポジウムでは，「サンゴ礁の修復」がテーマの研究発表会がもっとも人気があった．東南アジアのサンゴ礁が人間活動の影響ですでに40％も失われてしまい，20％が危険な状態にある事実（Wilkinson 私信）に対しての人びとの懸念と，サンゴ礁の修復再生への強い期待感が，こうした研究発表会に表れているように思われたが，研究発表の内容はすべてが「人為的修復」に関するもので，「環境保全による修復」についての成果の報告はなかった．司会を担当した筆者は，冒頭に「人為的な修復による効果を期待するなら，その前に傷んでしまったサンゴ礁の環境をサンゴの成育に適したものに戻す努力をしなけれ

表15-1 サンゴ礁の修復再生方法.

```
環境保全による修復
人為的修復
  物理・化学的方法（棲息環境の改善，着生・成長促進）
  生物学的方法（サンゴの飼育，養殖，移植）
    無性生殖を利用する方法
      ・サンゴ断片の採取→移植
      ・サンゴ断片の採取→断片の整形→陸上あるいは海中の養殖施設での
        サンゴ種苗の生産→移植
    有性生殖を利用する方法
      ・人工着生基盤へのサンゴ幼生の自然着生→移植
      ・スリックから胚・幼生を採取または陸上水槽での受精→幼生飼育→
        海底への幼生放流
      ・スリックから胚・幼生を採取または陸上水槽での受精→幼生飼育→
        人工着生基盤への着生誘導→陸上あるいは海中の養殖施設でのサン
        ゴ種苗の生産→移植
```

ばならない」と述べたのだが，聴衆はどのくらいその言葉を心しただろうか．筆者はそれが決して無力感につながってはならないと思う．

　帰国の途中で立ち寄ったシャム湾のサムイ島の海はひどかった．かつてサンゴ礁に囲まれていたサムイ島には海外から年間100万人の観光客が訪れたというが，海には一般住居に加えて300以上もあるホテルやバンガローから下水が直接流れ込むために海水の富栄養化が進んで藻類が繁茂し，各所で海岸の間際までリゾート施設のコンクリートの張り出しが作られているために砂が運び去られて，その侵食によりヤシの根が露出している．海に潜ると，のばした手の先が見えないくらいのひどい濁りで，とうてい水遊びが楽しめるような環境ではなかった．そんなところでサンゴ断片の移植事業がおこなわれていたが，サンゴの育ちは悪く，一部は白化していた．いくら優れた移植技術をもってきても，このような海水の中でサンゴが健全に育つわけはない．

　私たちには，地域的なサンゴ礁の疲弊に歯止めをかけることと，修復を実現するために，もっと賢明な方策をたてることが求められている．「環境保全による修復」のために，科学者たちはサンゴ礁の疲弊の原因となっている自然現象や人間活動の諸要素を明らかにし，行政担当者たちはそれらを取り除いてサンゴ礁を好ましい環境に戻す努力を続けなければならない．また，「環境保全による修復」は，除去・軽減すべきさまざまなストレスの数値目標を設定したうえで進められるべきである．

そうでなければ，政治的・社会的な諸情勢にも左右されて，環境の回復とサンゴ礁の修復はなかなか望ましいゴールに到達しないだろう．

まだ状態の良いサンゴ礁を指定し，その区域を限って今のうちにできるだけ人間の干渉から遠ざけて生物群集と生物多様性を保護すれば，区域内の漁業資源や生物多様性が豊かになり，サンゴが増え，群体は大きく成長することが期待される．そして，区域外にも効果が波及して，周辺の漁場での漁獲量も増えるかもしれない．このような漁業資源の持続的な維持と生物群集の保護を目的とした海洋保護区（Marine Protected Area：MPA）の設定は，「環境保全による修復」の戦略の1つと考えられて，禁漁区を含むMPAは，近年数的にも面積的にも世界的に増加している（第14章参照）．しかし，サンゴ礁に関しては，管理が不十分なために，期待されたほどの保全効果は上がらないだろうとの指摘が少なくない（Mora et al. 2006）．MPAの設定ではアジアでもっとも古い歴史をもつフィリピンには1,000近い数のMPAがあるが，よく管理され機能しているのは20％以下と言われている（Alcala et al. 2008；White et al. 2008）．また，サンゴの卵や幼生は下流に運ばれるので，上流のサンゴ礁を保護すれば下流のサンゴ礁も恩恵を受けることになるが，生態学的側面からみて，どこに，どのぐらいの広さのMPAを設定するのが良いかについては，十分に検討されていない．沖縄や東南アジア諸国のように，多くの漁民がサンゴ礁の漁業資源に依存して暮らしているような地域で，地元の住民が納得して管理に協力するようなMPAをどのように設定し維持するかは，私たちが問われている大きな課題である．

積極的な人為的修復

「人為的修復」は人の手でサンゴを増やして，サンゴ礁生態系の機能回復を図ろうとするものである．これには土木技術によってサンゴの生息環境を改善する物理・化学的方法と，増殖技術によってサンゴを育てる生物学的方法がある（表15-1）．物理・化学的方法では，たとえば砂礫やサンゴの破片が多い海底では，荒天時にそれらが動いてサンゴを傷つけたりサンゴのプラヌラ幼生の自然加入を妨げたりするので，コンクリートの人工礁を設置したり，積み石によって海底を安定させて成育場所を増やす工夫がなされている（たとえば，Clark and Edwards

1999；Fox and Pet 2001)．また，テトラポッドのような消波ブロックの表面に刻みをつけて幼生の着生を促進する試みもある（Maekouchi et al. 2010)．

一方，海水中に陽極から微弱電流を流すと陰極の金属（鉄製の金網や丸棒でも）に炭酸カルシウムが電着するので，海中の構造物の陰極側にサンゴ断片を取り付け，電気化学的方法でサンゴの固着と成長を促進しようとする電着技術も試験されている（Goreau et al. 2004；Hilbertz and Goreau 1999；Sabater and Yap 2002)．しかし，今日までこれらの物理・化学的方法がサンゴ礁の修復・再生に特段の効果をあげているという報告は少ない．

生物学的方法は，人為的にサンゴ種苗を増やして移植することによってサンゴ礁の復活を図るものであるが，この「人為的修復」はサンゴ礁の復活が遅れている場所でそれを速めることはできても，もともとサンゴのない場所にサンゴを育てる技術ではない．また，これはサンゴ礁の回復を妨げている原因を取り除く「環境保全による修復」があってこそできることなので，赤土の流入や富栄養化などのストレスが大きい場所では成功しないだろう．まして人為的な修復技術の進歩が土木工事による沿岸域の改変の免罪符にされたり，より重要な環境保全へ向かうべき努力の「すり替え」に使われたりすることがあってはならない．これはたいへん重要なことである．「人為的修復」は大きな費用と人手を要する．たとえば，1 haの海底の岩盤に1 m間隔でサンゴを移植しようとすると，1万個のサンゴ種苗の生産費（1個1,000円とすると1,000万円）と移植作業費（5人のダイバーがそれぞれ100時間働くと，サンゴ種苗の運搬や接着に要する費用を除いても約300万円）をあわせて1,300万円かかる．このようなことから，広範囲にわたって疲弊してしまったサンゴ礁を人為的に修復できる面積は限られている．生物学的方法を含めて，現在の技術は完成したものはなく，「人為的修復」によってサンゴ群集が広範囲に回復した例はまだない．「人為的修復」はまた，サンゴ礁生態系が別の生態系に代わってしまう自然の変化を制御できても，それによってサンゴ礁が元の状態に戻る保証はない．その意味では，種苗の移植による「人為的修復」は，できうる限り元のサンゴ群集からなるサンゴ礁の回復をめざす「修復（restoration）」に他ならないが，長い目

でみれば,サンゴ礁の生態学的機能の維持を図る「復活(rehabilitation)」になるだろう.

サンゴの育成技術

多くのサンゴは産卵して受精した後,プラヌラ幼生が親サンゴの近くで,あるいは広範囲に水中を漂った後に,海底に着生して稚サンゴ(ポリプ)に変態する.そして,稚サンゴはクローン(娘ポリプ)を作って群体を成長させる.このように,サンゴは一般にプラヌラ幼生が分散して海底に着生することで分布を広げるが,枝状のミドリイシ属の一部(たとえば,トゲスギミドリイシ *Acropora intermedia*)のように群体の断片化によって分布を広げるものがある.これら無性生殖によって増えるサンゴは,台風や大波の後に,折れて海中に散らばった群体の一部(断片)を岩場に固定したり,大きい枝を砂中に突き刺したりしておけば,再び成長をはじめることがある.

種苗の育成技術には,天然海域からサンゴ群体の一部を採取し,断片を移植できる大きさの群体まで育てて移植する「無性生殖を利用する方法」と,何らかの方法で得たサンゴの卵を受精させ,プラヌラ幼生を育てて基盤に着生させ,稚サンゴをある程度の大きさの群体にまで育てて移植する「有性生殖を利用する方法」がある.着生能力をもつまでの状態に育てたプラヌラ幼生を海底に放流して,それらの着生と天然での成長を期待するという方法も「有性生殖を利用する方法」の1つである(Heyward et al. 2002).しかし,大量の幼生を海底や海底の人工基盤上に着生させても,その後の自然過程で死ぬものが多く,生残率が極めて低い.この技術が実用化するまでには,まだ多くの研究が必要である.これとは別に,プラヌラ幼生を育てるのではなく,サンゴの一斉産卵時に海底に人工着生基盤を大量に沈めて幼生の着生を待ち,基盤上に育った稚サンゴを基盤ごと移植する試みが沖縄でおこなわれている(Okamoto et al. 2008).自然のプラヌラ幼生の着生に頼るこの方法は着生する幼生の数が不安定であるうえに,変態直後の稚サンゴは藻類の繁茂などによって死にやすいことが難点である.

「無性生殖を利用する方法」は比較的簡単で容易なので,長い間サンゴ礁の修復の標準的方法とされ,わが国でも1990年代から断片や群体

全体が移植されてきた．しかし，このような移植は十分な科学的計画がされることなくおこなわれたケースが少なくない．また得られた知見が整理されてこなかったので，残念ながら多くの試みが修復技術の進歩につながらなかった．それでも，断片を採取する親サンゴ群体（ドナー）への影響を少なくするために，採取量は1群体の10％程度までにとどめておく方が良いとか，移植用の断片の大きさは7〜10 cm程度が良いなどと示唆されている（Epstein et al. 2001；Shafir et al. 2010）．また，断片の大きさによって，移植後の死亡率や産卵能力が変わることが明らかにされている（Okubo et al. 2007）．Soong and Chen（2003）は移植に適したミドリイシ属サンゴの断片は4 cm程度の大きさが良く，また断片に傷をつけておけばそこからの新しい枝の成長が促進されると述べている．断片は移植先まで水から出さないで運搬するのが好ましく，海底への固着方法は移植後の生残と成長を決定するきわめて大切な要素なので，動かないようにしっかりと固着させること，移植後は海藻やシロレイシダマシ *Drupella cornus* のようなサンゴ食害生物を定期的に除去することが生存率を高める，などが経験的にわかっている（たとえば，藤原・大森 2003）．さらに，移植する場所はドナー種が近くに育つ水質の良好な環境の岩盤上が好ましく，海底の堆積物が移動しやすい場所ではサンゴが砂や礫に埋まったり，瓦礫によって傷つけられたりする恐れがあるので，少し高い場所を選ぶ方が良い（たとえば，Rinkevich 2005）．

サンゴ断片の採取はドナーを損傷する恐れがあり，さらにサンゴの成育密度がもともと低かったり，疲弊が進んだりしている場所から大量の断片を採取するのは困難である．また，移植用のサンゴ種苗を限られた数のドナー群体から採取すると遺伝的多様性が低下する．サンゴ群集の大きさにもよるが，多様性の低下は種の遺伝的構造を劇的に変え，現場の環境に対する順応力を低下させる可能性がある（Van Oppen and Gates 2006）．現在，サンゴの採取は県の条例などで原則禁止となっているところが多いが，サンゴが移植ビジネス（サンゴの移植ツアーなど）のために採取され，断片が商取引されることを危惧して（台風などで折れたサンゴは移植に用いても良いように思えるが，違法に採取されたサンゴと区別がつかないのが問題），日本サンゴ礁学会（2004）はサンゴ移植に関するガイドラインを示した．これにしたがって，沖縄県では養

殖目的などで採取を許可された場合でも，断片を直接移植に使うのではなく，養殖施設で6ヵ月以上育ててドナーを作ってからその断片を販売したり移植したりするように指導している．映画「てぃだかんかん」で話題になったサンゴ移植の主人公の金城浩二氏は，小さな断片を人工基盤に固定し，陸上水槽で移植できる大きさにまで育成してから，沖縄県読谷村の地先の岩場に移植している．

　陸上の施設を用いると飼育条件を一定に保つことができて，サンゴの成育状態を監視しやすいが，労力がかかり，設備費や労働賃金もかなりのものになる．近年，イスラエルの研究者たちは海の中層に網やロープを浮かせた養殖施設を作り，その上で数cmから数10cmまでの断片を移植用種苗に育てている（Shafir et al. 2006；Shafir and Rinkevich 2008；Shaish et al. 2008）（図15-1）．海底で育成するより，流れのある中層に浮かせた施設の方が堆積物がたまりにくく，食害生物が近寄りにくいので，サンゴの生残にも成長にも良い結果が得られる．この方法による種苗生産は，わが国でもすでにおこなわれている．一方，大中ら（2009）はインドネシアのバリ島の礁池で，無性生殖を利用したサンゴ断片移植をおこなっている．2007年には0.5haの海底の基盤上に，近くの海で採取したミドリイシ属を中心にサンゴ断片約4554個を移植した．約半年後の生残率は98％と極めて高い．移植後のサンゴの成育は現場の環境条件によって大きく影響されるようで，沖縄では数年後に生残数がかなり低くなってしまうことが多い（大森・大久保 2003）のに対し，水のきれいなバリ島での移植が今後どのように推移するかは興味深い．

　「有性生殖を利用する方法」で，サンゴを卵から育て，稚サンゴを増やして移植する養殖技術は，沖縄の阿嘉島臨海研究所で1990年代から研究開発が始まった（服田ら 2003；Omori 2005, 2008）．この技術の進歩には6つのカギがあった．1つ目のカギは産卵日を予測することで，長年の調査の結果，慶良間の海では初夏（5，6月）の満月の頃にミドリイシ属などのたくさんの種類が一斉に産卵することがわかった．2つ目は大量の受精卵を手に入れることで，筆者らはサンゴ群体を水槽で産卵させたり，海中から直接卵を採取したりして受精させ，あるいはスリック（一斉産卵の後，しばしば海面で形成されるサンゴの受精卵などの密な集団）から受精卵や胚を採取した．3つ目のカギはプラヌラ幼生を

図15-1　海中に浮かせた施設でのサンゴ断片の育成
（写真提供：S. Shafir／イスラエル）.

図15-2　海面に浮かせた生簀を用いたサンゴ幼生の大量飼育．海面に浮かぶ赤い塊（囲みの中）がサンゴの受精卵・胚である（写真提供：阿嘉島臨海研究所）.

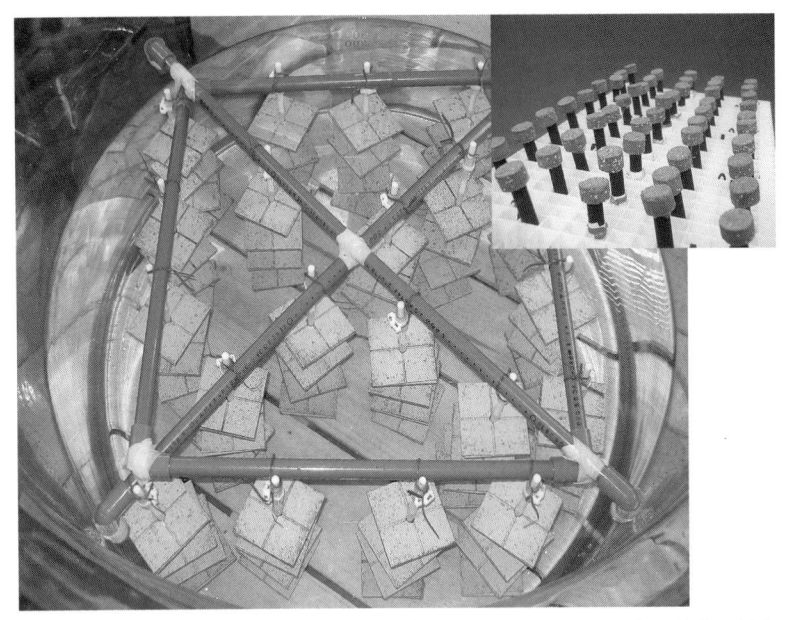

図15-3 サンゴ幼生の人工着生基盤．現在ではセラミックタイルと，さらに効率のよいコーラルペグ（Omori and Iwao 2009）（右上写真）に着生させて育てている（写真提供：阿嘉島臨海研究所）．

育てることで，陸上の水槽や海に浮かべた生簀を使って，一度に100万個体以上の幼生を飼育している（図15-2）．ミドリイシ属の幼生は4〜5日海中を漂った後，海底に着生して稚サンゴに変態するが，どこにでも着生するわけではない．しかし，あらかじめ人工基盤を海に沈めておき，表面にサンゴモ（石灰藻）やある種のバクテリアを付着させておくと，その上に大量の幼生が着生する（図15-3）．これが4つ目のカギで，5つ目は稚サンゴの育成である．稚サンゴが付いた基盤をかごに並べて海中に沈めるのだが，大きくなる前に海藻類に覆われて死んでしまうものが少なくない．そこで基盤と一緒に藻食性の巻貝のタカセガイ（和名：サラサバテイ）*Trochus niloticus* の稚貝をかごに入れて中の海藻類を食べさせることで，サンゴの生残率は一躍上昇した（Omori et al. 2008）（図15-4）．こうして海中の養殖施設で1年〜1年半育てると，たとえば，ウスエダミドリイシ *Acropora tenuis* は直径5〜10cmの群体

図15-4　水深3mに沈めた阿嘉島臨海研究所のサンゴ種苗養殖施設．1つのかごに稚サンゴのついた人工基盤30枚とタカセガイ稚貝約100個いっしょに入っている（写真提供：朝日新聞 小林裕幸）．

に成長する．6つ目のカギは海底への移植である．阿嘉島では2005年6月に採取した卵から育てて，直径約6cmになったウスエダミドリイシ群体を2006年12月に近くの海底の岩場に移植した．移植群体は順調に成長し，2009年の6月には産まれてから4年目の17群体以上が産卵した（Iwao et al. 2010）．卵から育てた移植サンゴが野外のサンゴ礁域で産卵したのは世界で初めてのことである．これらのサンゴは現在では直径30cmを超えるほどになっている．サンゴの周りにはスズメダイやチョウチョウウオが群れ，サンゴの枝の間にはエビやカニやハゼが暮らしていて，サンゴ礁生態系の復活を思わせる風景である（口絵93）．さらに，筆者らは2010年5月末，これらの群体から生まれた卵と精子について群体間の受精率を測定し，野外の群体間の受精率と同じ98％以上だったことを確かめた．また，幼生の基盤への着生率にも差が見られなかった．もし移植群体間の遺伝的多様性がきわめて近い場合には受精

率が低下することが想定されるので，この結果は有性生殖を利用したサンゴ育成技術の有効性を示すものとなった．養殖技術はまだミドリイシ属の数種でしか成功していないが，「有性生殖を利用する方法」に見通しがついたと考えている．

　一方，水産庁は日本最南端の沖ノ鳥島から運搬したサンゴ群体を阿嘉島の陸上水槽で飼育して産卵させ，プラヌラ幼生から移植用の群体に育てて，2008年4月，約63,000の群体を沖ノ鳥島に運んで移植した．サンゴを陸上施設で養殖すれば，人手はかかるが，卵から種苗サイズまでの生残率を大幅に高められることが示された（Sato et al. 2010）．この技術開発には，沖ノ鳥島にサンゴを増やして漁業資源の涵養をはかるとともに，サンゴの瓦礫（堆積物）を大量に礁内に留め，やがてはサンゴで州島を作って島を補強するという百年スケールの大きな夢がある．もし，技術の可能性が示されたら，その技術は水没の危機にある熱帯の島嶼国への技術移転などにも広く活用できるだろう．

サンゴの森つくり

　生物多様性が豊かなサンゴ礁は，「海のオアシス」とか「海の熱帯雨林」とよく言われる．そのサンゴ礁を保全するために，近年さまざまな民間グループでサンゴの移植がおこなわれている．移植が企業の社会貢献プログラムとして企画されることもあると聞く．世間一般でサンゴ礁保全への関心が高まっている現在，移植はビジネスとしても成長しつつある．その理由には，陸上の植林のようなイメージと，環境保全に少しでも役立ちたいという人々の思いと，誰もが参加できそうな手軽さがあげられるだろう．しかし，民間レベルの移植活動は，これまでその成果がほとんど明らかにされていない．移植ビジネスは，お金を払って移植をおこなった人たちにはサンゴ礁の修復に役立ったという満足感を与えるだろうが，サンゴへの慢性的な環境ストレスが軽減されたうえでの移植事業ではないようなので，移植サンゴの高い生残率は望めないかもしれない．また，移植の規模から見ても，その活動にサンゴ礁の回復を期待することは難しいように思われる．「サンゴの森つくり」は陸上の植林事業と違って，始まったばかりである．実際に「人為的修復」がサンゴ礁の修復再生にどの程度の効果があるのか，広い面積で効果をあげるにはどう

すれば良いのか，ということになると，現在の事業や技術はまだ研究段階にあると言わざるを得ない．

移植のための種苗の海中育成では，サンゴは藻類や群体ボヤや海綿などとの競合によって著しく減耗することがあり，移植後は魚類やシロレイシダマシのような巻貝による食害を受ける．この食害対策もまた，移植技術の前に立ちはだかるハードルの1つである．移植に適した場所の選択についても，水流や照度や温度などの物理条件と移植後のサンゴの成長や生残との関係はまだ十分に研究されていない．どんな種のサンゴが移植に向いているか，種の選択も大切である．上述したトゲスギミドリイシやウスエダミドリイシの他，コユビミドリイシ *Acropora digitifera* やヒメマツミドリイシ *A. aspera* は比較的環境ストレスの高い場所でも育つように思われる．一方，断片移植には白化に強いアオサンゴ属 *Heliopora* やシコロサンゴ属 *Pavona* などが適しているという意見もある．移植によってサンゴ礁生態系の機能が復活したかどうかを評価するためには，少なくともサンゴが正常に産卵を始まるまで（すなわち次の世代が安定して育つようになるまで），少なくとも4年間以上の定期的な観察と手入れが必要である．

先にも述べたように，サンゴ礁の修復再生は「環境保全による修復」が根幹である．サンゴが育つ環境に戻すことなしに「人為的修復」に大きな期待をかけるべきではない．そのうえで，より効果的で意義のあるサンゴ礁の修復事業を検討し，実現可能な規模や手法を構想する必要がある．修復できる面積は限られていても，また移植できるサンゴの種が限られてたとしても，サンゴ群集が復活すれば，それらがつくる3次元構造の複雑性とさまざまな生物が棲み場を順々に他の生物に提供する「棲み込み連鎖」（西平 1998）によって，サンゴ礁の生物群集は種の多様性を高めていき，やがて周辺のサンゴ礁への卵と幼生の供給もはじまることと思われる．

公共事業としてのサンゴ礁の修復を考えてみた場合，かなりの経費を要する事業に社会の理解と支持を得るために，費用対効果についての検討が必要である．「無性生殖を利用する方法」で，サンゴから採取した断片を移植まで育てる場合に要する費用は途上国で1種苗0.5〜1米ドルで，植林用の種苗とほぼ同額と試算されている（Shafir et al. 2006）．

それでも移植事業には1 ha あたり数百万円かかることから，数十〜数百 ha の海域を移植だけで復活することは予算的に難しい．費用についてよく知られているのは，船舶の座礁によるサンゴ礁の破壊に対しての弁済が強制されているアメリカの例である．そこでは「加害者は生息地を元の状態に戻すか弁償しなければならない」という法律の下に，弁済額は破壊によってサンゴ礁が生態的機能を失っている期間と修復面積によって決定され，これまで，座礁した船の船主には1 ㎡ あたり1,200〜12,000 ドルが請求されている（Precht et al. 2002；Rinkevich 2005）．この弁償額はモルジブやタンザニアのような途上国では1 ㎡ あたり1,000 ドル以下のようだが，サンゴ礁にはこのように高い経済的価値が評価されている．問題としては，現在の修復技術ではまだサンゴ礁を必ず元に戻すことができるという保証がないことだ．すなわち，サンゴ礁はまだ費用をかければ必ず復活するものにはなっていない．

　与えられた場所で，厳しい環境に耐えながら，サンゴは種間で，また他の生物群集との間で競争し，ともに生きて多様なサンゴ礁群集を作りあげている．生態系を維持し再生するためにもっとも重要なことは，生態学的な基本に従ったその場所本来の種を中心としたサンゴ礁群集を造成することだ．「ムクノキは落葉樹だが暖かい日当たりの良い場所が好きな木である．暖温帯はしかし常緑樹の生育しやすい場所であり，そこでは日陰に強いタブノキやシイ類などの常緑樹と競合する．日陰に弱い樹木がそこで生き残っていくためには撹乱を利用するほうが有利である．森の中ではなく，裸地を狙って定着する先駆種としての戦略である（渡辺 2009）」．このように，森林の樹木には種ごとに生態学的特性が明らかにされているが，サンゴについてはまだ種ごとの，生態学的特性についての知見がたりない．かつて日本の植林は木材の規格化・大量生産をめざした針葉樹林のモノカルチャーであったが，現在は広葉樹を主とする高木，亜高木，低木からなる多層構造の森こそが多様性に富んだ自然の，本物の森だとして「本物の森つくり」がおこなわれている（宮脇 2010）．高い多様性を保ったサンゴ群集の復活のために，種ごとの生態学的特性をさらに明らかにしていくとともに，陸上植物の修復生態学の理論と実際から学び，それらをサンゴ礁修復の方法や技術に取り入れることも必要であろう．

引用文献

Alcala AC, Bucol AA, Nillos-Kleiven P (2008) Directory of Marine Reserves in the Visayas, Philippines. Foundation for the Philippine Environment and Silliman University-Angelo King Center for Research and Environmental Management (SUAKCREM). Dumaguete City, Philippines, pp 178, 10 figs

Bruno JF, Selig ER (2007) Regional decline of coral cover in the Indo-Pacific: timing, extent, and subregional comparisons. PloS ONE 2: e711

Clark S, Edwards AJ (1999) An evaluation of artificial reef structures as tools for marine habitat rehabilitation in the Maldives. Aquat Conserv Mar Freshw Ecosyst 9: 5-21

Epstein N, Bak BPM, Rinkevich B (2001) Strategies for gardening denuded coral reef areas: the applicability of using different types of coral material for reef restoration. Restor Ecol 9: 432-442

Fox HE, Pet JS (2001) Pilot study suggest viable options for reef restoration in Komodo National Park. Coral Reefs 20: 219-220

藤原秀一・大森 信 (2003) 修復と再生の技術. 環境省・日本サンゴ礁学会 (編) 日本のサンゴ礁. 環境省, 東京, pp 142-151

Goreau TJ, Cervino HM, Pollina R (2004) Increased zooxanthellae numbers and mitotic index in electrically stimulated corals. Symbiosis 37: 107-120

服田昌之・岩尾研二・谷口洋基・大森 信 (2003) 種苗生産. 大森 信 (編著) サンゴ礁修復に関する技術手法-現状と展望. 環境省自然環境局, 東京, pp 13-25

Heyward AJ, Smith LD, Rees M, Field SN (2002) Enhancement of coral recruitment by *in situ* mass culture of coral larvae. Mar Ecol Prog Ser 230: 113-118

Hilbretz WH, Goreau TJ (1999) A method for enhancing the growth of aquatic organisms and structure reared thereby. US Patent 08/374993, http://www.uspto.gov.

Iwao K, Omori M, Taniguchi H, Tamura M (2010) Transplanted *Acropora tenuis* spawned initially 4 years after egg culture. Galaxea, JCRS 12: 47

Maekouchi N, Ano T, Oogi M, Tsuda S, Kurita K, Ikeda Y, Yamamoto H (2010) The 'Eco-Block' as a coral-friendly contrivance in port construction. Proc 11th Intl Coral Reef Symp: 1253-1257

宮脇 昭 (2010) 4千万本の木を植えた男が残す言葉. 河出書房新社, 東京, pp 253

Mora C, Andrefouet S, Costello MJ, Kranenburg C, Rollo A, Veron J, Gastun KJ, Myers RA (2006) Coral reefs and the global network of marine protected areas. Science 312: 1750-1751

日本サンゴ礁学会 (2004) 造礁サンゴの移植に関してのガイドライン. http://wwwsoc.nii.ac.jp/jcrs/information/ishoku-guideline.pdf

西平守孝 (1998) サンゴ礁における多種共存機構. 井上民二・和田英太郎 (編) 地球環境学5. 生物多様性とその保全. 岩波書店, 東京, pp 161-195

Okamoto M, Nojima S, Fujiwara S, Furushima Y (2008) Development of ceramic settlement devices for coral reef restoration using *in situ* sexual reproduction of corals. Fish Sci 74:1245-1253

Okubo N, Motokawa S, Omori M (2007) When fragmented coral spawn? Effect of size and timing of coral fragmentation in *Acropora formosa* on survivorship and fecundity. Mar Biol 151:353-363

大森 信・大久保奈弥（2003）これまでのサンゴ礁修復研究．大森 信（編著）サンゴ礁修復に関する技術手法-現状と展望．環境省自然環境局，東京，pp 2-12

Omori M (2005) Success of mass culture of *Acropora* corals from egg to colony in open water. Coral Reefs 24:563

Omori M (2008) Coral reefs at risk: the role of Japanese science and technology for restoration. In: Leewis RJ, Janse M (eds) Advances in Coral Husbandry in Public Aquariums. Public Aquarium Husbandry Series, Vol. 2. Burgers' Zoo, Arnheim, the Netherlands, pp 401-406

Omori M, Iwao K (2009) A novel substrate (the "coral peg") for deploying sexually propagated corals for reef restoration. Galaxea, JCRS 11:39

Omori M, Iwao K, Tamura M (2008) Growth of transplanted *Acropora tenuis* 2 years after egg culture. Coral Reefs 27:165

大中 晋・遠藤秀文・西平守孝・吉井一郎（2009）インドネシアにおける大規模サンゴ移植の実施．海洋開発論文集 24:825-830

Precht WF, Aronson RB, Swanson DW (2002) Improving scientific decision-making in the restoration of ship-grounding sites on coral reefs. Bull Mar Sci 69:1001-1012

Rinkevich B. (2005) Conservation of coral reefs through active restoration measures: recent approaches and last decade progress. Environ Sci Tech 39:4333-4342

Sabater MG, Yap HT (2002) Growth and survival of coral transplants with and without electrochemical deposition of $CaCO_3$. J Exp Mar Biol Ecol 272:131-146

Sato A, Nakamura R, Kitano M, Mikami N, Tamura M (2010) Coral reef recovery for fishery resources and habitat rehabilitation: experience of Japan. Fish for the People 8:38-43

Shafir S, Rinkevich B (2008) The underwater silviculture approach for reef restoration: an emergent aquaculture theme. In: Schwarts SH (ed) Aquaculture Research Trends, Nova Science Publishers, New York, USA, pp 279-295

Shafir S, Van Rjin J, Rinkevich B (2006) Steps in the construction of underwater coral nursery, an essential component in reef restoration acts. Mar Biol 149:679-687

Shaish L, Levy G, Gomez E, Rinkevich B (2008) Fixed and suspended coral nurseries in the Philippines: establishing the first step in the "gardening

concept" of reef restoration. J Exp Mar Biol Ecol 358：86-97
Soong K, Chen T (2003) Coral transplantation：regeneration and growth of *Acropora* fragments in a nursery. Restor Ecol 11：62-71
Van Oppen MJH, Gates RD (2006) Conservation genetics and the resilience of reef-building corals. Mol Ecol 15：3863-3883
渡辺一夫 (2009) イタヤカエデはなぜ自ら幹を枯らすのか. 築地書館, 東京, pp 252
White AT, Meneses AT, Tesch SS, Sabonsolin ACZ (2008) Management rating system for marine protected areas：an important tool to improve management. In：Krishnamurthy RR, Glavovic BC, Han Z, Tinti S, Ramanathan A, Green DR, Kannen A, Agardy T (eds) Integrated Coastal Zone Management. Res Publ, Singapore, pp 415-422
Wilkinson C (ed) (2008) Status of Coral Reefs of the World：2008. Aust Inst Mar Sci, Townsville, pp 296

より深く学ぶ人のための書籍・ホームページ

Alongi DM (1998) Coastal Ecosystem Processes. CRC press, pp 419
Dubinsky Z. and N. Stambler (2011) Coral Reefs：An Ecosystem in Transition Springer, pp 552
Edwards A, Gomez E (2007) Reef Restoration Concept and Guidelines；making sensible management choices in the face of uncertainty. Coral Reef Targeted Research & Capacity Building for Management Programme. St. Lucia, Australia, pp 38
Edwards A (ed) (2010) Reef Rehabilitation Manual. Coral Reef Targeted Research & Capacity Building for Management Programme. St. Lucia, Australia, pp 166
English S, Wilkinson C, Baker V (1994) Survey manual for tropical marine resources. Aust Inst Mar Sci, Townsville, pp 390
東　正彦・安部琢哉(1992)地球共生系とは何か．平凡社，東京，pp 262
池原貞雄・加藤祐三(1988)ニライ・カナイの島々．築地書館，東京，pp 245
石田祐三郎 (2001) 海洋微生物の分子生態学入門．培風館，東京，pp 180
環境省・日本サンゴ礁学会(編) (2004)日本のサンゴ礁．環境省・日本サンゴ礁学会，pp 375
茅根　創・宮城豊彦(2002)サンゴとマングローブ．岩波書店，東京，pp 180
木崎甲子郎(1980)琉球の自然史．築地書館，東京，pp 282
Lobban CS, Schefter M (1997) Tropical Pacific Island Environments. Island Environm. Book, UOG Sta, Guam, pp 399
松田義弘(編)(1997)マングローブ水域の物理過程と環境形成．黒船出版，静岡，pp 196
森　啓(1986)サンゴ：ふしぎな海の動物．築地書館，東京，pp 197
本川達雄(1985)サンゴ礁の生物たち．中公新書，pp 214
中森　亨(編著)(2002)日本におけるサンゴ礁研究Ⅰ．日本サンゴ礁学会，pp 108
日本海洋学会(編)(1985)海洋環境調査法．恒星社厚生閣，東京，pp 666
日本海洋学会(編)(1986)沿岸環境調査マニュアルⅠ［底質・生物篇］．恒星社厚生閣，東京，pp 266
日本海洋学会(編)(1986)沿岸環境調査マニュアルⅡ［水質・微生物篇］．恒星社厚生閣，東京，pp 386
西平守孝(1988)フィールド図鑑：造礁サンゴ．東海大学出版会，東京，pp 241
西平守孝(1988)サンゴ礁の渚を遊ぶ　ひるぎ社，那覇，pp 299
西平守孝・酒井一彦・佐野光彦・土屋　誠・向井　宏(1995)サンゴ礁—生物がつくった＜生物の楽園＞．平凡社，東京，pp 232
西平守孝・Vreon, JEN (1995)日本の造礁サンゴ類．海游社，東京，pp 439
奥谷喬司(編著)(1994)サンゴ礁の生きもの．山と渓谷社，東京，pp 319
サンゴ礁地域研究グループ(編)(1990)熱い自然—サンゴ礁の環境誌．古今書院，東京，pp 372
サンゴ礁地域研究グループ(編)(1992)熱い心の島—サンゴ礁の風土誌．古今書院，

東京，pp 324
Sorokin YI (1995) Coral Reef Ecology. Springer, pp 461
Stoddart DR, Johannes RE (eds) (1978) Coral Reefs：Research Methods. UNESCO, Paris, pp 581
鈴木　款（編）(1977) 海洋生物と炭素循環．東京大学出版会，東京，pp 256
諸喜田茂充（編著）(1988) サンゴ礁域の増養殖．緑書房，東京，pp 341
高橋達郎 (1988) サンゴ礁．古今書院，東京，pp 258
Tsuchiya M, Fujita Y (2011) Anguish of Coral Reefs, Tokai Univ Press, Kanagawa, pp 204
土屋　誠・藤田陽子 (2009) サンゴ礁のちむやみ．東海大学出版会，神奈川，pp 212
土屋　誠・カンジャナ アドゥンヌコソン（監修）ジュゴン．東海大学出版会，神奈川，pp 112
土屋　誠・屋比久壮実・植田正恵 (1999) サンゴ礁は異常事態　沖縄マリン出版，沖縄，pp 125
氏家　宏（編）(1990) 沖縄の自然―地形と地質．ひるぎ社，那覇，pp 271
山里　清 (1991) サンゴの生物学．東京大学出版会，東京，pp 150
柳　哲雄 (2002) 海洋観測入門．恒星社厚生閣，東京，pp 104
米倉伸之 (2001) 海と陸の間で．古今書院，東京，pp 211

Australian Institute of Marine Science
　　http://www.aims.gov.au/
Global Coral Reef Monitoring Network
　　http://www.gcrmn.org/
環境省国際サンゴ礁研究・モニタリングセンター
　　http://www.coremoc.go.jp/
国際サンゴ礁学会（International Society for Reef Studies）
　　http://www.coralreefs.org/
日本サンゴ礁学会
　　http://wwwsoc.nii.ac.jp/jcrs/
オニヒトデ対策ガイドライン (2007) 沖縄県文化環境部自然保護課
　　http://subtropics.sakura.ne.jp/content/view/181/74/
オニヒトデのはなし（第二版）沖縄県文化環境部自然保護課
　　http://www3.pref.okinawa.jp/site/view/contview.jsp?cateid=70&id=8986&page=1
海の危険生物治療マニュアル　財団法人亜熱帯総合研究所
　　http://subtropics.sakura.ne.jp/files/h17/h17kikenmanual-all.pdf
稚ヒトデモニタリングマニュアル　財団法人亜熱帯総合研究所
　　http://subtropics.sakura.ne.jp/content/view/181/74/

あとがき

　日本サンゴ礁学会は1997年11月に設立され，間もなく14歳になろうとしています．人間でいえば中学生の伸び盛りの時期です．
　学会が設立された直後には世界的な規模でサンゴ礁の白化現象が起こり，年次大会では緊急セッションを設置して，また日本サンゴ礁学会誌では特集を組んで対応したことが思いだされます．2004年には本学会が中心となり沖縄で国際サンゴ礁シンポジウムを開催しました．準備のために長期間多くの方が関わり，また総力をあげて運営してきました．これらのことがサンゴ礁に関心をおもちの皆さんのネットワークを築き，また研究活動を推進することにおおいに役立ちました．現在，私たちの活動は，多様な研究の発展，保全活動や国際連携活動の推進など，ますます盛んです．これらの一連の大きな流れを振り返ってみると，「成長期」あるいは「伸び盛り」という語では表現できないほど多様で活発な活動を継続してきたことがわかります．
　今回，これまでの研究の成果の一部を一冊の本として出版し，学会員だけではなく，広くサンゴやサンゴ礁に関心をおもちの方々にお読みいただくことができるようになりました．この本で紹介されたサンゴ礁のおもしろさを感じていただくことができたでしょうか？さまざまな角度からご意見，ご批判を賜れば幸いです．
　サンゴ礁という「場」を対象とした議論をしようとする場合，多くの分野の方々が関わりをもつことから，当然いままでの学問分野の研究に加えて，それらにとらわれない新しい発想での議論が展開されることが期待されます．単に多くの分野の寄せ集めではなく，「多分野のメンバーが協働で何かをしている」ということが認識されるような学問研究を発展させたいものです．
　この構想は日本サンゴ礁学会設立当時から抱いていたもので，学会のホームページには次のように記されています．
　「サンゴ礁は，その美しさだけでなく，種の多様性や熱帯における水産資源の確保，炭素循環などの点からその重要性が認識されるようになりました．一方で，熱帯・亜熱帯の海岸における急激な開発に伴って，

サンゴ礁は破壊の危機にあることが警告されています．……（中略）……　私たちは，この学会をできるだけ幅広い学際的なものにして行きたいと考えています．……（中略）……　また，研究だけでなく社会とのつながりも重要です．」

　この本の内容は多岐に渡っているものの，この記述を考えるとまだまだ不十分です．サンゴ礁学は学際的な学問であるといいつつ，今回はかなり分野が限られたものになってしまいました．編集委員の力不足と思っています．近い将来，この本でカバーすることができなかった研究分野を埋め，第2巻，第3巻を出版し，本当の意味での学際的な「サンゴ礁学」の確立をめざして努力しなければなりません．サンゴ礁に対する注目度はますます増加しています．この本をお読みいただき，サンゴ礁に対する関心がますます湧いてくることを期待します．関心が高まれば，その重要性についての理解が深まり，将来にわたってサンゴ礁と仲良くおつきあいをしていくための施策の確立と，それらの実践にむけて具体的なアイデアがでてくるでしょう．これらのことに，この本が少しでもお役に立つことできれば幸いです．

　この本を出版するにあたり，東海大学出版会の稲　英史さんと田志口克己さんからはサンゴ礁学に関して深い理解を賜り，出版の準備から刊行に至るまで，多くの有益なご助言をいただきました．記して感謝申し上げます．

2011年9月
日本サンゴ礁学会「サンゴ礁学」編集委員会

索引

項　目

【A】
ALOS AVNIR2　79
【C】
Catch-up　13
【D】
DOC　59
DOM　58
DON　59
【G】
Give-up　13
【H】
HFレーダー　83
【I】
IKONOS　79
IPCC　241
【K】
Keep-up　13
【L】
Landsat ETM　79
【M】
MPA　42, 47, 315, 341
【N】
NOAA　85, 243
【P】
PAM　80
POM　58
PPBD　284
PUWS　282
【Q】
QuickBird　79
【R】
ROV　79
【S】
SPSS　86, 330
【T】
Termination I　9
Termination II　12
Terra ASTER　79
TWSS　285
【W】
wave set-up　38
【ア】
赤土　32, 39, 47, 191, 330
赤土汚染　329
赤土流入　173
アデノシン3リン酸　63
アポトーシス　143
アマモ場　197
アラゴナイト海　24
アンモニウムイオン　50

【イ】
移植　291, 334
一潮汐平均流　34, 36, 37
易分解性　60
インド洋ダイポールモード　243
【ウ】
海草藻場　169, 197
【エ】
衛星データ　77
栄養塩　32, 49, 86, 192, 221
縁脚　5
縁溝　5
円石藻　63
塩分　85
【オ】
黄帯病　279, 287, 288
黄斑病　278, 286
オオスリバチサンゴ白化症候群　285
遅れの種間関係　105
音響センサー　79
【カ】
海水温の変動　31, 40
海水流動　39, 40, 44, 45, 47
回転速度　61
海浜流　32, 35, 38
海面上昇　251
海洋酸性化　65, 249
海洋短波レーダ　43, 44, 83
海洋保護区　41-43, 315, 341
過剰栄養塩　331
かじり取り　275, 278
可塑性　101
活性酸素種　140
加入制限説　164
加入（シンク）側　41, 47
カルサイト海　24
環境性疾病　274, 277, 285
環境条件による修復　339
間隙水　52
環礁　20
感染性疾病　274, 275
【キ】
寄生性疾病　274
供給（ソース）側　47
共骨　95
共進化　138
競争・平衡説　164
共肉　95
魚群探知機　83
裾礁　20, 31-33
魚類の婚姻形態　165
魚類の地理的分布　156
【ク】
空中写真　77
クラゲ型　120
クリプトクローム　127
クレード　134-139, 247
グレートバリアリーフ　210,

211, 216, 217, 219-222, 280, 281
黒潮　45-48
黒潮反流　45, 46
クローニング　101, 110
クロロフィル　66, 80
クロロフィル蛍光　80
クロロフィル量　85, 214
クローン群体　101
群体サンゴ　95
【ケ】
蛍光タンパク質　145
経済価値評価　302
ケイ酸塩　50
懸濁物　101, 279, 287
【コ】
広域沿岸生態系ネットワーク　41, 42, 47
抗生物質　289
硬組織　95
紅帯病　284
光合成　73, 99, 181, 182, 200, 245
光合成細菌　49
光量子計　85
呼吸量　57, 200
黒壊死病　280, 281
黒帯病　279, 280, 282, 284, 288
固着性　95
コドラート法　73-75
コーラル・トライアングル　96, 282
【サ】
細菌性白化　279, 288, 290
採餌場　171
砕波減衰　38
里海　326-329
酸化ストレス源　141
サンゴ種苗　342
サンゴ礁間連結（性）　41, 46, 47
サンゴ礁保全・再生戦略　47
サンゴ食巻貝　209, 225-229
サンゴスリック　43
サンゴモ球　8
酸素濃度　70
【シ】
ジェネット　101
色素沈着　281, 284
脂質量　68
雌性先熟　166
自切　100
刺胞組成　102
雌雄異体　100, 166, 211
集団遺伝学的解析　47
重炭酸イオン　64, 249
雌雄同体　100
修復　339, 342
出芽　95
寿命　132, 169
腫瘍　281
純一次生産量　57, 190, 200

索引　359

準易分解性有機物　60
循環流　40
順応　246
礁縁　5-8
礁原　4-8,188
条件づけ　104
硝酸塩　50
礁池　4,31,32,34,39,182,189
礁嶺　4,31,32,34,38-40,253
食害生物　210
食性群　155
人為的修復　339
シンク側（海域）　41,47
人工基盤　345,347
人工リーフ　310

【ス】
水産資源管理　323
水素イオン　62,249
吹送流　32,34
垂直伝播　129
水平伝播　129
スイパーポリプ　102
ストレス　32,73
スポットチェック法　76
棲み込み共生系　108
棲み込み連鎖　103,259

【セ】
成魚期　164
生残率　211
生食連鎖　56
生態系機能　304
生態系サービス　304
成長異常　279-282,284
性転換　125,166
生物・化学共生　69
石西礁湖　246
石灰化　60,73,249
石灰藻　214,278,347
石灰藻ホワイトシンドローム　284
石膏球　83
遷移　191-193
先駆種　193
穿孔藻類　181
先天性免疫系　289

【ソ】
総一次生産量　57,190,200
創出　104
造礁サンゴ共生体　289
造礁サンゴのプロバイオティクス仮説　290
組織壊死　279
組織剥離　284
組織溶解　288
ソース-シンク関係　42
ソース側（海域）　41,42,47
ソナー　83

【タ】
体外受精　100
帯状骨格侵食　280,282
帯状分布　4,188
堆積物　86,287
濁度　85
多細胞動物　96
ターンオーバー　190,199
探索行動　43

【タ】
炭酸カルシウム　61,62
単体サンゴ　95

【チ】
チオレドキシン　144
地球温暖化　65,239,247,285,314,338
稚魚の成育場　170
窒素固定　52,54,178,183,199
稚ヒトデ　218
着底場選択　162
茶帯病　279-282,284
チャネル　32,34,36,38-40
潮位変動　32-35
潮汐　32,34,36
潮汐残差流　34
潮流　32,34
沈降説　20
沈殿物の除去　108,116

【テ】
提供　103
底生動物　95
定着基盤　47
低分子化合物　61
停留法　82
適応　246
適応的免疫系　289
デトリタス　199

【ト】
動的平衡　56
取換費用法　310
ドロマイト　22,23

【ナ】
流れ法　82
軟体部　95
難分解性有機物　60,61

【ニ】
二酸化炭素　57,62,239,249
二次発生　211
ニトロゲナーゼ　52
二胚葉性　95
入射波　37,38

【ネ】
ネクローシス　144
ネスティング手法　45
熱ショックタンパク質　145
粘液　58,66
粘液層　289-291

【ハ】
白帯病　278,279,289
白痘症　288
波高計　83
白化　41,42,48,65,66,73,135,139,242-248,246,275,277,279,281-286,288,290,303
破片化　100
ハマサンゴ類潰瘍性白斑病　282,284
ハマサンゴ類紅斑病　284
反射スペクトル　77

【ヒ】
非黒帯病性藍藻症候群　280-282
微生物ループ　56

被覆　275,281,285
氷期　9,247,253
漂流ブイ　43-45
日和見感染症　286
微量金属濃度　65
貧栄養海域　55,70

【フ】
ファージ療法　291
フィードバック　255
富栄養化　221,279,287
フェーズシフト　192,193,259-262,264-271
復元力　264
物理的環境　31
部分的死亡　101
浮遊生活　95,158
浮遊幼生　213,214
プラヌラ幼生　41,43-47,121,191,192,345
プロテアーゼ　66
分子状窒素化合物（N2）　52

【ヘ】
平均水位　38
平均流　34,37-40
ヘテロシスト　53
ペリジニン　66
ベルトランセクト法　75
変態　161

【ホ】
保育型　100
放射性炭素　61
放卵放精型　100
堡礁　20
捕食者減少説　220
捕食説　164
ポリプ　95
ポリプ型　120
ポリプの追放　100
ポリプの抜け出し　100
ポリプボール　100
ホロビオント　289
ホワイトシンドローム　279-282,284,286
ホワイトプラーグ　286,288,290

【マ】
マイクロアトール　106-108
マイクロマニュプレータ顕微鏡法　53
マルチスペクトルセンサー　77
マングローブ　169-173
マンタ法　76

【ミ】
見かけの年齢　60,61
ミクロセンサー　70
密度流　32
ミレニアム・エコシステム・アセスメント　304

【ム】
無性生殖　100,343

【ヤ】
ヤギ類アスペルギルス感染症　287,288

【ユ】
遊泳行動 43
有義波高 37
有機物生産 51, 54
有性生殖 100, 343
雄性先熟 166
融氷パルス 9
輸送過程 39
輸送現象 34, 40

【ヨ】
幼生生き残り説 220
幼生加入 47
幼生供給 41, 42, 47
幼生分散 42, 47
幼生輸送 44, 45
溶存態有機物 58
溶存有機炭素 59
溶存有機窒素 59

【ラ】
ライブロック 302
ライントランセクト法 75
ラメット 101

【リ】
リモートセンシング 73, 77
琉球層群 16
粒子態有機物 58
流速計 83
流速変動 34, 36, 37
旅行費用法 306
履歴現象 267
リン酸塩 50

【ロ】
ローリングストーン 108-111

生物名

【A】
Acanthaster planci 102, 209
Acanthemblemaria spinosa 163
Acropora 98, 243, 339
Acropora aspera 141, 350
Acropora cervicornis 279
Acropora digitifera 129, 350
Acropora echinata 109
Acropora intermedia 140, 343
Acropora millepora 126
Acropora monticulosa 131
Acropora nasuta 43
Acropora palmata 279, 288
Acropora tenuis 43, 129, 347
Amphiprion clarkii 167
Anacropora puertogalarea 109
Annella reticulata 285
Aspergillus sydowii 286
Aurantimonas coralicida 288

【B】
Bolbometopon muricatum 164
Brissus latecarinatus 110

【C】
Cheilinus undulatus 154
Chromis viridis 162
Ctenactis echinata 99, 125
cyanobacteria 52, 185, 200
Cyphastrea decadea 111
Cyphastrea serailia 113

【D】
Dascyllus albisella 162
Dascyllus aruanus 162
Dascyllus marginatus 165
Diadema antillarum 263, 278
Diaseris distorta 110, 116
Diaseris fragilis 110, 116
Drupella cornus 344
Drupella rugosa 225

【E】
Echinomorpha 98
Euphillia ancora 125
Eviota sigillata 169

【F】
Favia 288
Favia pallida 131
Favites chinensis 283
Fungia fungites 117
Fungia repanda 125

【G】
Galaxea fascicularis 126
Goniastrea 288
Goniopora 101

【H】
Habromorula spinosa 225
Haemulon flavolineatum 171
Haemulon sciurus 170, 171
Halichoeres bivittatus 162
Halichoeres miniatus 165
Halichoeres trimaculatus 169
Hallifoliculina corallacea 280
Heliopora 350
Heliopora coerulea 96, 246
Heterocyathus aequituberculata 111
Heteropsammia cochlea 111

【L】
Labroides dimidiatus 165
Lethrinus atkinsoni 170
Lutjanus fulvus 171
Lutjanus vittus 169
Lyngbya polychroa 284

【M】
Marginopora kudakajimensis 96
marine algae 194
Milleporina 96
Montastrea 279, 288
Montipora 98
Montipora capitata 138
Montipora digitata 246, 284

【N】
Novaculichthys taeniourus 155

【O】
Oculina patagonia 287, 288, 290
Ocyurus chrysurus 171
Oulastrea crispata 98, 111

【P】
Parcacoccus carotinifacience 284
Parupeneus barberinus 172
Parupeneus indicus 172
Parupeneus multifasciatus 164
Pavona 350
Pavona decussata 136
Pavona divaricata 136
Platygyra pini 281
Platygyra ryukyuensis 283
Platygyra sinensis 281
Pleurochrysis carterae 63
Pocillopora damicornis 106, 128, 288
Pocillopora eydouxi 129
Pocillopora verrucosa 129
Pomacentrus amboinensis 158
Porites australiensis 246
Porites compressa 138
Porites cylindrica 129
Porites lutea 246
Prochlorococcus 178
Psammocora 111
Pseudosiderastrea tayamai 111

【R】
Rhinecanthus aculeatus 165

【S】
Scarus guacamaia 171-173
seagrass 194
seaweed 194
Seriatopora hystrix 283
Serratia marcescens 288
Siganus guttatus 169
Siganus spinus 169
Stegastes leucostictus 162
Stegastes variabilis 162
Strombus canarium 111
Stylaraea punctata 99
Stylophora 339
Stylophora pistillata 135, 283
Symbiodinium 134, 179, 181
Symbiotic algae 179
Synechococcus 54, 178

【T】
Terpios hoshinota 230
Thalassoma bifasciatum 158
Thalassomonas loyana 288
Trematoda 284
Trichodesmium 54
Tridacna 111
Trochus niloticus 347
Tubipora musica 96
Turbinaria peltata 285
Turbinaria reniformis 137
turf algae 187

【V】
Vexillum vulpecula 112
Vibrio carchariae 288
Vibrio coralicida 290
Vibrio coralliilyticus 286, 288
Vibrio shiloi 286, 287, 290

【Z】
Zanclus cornutus 154
zooxanthella 134, 179

【ア】
アオサンゴ（目，属）96, 246,

350
アザミサンゴ 126
アスペルギルス 286-288
アナサンゴモドキ目 96
アマモ類 194
アミアイゴ 169
アミメサンゴ 111

【イ】
イシサンゴ（目） 96
イソフエフキ 170
イボハダハナヤサイサンゴ 129

【ウ】
ウスエダミドリイシ 129,347
ウスチャキクメイシ 131
海草 77,105,177,194-200
ウミウチワ 287,288
ウミヅタ（目） 96

【エ】
エダコモンサンゴ 264,284
エダトゲキクメイシ 111

【オ】
オオスジヒメジ 172
オオスリバチサンゴ 285
オオトゲミドリイシ 109
オオワレクサビライシ 109,110,116
オキフエダイ 171
オジサン 164
オビテンスモドキ 155
オニヒトデ 102,209,332

【カ】
塊状ハマサンゴ 106,282
海藻 77,105,177,194
海綿動物 278,279
褐虫藻 99,120,129-148, 179-182,281
カメノコキクメイシ（属） 288
ガンガゼ 278
カンムリブダイ 164

【キ】
キクメイシ（属，類） 107,282
キクメイシモドキ（属） 98,111
共生細菌 289
共生藻類 177,179-181,199

【ク】
クダサンゴ 96
クマノミ 167
クリフミノムシガイ 112

【ケ】
原生生物 96
原生動物 49,284

【コ】
ココリス 63
コバンヒメジ 172
コブハマサンゴ 246
ゴマアイゴ 169
コモンサンゴ（属，類） 98,281,284
コユビミドリイシ 129,350

【サ】
サラサバテイ 347
サンカクミドリイシ 130

サンゴモ（目，類） 186,347

【シ】
シアノバクテリア 52,178,179,200,215,230,275
シコロサンゴ（属，類） 107,136,350
シタザラクサビライシ 117
シナキクメイシ 283
シナノウサンゴ 281
シネココッカス（属） 54,178,179
刺胞動物（門） 95,96
従属栄養ナノ鞭毛虫 49
ショウガサンゴ（属） 135,137,283,339
植物プランクトン 62,177-179,214
シロレイシダマシ 225,344

【ス】
スイショウガイ 111
スツボサンゴ 111
スワリクサビライシ 117

【セ】
石灰藻類 278
ゼニイシ 96
穿孔藻類 181-184,199

【タ】
タカセガイ 347
タヤマヤスリサンゴ 109,111

【ツ】
ツノダシ 154

【テ】
デバスズメダイ 162
テルピオス 209,229

【ト】
動物プランクトン 60
トガリシコロサンゴ 136
トゲクサビライシ 99,125
トゲサンゴ（類） 283
トゲスギミドリイシ 140,343
トゲツツミドリイシ 109
トゲレイシダマシ 225
トリコデスミウム 54,177

【ナ】
ナガレハナサンゴ 125
ナノプランクトン 177,215

【ニ】
ニセネッタイスズメダイ 158

【ノ】
ノウサンゴ（類） 107

【ハ】
ハイマツミドリイシ 126
バクテリア 49,60
箱クラゲ網 96
鉢虫綱 96
八放サンゴ（類） 279
ハナガササンゴ 101
花虫綱 96
ハナヤサイサンゴ（類） 106,127,280,281,288
ハマサンゴ（類） 246,281,284

【ヒ】
ピコプランクトン 54,178,215
ヒドロ虫綱 96
ビビンナリア 213
ビブリオ（類） 282,282
ヒメシロレイシダマシ 225
ヒメノウサンゴ 281
ヒメマツミドリイシ 141,350

【フ】
フカトゲキクメイシ 109,113
付着珪藻 64
ブラキオラリア 213
プロクロロコッカス（属） 54,178,179
プロクロロン 181

【ヘ】
ヘラジカハナヤサイサンゴ 129
ベリジャー 228

【ホ】
ホンソメワケベラ 165
ホホワキュウセン 165

【メ】
メガネモチノウオ 154

【マ】
マメスナギンチャク類 278
マルキクメイシ（属，類） 279,288
マルクサビライシ 125

【ミ】
ミスジリュウキュウスズメダイ 162
ミツボシキュウセン 169
ミドリイシ（属，類） 98,246,253,256,278,280,281,283-285,288,339
ミナミオオブンブク 110

【ム】
ムシノスチョウジガイ 111
無節サンゴモ（類） 8,186,189,191,193,214
ムラサメモンガラ 165

【メ】
メガネモチノウオ 154

【ヤ】
ヤギ（類） 287

【ユ】
有孔虫 96
ユビエダハマサンゴ 129

【ヨ】
ヨコスジフエダイ 167
ヨコミゾスリバチサンゴ 137

【ラ】
藍藻 52,177,187,200,215,275,282,284

【リ】
リュウキュウノウサンゴ 283

【ロ】
六放サンゴ（亜綱） 96

【ワ】
ワレクサビライシ 110,116

執筆者紹介 (五十音順)

井龍 康文（いりゅう　やすふみ）(第1章)
1958年　鹿児島県生まれ．東北大学大学院理学研究科博士課程後期修了，理学博士．名古屋大学大学院環境学研究科　教授
専門：炭酸塩堆積学，地球化学，古生物学
著書：『Proceedings of the Integrated Ocean Drilling Program, Volume 310』(Integrated Ocean Drilling Program Management International, 2007)，『日本地方地質誌 (8) 九州・沖縄地方』(朝倉書店，2010)

大葉 英雄（おおば　ひでお）(第8章)
別記

大森 信（おおもり　まこと）(第15章)
1937年　大阪府生まれ．北海道大学水産学部卒業，水産学博士．(財) 熱帯海洋生態研究振興財団，阿嘉島臨海研究所　所長
専門：生物海洋学，プランクトン学
著書：『Methods in Marine Zooplankton Ecology』共著 (Wiley Interscience, New York, 1984)，『蝦と蟹』(恒星社厚生閣，1985)，『さくらえび：漁業百年史』共著 (静岡新聞社，1995)，『海の生物多様性』共著 (築地書館，2006)

岡地 賢（おかじ　けん）(第9章)
1964年　大阪府生まれ．ジェームズクック大学大学院博士課程修了，学術博士 (Ph.D.)．有限会社コーラルクエスト　代表取締役
専門：サンゴ礁生態学

鹿熊 信一郎（かくま　しんいちろう）(第14章)
1957年　東京都生まれ．東京工業大学大学院情報理工学研究科，学術博士．沖縄県八重山農林水産振興センター　主幹
専門：水産資源管理 (学)
著書：『紛争の海』共著 (人文書院，1998)，『海洋資源の流通と管理の人類学』共著 (明石書店，2008)，『日本の漁村・水産業の多面的機能』共著 (北斗書房，2009)

カサレト・ベアトリス（B. E. Casareto）(第12章)
ブエノス・アイレス大学理学研究科生物学専攻博士課程修了，理学博士．静岡大学創造科学技術大学院　教授
専門：海洋生物，サンゴ礁生態系，プランクトン・ダイナミックス
著書：『The role of dissolved organic nitrogen (DON) in coral biology and reef ecology. In "Corals and Reefs：Their Life and Death" edited by Zvy Dubinski』Springer, 2011年

茅根 創（かやね　はじめ）(第10章)
1959年　東京都生まれ．東京大学大学院理学系研究科博士課程修了，理学博士．東京大学大学院理学系研究科　教授
専門：地球システム学，サンゴ礁学
著書：『サンゴとマングローブ』共著 (岩波書店，2002)，『進化する地球惑星システム』共著 (東京大学出版会，2004)

酒井 一彦（さかい　かずひこ）(第11章)
1957年　和歌山県生まれ．琉球大学理工学研究科修士課程修了，理学博士．
琉球大学熱帯生物圏研究センター教授
専門：サンゴ礁生態学
著書：『美ら島の自然史』共著 (東海大学出版会，2006) ほか

鈴木　款（すずき　よしみ）（第3章）
別記

土屋　誠（つちや　まこと）（第13章）
別記

豊島 淳子（とよしま　じゅんこ）（第13章）
1973年　広島県生まれ．ハワイ大学マノア校動物学部修士課程修了，東京工業大学大学院情報理工学研究科博士後期課程在学中．
専門：サンゴ礁生態学

中野 義勝（なかの　よしかつ）（第12章）
1959年　神奈川県生まれ．琉球大学大学院理学研究科修士課程生物学専攻修了，理学修士．琉球大学熱帯生物圏研究センター瀬底研究施設　技術専門職員
専門：サンゴ生物学，サンゴ礁生態学，サンゴ礁の自然史
著書：『美ら島の自然史』共著（東海大学出版会，2006），『日本のサンゴ礁』共著（環境省，2004），『おもしろい海・気になる海Q&A』共著（工業調査会，2004）

中村 洋平（なかむら　ようへい）（第7章）
1975年　愛知県生まれ．東京大学大学院農学生命科学研究科博士課程修了，博士（農学）．大学院総合人間自然科学研究科　助教
専門：魚類生態学
著書：『浅海域の生態系サービス』共著（恒星社厚生閣，2011）

灘岡 和夫（なだおか　かずお）（第2章）
1954年　広島県生まれ．東京工業大学理工学研究科修士課程修了，工学博士．東京工業大学大学院情報理工学研究科　教授
専門：水圏環境学，生態系保全学
著書：『沿岸の環境圏』共著（フジテクノシステム，1998），『環境圏の新しい海岸工学』共著（フジテクノシステム，1999），『日本のサンゴ礁』共著（環境省，2004），『情報理工学のすすめ』共著（数理工学社，2005）

西平 守孝（にしひら　もりたか）（第5章）
1939年　沖縄県生まれ．東北大学大学院理学研究科博士課程（生物学専攻）修了，理学博士．（財）海洋博覧会記念公園管理財団　参与
専門：動物生態学，サンゴ礁生態学．
著書：『サンゴ礁の渚を遊ぶ』（ひるぎ社，1988），『日本の造礁サンゴ類』共著（海游舎，1995），『足場の生態学』（平凡社，1996）．

日高 道雄（ひだか　みちお）（第6章）
1951年　神奈川県生まれ．東京大学大学院理学系研究科博士課程修了，理学博士．琉球大学理学部　教授
専門：サンゴ生物学
著書：『地球環境ハンドブック』共著（朝倉書店，2002），『美ら島の自然史』共著（東海大学出版会，2006），『動物の「動き」の秘密にせまる』共著（共立出版，2009）

山野 博哉（やまの　ひろや）（第4章）
1970年　兵庫県生まれ．東京大学大学院理学系研究科博士課程修了，博士（理学）．独立行政法人国立環境研究所　生物・生態系環境研究センター　主任研究員
専門：自然地理学
著書：『日本のサンゴ礁』共著（環境省，2004）

編著者紹介

鈴木　款（すずき　よしみ）

1947年　静岡県生まれ
名古屋大学大学院理学研究科修了，理学博士
静岡大学創造科学技術大学院　教授
専門：環境科学（サンゴ礁学，海洋学，大気科学）
著書：『海洋生物と炭素循環』（東京大学出版会，1997），『「ゆとり」と生命をめぐって』共著（慶應義塾大学出版会，2011），『Coral Reefs：An Ecosystem in Transition』（Springer, 2011）

大葉 英雄（おおば　ひでお）

1953年　東京都生まれ
神戸大学大学院自然科学研究科，学術博士
東京海洋大学海洋科学部　助教
専門：熱帯海産植物学（分類，生態），サンゴ礁生態学，サンゴ礁保全学
著書：『藻類の生活史集成』共著（内田老鶴圃，1994年），『地球環境調査計測事典』共著（フジ・テクノシステム，2003年），『Tropical Marine Plants of Palau』共著（パラオ国際サンゴ礁センター PICRC, 2007年）

土屋　誠（つちや　まこと）

1948年　愛知県生まれ
東北大学大学院理学研究科博士課程修了，理学博士
琉球大学理学部　教授
専門：生態系機能学
著書：『美ら島の自然史』共著（東海大学出版会，2006），『サンゴ礁のちむやみ』共著（東海大学出版会，2009），『ジュゴン』共著（東海大学出版会，2010），『Anguish of Coral Reefs』共著（東海大学出版会，2011）

サンゴ礁学―未知なる世界への招待

2011年10月20日　第1版第1刷発行

編　　者　日本サンゴ礁学会

責任編集　鈴木　款・大葉英雄・土屋　誠

発行者　　安達建夫

発行所　　東海大学出版会

〒257-0003　神奈川県秦野市南矢名3-10-35
TEL 0463-79-3921　FAX 0463-69-5087
URL http://www.press.tokai.ac.jp/
振替　00100-5-46614

印刷所　　株式会社真興社

製本所　　株式会社積信堂

ⓒJapanese Coral Reaf Society, 2011　　　　ISBN978-4-486-01890-2

Ⓡ〈日本複写権センター委託出版物〉

本書の全部または一部を無断で複写複製（コピー）することは，著作権法上の例外を除き，禁じられています．本書から複写複製する場合は日本複写権センターへご連絡の上，許諾を得てください．日本複写権センター（電話03-3401-2382）

サンゴの魅力が満載 おすすめ本7冊

ジュゴン 海草帯からのメッセージ
土屋　誠・カンジャナ・アドゥンヤヌコソン 監修
A5変判　112頁　定価2520円

サンゴ礁のちむやみ 生態系サービスは維持されるか
土屋　誠・藤田陽子 著
A5変判　212頁　定価2940円

Anguish of Coral Reefs （英文 サンゴ礁のちむやみ）
Makoto Tsuchiya and Yoko Fujita
A5判　224頁　定価9450円

美ら島の自然史 サンゴ礁島嶼系の生物多様性
琉球大学21世紀COEプログラム編集委員会 編
A5判　448頁　定価3780円

南の島の自然誌 沖縄と小笠原の海洋生物研究のフィールドから
矢野和成 編
A5変判　310頁　定価3360円

珊瑚 宝石サンゴをめぐる文化と歴史
岩崎朱実・岩崎　望 編著
B5判（横）　132頁　定価2100円

珊瑚の文化誌 宝石サンゴをめぐる科学・文化・歴史
岩崎　望 編著
A5判　384頁　定価3990円

※表示価格は税込み（5％）です．